W0257151

DIE

MECHANISCHE WÄRMETHEORIE

VON

R. CLAUSIUS.

ZWEITE

umgearbeitete und vervollständigte Auflage des unter dem Titel
„Abhandlungen über die mechanische Wärmetheorie"
erschienenen Buches.

ZWEITER BAND.

Anwendung der der mechanischen Wärmetheorie zu Grunde
liegenden Principien auf die Electricität.

Springer Fachmedien Wiesbaden GmbH
1879

Springer Fachmedien Wiesbaden GmbH
1879

DIE

MECHANISCHE BEHANDLUNG

DER

ELECTRICITÄT

VON

R. CLAUSIUS.

Springer Fachmedien Wiesbaden GmbH
1879

ISBN 978-3-663-19891-8 ISBN 978-3-663-20232-5 (eBook)
DOI 10.1007/978-3-663-20232-5

Softcover reprint of the hardcover 2nd edition 1879

VORREDE.

Die durch die erneute Auflage meines Buches über
die mechanische Wärmetheorie veranlasste Ueberarbei-
tung meiner früheren electrischen Untersuchungen hat
mich zu neuen Untersuchungen geführt, welche eine
wesentliche Vervollständigung der früheren bilden, und
daher neben diesen mit aufgenommen werden mussten.
Besonders ist in dieser Beziehung die Behandlung der
electrodynamischen Erscheinungen zu erwähnen, welche
in der ersten Auflage fehlte, in der gegenwärtigen aber
einen beträchtlichen Raum einnimmt. Dadurch ist der
auf die Electricität bezügliche Theil des Werkes so
angewachsen, dass es zweckmässig erschien, aus ihm
einen besonderen Band zu bilden, und die noch übrigen Theile der mechanischen Wärmetheorie für einen
dritten Band vorzubehalten.

Zugleich sind die so vervollständigten Entwickelungen nicht mehr bloss als eine Anwendung der mechanischen Wärmetheorie auf die electrischen Erscheinun-

gen, sondern als eine zum Theil von der Wärmelehre unabhängige mechanische Behandlung der Electricität zu betrachten. Aus diesem Grunde habe ich geglaubt, dem Titel, welcher sie als zweiten Band der mechanischen Wärmetheorie bezeichnet, noch einen anderen Titel hinzufügen zu dürfen, welcher sie als mechanische Behandlung der Electricität bezeichnet, um dadurch anzudeuten, dass dieser Band auch als ein von den anderen Bänden der mechanischen Wärmetheorie unabhängiges, für sich bestehendes Werk gelten kann.

Bonn, im November 1878.

R. Clausius.

INHALT.

Abschnitt I.

Abschnitt II.

Abschnitt III.

Abschnitt IV.

Inhalt.

IX

Abschnitt V.

Arbeit und Wärmeerzeugung bei einem stationären electrischen Strome 131

Abschnitt VI.

Electricitätsleitung in Electrolyten 155

Abschnitt VII.

Abschnitt VIII.

Abschnitt IX.

Abschnitt X.

Abschnitt XI.

Berichtigung.

Seite 61, Zeile 8 von unten ist statt (43) zu lesen.: (44).

Bemerkung über die Bezeichnungsweise.

Es ist in diesem Bande für die partiellen Differentialcoëfficienten die von Jacobi eingeführte Bezeichnungsweise, in welcher die aufrechten d durch runde ∂ ersetzt sind, in Anwendung gebracht, weil dadurch an einigen Stellen die Auseinandersetzung an Klarheit gewann. Die dadurch entstandene kleine Abweichung von der Bezeichnungsweise des ersten Bandes werden die Leser wohl kaum bemerken, da jeder Mathematiker daran gewöhnt ist, beim Lesen verschiedener Abhandlungen bald die eine, bald die andere Bezeichnungsweise angewandt zu sehen.

ABSCHNITT I.

Einleitung in die mathematische Behandlung der Electricität.

§. 1. Die Potentialfunction.

In den mathematischen Betrachtungen über Electricität handelt es sich zunächst darum, zu bestimmen, in welcher Weise irgend eine Electricitätsmenge, welche man einem leitenden Körper mittheilt, sich in oder auf demselben anordnet, sei es, dass der Körper von allen anderen leitenden Körpern weit entfernt ist, so dass keine fremden electrischen Kräfte auf ihn einwirken können, sei es, dass er sich in der Nähe anderer leitender Körper befindet, die entweder ebenfalls isolirt und mit gegebenen Electricitätsmengen versehen sein oder mit der Erde in Verbindung stehen können. Diese Bestimmung, sowie die sonstigen auf das Verhalten der Electricität bezüglichen Rechnungen werden sehr erleichtert durch die Einführung einer gewissen Function, welche, nachdem sie schon früher von verschiedenen Mathematikern, wie Laplace und Poisson, angewandt war, i. J. 1828 von George Green unter dem Namen *Potentialfunction* speciell behandelt [1]), und etwas später auch von Gauss zum Gegenstande sehr werthvoller mathematischer Entwickelungen gemacht ist [2]).

---

[1]) An Essay on the Application of mathematical Analysis to the theories of Electricity and Magnetism; by George Green. Nottingham 1828. Wieder abgedruckt in Crelle's Journ. Bd. 44 und 47.

[2]) Allgemeine Lehrsätze in Beziehung auf die im verkehrten Verhältnisse des Quadrats der Entfernung wirkenden Anziehungs- und Abstossungskräfte. Resultate aus den Beobachtungen des magnetischen Vereins im Jahre 1839.

Ich habe über diese Function, welche in der mathematischen Physik von ausserordentlicher Wichtigkeit ist, eine Schrift veröffentlicht, welche eben jetzt in dritter, an verschiedenen Stellen vermehrter Auflage erschienen ist [1]. In dieser Schrift habe ich die Haupteigenschaften der Function und einer aus ihr durch Integration abgeleiteten Grösse, nämlich des *Potentials*, näher besprochen. Ich kann mich daher hier darauf beschränken, einige Sätze, welche zum Verständnisse dieser Einleitung und der folgenden Entwickelungen nöthig sind, kurz zu erwähnen, indem ich in Bezug auf die Beweise der Sätze und ihre weiteren Ausführungen auf jene Schrift verweisen kann.

Der Einfachheit wegen werde ich die Betrachtungen hier immer speciell auf Electricität beziehen, obwohl, wie man leicht sehen wird, das Gesagte sich mit geringen Modificationen auch auf andere Agentien, die nach dem umgekehrten Quadrate der Entfernung anziehend oder abstossend wirken, übertragen lässt.

§. 2. Annahme zweier Electricitäten und Ausdruck ihrer Kräfte.

Die mathematischen Untersuchungen über Electrostatik pflegen von der Hypothese auszugehen, dass es zwei verschiedene Electricitäten gebe, deren Kräfte darin bestehen, dass zwei Mengen von gleicher Electricität sich abstossen und zwei Mengen von entgegengesetzten Electricitäten sich anziehen. Damit ist aber nicht gesagt, dass die Resultate dieser Untersuchungen in solcher Weise an die Hypothese geknüpft seien, dass sie mit derselben stehen und fallen; vielmehr lässt sich mit Bestimmtheit sagen, dass dieselben Resultate ihrem wesentlichen Inhalte nach auch dann gültig bleiben müssen, wenn jene Hypothese durch irgend eine andere ersetzt wird, welche ebenfalls geeignet ist, die experimentell bekannten electrischen Kräfte zu erklären. Gerade aus diesem Grunde haben die mathematischen Physiker kein Bedenken getragen, sich dieser Hypothese zu bedienen, und die Untersuchung, ob die Hypothese wirklich im wörtlichen Sinne als richtig zu betrachten ist, der Zukunft zu überlassen.

---

[1] Die Potentialfunction und das Potential, ein Beitrag zur mathematischen Physik. Leipzig bei J. A. Barth.

Es mögen nun zwei Electricitätsmengen gegeben sein, die durch q und q' bezeichnet werden sollen, in der Weise, dass diese Grössen als mathematisch positiv oder negativ betrachtet werden, je nachdem die Electricitätsmengen der einen oder anderen Art angehören. Denken wir uns diese beiden Electricitätsmengen in zwei Puncten concentrirt, so muss die Kraft, welche sie auf einander ausüben, erstens proportional jeder der beiden Mengen, also proportional dem aus den beiden Mengen gebildeten Producte sein, und zweitens ist sie, wie experimentell hinlänglich festgestellt ist, als umgekehrt proportional dem Quadrate der Entfernung anzunehmen. Wir können also, wenn r die Entfernung der beiden Puncte von einander bedeutet, die Kraft durch folgenden Ausdruck darstellen:

$$\varepsilon \frac{q\,q'}{r^2},$$

worin ε einen constanten Factor bedeutet, welcher von dem Maasse abhängt, nach dem man die Electricitätsmengen messen will.

Wir wollen für unsere Betrachtungen folgendes Maass annehmen. Als Einheit der Electricität soll diejenige Menge gelten, welche auf eine gleich grosse Menge in der Einheit der Entfernung die Einheit der Kraft ausübt. In diesem Falle wird der constante Factor seinem absoluten Werthe nach gleich Eins. Es bleibt aber noch zu entscheiden, ob wir ihn gleich $+\,1$ oder gleich $-\,1$ setzen wollen. Dazu muss der Unterschied zwischen anziehender und abstossender Kraft in Betracht gezogen werden, indem, wenn die eine dieser Kräfte als positiv betrachtet wird, die andere als negativ in Rechnung zu bringen ist. Wir wollen uns in dieser Beziehung dahin entscheiden, eine Abstossung als positiv und eine Anziehung als negativ zu rechnen, weil die Abstossung auf Vergrösserung und die Anziehung auf Verkleinerung von r hinwirkt. Dann müssen wir bei der Betrachtung von Electricität, weil gleichartige Electricitätsmengen sich abstossen, den constanten Factor positiv machen, und haben ihn also nach der obigen Feststellung seines absoluten Werthes gleich $+\,1$ zu setzen. Der Ausdruck der Kraft, welchen die Mengen q und q' auf einander ausüben, wird somit:

$$\frac{q\,q'}{r^2}.$$

§. 3. Ausdruck der Potentialfunction.

Nun möge weiter angenommen werden, dass nicht bloss Eine in einem Puncte concentrirte Electricitätsmenge q' auf die Menge q wirke, sondern dass beliebig viele in verschiedenen Puncten concentrirte Electricitätsmengen q', q_1', q_2' etc. gegeben seien, welche gemeinsam auf q wirken, oder auch, dass die die Wirkung ausübende Electricität, anstatt in einzelnen Puncten concentrirt zu sein, über eine Linie, eine Fläche oder einen kerperlichen Raum stetig verbreitet sei. Um in diesem Falle die betreffende Kraft nach Stärke und Richtung in möglichst einfacher Weise bestimmen zu können, bilden wir zunächst eine Grösse, welche folgendermaassen definirt werden möge.

Der Punct, wo sich die Electricitätsmenge q befindet, welche die Wirkung erleidet, sei mit p bezeichnet, und die Abstände dieses Punctes von den Puncten, wo die Electricitätsmengen q', q_1', q_2' etc. concentrirt sind, mögen r, r_1, r_2 etc. heissen. Dann wird die in Rede stehende Grösse, welche mit V bezeichnet zu werden pflegt, durch folgende Gleichung bestimmt:

$$(1) \qquad V = \frac{q'}{r} + \frac{q_1'}{r_1} + \frac{q_2'}{r_2} + \text{etc.}$$

oder, wenn man die Summe durch ein Summenzeichen andeutet:

$$(2) \qquad V = \sum \frac{q'}{r}.$$

Wenn die die Wirkung ausübende Electricität nicht in einzelnen Puncten concentrirt, sondern über eine Linie, eine Fläche oder einen körperlichen Raum stetig verbreitet ist, so denke man sich dieselbe in Elemente dq' zerlegt, bezeichne mit r den Abstand eines Elementes vom Puncte p und bilde dann statt der in der vorigen Gleichung angedeuteten Summe das entsprechende Integral, nämlich:

$$(3) \qquad V = \int \frac{dq'}{r}.$$

Dieser letztere Ausdruck von V ist der allgemeinere, und schliesst auch den vorigen in sich ein, denn man kann offenbar auch in dem Falle, wo endliche Electricitätsmengen in einzelnen Puncten concentrirt sind, eine Integration ausführen.

Es versteht sich übrigens dem Obigen nach von selbst, dass man nicht nur für Electricität, sondern auch für jedes andere nach dem umgekehrten Quadrate der Entfernung anziehend oder abstossend wirkende Agens einen Ausdruck dieser Art bilden kann, wobei man den in der allgemeinen Kraftformel vorkommenden Coëfficienten ε, dessen Werth von der für das Agens gewählten Maasseinheit abhängt, und den wir bei der Electricität durch 1 ersetzt haben, der Allgemeinheit wegen vorläufig beibehalten kann.

Die so bestimmte Grösse V ist es, welche Green die *Potentialfunction* genannt hat. Gauss hat später dieselbe Grösse einfach *Potential* genannt; indessen ist diese Benennung mit einem Uebelstande behaftet. Es giebt nämlich noch eine andere sehr wichtige Grösse, von der weiter unten die Rede sein wird, welche man *das Potential einer Menge auf eine andere* oder, nach Umständen, *das Potential einer Menge auf sich selbst* nennt. Man würde also bei der Annahme der Gauss'schen Benennungsweise für zwei Begriffe, die zwar verwandt, aber nicht gleich sind, dasselbe Wort *Potential* gebrauchen. Aus diesem Grunde habe ich in meinen auf Electricität bezüglichen Abhandlungen und in der oben citirten Schrift für die durch die Gleichung (3) definirte Grösse wieder den von Green vorgeschlagenen Namen *Potentialfunction* gewählt, und den Namen *Potential* nur für jene andere, aus der Potentialfunction durch Integration abgeleitete Grösse angewandt.

§. 4. Bestimmung der Kraftcomponenten mit Hülfe der Potentialfunction.

Mit Hülfe der im vorigen Paragraphen besprochenen Function bestimmt sich nun die in irgend einem Puncte p wirkende Kraft folgendermaassen.

Wir wollen zunächst annehmen, die im Puncte p gedachte Electricitätsmenge, welche die Wirkung erleidet, und welche oben mit q bezeichnet wurde, sei eine *positive Electricitätseinheit*. Die auf diese Electricitätseinheit ausgeübte Kraft denken wir uns in drei in die Richtungen dreier rechtwinkliger Coordinaten fallende Componenten zerlegt, welche mit X, Y, Z bezeichnet werden mögen. Wenn wir dann V (die Potentialfunction der die Wirkung ausübenden Electricität an dem betreffenden Puncte) als Function der Coordinaten x, y, z des Punctes betrachten, so haben wir:

$$(4) \qquad X = - \frac{\partial V}{\partial x}; \quad Y = - \frac{\partial V}{\partial y}; \quad Z = - \frac{\partial V}{\partial z}.$$

Eben so einfach, wie die Kraftcomponenten nach den drei Coordinatenrichtungen, lässt sich auch die Kraftcomponente nach irgend einer beliebigen anderen Richtung ausdrücken. Denken wir uns durch den Punkt p eine beliebige Linie gezogen, und bezeichnen den auf dieser Linie gemessenen Abstand des Punctes p von irgend einem anderen als Anfangspunct gewählten Puncte der Linie mit s, und dem entsprechend die unendlich kleine Zunahme, welche V erleidet, wenn der betrachtete Punct p sich auf dieser Linie um das Wegelement ds fortbewegt, mit $\frac{\partial V}{\partial s} ds$, so wird die in die Richtung dieser Linie fallende Kraftcomponente, welche S heissen möge, bestimmt durch die Gleichung:

$$(5) \qquad S = - \frac{\partial V}{\partial s}.$$

Sollte sich im Puncte p nicht gerade eine Electricität*seinheit*, sondern eine beliebige andere Electricitätsmenge befinden, welche die Wirkung erleidet, und welche, wie früher, mit q bezeichnet werden möge, in der Weise, dass q sowohl eine positive als auch eine negative Grösse darstellen kann, so lauten die Ausdrücke der Kraftcomponenten, welche diese Electricitätsmenge nach den Coordinatenrichtungen x, y, z und nach der beliebigen Richtung s erleidet:

$$- q \frac{\partial V}{\partial x}, \; - q \frac{\partial V}{\partial y}, \; - q \frac{\partial V}{\partial z} \text{ und } - q \frac{\partial V}{\partial s}.$$

Wenn man in der eben angegebenen Weise die in die drei Coordinatenrichtungen fallenden Kraftcomponenten ausgedrückt hat, so kann man daraus natürlich auch die ganze Kraft nach Grösse und Richtung leicht bestimmen.

§. 5. Das Potentialniveau.

Bildet man eine Gleichung von der Form

$$V = A,$$

worin A eine Constante bedeutet, so ist dieses die Gleichung einer Fläche, welche die Eigenschaft hat, dass für jeden in ihr liegenden Punct die Kraft, welche eine dort gedachte Electricitäts-

menge erleiden würde, auf der Fläche senkrecht ist. Die Fläche
hat also in Bezug auf die hier betrachtete electrische Kraft dieselbe Bedeutung, wie die Oberfläche einer ruhenden Flüssigkeit in
Bezug auf die Schwerkraft, und man nennt daher eine solche
Fläche eine *Niveaufläche.*

Nimmt man für die Potentialfunction einen anderen constanten Werth an, indem man z. B. setzt:

$$V = B,$$

so wird dadurch eine andere Niveaufläche bestimmt, und auf diese
Weise kann man unendlich viele Niveauflächen erhalten. Wir
wollen demgemäss den Werth, welchen die Potentialfunction in
irgend einem Puncte des Raumes hat, und durch welchen die
durch diesen Punct gehende Niveaufläche bestimmt wird, kurz das
Potentialniveau dieses Punctes nennen.

Bei der Electricität (und ebenso bei jedem anderen Agens,
welches theils anziehende, theils abstossende Kräfte ausübt) können
die Potentialniveaux sowohl positiv als auch negativ sein, und die
Räume, in denen das Eine und das Andere stattfindet, werden
durch eine Niveaufläche mit dem Potentialniveau Null von einander getrennt.

Denken wir uns nun in irgend einem Puncte des Raumes
eine positive Electricitätseinheit concentrirt, und betrachten die
Kraft, welche auf diese wirkt, in der Weise, dass wir für jede von
dem Puncte ausgehende Richtung die in dieselbe fallende Kraftcomponente bestimmen, so lässt sich allgemein Folgendes sagen.
Nach den Richtungen, nach welchen das Potentialniveau abnimmt,
ist die Kraftcomponente positiv, und nach den Richtungen, nach
welchen das Potentialniveau zunimmt, ist die Kraftcomponente
negativ, und dem absoluten Werthe nach ist die Kraftcomponente
um so grösser, je schneller in der betrachteten Richtung das Potentialniveau sich ändert, da dem Obigen nach die Kraftcomponente durch den betreffenden negativ genommenen Differentialcoëfficienten des Potentialniveaus dargestellt wird.

§. 6. **Differentialausdruck zweiter Ordnung, welcher die
Vertheilung des wirksamen Agens im Raume bestimmt.**

Ausser der Eigenschaft, die Kraftcomponenten auf eine so
einfache Art darzustellen, hat die Potentialfunction noch eine andere sehr wichtige Eigenschaft, welche hier zunächst für ein be-

liebiges nach dem umgekehrten Quadrate der Entfernung anziehend oder abstossend wirkendes Agens ausgesprochen, und dann
sofort speciell auf Electricität angewandt werden soll.

Wenn der Punct p in einem Raume gelegen ist, in welchem
sich von dem Agens, dessen Potentialfunction durch V dargestellt
wird, nichts befindet, so gilt die Gleichung:

$$(6) \qquad \frac{\partial^2 V}{\partial x^2} + \frac{\partial^2 V}{\partial y^2} + \frac{\partial^2 V}{\partial z^2} = 0.$$

Wenn dagegen der Punct p sich in einem Raume befindet, welcher von dem wirksamen Agens oder von einem Theile desselben
stetig erfüllt ist, so nimmt die Gleichung eine andere Gestalt an.
Wir wollen die Dichtigkeit des Agens an der betreffenden Stelle
des Raumes mit k bezeichnen (so dass die in einem Raumelemente
$d\tau$ befindliche Menge des Agens durch $k\,d\tau$ dargestellt wird), dann
gilt die Gleichung:

$$(7) \qquad \frac{\partial^2 V}{\partial x^2} + \frac{\partial^2 V}{\partial y^2} + \frac{\partial^2 V}{\partial z^2} = -\,4\,\pi\,\varepsilon\,k.$$

Diese letztere Gleichung ist die allgemeinere und umfasst
die vorige, denn, wenn der Punct p sich ausserhalb des von dem
wirksamen Agens erfüllten Raumes befindet, so ist dort $k = 0$,
und dadurch geht die Gleichung (7) in (6) über. Aus der Gleichung (7) ergiebt sich, dass man vermöge der Potentialfunction
nicht nur die Kräfte, welche das wirksame Agens ausübt, sondern
auch die Vertheilung des Agens selbst bestimmen kann.

Da der vorstehende Differentialausdruck sehr häufig vorkommt, so hat man für ihn das einfache Zeichen $\varDelta V$ eingeführt.
Danach lauten die beiden vorigen Gleichungen:

$$(6\,\mathrm{a}) \qquad\qquad \varDelta V = 0$$
$$(7\,\mathrm{a}) \qquad\qquad \varDelta V = -\,4\,\pi\,\varepsilon\,k.$$

Setzt man für den Coëfficienten ε den Werth 1, welchen wir
bei der Electricität, gemäss der für dieselbe gewählten Maasseinheit, in Anwendung gebracht haben, so geht die Gleichung (7a)
über in

$$(8) \qquad\qquad \varDelta V = -\,4\,\pi\,k.$$

§. 7. Gleichgewichtszustand der Electricität.

Es möge nun, wie es im Anfange dieser Einleitung gesagt
wurde, angenommen werden, es sei irgend ein aus einem leiten-

den Stoffe bestehender, aber von Nichtleitern umgebener Körper gegeben, und demselben sei eine beliebige Electricitätsmenge mitgetheilt, die sich entweder für sich allein, oder unter dem Einflusse fremder, auf anderen Körpern befindlicher Electricitätsmengen in das Gleichgewicht zu setzen habe. Es fragt sich dann, wie man die für dieses Gleichgewicht zu erfüllende Bedingung am einfachsten mathematisch ausdrücken kann, und wo sich dabei die getrennt vorhandene Electricität befinden muss. Dabei mag bemerkt werden, dass man voraussetzt, im unelectrischen Zustande enthalte ein Körper in jedem seiner Elemente gleiche Mengen positiver und negativer Electricität, während im electrischen Zustande in oder an dem Körper Stellen vorkommen, wo ein Ueberschuss an positiver oder negativer Electricität vorhanden sei. Einen solchen irgendwo vorhandenen Ueberschuss an positiver oder negativer Electricität wollen wir, wie es vorher geschehen ist, *getrennte* Electricität nennen.

In einem leitenden Körper kann Bewegung der Electricität stattfinden; in dieser Beziehung sind aber verschiedene Annahmen möglich. Man kann sich entweder denken, dass beide Electricitäten beweglich seien, oder dass nur Eine, welche dann als die positive gelten soll, beweglich und die andere fest an die ponderablen Atome gebunden sei. Für die Electrostatik macht es keinen wesentlichen Unterschied, welche dieser beiden Annahmen man macht, für die Electrodynamik aber entsteht daraus eine Verschiedenheit von Belang, und dort werden wir daher speciell darüber zu sprechen haben.

Wenn nun in dem leitenden Körper Gleichgewicht sein soll, so müssen im Innern desselben an jeder Stelle die von den verschiedenen Theilen der vorhandenen Electricität ausgeübten Kräfte sich gegenseitig aufheben, so dass ihre Resultante Null ist, denn wenn an irgend einer Stelle eine Resultante von angebbarem Werthe bestände, so würde sich die hier vorhandene positive Electricität in der Richtung der Resultante und die negative Electricität, falls auch sie beweglich ist, in der entgegengesetzten Richtung bewegen, was der gemachten Voraussetzung, dass Gleichgewicht stattfinden soll, widerspräche. In der Bedingung, dass die Resultante Null sein muss, ist zugleich mit einbegriffen, dass, wenn man sich die Resultante in drei nach den Coordinatenrichtungen gehende Componenten zerlegt denkt, auch diese Componenten einzeln Null sein müssen. Es müssen also überall im Innern des leitenden Körpers folgende drei Gleichungen gelten:

$$\frac{\partial V}{\partial x} = 0; \qquad \frac{\partial V}{\partial y} = 0; \qquad \frac{\partial V}{\partial z} = 0,$$

und hieraus ergiebt sich als Gleichgewichtsbedingung, *dass die Potentialfunction V innerhalb des leitenden Körpers einen constanten Werth haben muss.*

Dem eben Gesagten nach lassen sich auch die folgenden drei Gleichungen bilden:

$$\frac{\partial^2 V}{\partial x^2} = 0; \qquad \frac{\partial^2 V}{\partial y^2} = 0; \qquad \frac{\partial^2 V}{\partial z^2} = 0,$$

und wenn man diese auf die Gleichung (8) anwendet, so findet man, dass im Innern des leitenden Körpers überall

$$k = 0$$

sein muss. Man gelangt also auf diese Weise zu dem wichtigen Schlusse, dass im Gleichgewichtszustande sich in dem Körper, soweit er leitend ist, nirgends getrennte Electricität befinden kann, sondern dass nur an der Oberfläche, wo der leitende Körper von Nichtleitern begrenzt ist, getrennte Electricität angehäuft sein kann.

Man muss sich also an der Oberfläche eine sehr dünne Schicht mit der getrennten Electricität erfüllt denken. Eine genaue Bestimmung der Dicke dieser Schicht würde sich ohne näheres Eingehen auf das Wesen der Electricität und auf die Natur der leitenden nnd nichtleitenden Medien, an deren Trennungsfläche die Electricität angehäuft ist, nicht wohl ausführen lassen. Man pflegt sich daher mit dem Resultate, dass die Dicke sehr gering sein muss, zu begnügen, und bei den meisten Betrachtungen sieht man von der Dicke der Schicht ganz ab, und betrachtet einfach die Electricität als auf einer Fläche befindlich.

§. 8. Differentialausdruck, welcher die Vertheilung des wirksamen Agens auf einer Fläche bestimmt.

Da man es in der Electricitätslehre, wie eben erwähnt wurde, mit einem Falle zu thun hat, wo man, wenigstens bei mathematischen Untersuchungen, anzunehmen pflegt, dass das wirksame

Agens (nämlich die getrennte Electricität) nicht einen körperlichen Raum ausfüllt, sondern sich auf einer Fläche befindet, so muss hier noch ein auf diesen Fall bezüglicher wichtiger Satz angeführt werden.

Durch einen Punct einer solchen Fläche, welche das Agens enthält, sei eine senkrecht gegen die Fläche gerichtete Gerade gezogen, und auf dieser Geraden denke man sich den Punkt p, auf welchen die Potentialfunction sich bezieht, beweglich. Der Abstand des Punctes p von der Fläche, welcher an der einen Seite der Fläche als positiv und an der anderen Seite als negativ zu betrachten ist, sei mit n bezeichnet. Wenn wir nun den auf diese Gerade bezüglichen Differentialcoëfficienten $\frac{\partial V}{\partial n}$ bilden, dessen negativer Werth die in die Normalrichtung fallende Componente der Kraft darstellt, so hat derselbe an den beiden Seiten der Fläche verschiedene Werthe, indem er beim Hindurchgehen des Punctes durch die Fläche eine sprungweise Aenderung seines Werthes erleidet, deren Grösse von der an der betreffenden Stelle der Oberfläche stattfindenden Dichtigkeit abhängt. Sei die Flächendichtigkeit an dieser Stelle mit h bezeichnet (so dass ein dort befindliches Flächenelement $d\varphi$ die Menge $h\,d\omega$ des Agens enthält), und seien ferner die beiden Werthe, welche der Differentialcoëfficient $\frac{\partial V}{\partial n}$ annimmt, wenn der Punct p an der positiven und an der negativen Seite bis dicht an die Fläche heranrückt, mit $\left(\frac{\partial V}{\partial n}\right)_{+0}$ und $\left(\frac{\partial V}{\partial n}\right)_{-0}$ bezeichnet, so gilt die Gleichung:

$$(9) \qquad \left(\frac{\partial V}{\partial n}\right)_{+0} - \left(\frac{\partial V}{\partial n}\right)_{-0} = -\,4\,\pi\,\varepsilon\,h.$$

Wendet man diese Gleichung speciell auf Electricität an, so ist wieder, wie bisher, $\varepsilon = 1$ zu setzen, und es kommt:

$$(10) \qquad \left(\frac{\partial V}{\partial n}\right)_{+0} - \left(\frac{\partial V}{\partial n}\right)_{-0} = -\,4\,\pi\,h.$$

Wenn die betrachtete Fläche die Grenzfläche eines leitenden Körpers bildet, so weiss man, dass im Inneren eines leitenden Körpers bis dicht an die Oberfläche die Potentialfunction V constant ist. Demnach hat man, wenn die Normale nach Aussen positiv und nach Innen negativ gerechnet wird,

$$\left(\frac{\partial V}{\partial n}\right)_{-0} = 0,$$

und die vorige Gleichung geht daher über in:

$$(11) \qquad \left(\frac{\partial V}{\partial n}\right)_{+0} = -\,4\,\pi\,h.$$

Hierdurch ist die Beziehung zwischen der dicht an der Oberfläche eines leitenden Körpers wirkenden Normalkraft und der daselbst stattfindenden electrischen Dichtigkeit gegeben.

§. 9. Anordnung der Electricität auf einer Kugel und auf einem Ellipsoid.

Wir wollen nun für einzelne Fälle betrachten, in welcher Weise die Electricität sich auf der Oberfläche eines leitenden Körpers anordnet.

Die Bedingung, aus welcher diese Anordnung zu bestimmen ist, ist immer die, dass die Potentialfunction der gesammten Electricität in jedem leitenden Körper constant sein muss, woraus dann folgt, dass die Resultante der electrischen Kräfte Null ist.

Als einfachsten Fall wollen wir annehmen, es sei ein leitender Körper von der Gestalt einer *Kugel* gegeben, diesem sei eine gewisse Electricitätsmenge Q, die positiv oder negativ sein kann, mitgetheilt, und ausser dieser Electricitätsmenge seien in der Nähe keine getrennten Electricitäten vorhanden, welche auf dieselbe einwirken könnten.

In diesem Falle kann man sofort daraus, dass die Kugel nach allen Seiten symmetrisch ist, schliessen, dass die Electricität sich *gleichförmig* über die Oberfläche verbreiten muss. Da nun die Grösse der Oberfläche, wenn a den Radius der Kugel bedeutet, durch $4\,\pi\,a^2$ dargestellt wird, so erhalten wir für die mit h bezeichnete Flächendichtigkeit der Electricität die Gleichung:

$$(12) \qquad h = \frac{Q}{4\,\pi\,a^2}.$$

Ein zweiter etwas allgemeinerer Fall, welcher den vorigen als speciellen Fall in sich schliesst, und welcher ebenfalls zu einem sehr einfachen Resultate führt, ist der, wenn der leitende Körper die Gestalt eines *Ellipsoids* hat. Für diesen Fall hat Poisson zur Bestimmung der electrischen Dichtigkeit an den verschiedenen Puncten der Oberfläche folgende Regel gegeben, deren Richtigkeit sich leicht nachweisen lässt.

Man denke sich um das gegebene Ellipsoid ein zweites ähnliches und concentrisches Ellipsoid mit gleichgerichteten Axen beschrieben, welches seiner Grösse nach nur sehr wenig von dem gegebenen verschieden sei, so dass zwischen beiden Ellipsoidflächen eine sehr dünne Schicht eingeschlossen sei, und diese Schicht denke man sich gleichförmig mit Electricität ausgefüllt. Die unter diesen Umständen über irgend einem Oberflächenelemente befindliche Electricitätsmenge ist gleich derjenigen, welche im Gleichgewichtszustande auf dem Oberflächenelemente vorhanden sein muss.

Aus dieser Regel lässt sich der mathematische Ausdruck der Flächendichtigkeit an verschiedenen Stellen leicht ableiten. Betrachten wir irgend ein Element $d\omega$ der Oberfläche des gegebenen Ellipsoids, und nennen die Dicke der Schicht an dieser Stelle γ, so ist $\gamma\, d\omega$ der unendlich keine Theil der Schicht, welcher sich über diesem Oberflächenelemente befindet. Ferner wollen wir die Raumdichtigkeit, welche man erhält, wenn man sich die Schicht gleichförmig von der gegebenen Electricitätsmenge erfüllt denkt, mit k bezeichnen. Dann befindet sich über dem Flächenelemente $d\omega$ die Electricitätsmenge $k\gamma\, d\omega$. Nun wird aber andererseits, wenn wir mit h die Flächendichtigkeit der Electricität an der betreffenden Stelle bezeichnen, die auf dem Flächenelemente $d\omega$ befindliche Electricitätsmenge durch $h\, d\omega$ dargestellt. Aus der Vergleichung dieser beiden Ausdrücke folgt, dass man zu setzen hat:

$$h = k\gamma.$$

Seien nun a, b, c die Halbaxen des gegebenen Ellipsoids, und $a\,(1 + \delta)$, $b\,(1 + \delta)$, $c\,(1 + \delta)$, worin δ eine sehr kleine Grösse ist, die Halbaxen des construirt gedachten concentrischen Ellipsoids. Wenn man dann nach dem betrachteten Puncte der Oberfläche vom Mittelpuncte aus einen Leitstrahl zieht, dessen Länge u heissen möge, und diesen Leitstrahl bis zur concentrischen Ellipsoidfläche fortgesetzt denkt, so wird seine Länge bis zum Durchschnitte mit dieser zweiten Fläche durch $u\,(1 + \delta)$ dargestellt. Das zwischen beiden Flächen liegende Stück des Leitstrahles hat also die Länge $\delta \,.\, u$. Multiplicirt man diese Grösse mit dem Cosinus des Winkels, welchen der Leitstrahl mit der an der betreffenden Stelle auf der Oberfläche errichteten Normale bildet, so erhält man die dort stattfindende Dicke der Schicht. Es kommt also, wenn man diesen Winkel mit φ bezeichnet:

$$\gamma = \delta \,.\, u \cos \varphi.$$

Dieses in die vorige Gleichung eingesetzt, giebt:

$$(13) \qquad h = k\,\delta \,.\, u \cos \varphi.$$

Hier kann man zunächst das Product $k\,\delta$ bestimmen. Das Volumen des gegebenen Ellipsoids ist $\frac{4}{3}\pi\,a\,b\,c$. Entsprechend ist das Volumen des construirt gedachten concentrischen Ellipsoids $\frac{4}{3}\pi\,a\,b\,c\,(1+\delta)^3$, wofür man, da δ als sehr klein vorausgesetzt ist, schreiben kann: $\frac{4}{3}\pi\,a\,b\,c\,(1+3\delta)$. Zieht man nun das erste Volumen vom zweiten ab, so erhält man das Volumen der zwischen beiden Flächen befindlichen Schicht, nämlich:

$$4\pi\,a\,b\,c \,.\, \delta.$$

Da nun die Raumdichtigkeit innerhalb dieser Schicht mit k bezeichnet ist, so kann man, wenn die gegebene, unserem Ellipsoid mitgetheilte Electricitätsmenge Q heisst, schreiben:

$$Q = 4\pi\,a\,b\,c \,.\, \delta \,.\, k,$$

und daraus folgt:

$$k\,\delta = \frac{Q}{4\pi\,a\,b\,c}.$$

Dieses in den in (13) gegebenen Ausdruck von h eingesetzt, giebt:

$$(14) \qquad h = \frac{Q}{4\pi\,a\,b\,c}\, u \cos \varphi.$$

Es bleibt nun nur noch das Product $u \cos \varphi$ auszudrücken. Seien x, y, z die Coordinaten des betrachteten Oberflächenpunctes, wo man die Dichtigkeit bestimmen will, so werden die Cosinus der Winkel, welche der Leitstrahl mit den Coordinatenaxen bildet, ausgedrückt durch

$$\frac{x}{u}, \ \frac{y}{u}, \ \frac{z}{u}.$$

Ferner werden die Cosinus der Winkel, welche die Normale mit den Coordinatenaxen bildet, ausgedrückt durch:

$$\frac{\dfrac{x}{a^2}}{\sqrt{\dfrac{x^2}{a^4}+\dfrac{y^2}{b^4}+\dfrac{z^2}{c^4}}}; \ \frac{\dfrac{y}{b^2}}{\sqrt{\dfrac{x^2}{a^4}+\dfrac{y^2}{b^4}+\dfrac{z^2}{c^4}}}; \ \frac{\dfrac{z}{c^2}}{\sqrt{\dfrac{x^2}{a^4}+\dfrac{y^2}{b^4}+\dfrac{z^2}{c^4}}}.$$

Hieraus folgt, dass man für den Cosinus des Winkels φ, den der Leitstrahl mit der Normale bildet, folgenden Ausdruck erhält:

$$cos\,\varphi = \frac{\dfrac{x^2}{a^2} + \dfrac{y^2}{b^2} + \dfrac{z^2}{c^2}}{u\sqrt{\dfrac{x^2}{a^4} + \dfrac{y^2}{b^4} + \dfrac{z^2}{c^4}}}\,.$$

Der Zähler dieses Bruches hat einen sehr einfachen Werth. Es gilt nämlich für einen Punct der Oberfläche eines Ellipsoids mit den Halbaxen a, b, c bekanntlich die Gleichung:

$$(15) \qquad \frac{x^2}{a^2} + \frac{y^2}{b^2} + \frac{z^2}{c^2} = 1.$$

Setzen wir diesen Werth ein und multipliciren ausserdem die Gleichung mit u, so kommt:

$$u\,cos\,\varphi = \frac{1}{\sqrt{\dfrac{x^2}{a^4} + \dfrac{y^2}{b^4} + \dfrac{z^2}{c^4}}}\,.$$

Durch Anwendung dieses Werthes auf die Gleichung (14) erhalten wir den gesuchten mathematischen Ausdruck der Flächendichtigkeit h, nämlich:

$$(16) \qquad h = \frac{Q}{4\,\pi\,a\,b\,c} \cdot \frac{1}{\sqrt{\dfrac{x^2}{a^4} + \dfrac{y^2}{b^4} + \dfrac{z^2}{c^4}}}\,.$$

Aus diesem Ausdrucke kann man noch mit Hülfe der Gleichung (15) eine der Coordinaten eliminiren. Man kann z. B. nach (15) setzen:

$$\frac{z^2}{c^2} = 1 - \frac{x^2}{a^2} - \frac{y^2}{b^2},$$

wodurch die vorige Gleichung übergeht in:

$$(17) \qquad h = \frac{Q}{4\,\pi\,a\,b} \cdot \frac{1}{\sqrt{1 + \dfrac{c^2 - a^2}{a^4}\,x^2 + \dfrac{c^2 - b^2}{b^4}\,y^2}}\,.$$

§. 10. Anordnung der Electricität auf einer elliptischen Platte.

Aus dem vorigen Resultate lässt sich als specieller Fall noch ein Resultat ableiten, welches von besonderem Interesse ist.

Man betrachtet oft den Fall, wo der leitende Körper, dem man Electricität mittheilt, die Form einer dünnen Platte hat, wobei man als Grenzfall auch die Platte als unendlich dünn annehmen kann. Es fragt sich dann, wie sich auf einer solchen Platte die Electricität vertheilt. Für Platten von elliptischer Gestalt kann man nun die Vertheilung der Electricität dem Vorigen nach ohne Weiteres hinschreiben, wenn man eine elliptische Platte als ein sehr flaches Ellipsoid ansieht.

Sei die Halbaxe c als diejenige angenommen, welche sehr klein geworden ist, so wollen wir die Gleichung (17) in folgender Form schreiben:

$$(18) \qquad h = \frac{Q}{4\,\pi\,a\,b} \cdot \frac{1}{\sqrt{1 - \dfrac{x^2}{a^2} - \dfrac{y^2}{b^2} + c^2 \left(\dfrac{x^2}{a^4} + \dfrac{y^2}{b^4} \right)}}.$$

Hierin ist von den beiden unter dem Wurzelzeichen stehenden Grössen

$$1 - \frac{x^2}{a^2} - \frac{y^2}{b^2} \quad \text{und} \quad c^2 \left(\frac{x^2}{a^4} + \frac{y^2}{b^4} \right)$$

im Allgemeinen die letztere gegen die erstere als sehr klein anzusehen, und nur in der Nähe des Randes, wo die erstere sich dem Werthe Null nähert, gewinnt dadurch die letztere an Bedeutung.

Nimmt man die Platte als unendlich dünn an, so dass die mit dem Factor c^2 behaftete Grösse als ganz verschwindend zu betrachten sei, so hat man zu setzen:

$$(19) \qquad h = \frac{Q}{4\,\pi\,a\,b} \cdot \frac{1}{\sqrt{1 - \dfrac{x^2}{a^2} - \dfrac{y^2}{b^2}}}.$$

Ist die Platte kreisförmig, so muss man $b = a$ setzen. Zugleich kann man dann, wenn r den Abstand des betrachteten Punctes vom Mittelpuncte bedeutet, schreiben: $x^2 + y^2 = r^2$, wodurch die Gleichungen (18) und (19) übergehen in:

$$(20) \qquad h = \frac{Q}{4\,\pi\,a^2} \cdot \frac{1}{\sqrt{1 - \dfrac{r^2}{a^2} + \dfrac{c^2 r^2}{a^4}}}$$

$$(21) \qquad h = \frac{Q}{4\,\pi\,a^2} \cdot \frac{1}{\sqrt{1 - \dfrac{r^2}{a^2}}} \cdot$$

Diese letzteren Gleichungen lassen die Zunahme der Dichtigkeit der Electricität von der Mitte nach dem Rande zu besonders deutlich erkennen. Man sieht dass sie zuerst langsam und dann immer schneller wächst, je näher man dem Rande kommt. Bei einer unendlich dünnen Platte würde am Rande selbst, also für $r = a$, die Dichtigkeit unendlich gross sein. Daraus folgt aber nicht, dass die auf der Platte befindliche Electricität in so überwiegender Menge am Rande angehäuft sein würde, dass man dagegen die auf den mittleren Partien der Platte befindliche Menge vernachlässigen dürfte.

Um hierüber ein bestimmtes Urtheil zu gewinnen, wollen wir uns die ganze Kreisfläche durch einen mit dem Radius b, der kleiner als a ist, geschlagenen concentrischen Kreis in zwei Theile getheilt denken, in die innere Kreisfläche mit dem Radius b und in die zwischen ihrer Peripherie und dem Rande der Platte gelegene ringförmige Fläche, und wollen die auf beiden Theilen befindlichen Electricitätsmengen bestimmen. Dieselben mögen durch R und S bezeichnet werden, wobei die beiden einander unendlich nahe gegenüberliegenden parallelen Grenzflächen der Platte gemeinsam betrachtet, und die auf ihnen befindlichen Electricitätsmengen zusammengefasst sein sollen. Dann haben wir zu setzen:

$$(22) \quad \begin{cases} R = \dfrac{Q}{2\,\pi\,a^2} \displaystyle\int_0^{2\pi}\!\!\int_0^{b} \dfrac{r\,dr\,d\varphi}{\sqrt{1 - \dfrac{r^2}{a^2}}} = Q\left(1 - \sqrt{1 - \dfrac{b^2}{a^2}}\right) \\[4ex] S = \dfrac{Q}{2\,\pi\,a^2} \displaystyle\int_0^{2\pi}\!\!\int_b^{a} \dfrac{r\,dr\,d\varphi}{\sqrt{1 - \dfrac{r^2}{a^2}}} = Q\sqrt{1 - \dfrac{b^2}{a^2}} \cdot \end{cases}$$

Setzen wir z. B. $b = \frac{4}{5}\,a$, so ist:

$$R = \tfrac{2}{5}\,Q \text{ und } S = \tfrac{3}{5}\,Q,$$

und setzen wir $b = \frac{12}{13}\,a$, so ist:

$$R = \tfrac{8}{13}\,Q \text{ und } S = \tfrac{5}{13}\,Q.$$

Es sind auch experimentelle Untersuchungen über die Zunahme der Dichtigkeit auf einer mit Electricität geladenen metallenen Kreisplatte von Coulomb angestellt, deren Resultate Biot in seinem *Traité de Physique, T. II, p.* 277 (deutsche Bearbeitung von Fechner, Bd. II, S. 191), mittheilt. Diese mögen hier ebenfalls Platz finden und mit den Werthen, welche sich für den Fall, dass die Platte unendlich dünn gewesen wäre, aus der obigen Formel ergeben würden, verglichen werden. Dabei ist zu bemerken, dass bei einer unendlich dünnen Platte eine schnellere Zunahme der Dichtigkeit von der Mitte nach dem Rande hin stattfinden müsste, als bei einer Platte von endlicher Dicke, dass dieser Unterschied besonders in der Nähe des Randes beträchtlich wird, und dass am Rande selbst keine Vergleichung mehr möglich ist, indem die unendlich dünne Platte dort eine unendlich grosse Dichtigkeit haben würde, während bei einer Platte von endlicher Dicke ein bestimmter endlicher Werth entstehen muss, der bei solcher Dicke, wie sie eine gewöhnliche Condensatorplatte hat, und wie sie wahrscheinlich (obwohl keine Angabe darüber vorliegt) auch die Coulomb'sche Platte gehabt hat, nicht einmal sehr gross sein kann. Unter Berücksichtigung dieser Umstände wird man die Uebereinstimmung zwischen den beobachteten und den berechneten Werthen genügend finden. Der Radius der Platte war 5″.

Abstand vom Rande der Platte	Beobachtete Dichtigkeit	Berechnete Dichtigkeit
5″	1	1
4″	1·001	1·020
3″	1·005	1·090
2″	1·17	1·250
1″	1·52	1·667
0·5″	2·07	2·294
0	2·90	∞

§. 11. Der Green'sche Satz.

Bevor wir nun dazu übergehen, das Verhalten electrischer Körper unter dem Einflusse anderer in der Nähe befindlicher und

somit influenzirend wirkender Körper zu betrachten, wird es zweckmässig sein, einige allgemeine Sätze über die Potentialfunction
vorauszuschicken, von denen diejenigen, welche in meinem Buche
über die Potentialfunction behandelt sind, hier nur kurz angeführt
zu werden brauchen.

Zunächst ist ein von Green aufgestellter geometrischer Satz,
welcher in der Potentialtheorie vielfältige Anwendung findet, zu
erwähnen.

Es seien U und V zwei Functionen der Raumcoordinaten,
von denen wir vorläufig voraussetzen wollen, dass innerhalb eines
zur Betrachtung gegebenen Raumes die Functionen selbst und
ihre ersten und zweiten Ableitungen nirgends unendlich gross
werden. Ferner werde zur Abkürzung ein Summenzeichen eingeführt; welches auch im Folgenden vielfach Anwendung finden
wird. Wenn nämlich eine Summe von drei Gliedern vorkommt,
welche sich auf die drei Coordinatenrichtungen beziehen, im Uebrigen aber ganz gleich sind, so soll nur das auf die x-Richtung bezügliche Glied wirklich hingeschrieben und davor das Summenzeichen gesetzt werden, wie aus Folgendem zu ersehen ist:

$$\sum \frac{\partial U}{\partial x}\frac{\partial V}{\partial x} = \frac{\partial U}{\partial x}\frac{\partial V}{\partial x} + \frac{\partial U}{\partial y}\frac{\partial V}{\partial y} + \frac{\partial U}{\partial z}\frac{\partial V}{\partial z}.$$

Dann gelten nach Green folgende Gleichungen:

$$(23) \quad \int \sum \frac{\partial U}{\partial x}\frac{\partial V}{\partial x}\, d\tau = -\int U \frac{\partial V}{\partial n}\, d\omega - \int U \Delta V d\tau$$

$$(24) \quad \int \sum \frac{\partial U}{\partial x}\frac{\partial V}{\partial x}\, d\tau = -\int V \frac{\partial U}{\partial n}\, d\omega - \int V \Delta U d\tau$$

$$(25) \quad \int U \frac{\partial V}{\partial n}\, d\omega + \int U \Delta V d\tau = \int V \frac{\partial U}{\partial n}\, d\omega + \int V \Delta U d\tau.$$

Hierin soll $d\tau$ ein Raumelement sein, und die Integrale nach τ
sollen sich über den ganzen gegebenen Raum erstrecken. Ferner
soll $d\omega$ ein Element der Oberfläche des Raumes sein und in den
Differentialcoëfficienten $\frac{\partial U}{\partial n}$ und $\frac{\partial V}{\partial n}$ soll n die auf der Oberfläche
errichtete, nach Innen zu als positiv gerechnete Normale bedeu-
ten. Die Integrale nach ω sollen sich über die ganze Oberfläche
des gegebenen Raumes erstrecken.

Diese drei Gleichungen bilden den Ausdruck des Green'schen
Satzes.

Die Gleichungen können noch nach einer gewissen Richtung hin erweitert werden. Wir wollen nämlich die Bedingung, dass die Functionen U und V und ihre ersten und zweiten Ableitungen in dem ganzen Raume nirgends unendlich gross werden, fallen lassen, und statt dessen annehmen, dass die Functionen Glieder enthalten können, welche die Form der Potentialfunction eines in dem Raume befindlichen Agens haben, welches nicht stetig durch den Raum verbreitet zu sein braucht, sondern auch auf Flächen, auf Linien oder in Puncten angehäuft sein kann. Es seien also für U und V folgende Formen angenommen:

$$(26) \qquad \begin{cases} U = u + \int \dfrac{d\mathsf{q}}{r} \\[2ex] V = v + \int \dfrac{dq}{r}. \end{cases}$$

Hierin sollen u und v Functionen bedeuten, welche die obige Bedingung erfüllen, dass sie und ihre ersten und zweiten Differentialcoëfficienten in dem ganzen Raume endlich bleiben. Unter $d\mathsf{q}$ und dq sollen die Elemente von Agentien verstanden sein, welche man sich in dem Raume befindlich und beliebig darin angeordnet denken kann, und für welche die Maasseinheiten so gewählt werden sollen, wie es bei der Electricität geschehen ist, so dass $\varepsilon = 1$ zu setzen ist. Endlich soll r den Abstand eines solchen Elementes von dem Puncte $(x,\, y,\, z)$ darstellen. Wenn nun z. B. in einem Puncte p' eine endliche Menge q oder q eines Agens befindlich ist, so lautet der betreffende Theil des einen oder anderen Integrals $\dfrac{\mathsf{q}}{r}$ oder $\dfrac{q}{r}$, und diese Brüche und ihre Differentialcoëfficienten werden bei unendlicher Annäherung an den Punct p' unendlich gross. Dasselbe findet statt, wenn sich eine endliche Menge des Agens auf einer Linie befindet, während in dem Falle, wo sich eine endliche Menge des Agens auf einer Fläche befindet, zwar nicht für das Integral selbst und seine Differentialcoëfficienten erster Ordnung, wohl aber für seine Differentialcoëfficienten zweiter Ordnung unendliche Werthe entstehen. Nur wenn das Agens mit endlicher Raumdichtigkeit durch den Raum verbreitet ist, bleibt das Integral mit seinen Differentialcoëfficienten erster und zweiter Ordnung überall endlich, und in diesem Falle ist es daher gleichgültig, ob man das Integral in u resp. in v mit einbegreifen oder besonders hinschreiben will.

Für diese unter (26) gegebenen allgemeineren Formen der Functionen U und V lauten die den Green'schen Satz ausdrückenden Gleichungen folgendermaassen:

$$(27) \quad \int \sum \frac{\partial U}{\partial x}\frac{\partial V}{\partial x}\,d\tau = -\int U\frac{\partial V}{\partial n}\,d\omega - \int U \Delta v\, d\tau + 4\pi \int U\, dq$$

$$(28) \quad \int \sum \frac{\partial U}{\partial x}\frac{\partial V}{\partial x}\,d\tau = -\int V\frac{\partial U}{\partial n}\,d\omega - \int V \Delta u\, d\tau + 4\pi \int V\, dq$$

$$(29) \quad \int U\frac{\partial V}{\partial n}\,d\omega + \int U \Delta v\, d\tau - 4\pi \int U\, dq$$

$$= \int V\frac{\partial U}{\partial n}\,d\omega + \int V \Delta u\, d\tau - 4\pi \int V\, dq.$$

§. 12. Bestimmung des von einer Fläche eingeschlossenen Agens.

Um eine erste sehr einfache Anwendung des Green'schen Satzes zu machen, wollen wir für U den constanten Werth 1 annehmen. Daraus ergiebt sich für die Differentialcoëfficienten von U und somit für die ganze linke Seite der Gleichung (27) der Werth 0 und die Gleichung geht über in:

$$\int \frac{\partial V}{\partial n}\,d\omega + \int \Delta v\, d\tau - 4\pi \int dq = 0.$$

Ferner wollen wir unter V die Potentialfunction eines Agens verstehen, welches sich theils innerhalb, theils ausserhalb der geschlossenen Fläche befinden und beliebig vertheilt sein kann. Indem wir dann für V die unter (26) gegebene allgemeine Form

$$V = v + \int \frac{dq}{r}$$

anwenden, wollen wir uns die Potentialfunction des äusseren Agens durch v und die des inneren Agens durch $\int \frac{dq}{r}$ dargestellt denken. Dann ist für den ganzen von der Fläche eingeschlossenen Raum $\Delta v = 0$, und die obige Gleichung vereinfacht sich somit in:

$$\int \frac{\partial V}{\partial n}\,d\omega - 4\pi \int dq = 0.$$

Das zweite hierin vorkommende Integral ist nichts weiter, als die ganze Menge des von der Fläche eingeschlossenen Agens, und wir erhalten somit, indem wir diese Menge mit Q bezeichnen:

$$(30) \qquad \int \frac{\partial V}{\partial n}\, d\omega = 4\pi Q$$

oder:

$$(30\,\mathrm{a}) \qquad Q = \frac{1}{4\pi} \int \frac{\partial V}{\partial n}\, d\omega.$$

Sollte die Fläche selbst mit einer endlichen Menge Agens belegt sein, so würde $\dfrac{\partial V}{\partial n}$ an der Innen- und Aussenseite der Fläche verschiedene Werthe haben, und je nachdem man den inneren oder äusseren Werth in dem Integrale anwendete, würde man die Menge des Agens ohne oder mit Zurechnung der auf der Fläche befindlichen Menge erhalten.

§. 13. Das Green-Dirichlet'sche Princip und die Green'sche Function.

Die weiteren Anwendungen des Green'schen Satzes werden besonders fruchtbar, wenn man ihn mit einem gewissen anderen Satze in Verbindung bringt. Dieser ist in der für den betreffenden Zweck geeigneten Form ebenfalls zuerst von Green ausgesprochen, aber nicht streng mathematisch bewiesen, sondern nur auf Gründe, welche man vom physicalischen Gesichtspuncte aus als sicher zu betrachten pflegt, zurückgeführt. Dirichlet hat ihm später eine allgemeinere Form gegeben, und ihn streng mathematisch bewiesen. In dieser Form, in welcher man ihn das Dirichlet'sche Princip zu nennen pflegt, lautet er: Es giebt für einen beliebigen begrenzten Raum immer eine und nur Eine Function u von x, y, z, die selbst und deren Differentialcoëfficienten erster Ordnung stetig sind, die innerhalb jenes ganzen Raumes die Gleichung $\varDelta u = 0$ erfüllt, und die endlich in jedem Puncte der Oberfläche einen vorgeschriebenen Werth hat.

Den Beweis dieses Satzes will ich hier nicht aufnehmen, sondern verweise in dieser Beziehung auf mein oben citirtes Buch über die Potentialfunction. Hier wird es genügen, die von Green für den beschränkteren Satz angeführten Gründe mitzutheilen.

Green stellt nicht die allgemeine Bedingung, dass die Function u an der Oberfläche einen für jeden Punct beliebig vorgeschriebenen Werth habe, sondern giebt den Werth, den sie haben soll, bestimmt an. Sei nämlich innerhalb des gegebenen Raumes irgend ein Punct p' ausgewählt, und der Abstand des betrachteten Punctes der Oberfläche von diesem Puncte mit r bezeichnet, so soll u an dem Oberflächen-Puncte den Werth $-\dfrac{1}{r}$ haben, so dass die Summe $u + \dfrac{1}{r}$ gleich Null ist.

Den Beweis von der eindeutigen Existenz dieser Function u führt Green so. Man betrachte die Oberfläche des gegebenen Raumes als eine für Electricität leitende Fläche, welche durch einen unendlich dünnen Draht mit der Erde in Verbindung stehe. Ferner denke man sich im Puncte p' eine Einheit positiver Electricität concentrirt. Diese wird durch Influenz bewirken, dass positive Electricität von der Fläche in die Erde abströmt und die Fläche eine so angeordnete negativ electrische Ladung erhält, dass die gesammte Potentialfunction auf allen Theilen der Fläche den in der Erde stattfindenden Werth Null hat. Die gesammte Potentialfunction besteht aber erstens aus der Potentialfunction der in p' concentrirten Electricitätseinheit, nämlich $\dfrac{1}{r}$, und zweitens aus der Potentialfunction der auf der Fläche durch Influenz angesammelten Electricität. Nennen wir also die letztere Potentialfunction u, so ist auf allen Theilen der Fläche die Gleichung

$$u + \frac{1}{r} = 0$$

erfüllt, und ebenso genügt diese mit u bezeichnete Potentialfunction in dem ganzen gegebenen Raume der in Bezug auf die Stetigkeit gestellten Bedingung und der Gleichung $\varDelta u = 0$. Nimmt man es nun als selbstverständlich an, dass es, wenn in irgend einem Puncte p' eine Electricitätseinheit concentrirt ist, immer eine und nur Eine Vertheilung von Electricität auf der Fläche giebt, welche der für das Gleichgewicht nöthigen Bedingung, dass die gesammte Potentialfunction auf der Fläche überall gleich Null ist, entspricht, so ist damit die eindeutige Existenz der Function u bewiesen, und ihr zugleich dadurch, dass sie die Potentialfunction der unter den genannten Umständen auf der Fläche angesammelten Electricität sein soll, eine bestimmte physicalische Bedeutung gegeben.

Auch für einen nicht in dem von der Fläche eingeschlossenen Raume, sondern in dem die Fläche umgebenden Raume gelegenen Punct p' stellt Green die entsprechenden Betrachtungen an, dass er sich in p' eine positive Electricitätseinheit concentrirt denkt, welche die als leitend und mit der Erde verbunden angenommene Fläche negativ electrisch macht, und dass er dann die Potentialfunction der auf der Fläche befindlichen negativen Electricität als die Function u ansieht. Diese Function erfüllt dann wieder die Bedingung, dass sie an allen Puncten der Fläche gleich $-\dfrac{1}{r}$ ist, und hat ausserdem die Eigenschaft, dass in unendlicher Entfernung R vom Anfangspuncte der Coordinaten u und $\dfrac{\partial u}{\partial R}$ unendlich kleine Grössen von den Ordnungen $\dfrac{1}{R}$ und $\dfrac{1}{R^2}$ werden, was für solche Betrachtungen, bei denen man, um einen allseitig begrenzten Raum zu haben, zu der gegebenen Fläche noch eine unendlich grosse Kugelfläche als zweite Grenzfläche hinzunimmt, wesentlich ist.

Die in dieser Weise für den inneren oder äusseren Raum bestimmte Function u pflegt man die Green'sche Function zu nennen.

§. 14. Bestimmung der Potentialfunction eines durch eine Fläche abgegrenzten Agens aus den in der Fläche stattfindenden Werthen.

Wir wollen nun annehmen, es sei eine geschlossene Fläche gegeben, welche einen ein Agens enthaltenden Raum von einem leeren Raume abgrenze, indem entweder der äussere Raum das Agens enthalte und der innere leer sei, oder umgekehrt der innere Raum das Agens enthalte und der äussere leer sei. Auf der Fläche selbst kann sich in beiden Fällen ebenfalls eine endliche Menge des Agens befinden. Es handelt sich nun darum, zu untersuchen, ob die Potentialfunction, wenn sie an der Grenzfläche bekannt ist, sich auch in dem ganzen leeren Raume bestimmen lässt.

Zunächst möge der innere Raum als der leere betrachtet werden. Indem wir auf diesen die Green'sche Gleichung (29) anwenden, wollen wir unter V die zu bestimmende Potentialfunction verstehen. Da diese Function und ihre ersten und zweiten Ableitungen in dem von Agens freien inneren Raume überall endlich bleiben müssen, so kann man in dem unter (26) gegebenen allgemeinen Ausdrucke von V, nämlich $v + \int \frac{dq}{r}$, das Integral mit dq fortlassen und v mit V als gleichbedeutend betrachten. Was ferner die Function U anbetrifft, so wollen wir, nachdem wir irgend einen in dem Raume gelegenen Punct p' mit den Coordinaten x', y', z' ausgewählt haben, unter r den Abstand des Punctes (x, y, z) von diesem Puncte und unter u die Green'sche Function verstehen, und dann setzen:

$$U = u + \frac{1}{r}.$$

Aus der Vergleichung dieses Ausdruckes mit dem unter (26) gegebenen allgemeinen Ausdrucke $u + \int \frac{dq}{r}$ ergiebt sich, dass in dem letzteren dq als das Element einer im Puncte p' concentrirten Einheit des Agens anzusehen ist, woraus folgt, dass das in der Green'schen Gleichung vorkommende Integral $\int V dq$ in diesem Falle nichts anderes ist, als der im Puncte p' stattfindende Werth von V, welchen wir mit V' bezeichnen wollen. Die Green'sche Gleichung (29) nimmt also folgende Form an:

$$\int \left(u + \frac{1}{r} \right) \frac{\partial V}{\partial n} \, d\omega + \int \left(u + \frac{1}{r} \right) \varDelta V d\tau$$

$$= \int V \frac{\partial \left(u + \frac{1}{r} \right)}{\partial n} \, d\omega + \int V \varDelta u \, d\tau - 4\pi V'.$$

Da nun das Agens, von welchem V die Potentialfunction ist, sich nur im äusseren Raume oder auf der Oberfläche, und das Agens, von welchem u die Potentialfunction ist, sich nur auf der Oberfläche befindet, so ist für den ganzen inneren Raum

$$\varDelta V = 0 \quad \text{und} \quad \varDelta u = 0.$$

Ferner muss an der Oberfläche die für die Green'sche Function geltende Bedingungsgleichung

$$u + \frac{1}{r} = 0$$

erfüllt sein. Die obige Gleichung vereinfacht sich also in

$$\int V \frac{\partial \left(u + \frac{1}{r}\right)}{\partial n}\, d\omega - 4\pi V' = 0,$$

woraus sich ergiebt:

$$(31) \qquad V' = \frac{1}{4\pi} \int V \frac{\partial \left(u + \frac{1}{r}\right)}{\partial n}\, d\omega.$$

Bedenkt man nun, dass u eine, wenn auch nicht bekannte, so doch vollkommen bestimmte Function ist, so folgt aus dieser Gleichung, dass, wenn die Potentialfunction V an der Oberfläche bekannt ist, dadurch auch ihr Werth an jedem beliebigen Puncte p' im Innern des von der Fläche eingeschlossenen Raumes bestimmt ist, ohne dass dazu die Art der Vertheilung des Agens gegeben zu sein braucht. Zur wirklichen Berechnung von V' bedarf es erst noch der Ableitung der dem speciellen Falle entsprechenden Form von u.

Es möge nun zweitens der äussere Raum als der leere betrachtet werden, in welchem die Potentialfunction des von der Fläche eingeschlossenen Agens bestimmt werden soll. Damit dieser Raum allseitig begrenzt sei, denken wir uns um den Anfangspunct der Coordinaten mit einem unendlich grossen Radius R eine Kugelfläche geschlagen, so dass der zu betrachtende Raum zwischen der gegebenen geschlossenen Fläche und der unendlich grossen Kugelfläche liegt.

In diesem Raume wählen wir wieder irgend einen Punct p' aus, und können dann, ganz wie vorher die Gleichung (31) ableiten, worin aber für diesen Fall das Flächenintegral, wenigstens vorläufig, nicht bloss auf die gegebene Fläche, sondern auch auf die unendlich grosse Kugelfläche zu beziehen ist.

Was zunächst den auf die gegebene Fläche bezüglichen Theil des Integrals betrifft, so sind darüber noch einige Bemerkungen zu machen. In dem unter dem Integralzeichen stehenden Differentialcoëfficienten

$$\frac{\partial \left(u + \frac{1}{r}\right)}{\partial n}$$

muss, den früheren Festsetzungen gemäss, die Normale nach der Seite des betrachteten Raumes zu als positiv gerechnet werden. Während sie also im vorigen Falle nach Innen als positiv gerechnet werden musste, muss sie im jetzigen Falle nach Aussen als positiv gerechnet werden. Da ferner dieser Differentialcoëfficient an beiden Seiten der Fläche verschiedene Werthe hat, so muss darauf geachtet werden, dass immer der Werth anzuwenden ist, welcher an der Seite des betrachteten Raumes gilt. Während also im vorigen Falle der an der Innenseite geltende Werth angewandt werden musste, muss im jetzigen Falle der an der Aussenseite geltende Werth angewandt werden.

Was ferner den auf die unendlich grosse Kugelfläche bezüglichen Theil des Integrals betrifft, so lässt sich dieser sehr einfach abmachen. Gegen den unendlich grossen Radius der Kugelfläche sind alle endlichen Entfernungen zu vernachlässigen, und man kann daher an der Kugelfläche für $\dfrac{1}{r}$ und V die Werthe in Anwendung bringen, welche man erhalten würde, wenn der Punct p' und das ganze von der gegebenen Fläche eingeschlossene Agens, dessen Menge wir mit Q bezeichnen wollen, sich im Mittelpuncte der Kugelfläche befände, nämlich:

$$\frac{1}{r} = \frac{1}{R} \text{ und } V = \frac{Q}{R},$$

und für die Differentialcoëfficienten nach n kann man, da die nach Innen gehende Normale die entgegengesetzte Richtung des Radius hat, setzen:

$$\frac{\partial u}{\partial n} = - \frac{\partial u}{\partial R} \text{ und } \frac{\partial \frac{1}{r}}{\partial n} = \frac{1}{R^2}.$$

Endlich kann man das Flächenelement $d\omega$ der Kugelfläche durch das Product $R^2 d\sigma$ ersetzen, worin $d\sigma$ das Element des körperlichen Winkels bedeutet. Dadurch erhält man für den auf die Kugelfläche bezüglichen Theil des Integrals die Gleichung:

$$\int V \frac{\partial \left(u + \frac{1}{r} \right)}{\partial n} d\omega = \int \frac{Q}{R} \left(- \frac{\partial u}{\partial R} + \frac{1}{R^2} \right) R^2 d\sigma$$

$$= Q \int \left(- R \frac{\partial u}{\partial R} + \frac{1}{R} \right) d\sigma.$$

Da nun nach dem, was in §. 13 über u gesagt wurde, $\dfrac{\partial u}{\partial R}$ eine unendlich kleine Grösse von der Ordnung $\dfrac{1}{R^2}$ ist, so ist das Product

$R \dfrac{\partial u}{\partial R}$ noch eine unendlich kleine Grösse von der Ordnung $\dfrac{1}{R}$, und der ganze auf die Kugelfläche bezügliche Theil des Integrals ist somit unendlich klein und kann vernachlässigt werden. Man braucht also in der Gleichung (31), mag man sie auf den inneren oder äusseren Raum anwenden, das Integral nur über die gegebene Fläche auszudehnen.

Unter Zusammenfassung der vorstehenden Ergebnisse können wir folgenden, für beide Fälle geltenden Satz aussprechen: Durch die Werthe, welche die Potentialfunction in der gegebenen Fläche hat, sind auch die Werthe, welche sie in dem ganzen resp. inneren oder äusseren leeren Raume hat, vollständig bestimmt.

Befindet sich das Agens nur auf der Fläche selbst, so gilt der Satz für den inneren und äusseren Raum gleichzeitig, und man kann ihn dann so aussprechen: Wenn für ein über eine geschlossene Fläche verbreitetes Agens die Potentialfunction in der Fläche selbst gegeben ist, so ist sie dadurch auch in dem ganzen inneren und äusseren Raume bestimmt.

Endlich möge noch bemerkt werden, dass die Sätze, welche hier für eine einzelne geschlossene Fläche ausgesprochen sind, sich in leicht ersichtlicher Weise auch auf mehrere geschlossene Flächen ausdehnen lassen.

§. 15. Flächenbelegung, welche einer in der Fläche gegebenen Potentialfunction entspricht.

Aus dem im vorigen Paragraphen abgeleiteten Satze ergiebt sich sofort auch der folgende Satz: Für eine geschlossene Fläche giebt es stets eine und auch nur Eine Vertheilung von Agens auf der Fläche selbst, deren Potentialfunction in jedem Puncte der Fläche einen vorgeschriebenen Werth hat.

Wenn nämlich für eine Flächenbelegung der Werth der Potentialfunction in allen Puncten der Fläche gegeben ist, so ist damit nach dem vorigen Paragraphen auch die Potentialfunction im ganzen inneren und äusseren Raume bestimmt, und mit der Potentialfunction sind es auch ihre Differentialcoëfficienten. Denken wir uns nun an irgend einem Puncte der Oberfläche eine Normale errichtet, welche nach der einen Seite als positiv und nach der anderen als negativ gerechnet wird, so gilt gemäss (9) in §. 8, wenn darin $\varepsilon = 1$ gesetzt wird, folgende Gleichung:

$$h = -\frac{1}{4\pi}\left[\left(\frac{\partial V}{\partial n}\right)_{+0} - \left(\frac{\partial V}{\partial n}\right)_{-0}\right],$$

worin h die auf den betreffenden Punct bezügliche Flächendichtigkeit derjenigen Flächenbelegung bedeutet, von welcher V die Potentialfunction ist. Folglich ist die Flächendichtigkeit für jeden Punct der Fläche vollkommen bestimmt, und damit ist der obige Satz bewiesen.

Hieraus lässt sich sofort noch ein weiterer Schluss ziehen. Wenn eine geschlossene Fläche einen mit Agens erfüllten Raum von einem leeren abgrenzt, indem entweder der äussere Raum das Agens enthält und der innere leer ist, oder der innere das Agens enthält und der äussere leer ist, so ist, wie wir im vorigen Paragraphen gesehen haben, durch die Werthe, welche die Potentialfunction des Agens an der Grenzfläche hat, auch die Potentialfunction in dem ganzen leeren Raume bestimmt. Da nun stets eine und nur Eine Flächenbelegung möglich ist, deren Potentialfunction an der Fläche selbst irgend welche vorgeschriebene Werthe hat, so muss auch eine und nur Eine Flächenbelegung möglich sein, deren Potentialfunction an der Fläche die der Potentialfunction des gegebenen Agens zukommenden Werthe hat, und somit auch in dem ganzen leeren Raume mit der Potentialfunction des gegebenen Agens übereinstimmt.

Demnach lässt sich folgender, oft zur Vereinfachung anwendbarer Satz aussprechen: Wenn in einem Raume, welcher durch eine geschlossene Fläche von dem übrigen Raume abgegrenzt ist, sich ein Agens in beliebiger Vertheilung befindet, welches zum Theil auch auf der Fläche selbst gelagert sein kann, so giebt es stets eine und nur Eine Flächenbelegung, welche in dem ganzen übrigen Raume dieselbe Potentialfunction hat, wie das gegebene Agens.

§. 16. Bestimmung der Potentialfunction und der Flächendichtigkeit bei electrischen leitenden Körpern aus der Green'schen Function.

An die vorigen Schlüsse mögen noch einige weitere angeknüpft werden, welche sich speciell auf Electricität beziehen.

Es sei ein für Electricität leitender Körper A gegeben, welcher mit Electricität geladen sei, und es soll die Potentialfunction im äusseren Raume bestimmt werden. Dazu haben wir allgemein die Gleichung (31), nämlich:

$$V' = \frac{1}{4\pi} \int V \frac{\partial \left(u + \frac{1}{r} \right)}{\partial n} \, d\omega.$$

Nun ist aber im Innern und somit auch an der ganzen Oberfläche eines leitenden Körpers die Potentialfunction constant und kann daher aus dem Integralzeichen herausgenommen werden. Wir erhalten also, indem wir den constanten Werth, welchen wir das Potentialniveau des Körpers A nennen wollen, mit V_a bezeichnen:

$$(32) \qquad V' = \frac{V_a}{4\pi} \int \frac{\partial \left(u + \frac{1}{r} \right)}{\partial n} \, d\omega.$$

Hieraus ergiebt sich, dass für jedes Potentialniveau des Körpers die Potentialfunction in dem ganzen äusseren Raume aus der Function u bestimmt werden kann.

Wenn die Potentialfunction in dem ganzen äusseren Raume bestimmt ist, so ist es auch der in der Nähe der Fläche geltende Werth von $\frac{\partial V}{\partial n}$, und mit Hülfe dieses wiederum kann man, nach Gleichung (11), die Flächendichtigkeit h ausdrücken, so dass also auch die Art, wie die dem Körper mitgetheilte Electricität sich über seine Oberfläche verbreitet, aus der Function u bestimmt werden kann.

Sind statt Eines Körpers A deren mehrere A, B, C etc. gegeben, so erhält man ganz entsprechend:

$$(33) \quad V' = \frac{V_a}{4\pi} \int \frac{\partial \left(u + \frac{1}{r}\right)}{\partial n} \, d\omega_a + \frac{V_b}{4\pi} \int \frac{\partial \left(u + \frac{1}{r}\right)}{d n} \, d\omega_b$$

$$+ \frac{V_c}{4\pi} \int \frac{\partial \left(u + \frac{1}{r}\right)}{d n} \, d\omega_c + \text{etc.},$$

worin $d\omega_a$, $d\omega_b$, $d\omega_c$ etc. Oberflächenelemente der Körper A, B, C etc. bedeuten und die einzelnen Integrale sich auf die Oberflächen der einzelnen Körper beziehen. Die Function u ist in diesem Falle natürlich so zu bestimmen, dass alle gegebenen Körper gleichzeitig berücksichtigt werden. Man denke sich nämlich alle diese Körper durch unendlich dünne Drähte mit der Erde verbunden, und nehme im Puncte p' eine positive Electricitätseinheit an, welche auf allen Körpern durch Influenz eine Ladung mit negativer Electricität verursacht, dann ist die Potentialfunction dieser gesammten negativen Electricität die Function u.

§. 17. Wirkung einer leitenden Schaale und eines leitenden Schirmes.

Es sei ein von einer inneren und einer äusseren Oberfläche begränzter schaalenförmiger Körper aus einem die Electricität leitenden Stoffe gegeben. Dann können wir drei Räume unterscheiden, den inneren Hohlraum, den äusseren umgebenden Raum und den von dem Körper selbst erfüllten Raum.

Der innere Hohlraum möge nun irgend welche mit Electricität geladene Körper einschliessen, und es soll untersucht werden, welchen electrischen Zustand diese in der Schaale hervorrufen, und wie sie nach Aussen wirken.

Wir betrachten zunächst die innere Oberfläche der Schaale. Unendlich nahe an derselben, aber noch in dem Hohlraume, denken wir uns den Differentialcoëfficienten $\frac{\partial V}{\partial n}$ gebildet, wobei die Normale nach dem Hohlraume zu als positiv gerechnet werden möge. In Bezug auf diesen Differentialcoëfficienten gilt folgende, in §. 12 unter (30) gegebene Gleichung:

$$\int \frac{\partial V}{\partial n} \, d\omega = 4\pi Q,$$

worin das Integral sich auf die den Hohlraum begrenzende Fläche, also auf die innere Oberfläche unserer Schaale bezieht, und Q die gesammte von der Fläche eingeschlossene Electricitätsmenge, also die Electricitätsmenge, mit welcher die in dem Hohlraume befindlichen electrischen Körper geladen sind, bedeutet. Ferner ist der hier betrachtete Differentialcoëfficient $\frac{\partial V}{\partial n}$ derselbe, welcher in §. 8 mit $\left(\frac{\partial V}{\partial n}\right)_{+0}$ bezeichnet ist, und für welchen die dort unter (11) gegebene Gleichung

$$\left(\frac{\partial V}{\partial n}\right)_{+0} = -4\pi h$$

gilt, worin h die Flächendichtigkeit der Electricität bedeutet. Durch Einsetzung des hier rechts stehenden Werthes in die vorige Gleichung erhält man:

$$(34) \qquad \int h\,d\omega = -Q,$$

d. h. auf der inneren Oberfläche der Schaale befindet sich eine Electricitätsmenge, welche der auf den eingeschlossenen electrischen Körpern befindlichen gleich und entgegengesetzt ist.

Bei diesem Resultate ist es ganz gleichgültig, ob die Schaale mit der Erde in Verbindung steht und dadurch auf dem Potentialniveau Null erhalten ist, oder ob sie isolirt und auf irgend ein anderes Potentialniveau gebracht ist. Dieses hat nur Einfluss auf die Electricitätsmenge, welche sich auf der äusseren Oberfläche lagert.

Wir wollen nun die Potentialfunction in dem die Schaale umgebenden äusseren Raume betrachten. Für irgend einen Punct p' dieses Raumes gilt, wenn wir das Potentialniveau der Schaale mit V_a bezeichnen, die im vorigen Paragraphen unter (32) gegebene Gleichung:

$$V' = \frac{V_a}{4\pi} \int \frac{\partial\left(u + \frac{1}{r}\right)}{\partial n}\, d\omega.$$

Hieraus ergiebt sich, dass die äussere Potentialfunction vollkommen bestimmt ist, sobald das Potentialniveau der Schaale gegeben ist, ohne dass über die Art, wie die in dem Hohlraume befindlichen Körper gestaltet, angeordnet und mit Electricität geladen sind, etwas bekannt zu sein braucht.

Wenn die Schaale mit der Erde in leitender Verbindung steht, so ist $V_a = 0$, und dann ist auch für jeden Punct p' des äusseren Raumes $V' = 0$. Daraus ergiebt sich, dass die in dem Hohlraum befindlichen electrischen Körper nach Aussen hin gar keine Wirkung ausüben. Ihre Wirkung ist durch die entgegengesetzte Electricität, welche durch Influenz an der inneren Oberfläche der Schaale angesammelt ist, vollständig aufgehoben.

Wir wollen uns nun, statt der die electrischen Körper ganz umgebenden Schaale, eine verhältnissmässig grosse aus einem leitenden Stoffe bestehende Platte denken, welche vor die electrischen Körper gestellt sei, und jenseit deren die Potentialfunction bestimmt werden solle. Ohne auf eine specielle Betrachtung dieses Falles einzugehen, kann man soviel ohne Weiteres übersehen, dass die Platte, wenn sie hinlänglich gross ist, eine ähnliche, wenn auch nicht so vollständige Wirkung ausüben muss, wie die Schaale und dass also die Potentialfunction jenseit der Platte fast nur von dem Potentialniveau der Platte abhängen kann. Steht die Platte mit der Erde in leitender Verbindung, so muss die Potentialfunction jenseit der Platte sehr nahe den constanten Werth Null haben, indem die auf der Platte durch Influenz angesammelte entgegengesetzte Electricität die Wirkung der electrischen Körper fast vollständig compensirt. Eine in·dieser Weise wirkende Platte pflegt man einen electrischen Schirm zu nennen.

§. 18. Ein allgemeiner Satz in Bezug auf Influenzwirkungen.

Zum Schluss dieser allgemeinen Betrachtungen möge noch ein vor Kurzem von mir in Wiedemann's Annalen[1]) mitgetheilter Satz angeführt werden, welcher sich auf die gegenseitige Influenz beliebig vieler leitender Körper bezieht, und mehrere, von verschiedenen Autoren aufgestellte Reciprocitätssätze als specielle Fälle in sich enthält.

Es sei irgend eine Anzahl leitender Körper C_1, C_2, C_3 etc. gegeben, welche influenzirend auf einander wirken. Diese sollen in zwei verschiedenen Weisen geladen werden. Bei der ersten Ladung seien die auf den einzelnen Körpern befindlichen Electricitätsmengen: $\qquad Q_1$, Q_2, Q_3 etc.

---

1) Bd. 1, S. 493.

und die dadurch entstehenden Potentialniveaux der Körper:

$$V_1,\ V_2,\ V_3 \text{ etc.},$$

und bei der zweiten Ladung seien die Electricitätsmengen und Potentialniveaux:

$$\mathfrak{Q}_1,\ \mathfrak{Q}_2,\ \mathfrak{Q}_3 \text{ etc.}$$

$$\mathfrak{B}_1,\ \mathfrak{B}_2,\ \mathfrak{B}_3 \text{ etc.}$$

Dann gilt folgende Gleichung:

(35) $\quad V_1\mathfrak{Q}_1 + V_2\mathfrak{Q}_2 + V_3\mathfrak{Q}_3 + \text{etc.} = \mathfrak{B}_1 Q_1 + \mathfrak{B}_2 Q_2 + \mathfrak{B}_3 Q_3 + \text{etc.}$

oder kürzer geschrieben:

(35 a) $\qquad\qquad\qquad \Sigma V\mathfrak{Q} = \Sigma \mathfrak{B} Q.$

Zum Beweise dieser Gleichung denken wir uns um einen in der Nähe der Körper gelegenen Punct eine unendlich grosse Kugelfläche geschlagen, und wenden auf den zwischen den Körpern und der Kugelfläche liegenden unendlichen Raum die dritte Green'sche Gleichung an, indem wir unter den beiden darin vorkommenden Functionen, welche wir mit V und $\mathfrak{B}$ bezeichnen wollen, die der ersten und zweiten Ladung entsprechende Potentialfunction verstehen. Da diese beiden Potentialfunctionen mit ihren ersten und zweiten Ableitungen in dem betrachteten Raume überall endlich bleiben, so können wir die Green'sche Gleichung in der unter (25) gegebenen Form schreiben, nämlich:

$$\int V \frac{\partial \mathfrak{B}}{\partial n}\, d\omega + \int V \varDelta \mathfrak{B}\, d\tau = \int \mathfrak{B} \frac{\partial V}{\partial n}\, d\omega + \int \mathfrak{B} \varDelta V d\tau.$$

Da ferner in dem betrachteten Raume keine Electricität vorhanden sein soll, so gelten in demselben überall die Gleichungen:

$$\varDelta V = 0 \text{ und } \varDelta \mathfrak{B} = 0,$$

wodurch die vorige Gleichung sich reducirt auf:

(36) $\qquad\qquad \int V \frac{\partial \mathfrak{B}}{\partial n}\, d\omega = \int \mathfrak{B} \frac{\partial V}{\partial n}\, d\omega.$

In dieser Gleichung haben sich die Integrale über die Oberflächen aller gegebenen Körper und über die unendlich grosse Kugelfläche zu erstrecken. Die auf die letztere Fläche bezüglichen Theile der Integrale sind aber aus den Gründen, welche für einen ähnlichen Fall schon in §. 14 besprochen wurden, unendlich klein und können daher vernachlässigt werden, so dass die Integrationen nur auf die Oberflächen der gegebenen Körper ausgedehnt zu werden brauchen.

Auf der Oberfläche jedes Körpers ist die Potentialfunction constant, und kann daher für den Theil des Integrals, welcher sich auf ihn bezieht, aus dem Integralzeichen genommen werden. Demnach können wir die vorige Gleichung so schreiben:

$$V_1 \int \frac{\partial \mathfrak{B}}{\partial n}\, d\omega_1 + V_2 \int \frac{\partial \mathfrak{B}}{\partial n}\, d\omega_2 + V_3 \int \frac{\partial \mathfrak{B}}{\partial n}\, d\omega_3 + \text{etc.}$$

$$= \mathfrak{B}_1 \int \frac{\partial V}{\partial n}\, d\omega_1 + \mathfrak{B}_2 \int \frac{\partial V}{\partial n}\, d\omega_2 + \mathfrak{B}_3 \int \frac{\partial V}{\partial n}\, d\omega_3 + \text{etc.},$$

worin $d\omega_1$, $d\omega_2$, $d\omega_3$ etc. Oberflächenelemente der Körper C_1, C_2, C_3 etc. sein und die verschiedenen Integrale sich auf die Oberflächen der einzelnen Körper beziehen sollen.

Nun ist, wie im vorigen Paragraphen, an allen Oberflächen, gemäss der Gleichung (11), zu setzen:

$$\frac{\partial V}{\partial n} = -\, 4\pi h \quad \text{und} \quad \frac{\partial \mathfrak{B}}{\partial n} = -\, 4\pi \mathfrak{h},$$

worin h und $\mathfrak{h}$ die Flächendichtigkeiten bei den beiden Ladungen bedeuten sollen. Es kommt also:

$$V_1 \int \mathfrak{h}\, d\omega_1 + V_2 \int \mathfrak{h}\, d\omega_2 + V_3 \int \mathfrak{h}\, d\omega_3 + \text{etc.}$$

$$= \mathfrak{B}_1 \int h\, d\omega_1 + \mathfrak{B}_2 \int h\, d\omega_2 + \mathfrak{B}_3 \int h\, d\omega_3 + \text{etc.}$$

Die hierin noch vorkommenden Integrale sind aber nichts weiter, als die auf den einzelnen Körpern befindlichen Electricitätsmengen, und wir erhalten somit die zu beweisende Gleichung

$$V_1 \mathfrak{Q}_1 + V_2 \mathfrak{Q}_2 + V_3 \mathfrak{Q}_3 + \text{etc.} = \mathfrak{B}_1 Q_1 + \mathfrak{B}_2 Q_2 + \mathfrak{B}_3 Q_3 + \text{etc.}$$

Diese Gleichung lässt sich unter gewissen, oft stattfindenden Umständen noch sehr vereinfachen. Betrachten wir die Glieder, welche sich auf irgend einen der gegebenen Körper, der C_i heisse, beziehen, nämlich die beiden Producte

$$V_i \mathfrak{Q}_i \text{ und } \mathfrak{B}_i Q_i,$$

so werden diese in zwei Fällen Null, so dass sie aus der Gleichung fortgelassen werden können. Wenn der Körper mit der Erde in leitender Verbindung steht, so bleibt sein Potentialniveau bei jeder Ladung des Systemes Null, und wir haben also für diesen Fall zu setzen:

$$V_i = \mathfrak{B}_i = 0,$$

wodurch die obigen Producte verschwinden. Wenn ferner der Kör-

per isolirt und ursprünglich unelectrisch ist, und bei der Ladung
keine Electricität von Aussen erhält, sondern nur durch Influenz
eine ungleiche Vertheilung seiner eigenen Electricität erleidet, so
wird seine Oberfläche theils positiv, theils negativ electrisch, in
der Weise, dass die ganze auf der Oberfläche befindliche Electricitätsmenge Null bleibt. Wir haben dann also zu setzen:

$$Q_i = \mathfrak{Q}_i = 0,$$

wodurch wiederum die obigen Producte verschwinden. Demgemäss kann folgende Regel aufgestellt werden. Solche Körper, die
bei beiden Ladungen mit der Erde in leitender Verbindung stehen, oder die isolirt und ursprünglich unelectrisch sind, und bei
den Ladungen keine Electricität empfangen, können bei der Aufstellung der Gleichung (35) ganz unberücksichtigt bleiben.

Es möge nun als specieller Fall angenommen werden, dass
bei allen gegebenen Körpern, mit Ausnahme von C_1 und C_2, einer
der beiden genannten Umstände stattfinde. Dann reducirt sich
die Gleichung auf:

$$(37) \qquad V_1 \mathfrak{Q}_1 + V_2 \mathfrak{Q}_2 = \mathfrak{V}_1 Q_1 + \mathfrak{V}_2 Q_2.$$

Wenn wir diese Gleichung noch weiter dadurch vereinfachen, dass
wir auch über das Verhalten der Körper C_1 und C_2 noch besondere Annahmen machen, so gelangen wir zu den oben erwähnten
Reciprocitätssätzen.

Zunächst wollen wir uns denken, bei der ersten Ladung werde
C_1 bis zum Potentialniveau K geladen, während C_2 mit der Erde
in leitender Verbindung stehe und durch Influenz aus der Erde
die Electricitätsmenge Q_2 erhalte; bei der zweiten Ladung werde
C_2 bis zum Potentialniveau K geladen, während C_1 mit der Erde
in leitender Verbindung stehe, und durch Influenz die Electricitätsmenge $\mathfrak{Q}_1$ erhalte. Dann haben wir zu setzen:

$$V_2 = \mathfrak{V}_1 = 0; \quad V_1 = \mathfrak{V}_2 = K,$$

wodurch (37) übergeht in:

$$K \mathfrak{Q}_1 = K Q_2$$

oder:

$$(38) \qquad \mathfrak{Q}_1 = Q_2.$$

Also die Electricitätsmenge, welche bei der Ladung von C_1 bis zu
einem gewissen Potentialniveau durch Influenz auf C_2 angesammelt wird, und diejenige, welche bei der Ladung von C_2 bis zu

demselben Potentialniveau durch Influenz auf C_1 angesammelt wird, sind unter einander gleich.

Ferner wollen wir beide Körper als isolirt und ursprünglich unelectrisch voraussetzen, und annehmen, bei der ersten Ladung erhalte nur der Körper C_1 die Electricitätsmenge E, durch deren Influenz in C_2 das Potentialniveau V_2 entstehe, und bei der zweiten Ladung erhalte nur der Körper C_2 die Electricitätsmenge E, durch deren Influenz in C_1 das Potentialniveau $\mathfrak{V}_1$ entstehe. In diesem Falle haben wir zu setzen:

$$Q_2 = \mathfrak{Q}_1 = 0; \quad Q_1 = \mathfrak{Q}_2 = E,$$

wodurch (37) übergeht in:

$$V_2 E = \mathfrak{V}_1 E$$

oder:

$$(39) \qquad V_2 = \mathfrak{V}_1.$$

Also das Potentialniveau, welches bei der Ladung von C_1 mit einer gewissen Electricitätsmenge durch Influenz in C_2 entsteht, und dasjenige, welches bei der Ladung von C_2 mit derselben Electricitätsmenge durch Influenz in C_1 entsteht, sind unter einander gleich.

Denken wir uns noch specieller die beiden Körper auf Puncte reducirt, setzen ferner $E = 1$ und nehmen endlich von den übrigen ausser C_1 und C_2 noch vorhandenen leitenden Körpern an, dass sie mit der Erde in leitender Verbindung stehen, so erhalten wir als speciellen Fall der vorigen Gleichung die entsprechende Gleichung für die Green'sche Function. Bezeichnen wir nämlich die Green'sche Function für die beiden Fälle, wo sich die Electricitätseinheit im ersten oder zweiten Puncte befindet, mit u und $\mathfrak{u}$, und ferner den Abstand irgend eines Punctes x, y, z vom ersten und zweiten Puncte mit r und $\mathfrak{r}$, so haben wir zu setzen:

$$V = u + \frac{1}{r}; \quad \mathfrak{V} = \mathfrak{u} + \frac{1}{\mathfrak{r}}$$

und dadurch geht die vorige Gleichung über in

$$u_2 + \frac{1}{r_2} = \mathfrak{u}_1 + \frac{1}{\mathfrak{r}_1}.$$

Nun sind aber r_2 und $\mathfrak{r}_1$ unter einander gleich, indem r_2 den Abstand des zweiten Punctes vom ersten und $\mathfrak{r}_1$ den Abstand des ersten Punctes vom zweiten bedeutet, und somit reducirt sich die Gleichung auf

$$(40) \qquad\qquad u_2 = u_1,$$

d. h. wenn man von zwei gegebenen Puncten das eine Mal im ersten die Electricitätseinheit annimmt und im zweiten die Green'sche Function betrachtet, und das andere Mal im zweiten die Electricitätseinheit annimmt und im ersten die Green'sche Function betrachtet, so erhält man gleiche Werthe.

Ausser den hier beispielsweise aus der Gleichung (35) gezogenen Schlüssen, welche zwei sehr einfache specielle Fälle betreffen, lassen sich natürlich noch viele andere ähnliche Schlüsse aus derselben ziehen.

ABSCHNITT II.

Gleichungen für Leidener Flaschen.

§. 1. Betrachtung zweier einander sehr nahe gegenüberliegender Oberflächenpuncte von leitenden Körpern.

Nach den vorstehenden allgemeinen Betrachtungen wenden wir uns nun zur speciellen Betrachtung einer für die Electricitätslehre sehr wichtigen Gruppe von Apparaten, nämlich des Condensators, der Franklin'schen Tafel und der Leidener Flasche. Dabei wollen wir die bei diesen Apparaten vorkommende isolirende Zwischenschicht vorläufig einfach als einen vollkommenen Isolator ansehen, welcher bei der Ladung des Apparates keine innere Veränderung erleidet, indem wir uns die Betrachtung der im Inneren von Isolatoren vorkommenden electrischen Veränderungen und ihres nach Aussen hin ausgeübten Einflusses für den nächsten Abschnitt vorbehalten.

Zunächst mögen statt eines der genannten Apparate nur irgend zwei leitende Körper C_1 und C_2 gegeben sein, deren Oberflächen sich an einer Stelle sehr nahe gegenüberliegen. Die Oberflächen sollen an dieser Stelle einander parallel sein, so dass die auf der einen errichtete Normale auch auf der anderen normal ist. Die Länge des zwischen den beiden Oberflächen liegenden Stückes der gemeinsamen Normale, also den Abstand der Flächen, wollen wir mit c bezeichnen und als sehr klein voraussetzen.

Es möge nun die Potentialfunction im Körper C_1 den Werth V_1 und im Körper C_2 den Werth V_2 haben, während sie zwischen beiden Körpern veränderlich ist, und hier einfach mit V bezeichnet werde. Um sie hier für einen beliebigen Punct auszudrücken, wählen wir den an der Oberfläche des Körpers C_1 gegebenen Punct zum Anfangspuncte eines rechtwinkligen Coordinatensystemes, dessen z-Axe die in dem Puncte errichtete Normale (und zwar nach Aussen hin als positiv gerechnet), und dessen x- und y-Axe irgend zwei in der Tangentialebene gelegene auf einander senkrechte Gerade seien. Da der zum Anfangspuncte gewählte Punct noch zum Körper C_1 gehört, so hat die Potentialfunction in ihm den Werth V_1. Gehen wir aber von ihm aus in der Richtung der z-Axe vorwärts, so ändert sich die Potentialfunction, und nach dem Tailor'schen Lehrsatze können wir für einen um die Strecke z vom Körper C_1 entfernten Punct schreiben:

$$V = V_1 + \left(\frac{\partial V}{\partial z}\right)_1 z + \left(\frac{\partial^2 V}{\partial z^2}\right)_1 \frac{z^2}{1.2} + \left(\frac{\partial^3 V}{\partial z^3}\right)_1 \frac{z^3}{1.2.3} + \text{etc.,}$$

worin der an die Differentialcoëfficienten gesetzte Index 1 andeuten soll, dass es sich um die dicht am Körper C_1 geltenden Werthe der Differentialcoëfficienten handelt. Wenden wir diese Gleichung auf den Punct an, wo die z-Axe den anderen Körper C_2 trifft, so ist in diesem Puncte $z = c$, und die Potentialfunction hat hier den Werth V_2, woraus folgt, dass zu setzen ist:

$$(1) \quad V_2 = V_1 + \left(\frac{\partial V}{\partial z}\right)_1 c + \left(\frac{\partial^2 V}{\partial z^2}\right)_1 \frac{c^2}{1.2} + \left(\frac{\partial^3 V}{\partial z^3}\right)_1 \frac{c^3}{1.2.3} + \text{etc.}$$

Die ersten beiden hierin an der rechten Seite stehenden Differentialcoëfficienten kann man auf Einen reduciren, wenn man die für den ganzen zwischen den beiden Körpern liegenden Raum geltende Gleichung

$$(2) \qquad \frac{\partial^2 V}{\partial x^2} + \frac{\partial^2 V}{\partial y^2} + \frac{\partial^2 V}{\partial z^2} = 0$$

in Anwendung bringt.

Man denke sich, dass man von dem in der Oberfläche des Körpers C_1 liegenden Anfangspuncte der Coordinaten aus in der xz-Ebene nach einem anderen ausserhalb des Körpers oder in dessen Oberfläche gelegenen unendlich nahen Puncte fortschreite, dessen Coordinaten dx und dz sein mögen. Die dadurch entstehende kleine Aenderung der Potentialfunction V wird durch folgende Gleichung bestimmt:

$$dV = \frac{\partial V}{\partial x} dx + \frac{\partial V}{\partial z} dz + \frac{\partial^2 V}{\partial x^2} \cdot \frac{dx^2}{2} + \frac{\partial^2 V}{\partial x \partial z} dx dz + \frac{\partial^2 V}{\partial z^2} \cdot \frac{dz^2}{2}$$
$$+ \text{ etc.,}$$

worin der Index 1 an den Differentialcoëfficienten der Bequemlichkeit wegen fortgelassen ist. Nimmt man nun bestimmter an, dieser andere Punct sei, wie der Anfangspunct der Coordinaten, in der Oberfläche des Körpers C_1 gelegen, so hat die Potentialfunction hier ebenfalls den Werth V_1 und das an der linken Seite stehende Differential dV ist somit gleich Null zu setzen. Zugleich lässt sich für diesen Fall aus der Gestalt der Curve, in welcher die xz-Ebene die Oberfläche des Körpers schneidet, die Beziehung zwischen den Differentialen dx und dz ableiten. Da die x-Axe die in dem betreffenden Puncte an die Curve gelegte Tangente ist, so erhalten wir, wenn wir den Krümmungsradius der Curve in diesem Puncte mit R_1 bezeichnen, die Gleichung:

$$dz = \mp \frac{1}{2\,R_1}\,dx^2 + \text{etc.,}$$

worin das obere oder untere Zeichen zu wählen ist, jenachdem die Curve, von der Seite der positiven z, d. h. von der Aussenseite des Körpers betrachtet, convex oder concav ist. Setzen wir diesen Werth von dz in die vorige Gleichung ein, und setzen zugleich die linke Seite gleich Null, so kommt:

$$0 = \frac{\partial V}{\partial x}\,dx + \frac{1}{2}\left(\frac{\partial^2 V}{\partial x^2} \mp \frac{1}{R_1}\cdot\frac{\partial V}{\partial z}\right) dx^2 + \text{etc.}$$

Da diese Gleichung für beliebige Werthe von dx richtig sein muss, so folgt, dass die Coëfficienten der verschiedenen Potenzen von dx einzeln gleich Null sein müssen, woraus sich ergiebt:

$$\frac{\partial V}{\partial x} = 0; \quad \frac{\partial^2 V}{\partial x^2} \mp \frac{1}{R_1}\cdot\frac{\partial V}{\partial z} = 0.$$

Die zweite dieser Gleichungen wollen wir in folgender Form schreiben:

$$(3)\qquad \frac{\partial^2 V}{\partial x^2} = \pm \frac{1}{R_1}\cdot\frac{\partial V}{\partial z}.$$

Ebenso erhält man für die yz-Ebene, wenn die Curve, in welcher diese Ebene die Oberfläche schneidet, den Krümmungsradius R'_1 hat:

$$(4)\qquad \frac{\partial^2 V}{\partial y^2} = \pm \frac{1}{R'_1}\cdot\frac{\partial V}{\partial z}.$$

Diese Werthe von $\dfrac{\partial^2 V}{\partial x^2}$ und $\dfrac{\partial^2 V}{\partial y^2}$ in die Gleichung (2) eingesetzt, giebt:

$$\left(\pm \frac{1}{R_1} \pm \frac{1}{R'_1} \right) \frac{\partial V}{\partial z} + \frac{\partial^2 V}{\partial z^2} = 0$$

oder:

$$(5) \qquad \frac{\partial^2 V}{\partial z^2} = \left(\mp \frac{1}{R_1} \mp \frac{1}{R'_1} \right) \frac{\partial V}{\partial z}.$$

Indem man diesen Werth von $\frac{\partial^2 V}{\partial z^2}$, welcher sich auf den an der Oberfläche des Körpers C_1 liegenden Anfangspunct der Coordinaten bezieht, in die Gleichung (1) für $\left(\frac{\partial^2 V}{\partial z^2} \right)_1$ einsetzt, erhält man:

$$(6) \quad V_2 = V_1 + \left(\frac{\partial V}{\partial z} \right)_1 c \left[1 + \frac{c}{2} \left(\mp \frac{1}{R_1} \mp \frac{1}{R'_1} \right) \right] + \left(\frac{\partial^3 V}{\partial z^3} \right)_1 \frac{c^3}{1.2.3} + \text{etc.}$$

Hierin kann nun noch für $\left(\frac{\partial V}{\partial z} \right)_1$ ein anderer Ausdruck gesetzt werden. Nach Gleichung (11) des vorigen Abschnittes ist nämlich, wenn h_1 die Flächendichtigkeit der Electricität an dem betreffenden Puncte der Oberfläche des Körpers C_1 bedeutet, zu setzen:

$$\left(\frac{\partial V}{\partial z} \right)_1 = - 4 \pi h_1,$$

wodurch die Gleichung übergeht in:

$$V_2 = V_1 - 4\pi h_1 c \left[1 + \frac{c}{2} \left(\mp \frac{1}{R_1} \mp \frac{1}{R'_1} \right) \right] + \left(\frac{\partial^3 V}{\partial z^3} \right)_1 \frac{c^3}{1.2.3} + \text{etc.}$$

In dieser Gleichung wollen wir nun die Glieder von dritter und höherer Ordnung in-Bezug auf c vernachlässigen, und die Gleichung in folgender Form schreiben:

$$(7) \qquad V_1 - V_2 = 4\pi h_1 c \left[1 + \frac{c}{2} \left(\mp \frac{1}{R_1} \mp \frac{1}{R'_1} \right) \right].$$

Nachdem wir dieses Resultat für den Körper C_1 gewonnen haben, wollen wir uns denken, es werde ganz dieselbe Entwickelung noch einmal gemacht, nur mit dem Unterschiede, dass wir von der Oberfläche des Körpers C_2 ausgehen, und in der Normale bis zur Oberfläche des Körpers C_1 fortschreiten. Die dadurch entstehende Gleichung können wir sofort aus der vorigen ableiten, wenn wir die Differenz $V_1 - V_2$ mit $V_2 - V_1$ vertauschen, ferner für h_1 das Zeichen h_2 einführen, welches die electrische Dichtigkeit an dem betreffenden Puncte der Oberfläche des Körpers C_2 bedeuten soll, und ebenso für R_1 und R'_1 die Zeichen R_2 und

R'_2 setzen, welche die Krümmungsradien der zweiten Fläche darstellen sollen. Es kommt also:

$$(8) \qquad V_2 - V_1 = 4\pi h_2 c \left[1 + \frac{c}{2} \left(\mp \frac{1}{R_2} \mp \frac{1}{R'_2} \right) \right].$$

Die Gleichungen (7) und (8) können unter entsprechender Vernachlässigung der Glieder höherer Ordnungen auch in folgende Form gebracht werden:

$$(9) \qquad \begin{cases} h_1 = \dfrac{V_1 - V_2}{4\pi c} \left[1 + \dfrac{c}{2} \left(\pm \dfrac{1}{R_1} \pm \dfrac{1}{R'_1} \right) \right] \\[2ex] h_2 = \dfrac{V_2 - V_1}{4\pi c} \left[1 + \dfrac{c}{2} \left(\pm \dfrac{1}{R_2} \pm \dfrac{1}{R'_2} \right) \right]. \end{cases}$$

Hieraus ergiebt sich für die electrische Dichtigkeit an jedem der beiden einander gegenüberliegenden Puncte das eigenthümliche Resultat, dass sie, soweit sie durch das erste und bedeutendste Glied der Formel ausgedrückt wird, nur von der zwischen beiden Körpern stattfindenden Potentialniveaudifferenz und von ihrem Abstande abhängt, und für beide Körper gleich und entgegengesetzt ist. Das zweite Glied ist für beide Körper verschieden, hängt aber bei gegebener Potentialniveaudifferenz für jeden Körper nur von seinen eigenen Krümmungsradien ab. Sollten die Oberflächen an den betreffenden Stellen so gestaltet sein, dass man hätte:

$$\frac{1}{R_2} + \frac{1}{R'_2} = \frac{1}{R_1} + \frac{1}{R'_1},$$

so würden auch die zweiten Glieder beider Formeln gleich und entgegengesetzt sein, und der Unterschied zwischen h_2 und $- h_1$ könnte dann nur noch durch Glieder von höheren Ordnungen ausgedrückt sein.

§. 2. Anwendung der Gleichungen auf den Condensator, die Franklin'sche Tafel und die Leidener Flasche.

Die vorstehenden Gleichungen können wir nun sofort auf die beiden Platten eines Condensators und die beiden Belegungen einer Franklin'schen Tafel anwenden, und da bei diesen die einander gegenüberliegenden Flächen der beiden Platten oder Belegungen in ihrer ganzen Ausdehnung parallel sind, so gelten die Gleichungen nicht bloss für ein bestimmtes Paar von gegenüberliegenden Puncten, sondern für die ganzen Flächen. Nur die Stellen, welche so nahe am Rande liegen, dass die Entfernung vom Rande eine Grösse von derselben Ordnung wie c ist, sind auszunehmen, weil hier die höheren Differentialcoëfficienten so gross werden, dass die in den Gleichungen fortgelassenen Glieder nicht mehr vernachlässigt werden dürfen.

Was ferner die Leidener Flaschen anbetrifft, so pflegen bei diesen die einander gegenüberliegenden Flächen der beiden Belegungen, d. h. die Grenzflächen des Glases, zwar angenähert aber nicht genau parallel zu sein, und dadurch tritt eine Abweichung ein. Wenn man nämlich in einem Puncte der einen Fläche eine Normale errichtet und von demselben Puncte aus auch auf die andere Fläche eine Normale fällt, so fallen diese beiden Normalen nicht genau zusammen, und die auf ihnen gemessenen Abstände der beiden Flächen sind daher nicht genau gleich. Der zwischen ihnen stattfindende Längenunterschied kann indessen bei kleinen Abweichungen vom Parallelismus nur sehr unbedeutend sein. Setzen wir voraus, die Abweichung vom Parallelismus, also der Winkel zwischen den beiden Normalen, sei nur eine Grösse von derselben Ordnung wie c (wobei wir uns c nach einer den Dimensionen der Belegungen entsprechenden Längeneinheit gemessen denken), so lässt sich leicht ersehen, dass der Unterschied zwischen den auf den beiden Normalen gemessenen Abständen so gering sein muss, dass man, nachdem der eine mit c bezeichnet ist, den anderen durch einen Ausdruck von der Form $c + mc^3$ darstellen kann. Der Unterschied ist also eine Grösse von dritter Ordnung in Bezug auf c, und kann somit in unseren Gleichungen, die nur bis zur zweiten Ordnung richtig sein sollen, vernachlässigt werden. Demnach können wir unter der gemachten Voraussetzung die Gleichungen des vorigen Paragraphen auch auf Leidener Flaschen anwenden.

Betrachten wir nun die Gleichungen (9), so treten in denselben für die in Rede stehenden Apparate noch gewisse Vereinfachungen in Bezug auf das Glied ein, welches die Krümmungsradien enthält. Bei dem Condensator und der Franklin'schen Tafel sind die Flächen eben, also die Krümmungsradien unendlich gross, und dadurch wird das Glied Null. Bei der Leidener Flasche haben die Krümmungsradien zwar endliche Werthe, aber es findet zwischen ihnen eine gewisse Beziehung statt, weil die Flächen parallel oder wenigstens nahe parallel sind. Bei parallelen Flächen sind die Längen der zusammengehörigen Krümmungsradien nur um den Abstand c von einander verschieden, und wenn die Flächen zwar nicht ganz parallel sind, aber nur um eine Grösse von der Ordnung c vom Parallelismus abweichen, so können auch in diesem Falle die Längen der Krümmungsradien nur um eine Grösse von der Ordnung c von einander verschieden sein. Da nun das Glied, welches die Krümmungsradien enthält, das höchste in den Gleichungen noch berücksichtigte ist, so kann in ihm ein Unterschied, welcher im Verhältnisse zu seiner Grösse wieder nur von der Ordnung c ist, vernachlässigt werden. Dem Vorzeichen nach aber sind die Krümmungsradien beider Flächen entgegengesetzt, denn die Curven, in welchen eine Normalebene die beiden Flächen schneidet, verhalten sich insofern entgegengesetzt, als die eine nach Aussen convex und die andere concav ist. Wir können also, wenn wir die Krümmungsradien der ersten Fläche, unter Fortlassung des Index, mit R und R' bezeichnen, die der zweiten durch $- R$ und $- R'$ darstellen. Die Gleichungen (9) gehen daher über in:

$$(10) \quad \begin{cases} h_1 = \dfrac{V_1 - V_2}{4 \pi c} \left[1 + \dfrac{c}{2} \left(\pm \dfrac{1}{R} \pm \dfrac{1}{R'} \right) \right] \\[2ex] h_2 = \dfrac{V_2 - V_1}{4 \pi c} \left[1 + \dfrac{c}{2} \left(\mp \dfrac{1}{R} \mp \dfrac{1}{R'} \right) \right], \end{cases}$$

und hieraus ergiebt sich weiter:

$$(11) \qquad h_2 = - h_1 \left[1 + c \left(\mp \dfrac{1}{R} \mp \dfrac{1}{R'} \right) \right].$$

Eine noch grössere Uebereinstimmung, als zwischen den Grössen h_2 und $- h_1$, findet zwischen zwei anderen damit zusammenhängenden Grössen statt. Wir wollen auf der ersten Fläche ein Element $d\omega_1$ betrachten. Am Umfange desselben wollen wir uns unendlich viele Normalen auf der Fläche errichtet denken, die auf der zweiten Fläche ein Element abgrenzen, welches wir als das entsprechende ansehen und mit $d\omega_2$ bezeichnen wollen. Die auf diesen beiden Elementen befindlichen Electricitätsmengen sind $h_1 d\omega_1$ und $h_2 d\omega_2$. Nun ergiebt sich aber aus einfachen geometrischen Betrachtungen, dass die beiden Flächenelemente, unter Vernachlässigung von Gliedern höherer Ordnungen, in folgender Beziehung zu einander stehen:

$$(12) \qquad d\omega_2 = d\omega_1 \left[1 + c \left(\pm \dfrac{1}{R} \pm \dfrac{1}{R'} \right) \right].$$

Wenn man nun die Gleichungen (11) und (12) mit einander multiplicirt, so verschwindet das mit dem Factor c behaftete Glied, und wenn man das mit dem Factor c^2 behaftete Glied fortlässt, so kommt:

$$(13) \qquad\qquad h_2\, d\,\omega_2 = -\, h_1\, d\,\omega_1$$

d. h. die Electricitätsmengen, welche sich auf zwei entsprechenden Flächenelementen befinden, sind, abgesehen vom Vorzeichen, einander so nahe gleich, dass die Abweichung im Verhältnisse zum ganzen Werthe nur eine Grösse von der Ordnung c^2 ist.

Dasselbe, was hier von zwei entsprechenden Flächenelementen gesagt ist, muss natürlich auch von endlichen Flächenstücken gelten, welche so begrenzt sind, dass die an der einen Grenzlinie auf der Fläche errichteten Normalen sämmtlich die andere Grenzlinie treffen. Auch auf diesen endlichen Flächenstücken müssen die Electricitätsmengen einander so nahe gleich sein, dass die Abweichung im Verhältnisse zur ganzen Menge nur von zweiter Ordnung in Bezug auf c ist.

§. 3. Vervollständigungen, welche in den vorigen Gleichungen noch nöthig sind.

Die im vorigen Paragraphen mitgetheilten Gleichungen hat Green für den Condensator, die Franklin'sche Tafel und die Leidener Flasche abgeleitet, und sie bilden die Grundlage der auf diese Apparate bezüglichen Theorie. Bei näherer Betrachtung findet man aber, dass sie noch nicht alles enthalten, was bei diesen Apparaten zu berücksichtigen ist.

Wir wollen im Folgenden der Kürze wegen immer von der *Leidener Flasche* sprechen, weil das, was von dieser gilt, auch auf die Franklin'sche Tafel und den Condensator Anwendung findet, und sogar, wenn man bei den letzteren die beiden Metallplatten als eben, parallel, gleich und einander genau senkrecht gegenüberstehend voraussetzt, noch einfacher wird.

Es handelt sich bei der mathematischen Betrachtung dieser Apparate vorzugsweise darum, wenn die Potentialniveaux der beiden Belegungen (d. h. die auf den Belegungen stattfindenden Werthe der Potentialfunction) gegeben sind, dann die auf ihnen befindlichen Electricitätsmengen zu bestimmen, oder, allgemeiner ausgedrückt, die Gleichungen, welche zwischen den beiden Potentialniveaux und den beiden Electricitätsmengen stattfinden, aufzustellen.

Die Green'schen Gleichungen (10) geben uns die electrischen Dichtigkeiten h_1 und h_2 auf den beiden einander zugewandten Flächen der Belegungen, und wenn man unter Anwendung dieser Werthe die Producte $h_1\, d\omega_1$ und $h_2\, d\omega_2$ bildet, worin $d\omega_1$ und $d\omega_2$ Elemente der beiden Flächen bedeuten, und dann die Differentialausdrücke über endliche Flächenstücke integrirt, so erhält man die auf diesen Flächenstücken befindlichen Electricitätsmengen. Nun ist aber zu bemerken, dass die Gleichungen (10) doch nicht ganz allgemein gültig sind. Zunächst ist aus der Art der Ableitung dieser Gleichungen klar, dass sie, weil in ihnen Glieder höherer Ordnungen in Bezug auf c vernachlässigt wurden, nur dann anwendbar sind, wenn der Abstand der Flächen an der betrachteten Stelle gegen die Dimensionen der Belegungen klein ist. Im vorliegenden Falle kommt aber noch ein anderer Umstand in Betracht. Die Belegungen einer Leidener Flasche sind dünne Metallblätter, die von scharfen Rändern begrenzt sind. An einem solchen Rande tritt nun in Bezug auf die Electricität ein eigenthümliches Verhalten ein, indem sich bei gleichem Werthe der Potentialfunction am Rande die Electricität viel stärker anhäuft, als an den vom Rande entfernten Flächentheilen. Man darf daher die Gleichungen nur auf diejenigen Partien der einander zugewandten Flächen der Belegungen anwenden, welche von den Rändern der Belegungen so weit entfernt sind, dass man die Entfernung vom Rande gegen den Abstand der Belegungen von einander, oder, wie wir bei Leidener Flaschen etwas kürzer sagen können, gegen die *Glasdicke* als gross betrachten kann. Auf diesen Partien ist, sofern die Glasdicke als constant vorausgesetzt wird, auch die electrische Dichtigkeit als sehr nahe constant zu betrachten. In der Nähe der Ränder aber hat die electrische Dichtigkeit andere, und zwar grössere Werthe.

Man sieht hieraus, dass die Integrale, welche man erhält, wenn man für h_1 und h_2 einfach die Werthe (10) anwendet, und damit die Integrationen über die ganzen Flächen der Belegungen ausführt, mit einer Ungenauigkeit behaftet sein müssen, deren Grösse von der Grösse, Gestalt und Lage der Ränder abhängt. Ausserdem ist noch zu bemerken, dass man bei den Integrationen über die Flächen der Belegungen stillschweigend vorauszusetzen pflegt, dass beide Belegungen genau gleich weit reichen, so dass ihre Ränder sich senkrecht gegenüberstehen. In der Wirklichkeit aber ist dieses nicht immer genau erfüllt, und es kann auch dieser Umstand einen, wenn auch in der Regel nur geringen Einfluss auf das Resultat haben.

Eine andere wesentliche Vernachlässigung besteht darin, dass Green nur diejenigen Electricitätsmengen betrachtet, welche sich auf den einander zugewandten Flächen der beiden Belegungen befinden, auf die Electricitätsmengen dagegen, welche sich auf den von einander abgewandten Flächen befinden, keine Rücksicht nimmt. Diese letzteren Electricitätsmengen sind zwar bei der gewöhnlichen Art der Ladung viel kleiner, als die ersteren, indessen sind sie doch bei manchen Betrachtungen von Bedeutung, weil vorzugsweise sie es sind, welche die Verschiedenheit der auf den beiden Belegungen befindlichen Electricitätsmengen verursachen.

Man muss demnach zu den aus den Green'schen Gleichungen sich ergebenden Grössen noch ergänzende, auf die erwähnten Umstände bezügliche Grössen hinzufügen, wenn man die auf den Belegungen befindlichen Electricitätsmengen genau darstellen will.

§. 4. Behandlung einfacher specieller Fälle.

Um die Anschauung zu erleichtern, wollen wir, bevor wir zur Aufstellung allgemeiner Gleichungen für beliebig gestaltete Leidener Flaschen schreiten, einige specielle Formen, welche sich besonders leicht behandeln lassen, zur Betrachtung auswählen.

Als erste Form wählen wir eine solche, die zwar in der Wirklichkeit nicht vorkommen kann, die aber doch, wenn man sie sich als existirend denkt, im Wesentlichen unter denselben Gesetzen stehen muss, wie die gewöhnlichen Flaschen, und zu sehr einfachen Resultaten führt. Als Glasgefäss soll nämlich eine *ganz geschlossene Hohlkugel* von überall gleicher Glasdicke dienen und diese soll auf ihrer ganzen inneren und äusseren Fläche mit Stanniol belegt sein. Auf der inneren Belegung befinde sich die auf irgend eine Weise dorthin gelangte Electricitätsmenge M und auf der äusseren Belegung die Electricitätsmenge N. Es fragt sich, welche Werthe dann die Potentialfunction auf den beiden Belegungen hat.

Jede der beiden Belegungen hat zwei kugelförmige Grenzflächen, welche wir die innere und äussere Grenzfläche nennen wollen, und da im Inneren eines leitenden Körpers keine getrennte Electricität vorhanden sein kann, so können die Electricitätsmengen M und N nur auf diesen Grenzflächen gelagert sein. Wir wollen die einzelnen auf den vier Flächen befindlichen Electricitätsmengen, von der innersten an, der Reihe nach mit M_1, M_2, N_1 und N_2 bezeichnen, so dass zu setzen ist:

$$(14) \qquad M_1 + M_2 = M; \quad N_1 + N_2 = N.$$

Von diesen vier Electricitätsmengen ist sofort ersichtlich, dass sie, sofern nicht noch fremde electrische Kräfte mitwirken, gleichmässig über die betreffenden Flächen verbreitet sein müssen, und man kann also für jede derselben die Gleichungen anwenden, welche für eine gleichmässig über eine Kugelfläche verbreitete Electricitätsmenge gelten, und welche hier nur kurz angeführt werden sollen [1]).

In dem von einer gleichmässig mit Electricität belegten Kugelfläche eingeschlossenen Hohlraume ist die Potentialfunction constant und es gilt, wenn der Radius der Kugelfläche mit r, die Flächendichtigkeit der Electricität mit h und die innere Potentialfunction mit V_i bezeichnet wird, die Gleichung:

$$(15) \qquad V_i = 4\pi h r.$$

Da nun der Flächeninhalt der Kugelfläche durch $4\pi r^2$ dargestellt wird, so drückt das Product $4\pi r^2 h$ die ganze auf der Kugelfläche befindliche Electricitätsmenge aus, und wir können daher, wenn wir diese Electricitätsmenge mit Q bezeichnen, schreiben:

$$(15\,a) \qquad V_i = \frac{Q}{r}.$$

Ausserhalb der Kugelfläche ist die Potentialfunction, welche hier mit V_e bezeichnet werden möge, veränderlich, und zwar ist, wenn l den Abstand des betrachteten Punctes vom Mittelpuncte bedeutet, zu setzen:

$$(16) \qquad V_e = 4\pi h \, \frac{r^2}{l} = \frac{Q}{l}.$$

Diese Gleichungen wenden wir nun auf die oben genannten vier Kugelflächen an. Um ihre Radien ausdrücken zu können, bezeichnen wir den Radius der inneren Grenzfläche der Glaskugel mit a, die Dicke des Glases mit c und die Dicken der beiden Be-

---

[1]) Siehe mein Buch über die Potentialfunction S. 26.

legungen mit β und γ, dann sind die Radien der einzelnen Flächen von der innersten an: $a - \beta$, a, $a + c$ und $a + c + \gamma$.

Betrachten wir nun irgend einen Punct innerhalb der inneren Belegung, dessen Abstand vom Mittelpuncte l heissen möge, so liegt dieser Punct in Bezug auf die innere Grenzfläche der inneren Belegung im äusseren Raume und in Bezug auf die drei anderen Kugelflächen im inneren Raume. Wir haben daher für die Electricitätsmenge M_1 die Gleichung (16) und für die Electricitätsmengen M_2, N_1 und N_2 die Gleichung (15a), unter Einsetzung der betreffenden Radien für r, anzuwenden. Bezeichnen wir also die ganze Potentialfunction in der inneren Belegung mit F, so kommt:

$$(17) \qquad F = \frac{M_1}{l} + \frac{M_2}{a} + \frac{N_1}{a + c} + \frac{N_2}{a + c + \gamma}.$$

Betrachten wir ferner einen Punct innerhalb der äusseren Belegung, dessen Abstand vom Mittelpuncte wieder l heissen möge, so liegt dieser Punct in Bezug auf die äussere Grenzfläche der äusseren Belegung im inneren Raume und in Bezug auf die drei anderen Kugelflächen im äusseren Raume. Wir haben daher für die Electricitätsmenge N_2 die Gleichung (15a) und für die drei Mengen M_1, M_2 und N_1 die Gleichung (16) anzuwenden, wodurch wir, wenn wir die Potentialfunction in der äusseren Belegung mit G bezeichnen, erhalten:

$$(18) \qquad G = \frac{M_1}{l} + \frac{M_2}{l} + \frac{N_1}{l} + \frac{N_2}{a + c + \gamma}.$$

Innerhalb jeder Belegung muss die Potentialfunction constant, also von l unabhängig sein. Das ist für F nur dadurch möglich, dass

$$(19) \qquad\qquad M_1 = 0,$$

woraus, gemäss (14), weiter folgt:

$$(20) \qquad\qquad M_2 = M.$$

Soll ferner G von l unabhängig sein, so muss sein:

$$M_1 + M_2 + N_1 = 0,$$

woraus, unter Berücksichtigung der beiden vorigen Gleichungen, folgt:

$$(21) \qquad\qquad N_1 = - M,$$

und mit Hülfe dieser Gleichung erhält man aus (14):

$$(22) \qquad\qquad N_2 = M + N.$$

Durch Einsetzung dieser vier Werthe in die Gleichungen (17) und (18) gehen diese über in:

$$(23) \quad \begin{cases} F = \dfrac{c}{a(a+c)} M + \dfrac{M+N}{a+c+\gamma} \\[2ex] G = \dfrac{M+N}{a+c+\gamma}. \end{cases}$$

Löst man diese Gleichungen nach M und N auf, so erhält man:

$$(24) \quad \begin{cases} M = \dfrac{a(a+c)}{c}(F-G) \\[2ex] N = \dfrac{a(a+c)}{c}(G-F) + (a+c+\gamma)\,G. \end{cases}$$

Bezeichnet man den Flächeninhalt der inneren Grenzfläche der Glaskugel mit s, so ist $s = 4\pi a^2$, und man kann daher die vorigen Gleichungen so schreiben:

$$(25) \quad \begin{cases} M = \dfrac{s}{4\pi c}\left(1 + \dfrac{c}{a}\right)(F-G) \\[2ex] N = \dfrac{s}{4\pi c}\left(1 + \dfrac{c}{a}\right)(G-F) + (a+c+\gamma)\,G. \end{cases}$$

Steht die äussere Belegung mit der Erde in leitender Verbindung, so ist zu setzen: $G = 0$. Dadurch wird $N = -\,M$ und zwischen M und F erhält man die einfache Gleichung:

$$(26) \quad M = \frac{s}{4\pi c}\left(1 + \frac{c}{a}\right) F.$$

Ein anderer specieller Fall, welcher verhältnissmässig leicht zu behandeln ist, ist der einer Franklin'schen Tafel mit kreisförmigen Belegungen. Diesen habe ich in einer im Jahre 1852 veröffentlichten Abhandlung [1]) einer näheren Betrachtung unterworfen, von deren Resultaten hier einige mitgetheilt werden mögen. Wenn a den Radius der kreisförmigen Belegungen und c ihren gegenseitigen Abstand bedeutet, so lauten die betreffenden Gleichungen:

$$(27) \quad \begin{cases} M - N = \dfrac{a^2}{2c}\left(1 + \dfrac{c}{a\pi}\,log\,\dfrac{17\cdot 68\,a}{c}\right)(F-G)\,[2]) \\[2ex] M + N = \dfrac{a}{\pi}(F+G). \end{cases}$$

---

[1]) Pogg. Ann. Bd. 86, S. 161.

[2]) In neuester Zeit ist eine schöne Abhandlung „zur Theorie des Condensators“ von Kirchhoff erschienen (Monatsberichte der Berliner Aca-

Indem wir diese Gleichungen zu einander addiren und von einander subtrahiren, und zugleich für den Flächeninhalt einer der Belegungen, also für die Grösse πa^2, das Zeichen s einführen, erhalten wir:

$$(28) \quad \begin{cases} M = \dfrac{s}{4\pi c}\left[1 + \dfrac{c}{a\pi}\left(log\,\dfrac{17{\cdot}68\,a}{c} - 2\right)\right](F-G) + \dfrac{a}{\pi}F \\[2ex] N = \dfrac{s}{4\pi c}\left[1 + \dfrac{c}{a\pi}\left(log\,\dfrac{17{\cdot}68\,a}{c} - 2\right)\right](G-F) + \dfrac{a}{\pi}G. \end{cases}$$

Ebenso kann man auch F und G durch M und N oder überhaupt irgend zwei der vier Grössen M, N, F, G durch die beiden anderen ausdrücken.

Für den Fall, dass eine der Belegungen, welche wir als die zweite annehmen wollen, mit der Erde in leitender Verbindung steht, und demgemäss G den Werth Null hat, braucht man von den drei übrigen Grössen M, N und F nur Eine zu kennen, um die beiden anderen zu bestimmen. So erhält man z. B.:

$$(29) \quad \begin{cases} M = \dfrac{s}{4\pi c}\left[1 + \dfrac{c}{a\pi}\left(log\,\dfrac{17{\cdot}68\,a}{c} + 2\right)\right]F \\[2ex] N = -\dfrac{s}{4\pi c}\left[1 + \dfrac{c}{a\pi}\left(log\,\dfrac{17{\cdot}68\,a}{c} - 2\right)\right]F. \end{cases}$$

§. 5. Allgemeine Gleichungen für zwei beliebige Körper.

Um die betreffenden Ausdrücke für die beiden Belegungen einer beliebig gestalteten Leidener Flasche bilden zu können, wollen wir zunächst die Sache noch allgemeiner betrachten, und statt der Belegungen irgend zwei leitende Körper A und B als gegeben

---

demie, März 1877), in welcher für denselben Fall folgende Gleichung gegeben ist:

$$M - N = \frac{a^2}{2c}\left(1 + \frac{c}{a\pi}\,log\,\frac{16\pi a}{ec}\right)(F - G)$$

worin e die Basis der natürlichen Logarithmen bedeutet. Diese Gleichung stimmt, wie man sieht, der Form nach mit der meinigen überein, und auch der constante Factor $\dfrac{16\pi}{e}$ ist von der Zahl 17·68, welche ich durch eine Reihenentwickelung als Näherungswerth berechnet habe, nur wenig verschieden.

annehmen, in deren Nähe sich noch beliebige andere leitende Körper befinden dürfen, von denen wir aber voraussetzen wollen, dass sie entweder mit der Erde in leitender Verbindung stehen, oder, falls sie isolirt sind, keine Electricität mitgetheilt erhalten. Für diese Körper A und B wollen wir gewisse allgemeine Gleichungen ableiten, welche sich auf ihre gegenseitige Influenz beziehen, und welche wir dann auf die beiden Belegungen der Leidener Flasche anwenden können.

Zunächst möge der Körper A mit der Erde in leitende Verbindung gesetzt und B isolirt werden, und unter diesen Umständen lade man B bis zum Potentialniveau $- K$ mit Electricität. Auf dem Körper A, dessen Potentialniveau wegen seiner Verbindung mit der Erde Null bleiben muss, wird dann durch Influenz eine gewisse Electricitätsmenge angesammelt, welche jedenfalls der Grösse K proportional ist, und welche wir daher jetzt mit $a K$ bezeichnen wollen. Die gleichzeitig auf B befindliche Electricitätsmenge, welche auch der Grösse K proportional und von entgegengesetztem Vorzeichen sein muss, wollen wir durch $- b K$ darstellen. Die in diesen beiden Ausdrücken vorkommenden Factoren a und b sind zwei positive Constante, welche von der Grösse und Gestalt der Körper A und B und von ihrer Lage zu einander und zu den übrigen im Bereiche der Influenz befindlichen leitenden Körpern abhängen.

Nachdem diese Ladung geschehen ist, denke man sich die leitende Verbindung zwischen dem Körper A und der Erde unterbrochen, so dass nun beide Körper A und B isolirt sind. Unter diesen Umständen theile man beiden Körpern soviel gleichartige Electricität mit, dass sich auf beiden das Potentialniveau um den Betrag K' ändere. Die dazu nöthigen Electricitätsmengen sind dieselben, wie die, welche man anwenden müsste, wenn die beiden isolirten Körper anfangs unelectrisch wären, und man sie dann auf das gleiche Potentialniveau K' bringen wollte. Da diese Electricitätsmengen dem Potentialniveau K' proportional sein müssen, so wollen wir sie mit $\alpha K'$ und $\beta K'$ bezeichnen, worin α und β wieder zwei positive von der Grösse, Gestalt und Lage der Körper abhängige Constante sind.

Die durch diese beiden auf einander folgenden Operationen entstandenen Zustände der beiden Körper lassen sich folgendermaassen ausdrücken:

$$\text{Körper } A \begin{cases} \text{Potentialniveau: } K' \\ \text{Electricitätsmenge: } aK + \alpha K' \end{cases}$$

$$\text{Körper } B \begin{cases} \text{Potentialniveau: } -K + K' \\ \text{Electricitätsmenge: } -bK + \beta K' \end{cases}$$

Nehmen wir nun als speciellen Fall an, es sei:

$$-K + K' = 0$$

und somit:

$$K' = K,$$

so sind die Zustände, welche die Körper nach den beiden Operationen haben, dieselben, wie die, welche sie angenommen haben würden, wenn einfach der Körper B mit der Erde in leitende Verbindung gesetzt und dadurch auf dem Potentialniveau Null erhalten wäre, während man den Körper A isolirt und bis zum Potentialniveau K mit Electricität geladen hätte. Die unter diesen Umständen auf B durch Influenz angesammelte Electricitätsmenge muss nach Gleichung (38) des vorigen Abschnittes, welche sich auf zwei Ladungen bis zum Potentialniveau K bezieht, der mit aK bezeichneten Electricitätsmenge, welche der Körper A aufnimmt, wenn er mit der Erde verbunden ist, während B bis zum Potentialniveau $-K$ geladen wird, gleich und entgegengesetzt sein. Wir können also, wenn wir in dem Ausdrucke der auf B befindlichen Electricitätsmenge die Grösse K' durch K ersetzen, folgende Gleichung bilden:

$$-bK + \beta K = -aK,$$

woraus folgt:

$$b = a + \beta.$$

Hierdurch ist eine der vier oben eingeführten Constanten bestimmt, und wir können nun wieder zu dem allgemeineren Falle, wo K' nicht gleich K zu sein braucht, zurückkehren, und in den Ausdrücken, welche die Zustände der beiden Körper darstellen, für b den gefundenen Werth einsetzen. Dadurch erhalten wir:

$$\text{Körper } A \begin{cases} \text{Potentialniveau: } K' \\ \text{Electricitätsmenge: } aK + \alpha K' \end{cases}$$

$$\text{Körper } B \begin{cases} \text{Potentialniveau: } -K + K' \\ \text{Electricitätsmenge: } -aK + \beta(-K + K'). \end{cases}$$

Das in diesen Ausdrücken enthaltene Ergebniss der vorstehenden Betrachtung wollen wir nun noch in etwas bequemere Form bringen. Anstatt die auf die beiden einzelnen Operationen bezüglichen Potentialniveaux in den Formeln zu behalten, wollen wir die schliesslich stattfindenden Potentialniveaux der beiden Körper durch einfache Buchstaben darstellen. Das schliessliche Potentialniveau des Körpers A möge mit F, und dasjenige des Körpers B mit G bezeichnet werden. Dann haben wir zu setzen:

$$K' = F$$
$$- K + K' = G$$

und somit:

$$K = F - G.$$

Ferner wollen wir die schliesslich auf den beiden Körpern befindlichen Electricitätsmengen mit M und N bezeichnen. Dann können wir dem Vorigen nach folgende zwei Gleichungen bilden, welche für jede zwei unter gegenseitiger Influenz stehende leitende Körper gelten, wenn alle anderen im Bereiche der Influenz befindlichen leitenden Körper mit der Erde in leitender Verbindung stehen, oder, falls sie isolirt sind, keine Electricität mitgetheilt erhalten:

$$(30) \qquad \begin{cases} M = a(F - G) + \alpha F \\ N = a(G - F) + \beta G. \end{cases}$$

§. 6. Bestimmung des Coëfficienteń a für Leidener Flaschen.

Wenn wir diese Gleichungen auf die beiden Belegungen einer Leidener Flasche anwenden, so können wir die Grössen a, α und β näher bestimmen. Wir wollen dabei die innere Belegung der Flasche als den Körper A und die äussere Belegung als den Körper B betrachten.

Zunächst möge angenommen werden, dass die äussere Belegung bis zum Potentialniveau G geladen sei, während die innere Belegung mit der Erde in Verbindung stehe. Die unter diesen Umständen auf der inneren Belegung befindliche Electricitätsmenge kann man durch die erste der Gleichungen (30) ausdrücken, wenn man darin $F = 0$ setzt, also:

$$(31) \qquad M = - a G.$$

Ausserdem kann man in diesem Falle die Electricitätsmenge M auch durch directe Betrachtungen bis auf einen gewissen Grad von Genauigkeit bestimmen.

Da sich nämlich auf der inneren Belegung, welche mit der Erde leitend verbunden ist, nur so viel Electricität befindet, wie durch die Anziehung derjenigen Electricität, mit welcher die äussere Belegung geladen ist, festgehalten wird, so kann man schliessen, dass die auf der inneren Belegung befindliche Electricität ganz auf der der äusseren Belegung zugewandten Fläche der inneren Belegung gelagert ist. Zur Bestimmung der Dichtigkeit der Electricität auf dieser Fläche kann man die erste der Gleichungen (10) anwenden, wenn man darin $V_2 = G$ und $V_1 = 0$ setzt. Diese Gleichung lautet dann:

$$h_1 = - \frac{G}{4\pi c} \left[1 + \frac{c}{2} \left(\pm \frac{1}{R} \pm \frac{1}{R'} \right) \right].$$

Es sei nun $d\omega$ ein Element der nach Aussen gewandten Fläche der inneren Belegung oder, wie man kürzer zu sagen pflegt, ein Flächenelement der inneren Belegung, indem man die nach Aussen gewandte Fläche und die nach Innen gewandte Fläche einer und derselben Belegung als gleich gross betrachtet. Mit diesem Flächenelemente multiplicire man die vorige Gleichung an beiden Seiten und integrire die dadurch entstehenden Differentialausdrücke über die ganze Fläche der inneren Belegung, wodurch folgende Gleichung entsteht:

$$(32) \qquad \int h_1 \, d\omega = - \frac{G}{4\pi} \left[\int \frac{d\omega}{c} + \frac{1}{2} \int \left(\pm \frac{1}{R} \pm \frac{1}{R'} \right) d\omega \right].$$

Von den an der rechten Seite dieser Gleichung in der eckigen Klammer stehenden Integralen kann man das erste für den Fall, dass die Glasdicke c constant ist, sofort ausführen. Sei nämlich mit s die Fläche der inneren Belegung bezeichnet, so ist:

$$(33) \qquad \int \frac{d\omega}{c} = \frac{s}{c}.$$

Sollte die Glasdicke c nicht constant sein, so wollen wir einen mittleren Werth c_m einführen, welcher durch folgende Gleichung bestimmt sein soll:

$$(34) \qquad \int \frac{d\omega}{c} = \frac{s}{c_m}.$$

Durch Einsetzung dieses Bruches für das betreffende Integral geht die Gleichung (32) über in:

$$\int h_1 \, d\omega = - \frac{G}{4\pi} \left[\frac{s}{c_m} + \frac{1}{2} \int \left(\pm \frac{1}{R} \pm \frac{1}{R'} \right) d\omega \right]$$

oder anders geschrieben:

$$(35) \quad \int h_1 \, d\omega = - G \frac{s}{4\pi c_m} \left[1 + \frac{c_m}{2s} \int \left(\pm \frac{1}{R} \pm \frac{1}{R'} \right) d\omega \right].$$

Dieses so ausgedrückte Integral $\int h_1 \, d\omega$ ist nun zwar nicht vollkommen identisch mit der ganzen unter den genannten Umständen auf der inneren Belegung befindlichen Electricitätsmenge M, sondern weicht ein Wenig von derselben ab, weil in der Nähe des Randes die electrische Dichtigkeit grösser ist, als der obige Ausdruck von h_1 angiebt. Die Abweichung kann aber nach dem, was in §. 3 gesagt ist, nur eine solche Grösse sein, die, wenn man sie als Bruchtheil des ganzen Integralwerthes ausdrückt, mit abnehmender Glasdicke in der Weise abnimmt, dass sie mit unendlich klein werdender Glasdicke (vorausgesetzt dass das Glas ohne Beeinträchtigung seines Isolationsvermögens unendlich dünn gemacht werden könnte) ebenfalls unendlich klein wird. Da nun in der eckigen Klammer der vorigen Gleichung sich schon ein Glied befindet, welches mit dem Factor c_m behaftet ist, und daher die Eigenschaft hat, mit der Glasdicke zugleich abzunehmen und unendlich klein zu werden, so können wir die vorgenannte Abweichung mit diesem Gliede zusammenfassen, und wir wollen die dadurch entstehende Grösse, welche innerhalb der Klammer zu 1 addirt werden muss, mit δ bezeichnen. Dann können wir schreiben:

$$(36) \quad M = - G \frac{s}{4\pi c_m} (1 + \delta).$$

Da nun nach Gleichung (31) für M der Ausdruck $- a\,G$ gesetzt werden kann, so geht die vorige Gleichung über in:

$$- a\,G = - G \frac{s}{4\pi c_m} (1 + \delta)$$

und wenn wir hieraus noch die Grösse $- G$ fortheben, so erhalten wir die Gleichung:

$$(37) \quad a = \frac{s}{4\pi c_m} (1 + \delta).$$

Hierdurch ist der Coëfficient a soweit bestimmt, dass nur noch die im Verhältnisse zu 1 kleine Grösse δ unbestimmt gelassen ist.

§. 7. Bedeutung der Coëfficienten α und β für Leidener Flaschen.

Wir wenden uns nun zu den beiden Coëfficienten α und β, um zu sehen, in wie weit sich diese bestimmen lassen.

Gemäss dem, was oben über diese beiden Coëfficienten gesagt ist, können wir sie für eine Leidener Flasche folgendermaassen definiren: *Wenn beide Belegungen der Flasche so geladen werden sollen, dass die Potentialfunction auf ihnen den gemeinsamen Werth* 1 *hat, so sind die dazu nöthigen Electricitätsmengen* α *und* β.

Denken wir uns, nachdem diese Ladung beider Belegungen zu einem gemeinsamen Potentialniveau stattgefunden hat, zwischen beiden Belegungen eine leitende Verbindung hergestellt, z. B. mittelst eines durch die isolirende Schicht hindurchgehenden sehr dünnen Drahtes, so wird dadurch in der Vertheilung der Electricität und im Potentialniveau keine Aenderung veranlasst werden. Denken wir uns ferner, dass die Metallplatten, welche die Belegungen bilden, einander mehr und mehr genähert werden, so dass sie endlich zur Berührung kommen, und zusammen als eine einfache Metallplatte von der Form einer der Belegungen zu betrachten sind, so wird auch dadurch das gemeinsame Potentialniveau sich nur um eine Grösse ändern können, welche im Verhältnisse zum ursprünglichen Werthe 1 von der Ordnung $\dfrac{c}{\sqrt{s}}$ ist, d. h. von der Ordnung des Verhältnisses, in welchem der Abstand der Platten von einander zu ihren Dimensionen steht. Sollte das Potentialniveau bei der Annäherung bis zur Berührung ungeändert gleich 1 erhalten werden, so würde dazu eine kleine Aenderung der gesammten Electricitätsmenge $\alpha + \beta$ erforderlich sein, welche Aenderung aber im Verhältnisse zum ursprünglichen Werthe ebenfalls nur von der Ordnung $\dfrac{c}{\sqrt{s}}$ sein würde. Da nun aber die Grösse $\alpha + \beta$ selbst schon gegen die Grösse a klein ist, indem ihr Ausdruck nicht, wie derjenige von a, den Abstand c im Nenner hat, so wollen wir eine Aenderung, die im Verhältnisse zum ganzen Werthe von $\alpha + \beta$ von der Ordnung $\dfrac{c}{\sqrt{s}}$ ist, vernachlässigen, und uns mit dem folgenden angenäherten Satze begnügen: *Denkt man sich, dass nur Eine der beiden Belegungen vorhanden* *wäre, so ist $\alpha + \beta$ angenähert gleich der Electricitätsmenge, welche man dieser einen Belegung mittheilen müsste, um sie bis zum Potentialniveau 1 zu laden.*

Hierdurch ist die Summe der beiden Coëfficienten α und β, wenn auch nicht wirklich bestimmt, so doch auf einen einfacheren Fall zurückgeführt, aus dem man selbst dann, wenn man die weitere Rechnung nicht ausführt, schon eine Vorstellung von der Art der Grösse, um die es sich handelt, gewinnen kann.

Was nun noch das Verhältniss der beiden einzelnen Coëfficienten α und β zu einander anbetrifft, so hängt dieses vorzugsweise davon ab, wie die Belegungen gekrümmt sind. Sind beide Belegungen eben, wie bei einer Franklin'schen Tafel, und nehmen wir dazu noch an, dass sie vollkommen gleich gross sind, und dass die beiden Ränder sich überall senkrecht gegenüberstehen, so sind die beiden Coëfficienten α und β unter einander gleich. Für den noch specielleren Fall, dass die Belegungen kreisförmig sind, haben α und β, wie man aus (28) ersieht, den gemeinsamen Werth $\dfrac{a}{\pi}$, worin a den Radius des Kreises bedeutet. Sind die Belegungen so gekrümmt, dass die eine die andere ganz umschliesst, so ist der auf die innere Belegung bezügliche Coëfficient α gleich Null, und der auf die äussere Belegung bezügliche Coëfficient β hat den ganzen Werth, welcher vorher für die Summe beider bestimmt wurde. Für die in §. 4 behandelte Kugelflasche hat β, wie man aus den Gleichungen (25) ersieht, den Werth $a + c + \gamma$, worin a den Radius der inneren Grenzfläche der Glaskugel, c die Dicke des Glases und γ die Dicke der äusseren Belegung bedeutet. Wenn endlich, wie es bei gewöhnlichen Leidener Flaschen der Fall ist, eine Belegung die andere zwar theilweise, aber nicht vollständig umschliesst, so ist aus der Vergleichung mit den beiden vorigen Fällen leicht ersichtlich, dass der auf die innere Belegung bezügliche Coëfficient α kleiner sein muss, als der auf die äussere Belegung bezügliche Coëfficient β.

§. 8. Bequeme Form der Gleichungen.

Wir kehren nun zu den Gleichungen (30) zurück. Für den Coëfficienten a setzen wir den in (37) gegebenen Ausdruck, worin wir aber statt c_m einfach c schreiben wollen, indem wir im Fol-

genden unter c die durch Gleichung (34) bestimmte mittlere Glasdicke verstehen. Die beiden anderen Coëfficienten α und β behalten wir unverändert bei. Dann lauten die für eine geladene Leidener Flasche geltenden Gleichungen:

$$(38) \quad \begin{cases} M = \dfrac{s}{4\,\pi\,c}\,(1 + \delta)\,(F - G) + \alpha\,F \\[2ex] N = \dfrac{s}{4\,\pi\,c}\,(1 + \delta)\,(G - F) + \beta\,G. \end{cases}$$

Zur Abkürzung wollen wir noch setzen:

$$(39) \quad \varkappa = \frac{4\,\pi\,c}{1 + \delta},$$

woraus sich ergiebt, dass die neu eingeführte Grösse $\varkappa$ vorzugsweise von der Glasdicke abhängt, und angenähert gleich $4\,\pi\,c$ ist.
Dadurch nehmen die Gleichungen folgende etwas einfachere Gestalt an:

$$(40) \quad \begin{cases} M = \dfrac{s}{\varkappa}\,(F - G) + \alpha\,F \\[2ex] N = \dfrac{s}{\varkappa}\,(G - F) + \beta\,G. \end{cases}$$

Bei der Anwendung der Leidener Flaschen ist der gewöhn-
lichste Fall der, wo die äussere Belegung mit der Erde in leitender Verbindung steht. In diesem Falle ist $G = 0$ zu setzen, und
die Gleichungen gehen dadurch über in:

$$(41) \quad \begin{cases} M = \left(\dfrac{s}{\varkappa} + \alpha \right) F \\[2ex] N = -\,\dfrac{s}{\varkappa}\,F. \end{cases}$$

Da es in dem zuletzt genannten Falle bequem ist, wenn man
die auf der inneren Belegung befindliche Electricitätsmenge M
mit dem auf derselben Belegung stattfindenden Werthe F der
Potentialfunction in möglichst einfacher Weise vergleichen kann,
so wollen wir neben dem griechischen Buchstaben $\varkappa$ noch den lateinischen Buchstaben k einführen, dessen Bedeutung durch folgende Gleichung bestimmt wird:

$$(42) \qquad \frac{s}{k} = \frac{s}{\varkappa} + \alpha,$$

woraus folgt:

$$(43) \qquad k = \frac{\varkappa}{1 + \alpha \, \dfrac{\varkappa}{s}} = \frac{4 \, \pi \, c}{1 + \delta + \alpha \, \dfrac{4 \, \pi \, c}{s}}.$$

Dadurch gehen die allgemeinen Gleichungen (40) über in:

$$(44) \qquad \begin{cases} M = \dfrac{s}{k}\,(F - G) + \alpha\,G \\[2ex] N = \left(\dfrac{s}{k} - \alpha\right)(G - F) + \beta\,G, \end{cases}$$

und die speciellen Gleichungen (41), welche sich auf den Fall beziehen, wo die äussere Belegung mit der Erde in leitender Verbindung steht, gehen über in:

$$(45) \qquad \begin{cases} M = \dfrac{s}{k}\,F \\[2ex] N = - \left(\dfrac{s}{k} - \alpha\right) F. \end{cases}$$

Mit Hülfe der unter (40) und in veränderter Form unter (43) angeführten Gleichungen kann man, wenn von den vier Grössen M, N, F und G irgend zwei gegeben sind, die beiden anderen bestimmen. Ebenso kann man in dem speciellen Falle, wo die äussere Belegung mit der Erde in leitender Verbindung steht, mit Hülfe der unter (41) und in veränderter Form unter (45) angeführten Gleichungen aus jeder der drei Grössen M, N und F die beiden anderen berechnen.

ABSCHNITT III.

Behandlung dielectrischer Medien.

§. 1. Verhalten der isolirenden Zwischenschicht.

Im vorigen Abschnitte ist die Zwischenschicht, welche die beiden Platten eines Condensators oder die beiden Belegungen einer Franklin'schen Tafel oder Leidener Flasche von einander trennt, einfach als vollkommener Isolator betrachtet, dessen electrischer Zustand sich durch die Einwirkung der auf den Platten oder Belegungen befindlichen Electricität nicht ändert, und der daher auch keine electrische Gegenwirkung ausüben kann. So einfach ist die Sache aber in der Wirklichkeit nicht. Schon Faraday und nach ihm Wern. Siemens haben beobachtet, dass das electrische Verhalten eines Condensators bei gleichem Abstande der Platten noch wesentlich von der Natur des zwischen den Platten befindlichen Isolators abhängt. Faraday hat sich daraus sogar die Ansicht gebildet, dass die mit Electricität geladenen Platten überhaupt nicht direct aus der Entfernung auf einander wirken, sondern dass die Wirkung nur durch Vermittelung des dazwischen befindlichen Stoffes stattfinden könne, und er hat einen solchen Stoff, welcher, ohne die Electricität zu leiten, die von der Electricität in die Entfernung ausgeübte Wirkung vermittelt, ein Dielectricum genannt. Diesen Namen kann man auch dann beibehalten, wenn man sich der Faraday'schen Ansicht nicht ganz anschliesst, sondern annimmt, dass zwar eine directe Wirkung der Electricität in die Entfernung stattfinde, dass diese Wirkung aber durch den dazwischen befindlichen Stoff modificirt werde.

In neuerer Zeit haben Boltzmann[1]), Wüllner[2]) u. A. die Kenntniss des Verhaltens der isolirenden Stoffe zur Electricität

---

[1]) Sitzungsberichte der Wiener Academie 1873 und 1874.
[2]) Wiedemann's Ann. Bd. 1, S. 247 (1877).

durch ausgezeichnete experimentelle Untersuchungen gefördert, und es kann nach den Resultaten dieser Untersuchungen kein Zweifel darüber bestehen, dass die Wirkung der Electricität durch verschiedene isolirende Stoffe hindurch mit sehr verschiedener Stärke stattfindet.

Mit der Zustandsänderung, welche das bei einer Leidener Flasche als isolirende Zwischenschicht angewandte Glas unter dem Einflusse der auf den Belegungen befindlichen Electricitäten erleidet, und wodurch es umgekehrt auch wieder auf diese Electricitäten wirkt, hängt auch der Rückstand zusammen, welchen man nach der Entladung einer Leidener Flasche beobachtet, und diese Rückstandbildung, über welche besonders von R. Kohlrausch werthvolle messende Untersuchungen angestellt sind [1]), hat schon mehrfach zur Besprechung des Verhaltens der isolirenden Stoffe Veranlassung gegeben.

Alle Untersuchungen über dieses Verhalten werden erheblich dadurch erschwert, dass das Glas und die sonst zur Isolation angewandten Stoffe keine vollkommenen Isolatoren sind. Manche Glassorten leiten so stark, dass sie dadurch zur Verwendung für Leidener Flaschen ganz unbrauchbar werden, indem die Electricität von den Belegungen so schnell in das Glas eindringt und sich dort ausgleicht, dass die Ladung sich in kurzer Zeit fast vollständig verliert. Andere Glassorten leiten zwar viel weniger, aber ganz frei von Leitung sind auch sie nicht. Diese, wenn auch schwache Leitung und das dadurch ermöglichte Eindringen von Electricität in den betreffenden Stoff hat Wirkungen zur Folge, welche mit jenen anderen, dem Stoffe als Dielectricum eigenthümlichen Wirkungen gleichzeitig stattfinden, und natürlich die davon abhängigen Erscheinungen complicirter machen, so dass es sehr schwer ist, zu unterscheiden, in wie weit die Erscheinungen von der einen oder von der anderen Wirkung verursacht werden.

In der That sind dadurch auch sehr verschiedene Urtheile über die betreffenden Erscheinungen veranlasst. Die Rückstandbildung haben manche Autoren ganz aus dem Eindringen der Electricität in das Glas erklären wollen; besonders von Bezold, welcher werthvolle Untersuchungen über die Abnahme der disponiblen Ladung bei Leidener Flaschen und Franklin'schen Ta-

---

[1]) Pogg. Ann., Bd. 91.

feln angestellt hat[1]). Ich glaube aber nicht, dass es möglich ist, aus diesem Umstande die Rückstandbildung genügend zu erklären, wenn man nicht etwa, wie es Riemann gethan hat[2]), eine besondere zwischen dem Glase und der Electricität stattfindende Kraft zu Hülfe nehmen will. Riemann macht in dieser Beziehung die Annahme, dass die ponderablen Körper „nicht dem electrisch Werden oder der Annahme von Spannungselectricität, sondern dem electrisch Sein oder dem Enthalten von Spannungselectricität widerstreben." Eine solche Annahme scheint mir aber zu fremdartig, um mich ihr anschliessen zu können.

Wir wollen daher im Folgenden das unvollkommene Isolationsvermögen als einen Nebenumstand betrachten, welcher gleichzeitig mit den eigentlichen dielectrischen Wirkungen stattfinden kann, um dessen Bestimmung es sich aber gegenwärtig nicht handelt. Wir wollen also von den auf diesem Umstande beruhenden Verlusten von Electricität ganz absehen, und nur die dielectrischen Wirkungen der Isolatoren ins Auge fassen.

§. 2. Mögliche Annahmen über die innere Polarisation der Isolatoren.

Um die dielectrischen Wirkungen der Isolatoren und speciell der zwischen den beiden Belegungen befindlichen Zwischenschicht zu erklären, scheint es nöthig, anzunehmen, dass durch die Kräfte, welche die auf den Belegungen befindlichen Electricitäten auf das Innere der Zwischenschicht ausüben, in dieser ein polarer Zustand hervorgerufen wird, der dann wieder auf die Belegungen zurückwirken kann. Die Entstehung dieser Polarität kann man sich aber noch in verschiedenen Weisen vorstellen.

Erstens kann man sich denken, dass das Glas, während es im Ganzen ein Nichtleiter sei, doch kleine Körperchen enthalte, welche etwas leitend seien. In diesen Körperchen trete durch Influenz eine Scheidung der Electricitäten ein, wodurch die Körperchen nach der Seite der positiv geladenen Belegung negativ electrisch, und nach der Seite der negativ geladenen Belegung positiv electrisch werden. Bei der Bestimmung des electrischen Zustandes,

---

[1]) Pogg. Ann., Bd. 114, 125 und 137.

[2]) Amtlicher Bericht über die 31. deutsche Naturforscherversammlung im Jahre 1854 und nachgelassene Werke, S. 48 und 345.

welchen ein solches leitendes Körpertheilchen annehmen würde, muss man natürlich nicht bloss die unmittelbare Wirkung der auf den Belegungen befindlichen Electricität in Betracht ziehen, sondern auch die Wirkung, welche die übrigen, gleichfalls electrisch polar gewordenen Körpertheilchen auf das betrachtete Körpertheilchen ausüben.

Zweitens kann man sich vorstellen, die betreffenden Körpertheilchen seien schon im natürlichen Zustande des Glases, bevor es noch von Aussen her eine electrische Einwirkung erleidet, electrisch polar, aber die Lagerung der Theilchen sei ganz unregelmässig, so dass die positiven und negativen Pole in gleicher Weise nach allen Seiten gerichtet seien, und daher eine gemeinsame Wirkung der Theilchen in einem bestimmten Sinne unmöglich sei. Wenn aber das Glas irgend einer electrischen Kraft unterworfen werde, so werden dadurch die Theilchen einigermaassen gerichtet, so dass die positiven Pole vorwiegend nach der einen und die negativen Pole nach der anderen Seite gekehrt seien, wodurch natürlich eine gemeinsame Wirkung ermöglicht wird. Diese gleichmässige Richtung der Theilchen trete um so vollständiger und allgemeiner ein, je stärker die einwirkende electrische Kraft sei.

Ueber die Kräfte, welche bei dem zuletzt erwähnten Vorgange, nämlich bei der Richtung der vorher unregelmässig gelagerten electrisch polaren Theilchen ins Spiel kommen, kann man wiederum zwei verschiedene Annahmen machen. Man kann annehmen, dass die Theilchen durch die Cohäsion in solcher Weise in ihrer ursprünglichen Lage festgehalten werden, dass durch eine Drehung eines Theilchens eine elastische Gegenkraft entstehe, welche das Theilchen wieder in seine ursprüngliche Lage zurückzubringen suche, und dass diese Gegenkraft, wie andere elastische Kräfte, mit der Grösse der Drehung wachse. Oder man kann annehmen, der Widerstand, den die Cohäsion der Drehung der Theilchen entgegensetzt, sei nur ein passiver Widerstand von der Art einer starken Reibung, so dass daraus keine Kraft hervorgehe, welche die Theilchen wieder in ihre frühere Lage zurückzubringen suche. In diesem Falle würde die einzige Kraft, welche dieses zu bewirken suchte, aus der gegenseitigen electrischen Einwirkung der gerichteten electrisch polaren Theilchen entstehen.

Ausser diesen Annahmen ist noch eine andere möglich, welche Maxwell gemacht und zu sehr interessanten Schlüssen angewandt hat, und von welcher weiter unten noch die Rede sein soll.

§. 3. Auswahl einer Hypothese zur mathematischen Behandlung.

Zu einer ganz sicheren Theorie dessen, was im Inneren der Zwischenschicht unter dem Einflusse der von Aussen wirkenden electrischen Kräfte vor sich geht, scheinen mir die bisher vorhandenen Beobachtungsdata noch nicht den nöthigen Grad von Vollständigkeit und Zuverlässigkeit zu besitzen. Indessen habe ich es bei der Bearbeitung der ersten Auflage dieses Buches für nützlich gehalten, unter Voraussetzung einer gewissen Hypothese eine Rechnung anzustellen, um über die äusseren Wirkungen einer solchen Polarität eine Vorstellung zu gewinnen. Dazu habe ich die Hypothese gewählt, dass sich im Inneren der Zwischenschicht Körperchen befinden, welche etwas leitend sind, welche aber von einander durch nichtleitende Zwischenräume getrennt werden, so dass die Electricität sich nur innerhalb der einzelnen Körperchen bewegen, nicht aber vom einen zum anderen übergehen kann.

Wenn man bei der anderen oben erwähnten Hypothese, dass die Körpertheilchen schon im Voraus electrisch polar sind, und durch die auf sie wirkende Kraft nur gerichtet werden, die Nebenannahme macht, dass bei der Ablenkung der Theilchen aus ihren ursprünglichen unregelmässigen Lagen eine elastische Gegenkraft entstehe, welche der Ablenkung proportional sei, und ferner annimmt, dass selbst bei den stärksten vorkommenden Kräften die entstehenden Ablenkungen im Verhältniss zu denen, welche stattfinden müssten, wenn die Theilchen ganz gleichmässig gerichtet werden sollten, immer nur sehr klein bleiben, so kann man die Ergebnisse der ersten Hypothese auch für die zweite Hypothese als gültig ansehen. Wenn man dagegen bei dieser zweiten Hypothese annehmen wollte, dass der Widerstand, welchen die Cohäsion der Drehung der Theilchen darbietet, nur von der Art einer starken Reibung sei, so dass aus ihm keine zurückdrehende Kraft erwachsen könne, und dass demnach die einzige Kraft, welche die Theilchen wieder in die unregelmässigen Lagen zu bringen suche, diejenige sei, welche durch die gegenseitige electrische Einwirkung der electrisch polaren Theilchen bedingt ist, so müsste man die mathematische Behandlung in etwas anderer Weise ausführen.

Die vorher genannte, von mir zur mathematischen Behandlung ausgewählte Hypothese ist dieselbe, wie die, welche Poisson und Green für die mathematische Behandlung des Magnetismus ausgewählt haben, und wir können daher, wenn wir alles, was dort von nord- und südmagnetischem Fluidum gesagt ist, auf positive und negative Electricität anwenden, die von jenen Mathematikern schon entwickelten Fundamentalgleichungen auch für unsere Bestimmungen benutzen. Aus diesem Grunde wird es zweckmässig sein, das Wesentlichste jener Entwickelungen hier erst kurz mitzutheilen.

§. 4. Ableitung der Poisson'schen Fundamentalgleichungen.

Wenn die im Inneren des Dielectricums als vorhanden angenommenen und als sehr klein vorausgesetzten leitenden Körperchen durch Influenz electrisch geworden und somit an ihrer Oberfläche mit einer theils positiven, theils negativen electrischen Schicht bedeckt sind, so kann man die äussere Potentialfunction eines solchen Körperchens folgendermaassen bestimmen.

Im Inneren des Körperchens sei ein Punct p mit den Coordinaten x, y, z angenommen, z. B. der Schwerpunct des von dem Körperchen eingenommenen Raumes, und die Coordinaten eines Oberflächenpunctes seien dann mit $x + \xi$, $y + \eta$, $z + \zeta$ bezeichnet. Betrachten wir dann einen ausserhalb des Körperchens liegenden Punct p' mit den Coordinaten x', y', z' und bezeichnen seinen Abstand vom Puncte p mit r und seinen Abstand von jenem Oberflächenpuncte mit r_1, so können wir unter Vernachlässigung der Glieder höherer Ordnungen setzen:

$$\frac{1}{r_1} = \frac{1}{r} + \frac{\partial \frac{1}{r}}{\partial x} \xi + \frac{\partial \frac{1}{r}}{\partial y} \eta + \frac{\partial \frac{1}{r}}{\partial z} \zeta.$$

Sei nun bei jenem Oberflächenpuncte ein Flächenelement $d\omega$ genommen und die darauf befindliche Electricitätsmenge mit $h\,d\omega$ bezeichnet, und sei für die Potentialfunction des Körperchens der Buchstabe u gewählt und ihr Werth im Puncte p' mit u' bezeichnet, so ist zu setzen:

$$u' = \int \frac{h\,d\omega}{r_1},$$

worin die Integration über die ganze Oberfläche des kleinen Körperchens auszuführen ist. Substituiren wir hierin für $\dfrac{1}{r_1}$ den obigen Ausdruck, so kommt:

$$u' = \frac{1}{r} \int h\, d\omega + \frac{\partial \frac{1}{r}}{\partial x} \int \xi h\, d\omega + \frac{\partial \frac{1}{r}}{\partial y} \int \eta h\, d\omega$$

$$+ \frac{\partial \frac{1}{r}}{\partial z} \int \zeta h\, d\omega.$$

Das erste hierin an der rechten Seite stehende Integral ist Null, weil die durch Influenz über die Oberfläche des Körperchens vertheilte Electricität in der Weise aus positiven und negativen Mengen bestehen muss, dass die Summe den Werth Null hat. Für die drei anderen Integrale, welche die **electrischen Momente** des Körperchens darstellen, mögen besondere Zeichen eingeführt werden, nämlich:

$$(1) \qquad a = \int \xi h\, d\omega; \quad b = \int \eta h\, d\omega; \quad c = \int \zeta h\, d\omega,$$

dann geht die vorige Gleichung über in:

$$(2) \qquad u' = \frac{\partial \frac{1}{r}}{\partial x}\, a + \frac{\partial \frac{1}{r}}{\partial y}\, b + \frac{\partial \frac{1}{r}}{\partial z}\, c.$$

Denken wir uns nun an der Stelle, wo das betrachtete Körperchen sich befindet, ein Raumelement $d\tau$ des Dielectricums genommen, so können wir dessen Potentialfunction folgendermaassen ausdrücken. Die Anzahl der in $d\tau$ enthaltenen leitenden Körperchen werde durch $N d\tau$ dargestellt. Wenn diese Körperchen in Bezug auf Grösse, Gestalt und Orientirung ihrer Hauptdimensionen unter einander verschieden sind, und daher die Grössen a, b und c bei ihnen ungleiche Werthe haben, so sollen unter a_1, b_1 und c_1 die Mittelwerthe verstanden werden. Dann ist die Potentialfunction des Raumelementes:

$$\left(\frac{\partial \frac{1}{r}}{\partial x}\, a_1 + \frac{\partial \frac{1}{r}}{\partial y}\, b_1 + \frac{\partial \frac{1}{r}}{\partial z}\, c_1 \right) N d\tau$$

und wenn man zur Vereinfachung setzt:

$$(3) \qquad \alpha = N a_1; \quad \beta = N b_1; \quad \gamma = N c$$

so kommt:

$$\left(\frac{\partial \frac{1}{r}}{\partial x}\, \alpha \;+\; \frac{\partial \frac{1}{r}}{\partial y}\, \beta \;+\; \frac{\partial \frac{1}{r}}{\partial z}\, \gamma \right) d\tau.$$

Diesen Ausdruck hat man über den vom Dielectricum eingenommenen Raum zu integriren, um die Potentialfunction des ganzen, im polaren Zustande befindlichen Dielectricums zu erhalten. Zur Bezeichnung dieser Potentialfunction möge der Buchstabe U gewählt und ihr Werth beim Puncte p' mit den Coordinaten x', y', z' mit U' bezeichnet werden, dann lautet die betreffende Gleichung:

$$(4) \qquad U' = \int \left(\frac{\partial \frac{1}{r}}{\partial x}\, \alpha \;+\; \frac{\partial \frac{1}{r}}{\partial y}\, \beta \;+\; \frac{\partial \frac{1}{r}}{\partial z}\, \gamma \right) d\tau.$$

Es kommt nun weiter darauf an, die Grössen α, β, γ zu bestimmen, wozu wir zunächst die Grössen a, b, c, welche die electrischen Momente eines einzelnen Körperchens darstellen, betrachten müssen. Da diese Momente von der Kraft, unter der das Körperchen steht, hervorgerufen werden, so müssen sie zu den Componenten dieser Kraft, welche wir mit X, Y, Z bezeichnen wollen, in bestimmter Beziehung stehen. Da diese Beziehung von der Grösse, Gestalt und Orientirung des Körperchens abhängt, so braucht sie nicht ganz einfach zu sein, indessen ist so viel leicht zu erkennen, dass, wenn die Kraftcomponenten alle drei in gleichem Verhältnisse wachsen würden, dann auch die Grössen a, b, c in demselben Verhältnisse wachsen müssten, woraus folgt, dass jede dieser drei Grössen eine homogene Function ersten Grades von X, Y, Z sein muss, und dass somit für die erste derselben folgende Gleichung gebildet werden kann:

$$a = e X + f Y + g Z,$$

worin die Coëfficienten e, f, g von der Kraft unabhängig sind. Hieraus kann man, gemäss den Gleichungen (3), sofort auch folgende Gleichung bilden:

$$\alpha = N \left(e_1 X + f_1 Y + g_1 Z \right),$$

worin e_1, f_1, g_1, die auf die verschiedenen nahe bei einander liegenden Körperchen bezüglichen Mittelwerthe von e, f, g bedeuten.

Nun muss man aber für einen isotropen Stoff annehmen, dass die Körperchen, wenn sie nicht selbst schon eine nach allen Richtungen gleiche Form, also die Kugelform, haben, so verschieden orientirt sind, dass für jedes Körperchen jede Richtung gleich wahrscheinlich ist. Daraus folgt, dass die auf die x-Richtung bezüglichen Momente, welche eine nach der y-Richtung wirkende Kraft in den verschiedenen Körpern hervorrufen kann, den Mittelwerth Null haben muss, da positive und negative Momente gleich wahrscheinlich sind, und es ist daher zu setzen: $f_1 = 0$. Dasselbe gilt von einer nach der z-Richtung wirkenden Kraft, woraus folgt $g_1 = 0$. Es bleibt also in der vorigen Gleichung in der Klammer nur das erste Glied übrig, und wenn wir noch für das Product Ne_1 das einfachere Zeichen η einführen, so lautet die Gleichung:

$$(5) \qquad\qquad \alpha = \eta\, X.$$

In ganz entsprechender Weise ist für einen isotropen Stoff auch zu setzen:

$$(5\,\mathrm{a}) \qquad\qquad \beta = \eta\, Y; \quad \gamma = \eta\, Z.$$

Was nun die Kraft anbetrifft, durch welche die Körperchen electrisch polar gemacht werden, und deren Componenten wir mit X, Y, Z bezeichnet haben, so wird diese zum Theil von solcher Electricität, die nicht zum Dielectricum gehört, und sich irgendwo befinden kann, zum Theil vom Dielectricum selbst ausgeübt.

Die Componenten des ersten Theiles der Kraft lassen sich, wenn V die Potentialfunction der nicht zum Dielectricum gehörenden Electricität bedeutet, einfach durch

$$-\frac{\partial V}{\partial x}, \quad -\frac{\partial V}{\partial y}, \quad -\frac{\partial V}{\partial z}$$

darstellen.

Um ferner die Componenten des zweiten Theiles der Kraft, also die Componenten der von dem umgebenden Dielectricum selbst auf das Körperchen ausgeübten Kraft auszudrücken, müssen wir unser Augenmerk wieder auf die oben betrachtete Potentialfunction des Dielectricums richten. Da es sich hierbei um denjenigen Werth handelt, welchen die Potentialfunction im Puncte (x, y, z) hat, so wollen wir in der Gleichung (4), welche die Potentialfunction des Dielectricums im Puncte (x', y', z') bestimmt, die accentuirten und unaccentuirten Coordinaten unter einander vertauschen, indem wir dem Raumelemente $d\tau$ die Coordinaten x', y', z' zuschreiben und die Coordinaten des Punctes, für welchen die Potentialfunction bestimmt wird, mit x, y, z bezeichnen. Dem entsprechend müssen wir dann auch für die Potentialfunction das Zeichen U statt U' und für die an der rechten Seite stehenden

Coëfficienten, welche zum Raumelemente $d\tau$ gehören, die Zeichen α', β', γ' statt α, β, γ anwenden. Die Gleichung lautet dann:

$$(6) \qquad U = \int \left(\frac{\partial \frac{1}{r}}{\partial x'} \alpha' + \frac{\partial \frac{1}{r}}{\partial y'} \beta' + \frac{\partial \frac{1}{r}}{\partial z'} \gamma' \right) d\tau.$$

Ueber die Art, wie aus dieser Potentialfunction die betreffenden Kraftcomponenten abzuleiten sind, ist aber noch eine besondere Bemerkung zu machen. Man darf dieselben nicht einfach durch

$$-\frac{\partial U}{\partial x}, \quad -\frac{\partial U}{\partial y}, \quad -\frac{\partial U}{\partial z}$$

darstellen. Wenn nämlich von der Kraft die Rede ist, welche ein leitendes Körperchen erleidet, und durch welche eine ungleiche Vertheilung seiner Electricität verursacht wird, so ist darin die von der Electricität des Körperchens selbst ausgeübte Kraft nicht mit einbegriffen. Man muss daher auch von der Potentialfunction des Dielectricums den Theil, welcher von der Electricität des betrachteten Körperchens herrührt, in Abzug bringen. Da der obige Ausdruck von U ein Integral nach dem Raume ist, so können wir folgende Betrachtung anstellen. Der Raum, welchen das Dielectricum einnimmt, wird von den leitenden Körperchen, unserer Voraussetzung nach, nur theilweise ausgefüllt, und der übrige Theil besteht aus nichtleitenden Zwischenräumen. Aber man kann sich den ganzen Raum in kleine Räume zerlegt denken, deren jeder ein leitendes Körperchen enthält und als derjenige Theil des ganzen Raumes gelten kann, welcher diesem Körperchen entspricht. Stellt man sich nun vor, das Körperchen, für welches die Kraft bestimmt werden soll, sei fortgenommen, so bildet der ihm entsprechende kleine Raum einen Hohlraum in dem Dielectricum und die in diesem Hohlraume herrschende Kraft ist die zu bestimmende Kraft. Um die Componenten dieser Kraft auszudrücken müssen wir für die Potentialfunction, statt des in (6) gegebenen Integrals, ein Integral anwenden, welches den kleinen Hohlraum nicht mit umfasst.

Was die Gestalt des Hohlraumes anbetrifft, so kann man sich denken, dass in den den verschiedenen leitenden Körperchen entsprechenden Räumen zufällige Verschiedenheiten, sei es in Bezug auf die Gestalt selbst, sei es in Bezug auf die Orientirung ihrer Hauptdimensionen vorkommen. Verschiedenheiten dieser Art wür-

den für unseren Hohlraum auch Unterschiede der Kraft zur Folge
haben. Von solchen zufälligen Unterschieden müssen wir aber bei
unserer Bestimmung, welche sich auf die durchschnittlich
wirkende Kraft bezieht, absehen, was am einfachsten dadurch geschehen kann, dass wir den Hohlraum als kugelförmig annehmen.

Wir denken uns also in dem Dielectricum einen kleinen kugelförmigen Raum abgegrenzt, und bilden die Potentialfunction des
ausserhalb dieses Raumes befindlichen Dielectricums für irgend
einen innerhalb des Raumes liegenden Punct (x, y, z). Indem wir,
wie bisher, die Potentialfunction des ganzen Dielectricums U nennen, wollen wir die Potentialfunction des ausserhalb der kleinen
Kugel befindlichen Dielectricums mit U_1 bezeichnen. Dann werden die Componenten der in Rede stehenden Kraft dargestellt
durch:

$$- \frac{\partial U_1}{\partial x}, \quad - \frac{\partial U_1}{\partial y}, \quad - \frac{\partial U_1}{\partial z}.$$

Um nun die Beziehung zwischen U_1 und U angeben zu können,
wollen wir noch für die Potentialfunction des in der kleinen Kugel
befindlichen Dielectricums, zu deren Bestimmung wir das in (6)
angedeutete Integral über den kleinen kugelförmigen Raum auszuführen haben, das Zeichen U_0 anwenden. Dann können wir
setzen:

$$(7) \qquad\qquad U_1 = U - U_0,$$

und es kommt nun nur noch darauf an, die zur Bestimmung von
U_0 nöthige Rechnung wirklich auszuführen.

Wenn das in (6) angedeutete Integral sich nur auf den als
sehr klein vorausgesetzten kugelförmigen Raum erstrecken soll, so
können wir dabei die Grössen α', β', γ' als constant betrachten
und ihnen die bei dem ebenfalls innerhalb der Kugel gelegenen
Punct (x, y, z) stattfindenden Werthe zuschreiben, welche wir mit
α, β, γ bezeichnen. In Folge dessen können wir diese Grössen aus
dem Integralzeichen herausnehmen und die Gleichung so schreiben:

$$(8) \quad U_0 = \alpha \int \frac{\partial \frac{1}{r}}{\partial x'}\, d\tau + \beta \int \frac{\partial \frac{1}{r}}{\partial y'}\, d\tau + \gamma \int \frac{\partial \frac{1}{r}}{\partial z'}\, d\tau.$$

Nun ist aber, gemäss der Gleichung

$$r = \sqrt{(x - x')^2 + (y - y')^2 + (z - z')^2},$$

zu setzen:

$$\frac{\partial \frac{1}{r}}{\partial x'} = - \frac{\partial \frac{1}{r}}{\partial x},$$

und wenn dieser Werth in das erste Integral eingeführt ist, so kann man die Differentiation nach x (welche Grösse von der Lage des Elementes $d\tau$ unabhängig ist), auch ausserhalb des Integralzeichens andeuten, und somit setzen:

$$\int \frac{\partial \frac{1}{r}}{\partial x'} \, d\tau = - \frac{\partial}{\partial x} \int \frac{d\tau}{r}.$$

Entsprechende Gleichungen gelten für die beiden anderen Coordinatenrichtungen, und dadurch geht die Gleichung (8) über in:

$$(9) \qquad U_0 = - \alpha \frac{\partial}{\partial x} \int \frac{d\tau}{r} - \beta \frac{\partial}{\partial y} \int \frac{d\tau}{r} - \gamma \frac{\partial}{\partial z} \int \frac{d\tau}{r}.$$

Das hierin noch vorkommende Integral lässt sich leicht ausführen und kann sogar als bekannt vorausgesetzt werden, indem es nichts weiter ist, als die Potentialfunction einer homogenen Kugel mit der Dichtigkeit 1 für einen innerhalb der Kugel gelegenen Punct. Bezeichnen wir die Coordinaten des Mittelpunctes der Kugel mit $\mathfrak{x}, \mathfrak{y}, \mathfrak{z}$ und ihren Radius mit $\mathfrak{r}$, so erhalten wir [1]):

$$\int \frac{d\tau}{r} = 2\pi \left\{ \mathfrak{r}^2 - \tfrac{1}{3} \left[(x - \mathfrak{x})^2 + (y - \mathfrak{y})^2 + (z - \mathfrak{z})^2 \right] \right\}.$$

Hieraus folgt weiter:

$$\frac{\partial}{\partial x} \int \frac{d\tau}{r} = - \frac{4\pi}{3} (x - \mathfrak{x}); \quad \frac{\partial}{\partial y} \int \frac{d\tau}{r} = - \frac{4\pi}{3} (y - \mathfrak{y});$$

$$\frac{\partial}{\partial z} \int \frac{d\tau}{r} = - \frac{4\pi}{r} (z - \mathfrak{z}),$$

und die Gleichung (9) geht daher über in:

$$(10) \qquad U_0 = \frac{4\pi}{3} \left[\alpha (x - \mathfrak{x}) + \beta (y - \mathfrak{y}) + \gamma (z - \mathfrak{z}) \right],$$

und durch Einsetzung dieses Werthes in (7) erhält man:

$$(11) \qquad U_1 = U - \frac{4\pi}{3} \left[\alpha (x - \mathfrak{x}) + \beta (y - \mathfrak{y}) + \gamma (z - \mathfrak{z}) \right].$$

Da in diesem Ausdrucke der Radius $\mathfrak{r}$ nicht vorkommt, so folgt

---

[1]) Siehe mein Buch über die Potentialfunction §. 12, Gleichung (34), worin A durch $\mathfrak{r}$ ersetzt und $a = 0$ gesetzt werden muss.

daraus, dass es zur Bestimmung von U_1 nicht nöthig ist, die Grösse des Raumes, welcher einem einzelnen leitenden Körperchen entspricht, zu kennen.

Durch Differentiation der vorigen Gleichung erhalten wir:

$$(12) \quad \begin{cases} \dfrac{\partial U_1}{\partial x} = \dfrac{\partial U}{\partial x} - \dfrac{4\pi}{3}\,\alpha \\[2ex] \dfrac{\partial U_1}{\partial y} = \dfrac{\partial U}{\partial y} - \dfrac{4\pi}{3}\,\beta \\[2ex] \dfrac{\partial U_1}{\partial z} = \dfrac{\partial U}{\partial z} - \dfrac{4\pi}{3}\,\gamma. \end{cases}$$

Kehren wir nun zu den Gleichungen zurück, welche die Componenten der ganzen auf das leitende Körperchen wirkenden Kraft bestimmen, nämlich:

$$X = - \frac{\partial V}{\partial x} - \frac{\partial U_1}{\partial x}; \quad Y = - \frac{\partial V}{\partial y} - \frac{\partial U_1}{\partial y}; \quad Z = - \frac{\partial V}{\partial z} - \frac{\partial U_1}{\partial z},$$

und setzen wir hierin für den letzten Differentialcoëfficienten jedes Ausdruckes den in (12) gegebenen Werth, so kommt:

$$(13) \quad \begin{cases} X = - \dfrac{\partial(V+U)}{\partial x} + \dfrac{4\pi}{3}\,\alpha \\[2ex] Y = - \dfrac{\partial(V+U)}{\partial y} + \dfrac{4\pi}{3}\,\beta \\[2ex] Z = - \dfrac{\partial(V+U)}{\partial z} + \dfrac{4\pi}{3}\,\gamma. \end{cases}$$

Diese Ausdrücke der Kraftcomponenten haben wir auf die Gleichungen (5) und (5a) anzuwenden. Die Gleichung (5) geht dadurch über in:

$$\alpha = \eta\left(- \frac{\partial(V+U)}{\partial x} + \frac{4\pi}{3}\,\alpha\right),$$

woraus folgt:

$$(14) \quad \alpha = - \frac{\eta}{1 - \dfrac{4\pi}{3}\,\eta}\,\frac{\partial(V+U)}{\partial x}.$$

Hierin wollen wir noch ein vereinfachendes Zeichen einführen, indem wir setzen:

$$(15) \quad E = \frac{\eta}{1 - \dfrac{4\pi}{3}\,\eta}.$$

Bilden wir dann zugleich auch die entsprechenden Gleichungen für die beiden anderen Coordinatenrichtungen, so erhalten wir:

$$(16) \quad \begin{cases} \alpha = -E \dfrac{\partial (V + U)}{\partial x} \\[2ex] \beta = -E \dfrac{\partial (V + U)}{\partial y} \\[2ex] \gamma = -E \dfrac{\partial (V + U)}{\partial z}. \end{cases}$$

Nachdem wir so die Grössen α, β, γ bestimmt haben, können wir ihre Werthe in die Gleichung (4) einsetzen und erhalten dadurch:

$$(17) \quad U' = -\int E \left(\frac{\partial (V + U)}{\partial x} \frac{\partial \frac{1}{r}}{\partial x} + \frac{\partial (V + U)}{\partial y} \frac{\partial \frac{1}{r}}{\partial y} + \frac{\partial (V + U)}{\partial z} \frac{\partial \frac{1}{r}}{\partial z} \right) d\tau.$$

Wenden wir hierin zur Abkürzung das in Abschnitt I., §. 11 eingeführte Summenzeichen an, so können wir schreiben:

$$(17\,\mathrm{a}) \quad U' = -\int d\tau\, E \sum \frac{\partial (V + U)}{\partial x} \frac{\partial \frac{1}{r}}{\partial x}.$$

Dieses ist die zur Bestimmung der Potentialfunction U des Dielectricums dienende Gleichung, wie sie aus den Poisson'schen und den damit übereinstimmenden Green'schen Untersuchungen über Magnetismus hervorgeht.

Was die hierin vorkommende Grösse E anbetrifft, so kann ihr Werth, je nach der Natur des Dielectricums, zwischen 0 und ∞ variiren. Der Werth 0 gilt für Stoffe, die durch und durch nichtleitend sind, und daher durch Influenz keine electrische Polarität annehmen können, und der Werth ∞ für solche, die durch und durch leitend sind. Bei solchen Stoffen, die, wie wir für ein Dielectricum angenommen haben, zum Theil aus leitenden Körperchen, zum Theil aus nichtleitenden Zwischenräumen bestehen, lässt sich, wenigstens für den Fall, wo die Körperchen als kugelförmig vorausgesetzt werden, eine bestimmte Beziehung zwischen den mit η und E bezeichneten Grössen und dem von den leitenden Körperchen erfüllten Raume ableiten. Wird nämlich dieser Raum als

Bruchtheil des ganzen von dem Dielectricum eingenommenen Raumes mit g bezeichnet, so gilt für η die Gleichung:

$$(18) \qquad \eta = \frac{3}{4\pi}\, g,$$

und daraus ergiebt sich nach (15) für E die Gleichung:

$$(19) \qquad E = \frac{3g}{4\pi(1-g)}.$$

§. 5. Veränderte Formen der gewonnenen Gleichung.

Man kann die im vorigen Paragraphen gewonnene Gleichung (17) in verschiedenen Weisen umformen.

Betrachtet man von den in der Klammer stehenden Gliedern zunächst nur das erste, so kann man setzen:

$$(20) \quad E\frac{\partial(V+U)}{\partial x}\frac{\partial\frac{1}{r}}{\partial x} = \frac{\partial}{\partial x}\left(\frac{E}{r}\frac{\partial(V+U)}{\partial x}\right) - \frac{1}{r}\frac{\partial}{\partial x}\left(E\frac{\partial(V+U)}{\partial x}\right).$$

Dieser Ausdruck muss mit $d\tau$ multiplicirt und über den ganzen vom Dielectricum eingenommenen Raum integrirt werden. Ersetzt man dabei $d\tau$ durch $dx\,dy\,dz$, so lässt sich beim ersten an der rechten Seite stehenden Gliede die Integration nach x ausführen, nämlich:

$$(21) \quad \iiint \frac{\partial}{\partial x}\left(\frac{E}{r}\frac{\partial(V+U)}{\partial x}\right) dx\,dy\,dz = \iint\Bigg[\left(\frac{E}{r}\frac{\partial(V+U)}{\partial x}\right)_2$$
$$- \left(\frac{E}{r}\frac{\partial(V+U)}{\partial x}\right)_1\Bigg] dy\,dz,$$

worin die Indices 1 und 2 andeuten sollen, dass von dem in der Klammer stehenden Ausdrucke die Werthe zu nehmen sind, welche an den Stellen stattfinden, wo eine der x-Axe parallele Gerade, deren andere Coordinaten y und z sind, die Oberfläche des Dielectricums schneidet. Sollte diese Gerade die Oberfläche mehr als zweimal schneiden, was dann jedenfalls eine gerade Anzahl von Malen stattfinden müsste, so wären an der rechten Seite dem entsprechend mehr Glieder zu setzen.

Es möge nun an der durch den Index 1 angedeuteten Stelle das Flächenelement, welches ein längs jener Geraden gedachtes unendlich schmales Prisma mit dem Querschnitte $dy\,dz$ aus der Oberfläche des Dielectricums ausschneidet, mit $d\omega_1$ bezeichnet werden, dann hat man:

$$dy\,dz = \cos\lambda\,d\omega_1,$$

worin λ den Winkel der auf $d\omega_1$ nach Innen zu errichteten Normale mit der x-Axe bedeutet. Nun kann man aber, wenn man die Normale mit n_1 bezeichnet, schreiben:

$$\cos\lambda = \frac{\partial x}{\partial n_1},$$

wodurch die vorige Gleichung übergeht in:

$$dy\,dz = \frac{\partial x}{\partial n_1}\,d\omega_1.$$

Für die durch den Index 2 angedeutete Stelle, an welcher die positive x-Richtung von der Fläche aus nicht nach Innen, sondern nach Aussen geht, lautet die entsprechende Gleichung:

$$dy\,dz = -\frac{\partial x}{\partial n_2}\,d\omega_2.$$

Durch Einsetzung dieser Werthe geht die Gleichung (21) über in:

$$\iiint \frac{\partial}{\partial x}\left(\frac{E}{r}\frac{\partial(V+U)}{\partial x}\right)dx\,dy\,dz = -\int \frac{E}{r}\frac{\partial(V+U)}{\partial x}\frac{\partial x}{\partial n}\,d\omega,$$

worin an der rechten Seite die Integration über die ganze Oberfläche des Dielectricums auszuführen ist.

Kehren wir nun zur Gleichung (20) zurück, welche mit $d\tau$ zu multipliciren und dann zu integriren ist, so erhalten wir daraus durch Einsetzung des vorstehenden Werthes die folgende Gleichung:

$$\int E\,\frac{\partial(V+U)}{\partial x}\frac{\partial\frac{1}{r}}{\partial x}\,d\tau = -\int \frac{E}{r}\frac{\partial(V+U)}{\partial x}\frac{\partial x}{\partial n}\,\partial\omega$$
$$-\int \frac{1}{r}\frac{\partial}{\partial x}\left(E\frac{\partial(V+U)}{\partial x}\right)d\tau.$$

Eben solche Gleichungen gelten für die y- und z-Richtung. Wenn man von diesen drei Gleichungen die Summe bildet, und in der dadurch entstehenden Gleichung die Vorzeichen umkehrt, so ist die linke Seite gemäss (17) gleich U'. An der rechten Seite können wir unter dem ersten Integralzeichen setzen:

$$\frac{\partial(V+U)}{\partial x}\frac{\partial x}{\partial n}+\frac{\partial(V+U)}{\partial y}\frac{\partial y}{\partial n}+\frac{\partial(V+U)}{\partial z}\frac{\partial z}{\partial n}=\frac{\partial(V+U)}{\partial n},$$

und unter dem zweiten Integralzeichen können wir die betreffende Summe durch Anwendung des Summenzeichens andeuten, und erhalten dadurch:

$$(22)\quad U'=\int\frac{E}{r}\frac{\partial(V+U)}{\partial n}\,d\omega+\int\frac{1}{r}\sum\frac{\partial}{\partial x}\left(E\,\frac{\partial(V+U)}{\partial x}\right)d\tau.$$

Aus dieser Gleichung ergiebt sich, dass man die Potentialfunction des Dielectricums betrachten kann als die Potentialfunction einer Electricitätsmenge, die sich theils auf der Oberfläche des Dielectricums befindet, theils durch den von dem Dielectricum erfüllten Raum stetig verbreitet ist, und welche dort die Oberflächendichtigkeit

$$E\,\frac{\partial(V+U)}{\partial n},$$

hier die Raumdichtigkeit

$$\sum\frac{\partial}{\partial x}\left(E\,\frac{\partial(V+U)}{\partial x}\right)$$

hat.

Da sich nun andererseits für die in jener Weise angeordnete Electricität, von welcher U als die Potentialfunction zu betrachten ist, die Oberflächendichtigkeit durch

$$-\frac{1}{4\pi}\left[\left(\frac{\partial U}{\partial n}\right)_{+0}-\left(\frac{\partial U}{\partial n}\right)_{-0}\right]$$

und die Raumdichtigkeit durch

$$-\frac{1}{4\pi}\,\Delta U$$

darstellen lässt, so erhält man die Gleichungen:

$$(23)\qquad \left(\frac{\partial U}{\partial n}\right)_{+0}-\left(\frac{\partial U}{\partial n}\right)_{-0}=-\,4\pi E\,\frac{\partial(V+U)}{\partial n}$$

$$(24)\qquad \Delta U=-\,4\pi\sum\frac{\partial}{\partial x}\left(E\,\frac{\partial(V+U)}{\partial x}\right).$$

Wenn das Dielectricum homogen und somit E constant ist, so vereinfacht sich die letzte Gleichung in:

$$(25)\quad \Delta U=-\,4\pi E\sum\frac{\partial^2(V+U)}{\partial x^2}=-\,4\pi E\Delta(V+U),$$

welcher Gleichung man auch folgende Form geben kann:

$$(25\,a) \qquad \varDelta U = - \frac{4\pi E}{1 + 4\pi E}\, \varDelta V.$$

Wenn ferner noch vorausgesetzt wird, dass die nicht zum Dielectricum gehörende Electricität, von welcher V die Potentialfunction ist, sich ganz ausserhalb des Dielectricums befinde, so ist im Dielectricum überall $\varDelta V = 0$ und somit auch $\varDelta U = 0$. Unter diesen Voraussetzungen nimmt die Gleichung (22) folgende einfache Form an:

$$(26) \qquad U' = E\int \frac{1}{r}\, \frac{\partial (V + U)}{\partial n}\, d\omega.$$

Eine andere Umformung der Gleichung (17) kann dadurch bewirkt werden, dass man setzt:

$$E\, \frac{\partial (V + U)}{\partial x}\, \frac{\partial \frac{1}{r}}{\partial x} = \frac{\partial}{\partial x}\left[E(V + U)\, \frac{\partial \frac{1}{r}}{\partial x}\right] - (V + U)\, \frac{\partial}{\partial x}\left(E\, \frac{\partial \frac{1}{r}}{\partial x}\right).$$

Wenn man mit dieser Gleichung ebenso verfährt, wie oben mit der Gleichung (20), so erhält man:

$$U' = \int E(V + U)\, \frac{\partial \frac{1}{r}}{\partial n}\, d\omega + \int (V + U) \sum \frac{\partial}{\partial x}\left(E\, \frac{\partial \frac{1}{r}}{\partial x}\right) d\tau,$$

oder anders geschrieben:

$$(27) \quad U' = \int E(V + U)\, \frac{\partial \frac{1}{r}}{\partial n}\, d\omega + \int E(V + U)\, \varDelta \frac{1}{r}\, d\tau$$

$$+ \int (V + U) \sum \frac{\partial \frac{1}{r}}{\partial x}\, \frac{\partial E}{\partial x}\, d\tau.$$

Hierin lässt sich das Integral

$$\int E(V + U)\, \varDelta \frac{1}{r}\, d\tau$$

sofort näher bestimmen. Wenn der Punct (x', y', z'), von welchem aus der Abstand r gemessen wird, und für welchen der Werth von U mit U' bezeichnet ist, sich ausserhalb des Dielectricums befindet, so ist $\varDelta \frac{1}{r} = 0$, und dadurch wird auch das Integral Null. Wenn dagegen jener Punct sich innerhalb des Dielectricums befindet, so ist

$$\int E(V + U)\, \varDelta \frac{1}{r}\, d\tau = - 4\pi E'(V' + U')$$

worin $E'(V' + U')$ den Werth von $E(V + U)$ am Puncte (x',y',z') bedeuten soll [1]). Demnach lautet die Gleichung (27) für einen ausserhalb des Dielectricums liegenden Punct:

$$(28) \qquad U' = \int E(V+U) \frac{\partial \frac{1}{r}}{\partial n} d\omega$$

$$+ \int (V + U) \sum \frac{\partial \frac{1}{r}}{\partial x} \frac{\partial E}{\partial x} d\tau,$$

und für einen innerhalb des Dielectricums liegenden Punct:

$$(28\,a) \qquad U' = - 4\pi E'(V' + U') + \int E(V+U) \frac{\partial \frac{1}{r}}{\partial n} d\omega$$

$$+ \int (V + U) \sum \frac{\partial \frac{1}{r}}{\partial x} \frac{\partial E}{\partial x} d\tau.$$

Wenn das Dielectricum homogen und somit E constant ist, so erhält man für einen ausserhalb desselben liegenden Punct:

$$(29) \qquad U' = E \int (V + U) \frac{\partial \frac{1}{r}}{\partial n} d\omega$$

und für einen innerhalb desselben liegenden Punct:

$$(29\,a) \qquad U' = - 4\pi E(V' + U') + E \int (V + U) \frac{\partial \frac{1}{r}}{\partial n} d\omega.$$

§. 6. Anwendung der gewonnenen Gleichungen auf Franklin'sche Tafeln und Leidener Flaschen.

Die Gleichung (29) habe ich in meinem 1867 veröffentlichten Artikel [2]) angewandt, um die Beziehung zwischen den auf den Belegungen einer Franklin'schen Tafel oder Leidener Flasche befindlichen Electricitätsmengen und der dadurch entstehenden

----

[1]) Siehe mein Buch: „Die Potentialfunction und das Potential" §. 41, Gleichung (149).

[2]) Meine Abhandlungensammlung Bd. II, Zusatz zu Abhandlung X.

Potentialniveaudifferenz zu bestimmen, und ich will diese Rechnungen hier ebenfalls mittheilen.

Der Einfachheit wegen möge zunächst eine Franklin'sche Tafel mit kreisförmigen Belegungen angenommen werden. Die planparallele Glasplatte, welche die beiden Belegungen von einander trennt, ist der zu betrachtende Körper; wir brauchen aber nicht die ganze Glasplatte zu betrachten, sondern können die Betrachtung auf das kreisförmige Stück derselben, welches gerade zwischen den Belegungen liegt, beschränken, indem der über die Belegungen hinausragende Theil, welcher den freien Rand bildet, durch die Ladung der Belegungen jedenfalls nur eine sehr geringe Aenderung seines inneren Zustandes erleiden, und daher auch nur sehr wenig dazu beitragen kann, den Werth der Potentialfunction U zu ändern. Der Körper, über dessen Oberfläche die Integration ausgeführt werden muss, ist also ein sehr flacher Cylinder mit kreisförmigen Grundflächen.

Den Punct p', für welchen der mit U' bezeichnete Werth von U zunächst bestimmt werden soll, wollen wir folgendermaassen wählen. Auf der einen Kreisfläche, auf welcher die Belegung A sich befindet, denken wir uns im Mittelpuncte eine nach Aussen gehende Normale errichtet. In dieser Normale soll p' liegen, und zwar so nahe an der Kreisfläche, dass der Abstand von derselben gegen die Dimensionen der Platte als verschwindend klein anzusehen ist. Wir wollen den so bestimmten Punct p' kurz die Mitte der Belegung A nennen.

Um nun die in der Gleichung (29) vorgeschriebene, auf die Oberfläche des flachen Glascylinders bezügliche Integration auszuführen, können wir die Oberfläche in drei Theile theilen, 1) die Kreisfläche, welche mit der Belegung A bedeckt ist, 2) die gegenüberliegende Kreisfläche, welche mit der Belegung B bedeckt ist, 3) die Cylinderfläche, welche die Umfänge der beiden Kreisflächen verbindet.

Für die beiden Kreisflächen ist die Integration sehr leicht ausführbar, weil auf jeder der Belegungen die durch die Summe $V + U$ dargestellte gesammte Potentialfunction einen constanten Werth haben muss.

Um für die erste, mit der Belegung A bedeckte Kreisfläche die Rechnung anzustellen, wollen wir uns vorläufig den Punct p' nicht in unmittelbarer Nähe der Fläche denken, sondern wollen annehmen, er liege in der im Mittelpuncte nach Aussen hin errichteten Normale um eine beliebige Strecke l von der Fläche entfernt. Nun denken wir uns an irgend einem anderen Puncte der Kreisfläche, welcher um die Strecke ϱ vom Mittelpuncte entfernt ist, auf der Fläche eine in das Glas hineingehende Normale von der Länge n errichtet. Wenn dann r die Entfernung des Endpunctes dieser Normale vom Puncte p' bedeutet, so hat man:

$$r = \sqrt{\varrho^2 + (l + n)^2}.$$

Hieraus ergiebt sich:

$$\frac{\partial \left(\frac{1}{r}\right)}{\partial n} = - \frac{l + n}{[\varrho^2 + (l + n)^2]^{3/2}}.$$

Setzt man hierin, wie es sein muss, wenn der Differentialcoëfficient sich auf die Oberfläche des Glases beziehen soll, $n = 0$, so kommt:

$$\frac{\partial \left(\frac{1}{r}\right)}{\partial n} = - \frac{l}{(\varrho^2 + l^2)^{3/2}}.$$

Bezeichnen wir nun noch den constanten Werth, welchen die Summe $V + U$ auf dieser Kreisfläche hat, mit K, und nennen den Radius des Kreises a, so ist der auf diese Kreisfläche bezügliche Theil des Integrales, welcher von dem ganzen Integrale dadurch unterschieden werden soll, dass das unter dem Integralzeichen stehende Flächenelement $d\omega$ mit dem Index 1 versehen wird:

$$\int (V + U) \frac{\partial \left(\frac{1}{r}\right)}{\partial n} \, d\omega_1 = - 2\pi K \int_0^a \frac{l \varrho \, d\varrho}{(\varrho^2 + l^2)^{3/2}}$$

$$= - 2\pi K \left(1 - \frac{l}{\sqrt{a^2 + l^2}}\right).$$

Nehmen wir nun endlich dem Obigen entsprechend an, der Punct p', welchen wir uns vorläufig in einer beliebigen Entfernung l von der Fläche gelegen dachten, liege so nahe an der Fläche, dass l gegen die Dimensionen der Platte als verschwindend klein anzusehen sei, so geht die vorige Gleichung über in:

$$(30) \qquad \int (V + U) \frac{\partial \left(\frac{1}{r}\right)}{\partial n} \, d\omega_1 = - 2\pi K.$$

Wir wollen nun in entsprechender Weise den Theil des Integrales, welcher sich auf die gegenüberliegende mit der Belegung B bedeckte Kreisfläche bezieht, bilden, wobei wir den Punct p' von vornherein als dicht an der ersten Kreisfläche liegend annehmen wollen. Denken wir uns in einem Puncte der zweiten Kreisfläche, welcher von ihrem Mittelpuncte um die Strecke ϱ entfernt ist, auf der Fläche eine Normale von der Länge n in das Glas hinein errichtet, so erhalten wir, wenn r die Entfernung des Endpunctes der Normale vom Puncte p' bedeutet, und der Abstand der beiden Kreisflächen von einander mit c bezeichnet wird, die Gleichung:

$$r = \sqrt{\varrho^2 + (c - n)^2},$$

woraus folgt:

$$\frac{\partial\left(\frac{1}{r}\right)}{\partial n} = \frac{c - n}{[\varrho^2 + (c - n)^2]^{3/2}},$$

oder, wenn wir in diesem Ausdrucke, um ihn auf die Kreisfläche selbst zu beziehen, $n = 0$ setzen:

$$\frac{\partial\left(\frac{1}{r}\right)}{\partial n} = \frac{c}{(\varrho^2 + c^2)^{3/2}}.$$

Der constante Werth, welchen die Summe $V + U$ auf dieser Kreisfläche hat, sei mit K_1 bezeichnet, dann erhält man für den zweiten Theil des Integrales, welcher dadurch von dem ganzen Integrale unterschieden werden soll, dass $d\omega$ mit dem Index 2 versehen wird, den Ausdruck:

$$\int (V + U)\, \frac{\partial\left(\frac{1}{r}\right)}{\partial n}\, d\omega_2 = 2\pi K_1 \int_0^a \frac{c\varrho\, d\varrho}{(\varrho^2 + c^2)^{3/2}}$$

$$= 2\pi K_1 \left(1 - \frac{c}{\sqrt{a^2 + c^2}}\right).$$

Denkt man sich diesen Ausdruck nach Potenzen von $\frac{c}{a}$ entwickelt und vernachlässigt die Glieder von höherer als erster Ordnung, so kommt:

$$(31) \qquad \int (V + U)\, \frac{\partial\left(\frac{1}{r}\right)}{\partial n}\, d\omega_2 = 2\pi K_1 \left(1 - \frac{c}{a}\right).$$

Nun muss endlich noch die Cylinderfläche, welche die Kreisumfänge verbindet, betrachtet werden. An irgend einer Stelle dieser Cylinderfläche, welche vom Umfange des ersten Kreises um die Strecke z entfernt ist, denke man sich eine nach innen gehende Normale von der Länge n errichtet, dann ist die Entfernung r des Endpunctes dieser Normale von unserem Puncte p' bestimmt durch die Gleichung:

$$r = \sqrt{(a - n)^2 + z^2},$$

und daraus folgt:

$$\frac{\partial \left(\dfrac{1}{r} \right)}{\partial n} = \frac{a - n}{[(a - n)^2 + z^2]^{3/2}}$$

oder, wenn wir hierin wieder $n = 0$ setzen:

$$\frac{\partial \left(\dfrac{1}{r} \right)}{\partial n} = \frac{a}{(a^2 + z^2)^{3/2}}.$$

Der Werth der Summe $V + U$ ist auf der Cylinderfläche nicht überall gleich, sondern ändert sich in der vom einen Kreisumfange zum anderen gehenden Richtung. Wenn der Abstand c der beiden Kreise gegen ihren Radius a klein ist, so kann man mit grosser Annäherung annehmen, dass der Werth der Summe $V + U$ sich, wenn man in einer die beiden Kreisumfänge verbindenden Seite des Cylinders fortschreitet, gleichmässig ändert, und man kann daher für einen Punct, welcher von dem ersten Kreisumfange um die Strecke z entfernt ist, setzen:

$$V + U = K + \frac{K_1 - K}{c} z..$$

Demnach erhält man für den auf die Cylinderfläche bezüglichen Theil des Integrales, in welchem $d\omega$ mit dem Index 3 versehen werden soll:

$$\int (V + U) \frac{\partial \left(\dfrac{1}{r} \right)}{\partial n} d\omega_3 = 2 \pi a \int_0^c \left(K + \frac{K_1 - K}{c} z \right) \frac{a\, dz}{(a^2 + z^2)^{3/2}}$$

$$= \frac{2 \pi a}{\sqrt{a^2 + c^2}} \left[K \frac{c}{a} + (K_1 - K) \frac{\sqrt{a^2 + c^2} - a}{c} \right].$$

Denkt man sich diesen Ausdruck wieder nach Potenzen von $\dfrac{c}{a}$ entwickelt, und vernachlässigt die Glieder von höherer als erster Ordnung, so kommt:

$$(32) \qquad \int (V + U) \frac{\partial\left(\frac{1}{r}\right)}{\partial n}\, d\omega_3 = \pi (K + K_1)\, \frac{c}{a}.$$

Vereinigen wir nun die drei unter (30), (31) und (32) gegebenen Theile des Integrales, so erhalten wir:

$$\int (V+U)\frac{\partial\left(\frac{1}{r}\right)}{\partial n}d\omega = -2\pi K + 2\pi K_1\left(1 - \frac{c}{a}\right) + \pi(K+K_1)\frac{c}{a},$$

oder anders geordnet:

$$(33) \qquad \int (V + U) \frac{\partial\left(\frac{1}{r}\right)}{\partial n}\, d\omega = 2\pi(K_1 - K)\left(1 - \tfrac{1}{2}\frac{c}{a}\right).$$

Diesen Werth des Integrales haben wir auf die Gleichung (29) anzuwenden, wodurch entsteht:

$$(34) \qquad U' = 2\pi E (K_1 - K)\left(1 - \tfrac{1}{2}\frac{c}{a}\right).$$

Hierin wollen wir noch die Bezeichnung ein Wenig ändern. Da wir von jetzt an die Potentialfunctionen V und U nur in den Mitten der beiden Belegungen zu betrachten haben, so wollen wir die Werthe, welche die Potentialfunctionen in der Mitte der Belegung A haben, einfach mit V und U, und die Werthe, welche sie in der Mitte der Belegung B haben, mit V_1 und U_1 bezeichnen. Dann ist zu setzen:

$$K = V + U$$
$$K_1 = V_1 + U_1,$$

und zugleich ist, da der Punct p' sich in der Mitte der Belegung A befinden soll, zu setzen:

$$U' = U.$$

Dadurch geht die Gleichung (34) über in:

$$(35) \qquad U = 2\pi E (V_1 + U_1 - V - U)\left(1 - \tfrac{1}{2}\frac{c}{a}\right).$$

Um die entsprechende Gleichung für den Fall, wo der Punct p' sich in der Mitte der Belegung B befindet, zu bilden, braucht man in der vorigen Gleichung nur die Buchstaben mit und ohne Index zu vertauschen, also:

$$(36) \qquad U_1 = 2\,\pi\,E\,(V + U - V_1 - U_1)\left(1 - \tfrac{1}{2}\,\frac{c}{a}\right).$$

Subtrahirt man diese beiden Gleichungen von einander, so kommt:

$$U - U_1 = -\,4\,\pi\,E\,(V + U - V_1 - U_1)\left(1 - \tfrac{1}{2}\,\frac{c}{a}\right),$$

und hieraus ergiebt sich die gesuchte zur Bestimmung der Potentialniveaudifferenz $U - U_1$ dienende Gleichung, welche, unter Vernachlässigung der höheren Glieder, in folgender Form geschrieben werden kann:

$$(37) \quad U - U_1 = -\,\frac{4\,\pi\,E}{1 + 4\,\pi\,E}\left(1 - \frac{1}{2\,(1 + 4\,\pi\,E)} \cdot \frac{c}{a}\right)(V - V_1).$$

Von dieser Gleichung wollen wir im Folgenden Gebrauch machen.

Zu dem Zwecke ist noch eine Bemerkung nöthig. Die in dieser Gleichung vorkommende Differenz $V - V_1$ hat bei einer geladenen Franklin'schen Tafel nicht ganz genau denselben Werth, welchen man in dem Falle erhalten würde, wenn die beiden Belegungen mit eben so grossen Electricitätsmengen geladen wären, aber das Glas keinen polaren Zustand angenommen hätte. Durch diesen Zustand des Glases wird nämlich bewirkt, dass die Electricität auf den Belegungen eine etwas andere Anordnung annimmt, als die, welche sie ohne denselben annehmen würde. Der Unterschied in der Anordnung der Electricität kann aber nur ein sehr geringer sein.

Die Electricität auf den Belegungen würde sich nämlich schon in dem Falle, wenn das Glas nur einfach als Isolator wirkte, so nahe gleichmässig über die ganzen Flächen verbreiten, dass, mit Ausnahme der Stellen in unmittelbarer Nähe des Randes, die an irgend einer Stelle stattfindende Dichtigkeit von der mittleren Dichtigkeit nur um eine Grösse abweichen würde, die im Verhältniss zur ganzen Dichtigkeit von der Ordnung $\frac{c}{a}$ wäre. Da nun der im Glase eintretende polare Zustand nur bewirken kann, dass die Electricität auf den Belegungen sich noch gleichmässiger verbreitet, als es ohne diesen Zustand geschehen würde, so können die dadurch eintretenden Aenderungen in der Dichtigkeit jedenfalls auch nur Grössen von der Ordnung $\frac{c}{a}$ sein. Die durch diese kleinen Aenderungen der Electricitätsvertheilung bewirkte Aenderung der Potentialniveaudifferenz $V - V_1$ kann natürlich auch nur eine Grösse sein, welche im Verhältniss zu ihrem ganzen Werthe von derselben Ordnung, also von der Ordnung $\frac{c}{a}$ ist.

In den vorstehenden Rechnungen haben wir bei den Reihenentwickelungen nach $\frac{c}{a}$ die Glieder erster Ordnung noch berücksichtigt, dagegen die Glieder von höheren Ordnungen vernachlässigt. Wenn wir uns aber mit einem geringeren Grade von Genauigkeit begnügen, und auch die Glieder erster Ordnung vernachlässigen wollen, so können wir den in der so vereinfachten Gleichung vorkommenden Werth von $V - V_1$ ohne Weiteres als gleichbedeutend betrachten mit demjenigen Werthe, welchen man bei denselben Electricitätsmengen ohne den polaren Zustand des Glases erhalten würde.

Von der so vereinfachten Gleichung lässt sich ferner sagen, dass sie nicht bloss für Franklin'sche Tafeln mit kreisförmigen Belegungen, sondern auch für Franklin'sche Tafeln mit anders gestalteten Belegungen und auch für Leidener Flaschen gilt. Es zeigt sich nämlich in den vorstehenden Rechnungen, dass die auf den Umfang bezüglichen Glieder, welche allein von der angenommenen Kreisgestalt abhängen, von der Ordnung $\frac{c}{a}$ sind, und allgemein kann man sagen, dass die von der Gestalt der Belegungen abhängigen Glieder von der Ordnung $\frac{c}{\sqrt{s}}$ sind, wenn s der Flächeninhalt der Belegungen ist. Was ferner die von der Krümmung der Flächen abhängigen Glieder anbetrifft, so können diese, wenn die Krümmungen nicht so stark sind, dass die Krümmungsradien gegen $\sqrt{s}$ klein sind, auch nur von der Ordnung $\frac{c}{\sqrt{s}}$ sein. Es ergiebt sich hieraus, dass man durch Vernachlässigung der Glieder von der Ordnung $\frac{c}{\sqrt{s}}$ eine Gleichung erhält, welche von der Gestalt und Krümmung der Belegungen unabhängig ist.

In der so vereinfachten Form lautet die Gleichung (37):

$$(38) \qquad U - U_1 = -\frac{4\pi E}{1 + 4\pi E}(V - V_1).$$

An diese Gleichung können wir sofort auch diejenige anschliessen, welche die ganze wirklich stattfindende Potentialniveaudifferenz der beiden Belegungen ausdrückt. Die gesammte Potentialfunction aller getrennten Electricitätsmengen (sowohl der auf den Belegungen, als auch der auf den polaren Glastheilchen befindlichen) ist innerhalb der einen Belegung $V + U$ und innerhalb der anderen Belegung $V_1 + U_1$ und die zwischen den Belegungen im Ganzen stattfindende Potentialniveaudifferenz ist somit $V + U - V_1 - U_1$. Diese Grösse erhalten wir, wenn wir an beiden Seiten der vorigen Gleichung $V - V_1$ hinzuaddiren. Dadurch kommt:

$$(39) \qquad V + U - V_1 - U_1 = \frac{1}{1 + 4\pi E}\,(V - V_1).$$

Diese Gleichung sagt aus, dass die Potentialniveaudifferenz, welche bei der Ladung einer Franklin'schen Tafel oder Leidener Flasche mit gewissen Electricitätsmengen wirklich eintritt, im Verhältnisse von $\dfrac{1}{1 + 4\pi E} : 1$ kleiner ist, als diejenige Potentialniveaudifferenz, welche bei Anwendung derselben Electricitätsmengen eintreten würde, wenn das Glas keinen polaren Zustand annähme, sondern einfach als Isolator wirkte.

Die beiden vorigen Gleichungen kann man noch in der Weise abändern, dass man an der rechten Seite statt der Grösse $V - V_1$ eine der betreffenden Electricitätsmengen einführt. Die auf den beiden Belegungen befindlichen Electricitätsmengen können bei dem jetzt von uns als genügend betrachteten Grade von Genauigkeit als den absoluten Werthen nach unter einander gleich angesehen und daher durch Q und $- Q$ bezeichnet werden. Zur Bestimmung der Grösse Q dient folgende Gleichung, welche der ersten der unter (38) im vorigen Abschnitt stehenden Gleichungen entspricht, wenn man darin δ gegen 1 vernachlässigt und das Glied, welches nicht c im Nenner hat, fortlässt:

$$(40) \qquad Q = \frac{s}{4\pi c}\,(V - V_1).$$

Mit Hülfe dieser Gleichung lassen sich die beiden vorigen umformen in:

$$(41) \qquad U - U_1 = -\frac{4\pi c}{s} \cdot \frac{4\pi E}{1 + 4\pi E}\,Q$$

$$(42) \qquad V + U - V_1 - U_1 = \frac{4\pi c}{s} \cdot \frac{1}{1 + 4\pi E}\,Q.$$

§. 7. Vollständige Gleichungen für die beiden Belegungen einer Leidener Flasche.

Nachdem im vorigen Paragraphen die Beziehung zwischen
der Potentialniveaudifferenz $V + U - V_1 - U_1$ und den auf den
Belegungen befindlichen Electricitätsmengen so weit bestimmt ist,
dass die zwischen den absoluten Werthen dieser beiden Electricitätsmengen bestehende kleine Differenz vernachlässigt ist, können
wir auch die vollständigen Ausdrücke der Electricitätsmengen bilden, worin dann freilich einige Constante unbestimmt bleiben, ganz
den Ausdrücken entsprechend, welche am Schlusse des vorigen Abschnittes für den Fall aufgestellt wurden, wo die die Belegungen
trennende Zwischenschicht nur als einfacher Isolator angenommen ist.

Bezeichnen wir wieder, wie es dort geschah, die Werthe der
gesammten Potentialfunction auf der inneren und äusseren Belegung mit F und G, indem wir setzen:

(43) $\qquad V + U = F \text{ und } V_1 + U_1 = G,$

und bezeichnen wir ferner die auf den beiden Belegungen befindlichen Electricitätsmengen mit M und N, so müssen zwischen den
Grössen F, G, M und N jedenfalls die im vorigen Abschnitte unter (30) angeführten Gleichungen

(44) $\qquad \begin{cases} M = a\,(F - G) + \alpha F \\ N = a\,(G - F) + \beta G \end{cases}$

bestehen. Diese Gleichungen gelten nämlich für jede zwei leitende Körper, in deren Nähe sich noch beliebige andere leitende
Körper befinden dürfen, welche entweder mit der Erde in leitender Verbindung stehen, oder, falls sie isolirt sind, keine Electricität mitgetheilt erhalten. Die letztere Bedingung, keine Electricität mitgetheilt zu erhalten, ist nun für die im Inneren des Glases
befindlichen leitenden Körpertheilchen erfüllt, und das Vorhandensein dieser Körpertheilchen kann daher die Gültigkeit der Gleichungen nicht aufheben.

Was nun die in den Gleichungen vorkommenden Constanten
anbetrifft, so wurde die Grösse a für eine Leidener Flasche, zwischen deren Belegungen sich nur ein einfacher Isolator befindet,
im vorigen Abschnitte durch folgenden Ausdruck dargestellt:

$$a = \frac{s}{4\pi c}(1 + \delta),$$

worin δ eine Grösse ist, deren Werth nicht für alle Flaschen gleich, aber jedenfalls immer gegen die Einheit klein ist. Diesen Ausdruck müssen wir nun für den Fall, wo sich zwischen den Belegungen ein Dielectricum befindet, etwas abändern, und zwar müssen wir, wie sich ohne Weiteres aus der im vorigen Paragraphen gegebenen Gleichung (42) ersehen lässt, die Grösse $\frac{s}{4\pi c}$ durch $\frac{s}{4\pi c}(1 + 4\pi E)$ ersetzen, während man δ einfach als eine unbestimmte, aber gegen die Einheit kleine Grösse beibehalten kann. Der Ausdruck von a nimmt also die nachstehende Form an:

$$(45) \qquad a = \frac{s}{4\pi c}(1 + 4\pi E)(1 + \delta).$$

Demnach erhalten wir für eine Leidener Flasche statt der im vorigen Abschnitte unter (38) gegebenen Gleichungen die folgenden:

$$(46) \qquad \begin{cases} M = \dfrac{s}{4\pi c}(1 + 4\pi E)(1 + \delta)(F - G) + \alpha F \\[2ex] N = \dfrac{s}{4\pi c}(1 + 4\pi E)(1 + \delta)(G - F) + \beta G. \end{cases}$$

Ueber die Bedeutung der Constanten α und β gilt hier dasselbe, was in §. 7 des vorigen Abschnittes gesagt ist. Sie stellen nämlich die Electricitätsmengen dar, welche man den beiden Belegungen der Flasche mittheilen müsste, wenn man sie beide bis zu dem gemeinsamen Potentialniveau 1 laden wollte.

Um die vorstehenden Gleichungen für die Anwendung bequemer zu machen, wollen wir wieder, wie in §. 8 des vorigen Abschnittes, ein vereinfachtes Zeichen einführen. Wir wollen nämlich setzen:

$$(47) \qquad \varkappa = \frac{4\pi c}{(1 + 4\pi E)(1 + \delta)},$$

dann lauten die Gleichungen ebenso, wie die dort unter (40) angeführten, nämlich:

$$(48) \qquad \begin{cases} M = \dfrac{s}{\varkappa}(F - G) + \alpha F \\[2ex] N = \dfrac{s}{\varkappa}(G - F) + \beta G. \end{cases}$$

Ferner wollen wir auch hier für die Behandlung des speciellen, aber besonders oft vorkommenden Falles, wo die äussere Belegung mit der Erde in leitender Verbindung steht, und somit $G=0$ ist, neben dem griechischen Buchstaben $\varkappa$ noch den lateinischen Buchstaben k einführen, dessen Bedeutung durch die Gleichung

$$(49) \qquad \frac{s}{k} = \frac{s}{\varkappa} + \alpha$$

bestimmt wird, woraus sich ergiebt:

$$(50) \qquad k = \frac{\varkappa}{1 + \alpha\,\dfrac{\varkappa}{s}} = \frac{4\,\pi\,c}{(1 + 4\,\pi\,E)\,(1 + \delta) + \alpha\,\dfrac{4\,\pi\,c}{s}}.$$

Dadurch nehmen die Gleichungen (48) wieder die im vorigen Abschnitte und (44) gegebene Form an, nämlich:

$$(51) \qquad \begin{cases} M = \dfrac{s}{k}\,(F - G) + \alpha\,G \\[2ex] N = \left(\dfrac{s}{k} - \alpha\right)(G - F) + \beta\,G, \end{cases}$$

und gehen für den vorher erwähnten Fall, wo $G=0$ ist, über in:

$$(52) \qquad \begin{cases} M = \dfrac{s}{k}\,F \\[2ex] N = -\left(\dfrac{s}{k} - \alpha\right) F. \end{cases}$$

Man sieht also, dass die Gleichungen, welche die Beziehungen zwischen den Grössen F, G, M und N ausdrücken, für eine Leidener Flasche, bei der sich ein Dielectricum zwischen den Belegungen befindet, dieselben Formen haben, wie für eine solche Leidener Flasche, bei der sich ein einfacher Isolator zwischen den Belegungen befindet, und dass der Unterschied nur in den verschiedenen Werthen der in den Gleichungen vorkommenden Constanten liegt.

§. 8. Behandlung der Dielectrica von Helmholtz und Maxwell.

Obwohl für unsere im folgenden Abschnitte zu gebenden Anwendungen die vorstehenden Entwickelungen schon ausreichend sind, so wird es doch nicht ohne Interesse sein, wenn ich im Anschlusse an dieselben auch die von Helmholtz und Maxwell gegebenen Erweiterungen der auf Dielectrica bezüglichen Gleichungen mittheile.

Helmholtz in seiner bekannten schönen Abhandlung über die Bewegung der Electricität in ruhenden Leitern [1]) hat auf die Dielectrica ebenfalls die Behandlungsweise angewandt, durch welche Poisson das Verhalten magnetischer Körper unter dem Einflusse magnetischer Kräfte abzuleiten gesucht hat.

Maxwell hat eine ganz neue, nicht bloss auf das Verhalten dielectrischer Körper, sondern auf das ganze Wesen der Electricität bezügliche Ansicht aufgestellt, deren Hauptpuncte er schon in einer 1865 erschienenen Abhandlung [2]) mitgetheilt und deren vollständige Entwickelung er dann in seinem 1873 erschienenen wichtigen Werke „*A Treatise of Electricity and Magnetism*" gegeben hat.

Maxwell betrachtet die Electricität als ein incompressibles Fluidum, welches allen Raum erfüllt. Denkt man sich nun einen Körper mit einer ihm noch besonders mitgetheilten Electricitätsmenge geladen, so wird dadurch die Electricität des umgebenden Mediums nach Aussen geschoben, so dass in jedem Raumtheile doch nur eben so viel Electricität vorhanden ist, wie vorher, als der Körper noch unelectrisch war. Aber durch die Verschiebung der Electricität des Mediums ist eine elastische Gegenkraft entstanden, welche die verschobenen Electricitätstheilchen wieder in ihre ursprünglichen Lagen zurückzubringen sucht. Aus dieser electrischen Elasticität des Mediums erklärt Maxwell die Kräfte, welche electrische Körper auf einander ausüben. Die verschiedenen dielectrischen Medien unterscheiden sich nun nach Maxwell dadurch von einander, dass ihre electrischen Elasticitätscoëfficienten verschieden sind.

Trotz dieser Verschiedenheit der Grundvorstellung sind doch die Gleichungen, zu welchen Maxwell gelangt, ganz übereinstimmend mit den sonst gebräuchlichen, und dieses gilt auch speciell von den auf Dielectrica bezüglichen Gleichungen; nur muss man den in den Gleichungen vorkommenden Grössen die der Maxwell'schen Vorstellung entsprechenden Bedeutungen beilegen.

---

[1]) Borchardt's Journal. Bd. 72, 1870.
[2]) *Philosophical Transactions for 1865 p. 459.*

Eine Hauptgrösse, welche er nach Faraday *the Specific Inductive Capacity of the dielectric medium* nennt und mit K bezeichnet, definirt er als das Verhältniss der Capacität eines Ansammlers, welcher als isolirende Zwischenschicht das betreffende Dielectricum hat, zu der Capacität eines Ansammlers von derselben Form und Grösse, welcher aber als isolirende Zwischenschicht Luft hat. Hierbei nimmt Maxwell an, dass die Dichtigkeit der Luft auf die Capacität des Ansammlers keinen merklichen Einfluss habe. Will man diese Annahme, welche nur angenähert richtig ist, nicht machen, sondern die kleinen Unterschiede, welche durch verschiedene Dichtigkeiten der Luft veranlasst werden können, auch noch berücksichtigen, so thut man besser, sich in dem zur Vergleichung gewählten Ansammler den Zwischenraum nicht mit Luft gefüllt, sondern von aller ponderablen Masse frei und somit nur mit Aether gefüllt zu denken. Diese Grösse K steht zu seinem electrischen Elasticitätscoëfficienten, welcher mit p bezeichnet werden möge, in folgender Beziehung:

$$K = \frac{4\,\pi}{p}.$$

Um die Beziehung dieser Grösse K zu der im vorigen Paragraphen angewandten Grösse E abzuleiten, brauchen wir nur die Resultate der dort angestellten Rechnungen mit der von Maxwell gegebenen Definition zu vergleichen. Für eine Franklin'sche Tafel oder Leidener Flasche haben wir gemäss (40) und (42) zu setzen:

$$Q = \frac{s}{4\,\pi\,c}\,(V - V_1)$$

$$Q = (1 + 4\,\pi\,E)\,\frac{s}{4\,\pi\,c}\,(V + U - V_1 - U_1).$$

Hierin stellt $V - V_1$ die Potentialniveaudifferenz dar, welche zwischen den mit den Electricitätsmengen Q und $- Q$ geladenen Belegungen stattfinden würde, wenn die Zwischenschicht keinen ponderablen Stoff enthielte, und $V + U - V_1 - U_1$ die Potentialniveaudifferenz, welche unter Mitwirkung des in der Zwischenschicht enthaltenen ponderablen Stoffes entsteht. Die vor den Klammern stehenden Factoren bedeuten also die den beiden Fällen entsprechenden Capacitäten des Ansammlers, und indem wir das Verhältniss dieser Factoren gleich K setzen, erhalten wir:

$$(53) \qquad\qquad K = 1 + 4\,\pi\,E.$$

Setzen wir hierin noch für E den unter gewissen Voraussetzungen abzuleitenden, in §. 4 unter (19) gegebenen Ausdruck, so kommt:

$$(54) \qquad K = \frac{1 + 2\,g}{1 - g}.$$

Man kann bei der Aufstellung der auf dielectrische Medien bezüglichen Gleichungen auch den von ponderabler Masse freien und nur Aether enthaltenden Raum als ein Dielectricum behandeln, für welchen die Maxwell'sche specifische inductive Capacität K den speciellen Werth 1 hat, und die Grössen E und g den speciellen Werth 0 haben.

Für den Fall, wo mehrere aneinander grenzende Dielectrica verschiedener Art gegeben sind, lassen sich die Gleichungen ebenfalls aus den vorigen ableiten, und es mögen die Formen, welche Helmholtz und Maxwell den Gleichungen für diesen allgemeineren Fall gegeben haben, hier auch noch mitgetheilt werden.

Es seien zunächst zwei an einander grenzende dielectrische Media gegeben, für welche E die Werthe E_1 und E_2 habe, und welche beide unter dem Einflusse von gegebenen Electricitäten und zugleich unter ihrem gegenseitigen Einflusse electrisch polar geworden sind, und es handle sich darum, unter diesen Umständen die Potentialfunctionen U_1 und U_2 der beiden Media zu bestimmen. Dazu können wir die Gleichung (22) anwenden, müssen aber dabei den Umstand berücksichtigen, dass auf jedes der Medien ausser den gegebenen Electricitäten, deren Potentialfunction V ist, auch noch das andere Medium einwirkt. Wir haben also bei Behandlung des ersten Mediums $V + U_2$ und bei Behandlung des zweiten Mediums $V + U_1$ an die Stelle von V zu setzen. Demnach erhalten wir die beiden Gleichungen:

$$U'_1 = \int \frac{E_1}{r} \frac{\partial (V + U_2 + U_1)}{\partial n_1}\, d\omega_1 + \int \frac{1}{r} \sum \frac{\partial}{\partial x}\left(E_1 \frac{\partial (V + U_2 + U_1)}{\partial x}\right) d\tau_1$$

$$U'_2 = \int \frac{E_2}{r} \frac{\partial (V + U_1 + U_2)}{\partial n_2}\, d\omega_2 + \int \frac{1}{r} \sum \frac{\partial}{\partial x}\left(E_2 \frac{\partial (V + U_1 + U_2)}{\partial x}\right) d\tau_2,$$

worin sich die Integrale nach ω_1 und τ_1 auf die Oberfläche und das Volumen des ersten Mediums und die Integrale nach ω_2 und τ_2 auf die Oberfläche und das Volumen des zweiten Mediums beziehen. Wenn wir diese Gleichungen addiren, und dabei die Potentialfunction beider Medien zusammen, also die Summe $U_1 + U_2$ mit U bezeichnen, erhalten wir:

$$(55) \quad U' = \int \frac{E_1}{r} \frac{\partial (V + U)}{\partial n_1} \, d\omega_1 + \int \frac{E_2}{r} \frac{\partial (V + U)}{\partial n_2} \, d\omega_2$$

$$+ \int \frac{1}{r} \sum \frac{\partial}{\partial x} \left(E_1 \frac{\partial (V + U)}{\partial x} \right) d\tau_1 + \int \frac{1}{r} \sum \frac{\partial}{\partial x} \left(E_2 \frac{\partial (V + U)}{\partial x} \right) d\tau_2.$$

In Bezug auf die Volumenintegrale folgt aus dieser Gleichung nichts Anderes, als was sich schon aus der in §. 5 gegebenen, auf ein einzelnes Medium bezüglichen Gleichung (22) ergiebt. Man kann nämlich die beiden Integrale, welche $d\tau_1$ und $d\tau_2$ enthalten, und welche sich auf die von den beiden Medien erfüllten Räume erstrecken sollen, in das Eine Integral

$$\int \frac{1}{r} \sum \frac{\partial}{\partial x} \left(E \frac{\partial (V + U)}{\partial x} \right) d\tau$$

zusammenfassen, welches sich auf den ganzen von beiden Medien zusammen erfüllten Raum erstrecken soll, und worin E für beide Medien gilt, indem es in dem einen gleich E_1 und in dem anderen gleich E_2 ist. Aus dieser Form des Integrals folgt dann, dass die in §. 5 unter (24) gegebene Gleichung sich auch auf zwei Medien, und, wie gleich hinzugefügt werden kann, auf beliebig viele Medien beziehen lässt. In dieser verallgemeinerten Bedeutung möge die Gleichung hier noch einmal angeführt werden:

$$(56) \quad \Delta U = - 4\pi \sum \frac{\partial}{\partial x} \left(E \frac{\partial (V + U)}{\partial x} \right).$$

In Bezug auf die in (55) vorkommenden Oberflächenintegrale tritt für die Trennungsfläche der beiden Medien ein bisher noch nicht besprochenes Verhalten ein. Da diese Fläche nämlich Oberfläche beider Medien ist, so beziehen sich auf sie beide Oberflächenintegrale. Wollen wir also für diese Fläche die Gleichung bilden, welche der in §. 5 gegebenen Gleichung (23) entspricht, so haben wir dabei an der rechten Seite zwei Glieder zu setzen, nämlich:

$$\left(\frac{\partial U}{\partial n} \right)_{+0} - \left(\frac{\partial U}{\partial n} \right)_{-0} = - 4\pi E_1 \frac{\partial (V + U)}{\partial n_1} - 4\pi E_2 \frac{\partial (V + U)}{\partial n_2}.$$

Hierin kann man die Form der linken Seite noch etwas mehr derjenigen der rechten Seite anpassen. Die Zeichen n_1 und n_2 bedeuten nämlich die auf einem und demselben Flächenelemente nach beiden Medien hin errichteten Normalen. Betrachten wir nun die nach dem ersten Medium hin gehende Normalrichtung als die positive, so können wir schreiben:

$$\left(\frac{\partial U}{\partial n}\right)_{+0} = \frac{\partial U}{\partial n_1}; \quad \left(\frac{\partial U}{\partial n}\right)_{-0} = -\frac{\partial U}{\partial n_2},$$

wodurch die vorige Gleichung übergeht in:

$$(57) \qquad \frac{\partial U}{\partial n_1} + \frac{\partial U}{\partial n_2} = -4\pi\left(E_1\frac{\partial(V+U)}{\partial n_1} + E_2\frac{\partial(V+U)}{\partial n_2}\right).$$

Diese Gleichung ist zunächst nur für die Trennungsfläche zweier Dielectrica abgeleitet. Man kann ihr aber auch eine allgemeinere Bedeutung geben. Man kann nämlich, wie schon oben gesagt, auch den von ponderabler Masse freien und nur Aether enthaltenden Raum als ein Dielectricum behandeln, in welchem E den Werth Null hat. Ferner kann man einen die Electricität leitenden Körper als ein Dielectricum behandeln, in welchem E unendlich gross ist. Auf diese Weise kann man die vorige Gleichung auf alle vorkommenden Grenzflächen anwenden.

Die Gleichungen (56) und (57) drücken Beziehungen der Grösse U zu der Summe $V+U$ aus. Man kann aus ihnen aber auch leicht Gleichungen gewinnen, welche Beziehungen der Grösse V zu der Summe $V+U$ ausdrücken.

In der Gleichung (56) möge zu dem Zwecke an der linken Seite $\varDelta V$ addirt und subtrahirt werden, wodurch entsteht:

$$-\varDelta V + \varDelta(V+U) = -4\pi\sum\frac{\partial}{\partial x}\left(E\frac{\partial(V+U)}{\partial x}\right),$$

welche Gleichung sich folgendermaassen umformen lässt:

$$\varDelta V = \varDelta(V+U) + 4\pi\sum\frac{\partial}{\partial x}\left(E\frac{\partial(V+U)}{\partial x}\right)$$

$$= \sum\left[\frac{\partial^2(V+U)}{\partial x^2} + 4\pi\frac{\partial}{\partial x}\left(E\frac{\partial(V+U)}{\partial x}\right)\right]$$

wofür man einfacher schreiben kann:

$$(58) \qquad \varDelta V = \sum\frac{\partial}{\partial x}\left[(1 + 4\pi E)\frac{\partial(V+U)}{\partial x}\right].$$

Führen wir hierin noch für $1 + 4\pi E$ das Maxwell'sche Zeichen K ein, so kommt:

$$(58a) \qquad \varDelta V = \sum\frac{\partial}{\partial x}\left(K\frac{\partial(V+U)}{\partial x}\right).$$

In der Gleichung (57) addiren und subtrahiren wir an der linken Seite $\dfrac{\partial V}{\partial n_1} + \dfrac{\partial V}{\partial n_2}$ und verfahren dann ähnlich, wie vorher, wodurch wir erhalten:

$$(59)\qquad \frac{\partial V}{\partial n_1} + \frac{\partial V}{\partial n_2} = K_1\,\frac{\partial(V+U)}{\partial n_1} + K_2\,\frac{\partial(V+U)}{\partial n_2}.$$

In diese Gleichungen können wir noch die Grössen einführen, welche ausdrücken, welche Dichtigkeit diejenige Electricität, von welcher V die Potentialfunction ist, an den betreffenden Stellen hat. Bezeichnen wir, wie früher die Raumdichtigkeit mit k und die Flächendichtigkeit auf der betrachteten Grenzfläche mit h, so ist zu setzen:

$$\Delta V = -\,4\pi k$$

$$\frac{\partial V}{\partial n_1} + \frac{\partial V}{\partial n_2} = \left(\frac{\partial V}{\partial n}\right)_{+0} - \left(\frac{\partial V}{\partial n}\right)_{-0} = -\,4\pi h,$$

und dadurch gehen die vorigen Gleichungen über in:

$$(60)\qquad \sum \frac{\partial}{\partial x}\left(K\,\frac{\partial(V+U)}{\partial x}\right) + 4\pi k = 0.$$

$$(61)\qquad K_1\,\frac{\partial(V+U)}{\partial n_1} + K_2\,\frac{\partial(V+U)}{\partial n_2} + 4\pi h = 0.$$

Dieses sind die von Helmholtz und Maxwell aufgestellten Gleichungen. Maxwell schreibt darin statt $V + U$ einfach V, indem er die ganze Function, deren negative Differentialcoëfficienten die Componenten der in dem Dielectricum wirkenden electrischen Gesammtkraft darstellen, mit V bezeichnet.

<hr>

ABSCHNITT IV.

Das mechanische Aequivalent einer electrischen Entladung.

§. 1. Gesammtwirkung einer Entladung.

Nachdem in den vorigen Abschnitten von den unter verschiedenen Umständen stattfindenden electrischen Ladungen und von dem darauf bezüglichen Verhalten der Potentialfunction die Rede gewesen ist, müssen wir nun die Entladung und die durch sie entstehenden Wirkungen betrachten, wobei wir unter electrischer Entladung jede Aenderung in der Anordnung der Electricität verstehen, durch welche der electrische Zustand der verschiedenen Theile eines Systemes von leitenden Körpern, zu denen auch die Erde gehören kann, sich ganz oder theilweise ausgleicht.

Während der in der Anordnung der Electricität stattfindenden Aenderung und der damit verbundenen Bewegung der Electricitätstheilchen wird von den electrischen Kräften Arbeit geleistet. Diese von Kräften, welche dem Quadrate der Entfernung umgekehrt proportional sind, geleistete Arbeit lässt sich auf sehr einfache Art bestimmen [1]. Sie ist von der Art, wie die Bewegungen der Electricitätstheilchen stattfinden, ganz unabhängig und hängt nur von den Anfangs- und Endlagen derselben ab, und zwar wird sie dargestellt durch die bei der Entladung eingetretene Ab-

---

[1] Siehe darüber mein Buch „Die Potentialfunction und das Potential", dritte Auflage, §. 65.

nahme des Potentials der gesammten Electricität auf sich selbst.

Durch diese von den electrischen Kräften gethane Arbeit können nun zunächst gewisse Wirkungen hervorgebracht werden, bei welchen andere Kräfte zu überwinden sind, und von denen einige der gewöhnlichsten folgende sind. Es springen an einer oder mehreren Stellen electrische Funken über, wobei eine Luftschicht oder ein anderer nichtleitender Körper von der Electricität durchbrochen wird. — Wenn der electrische Strom an einer Stelle durch einen sehr dünnen Draht geht, so erleidet dieser mechanische Veränderungen, welche von kleinen, kaum merkbaren Einknickungen bis zum vollständigen Zerstäuben variiren können. — Wenn der Strom durch electrolytische Körper geht, so treten chemische Zersetzungen ein. — In Körpern, welche sich in der Nähe der durchströmten Leiter befinden, können Inductionsströme oder magnetische Wirkungen hervorgerufen werden — etc.

Zu diesen verschiedenen Wirkungen wird ein Theil der ganzen von den electrischen Kräften geleisteten Arbeit verbraucht. Der übrige Theil der Arbeit verwandelt sich in den Leitern in Wärme.

Wenn wir die Wärme nach mechanischem Maasse, d. h. nach der ihr entsprechenden mechanischen Arbeit messen, und auch die anderen vorher genannten Wirkungen durch die zu ihnen verbrauchten Arbeitsgrössen ausdrücken, so können wir sie sämmtlich in eine algebraische Summe vereinigen und diese kurz die Summe aller durch die electrische Entladung hervorgebrachten Wirkungen nennen. In Bezug auf diese gilt dann dem Obigen nach folgender einfacher Satz, welchen wir als Hauptsatz den nachstehenden Betrachtungen zu Grunde legen:

Die Summe aller durch eine electrische Entladung hervorgebrachten Wirkungen ist gleich der dabei eingetretenen Abnahme des Potentials der gesammten Electricität auf sich selbst.

§. 2. Potential einer geladenen Leidener Flasche oder Batterie.

Indem wir nun als Beispiel eines Körpersystemes, welches mit Electricität geladen und wieder entladen werden kann, die Leidener Flasche wählen, handelt es sich darum, bei einer geladenen

Leidener Flasche das Potential der gesammten Electricität auf sich selbst zu bestimmen, wobei unter der gesammten Electricität nicht bloss die auf den beiden Belegungen befindlichen Electricitätsmengen zu verstehen sind, sondern auch die sämmtlichen kleinen Electricitätsmengen, welche sich im Inneren des Glases auf den electrisch polaren Partikelchen befinden.

Seien dq und dq' irgend zwei Electricitätselemente und r ihr gegenseitiger Abstand, so wird das Potential der gesammten Electricität auf sich selbst, welches wir mit W bezeichnen wollen, durch folgende Gleichung bestimmt:

$$(1) \qquad W = \tfrac{1}{2} \iint \frac{dq\, dq'}{r},$$

worin die beiden angedeuteten Integrationen über alle gegebenen, theils positiven, theils negativen Electricitätsmengen auszuführen sind. Da nun andererseits, wenn die Potentialfunction aller gegebenen Electricitätsmengen an dem Puncte (x, y, z), wo das Element dq sich befindet, mit V bezeichnet wird, die Gleichung

$$(2) \qquad V = \int \frac{dq'}{r}$$

gilt, so können wir die vorige Gleichung auch so schreiben:

$$(3) \qquad W = \tfrac{1}{2} \int V\, dq.$$

In unserem gegenwärtigen Falle ist es aber zweckmässig, dieser letzteren Gleichung noch eine etwas andere Form zu geben, nämlich die Potentialfunction der Electricitätsmengen, welche sich auf den Belegungen der Flasche befinden von der Potentialfunction derjenigen Electricitätsmengen, welche sich im Inneren des Glases auf den polaren Partikelchen befinden, zu trennen, und beide durch besondere Zeichen darzustellen. Die erstere möge mit V und die letztere mit U bezeichnet werden, so dass die Potentialfunction aller in Betracht kommenden Electricitäten durch die Summe $V + U$ dargestellt wird. Dann nimmt die vorige Gleichung folgende Gestalt an:

$$(4) \qquad W = \tfrac{1}{2} \int (V + U)\, dq,$$

worin die Integration über alle auf den Belegungen und auf den polaren Glaspartikelchen befindlichen Electricitätsmengen auszuführen ist.

Was zunächst die auf den polaren Glaspartikelchen befindlichen Electricitätsmengen anbetrifft, so lässt sich für diese die Integration sehr kurz abmachen. Wenn ein leitendes Glastheilchen durch Influenz bis zum Gleichgewichtszustande electrisch polar geworden ist, so ist das Potentialniveau in ihm constant. Da ferner die auf ihm befindlichen getrennten Electricitäten aus gleichen Mengen positiver und negativer Electricität bestehen, so ist der Theil des Integrales, welcher sich auf diese beiden Electricitätsmengen bezieht, Null. Dasselbe gilt von allen leitenden Glastheilchen in gleicher Weise, und man kann daher den ganzen Theil des Integrales, welcher sich auf die auf den leitenden Glastheilchen befindlichen getrennten Electricitäten bezieht, ohne Weiteres gleich Null setzen.

Was ferner die auf den Belegungen befindlichen Electricitätsmengen anbetrifft, so findet auch bei ihnen eine Vereinfachung statt, indem auf jeder Belegung das Potentialniveau constant ist. Wir wollen, wie in §. 7 des vorigen Abschnittes, den Werth des Potentialniveaus auf der inneren Belegung mit F und auf der äusseren Belegung mit G bezeichnen. Nennen wir dann noch, wie dort, die auf der inneren Belegung befindliche Electricitätsmenge M und die auf der äusseren Belegung befindliche N, so geht die Gleichung (4) über in:

$$(5) \qquad W = \tfrac{1}{2} FM + \tfrac{1}{2} GN.$$

Substituirt man hierin für M und N die in den Gleichungen (48) oder (51) des vorigen Abschnittes gegebenen Werthe, so erhält man W durch F und G ausgedrückt. Ebenso kann man W durch M und N oder durch irgend zwei der vier Grössen F, G, M und N ausdrücken.

Setzt man voraus, dass die äussere Belegung der Flasche mit der Erde in leitender Verbindung stehe, so hat man $G = 0$ zu setzen. Dadurch vereinfacht sich (5) in:

$$(6) \qquad W = \tfrac{1}{2} FM.$$

Hieraus kann man, mit Hülfe der im vorigen Abschnitte unter (52) gegebenen Gleichung

$$(7) \qquad M = \frac{s}{k} F,$$

entweder M oder F eliminiren und erhält dadurch:

$$(8) \qquad W = \frac{1}{2\,k}\, s\, F^2$$

$$(9) \qquad W = \frac{k}{2}\, \frac{M^2}{s}.$$

Wenn statt einer einzelnen Flasche eine Batterie von n gleichen Flaschen gegeben ist, so kann man die auf diese bezüglichen Gleichungen leicht aus den vorigen ableiten. Wenn man, nachdem die nFlaschen einzeln gleich stark geladen sind, alle inneren und alle äusseren Belegungen unter sich verbindet, so wird dadurch (sofern man von dem kleinen Einflusse der auf den Verbindungsstücken befindlichen Electricität absieht) keine Aenderung in den Werthen der Potentialfunction auf den Belegungen eintreten. Die Electricitätsmengen dagegen, welche sich auf der inneren und äusseren Belegung der ganzen Batterie befinden, sind natürlich $n$mal so gross, als die auf den Belegungen einer einzelnen Flasche befindlichen. Dieses letztere kann man in der unter (7) gegebenen Gleichung, welche sich auf den Fall bezieht, wo die äussere Belegung mit der Erde in leitender Verbindung steht, einfach dadurch ausdrücken, dass man die mit s bezeichnete Fläche der inneren Belegung Einer Flasche durch die Gesammtfläche der inneren Belegung der ganzen Batterie, welche S heissen möge, ersetzt und somit schreibt:

$$(10) \qquad M = \frac{S}{k}\, F.$$

Wenn man mit Hülfe dieser Gleichung aus der Gleichung (6) M oder F eliminirt, so erhält man:

$$(11) \qquad W = \frac{1}{2\,k}\, S\, F^2$$

$$(12) \qquad W = \frac{k}{2}\, \frac{M^2}{S}.$$

§. 3. Abnahme des Potentials bei der Entladung und Rückstand.

Betrachten wir hiernach das Potential einer geladenen Leidener Flasche oder Batterie als bekannt, so lässt sich daraus auch leicht die bei der Entladung stattfindende Abnahme des Potentials bestimmen. Wird die Batterie vollständig entladen, so dass der Endwerth des Potentials gleich Null ist, so ist die Abnahme des Potentials einfach gleich W. Findet aber nur eine theilweise Entladung statt, so dass nach der Entladung noch ein Potential W' besteht, so hat man die Differenz $W - W'$ zu bilden.

Bewirkt man bei einer Batterie, deren äussere Belegung mit der Erde in leitender Verbindung steht, die Entladung dadurch, dass man die äussere Belegung mit der inneren in leitende Verbindung setzt und diese Verbindung längere Zeit bestehen lässt, so findet eine vollständige Entladung statt. Wenn man dagegen die Verbindung nur momentan herstellt und dann sofort wieder aufhebt, so findet bekanntlich die Entladung nicht ganz vollständig statt, sondern es bleibt noch ein Rückstand, welcher nach einiger Zeit eine zweite schwächere Entladung ermöglicht, bei der wiederum ein Rückstand von geringerer Grösse bleibt, der dann eine dritte Entladung geben kann, u. s. f.

Die Entstehung des Rückstandes ist wohl unzweifelhaft daraus zu erklären, dass das Glas seinen electrisch polaren Zustand, welchen es unter dem Einflusse der auf den Belegungen befindlichen Electricitätsmengen angenommen hat, im Momente der Entladung nicht gleich vollständig verliert, sondern dass ein Theil dieser inneren Polarität zunächst noch fortbesteht, und dass dadurch ein Theil der Electricität auf den Belegungen zurückgehalten wird. Diese unmittelbar nach der Entladung noch vorhandene innere Polarität verliert sich dann in einiger Zeit soweit, dass nur noch eine Polarität von solcher Stärke übrig bleibt, wie sie den jetzt noch auf den Belegungen befindlichen Electricitätsmengen entspricht, und von diesen aufrecht erhalten werden kann. Diese geringere Polarität ist natürlich, wenn zwischen den Belegungen wieder eine leitende Verbindung hergestellt wird, nicht ausreichend, die auf den Belegungen befindlichen Electricitäten festzuhalten, und es tritt daher von Neuem eine Entladung ein, bei der dann abermals ein Theil der zuletzt vorhandenen Polarität bestehen bleibt und daher ein gewisser viel kleinerer Rest von Electricität auf den Belegungen festgehalten wird, u. s. f.

Woher es kommt, dass die innere Polarität zum Theil während der Entladung selbst, also gleichzeitig mit der Kraft, welche sie erzeugt hat, in fast unmessbar kurzer Zeit verschwindet, zum Theil dagegen sich erst nachträglich allmälig verliert, ist noch nicht festgestellt. Boltzmann hat die nachträglich ein-

tretende Veränderung des inneren electrischen Zustandes mit der
elastischen Nachwirkung verglichen [1]), welche Vergleichung
viel für sich hat, wenn auch der eigentliche Grund der Erscheinung dabei noch in verschiedenen Weisen gedeutet werden kann.

Um über den Zustand der Batterie unmittelbar nach der Entladung und die darauf bezüglichen Grössen ein bestimmteres Urtheil zu gewinnen, wird es zweckmässig sein, noch einige besondere Betrachtungen anzustellen.

§. 4. Untersuchung des Falles, wo die Potentialniveaux der beiden Belegungen gleich sind,
während noch eine innere Polarität besteht.

Wenn die Belegungen einer Batterie für eine sehr kurze Zeit
unter einander leitend verbunden werden, so strömt so viel Electricität von der einen zur anderen, dass sie beide gleiches Potentialniveau haben, welches wir unter Vernachlässigung einer kleinen, möglicher Weise bestehenden Abweichung einfach gleich Null
setzen können. Es fragt sich nun, wie viel Electricität bei dieser
Ausgleichung der Potentialniveaux noch auf den Belegungen bleiben muss, wenn die innere Polarität des Glases zum Theil noch
fortbesteht.

Bezeichnen wir die Potentialniveaux, welche die Belegungen nur
wegen der noch bestehenden inneren Polarität des Glases haben
würden, mit u und u_1, so müssen die Electricitätsmengen so gross
sein, dass sie für sich allein die Belegungen zu den Potentialniveaux
$- u$ und $- u_1$ bringen würden. Zur Bestimmung der dazu nöthigen Electricitätsmengen können wir die Gleichungen (38) des Abschnittes II. anwenden, in welchen wir dann F und G durch $- u$
und $- u_1$ und ausserdem, wenn wir nicht bloss Eine Flasche, sondern eine Batterie von beliebig vielen Flaschen betrachten, s durch
S zu ersetzen haben. Vernachlässigen wir auch hier verhältnissmässig kleine Abweichungen und lassen daher die Grösse δ und
die mit den Coëfficienten α und β behafteten Glieder fort, so erhalten wir für beide Belegungen gleiche und entgegengesetzte
Electricitätsmengen, welche mit m und $- m$ bezeichnet werden
können, wobei m durch folgende Gleichung bestimmt wird:

---

[1]) Sitzungsberichte der Wiener Academie, Bd. 68, Juli 1873.

$$(13) \qquad m = \frac{S}{4\pi c}(u_1 - u).$$

Um nun ferner zur Bestimmung des auf diesen Zustand der Batterie bezüglichen Potentials unsere früheren auf den Gleichgewichtszustand bezüglichen Gleichungen anwenden zu können, wollen wir neben der Grösse m noch die Grösse μ einführen mit der Bedeutung, dass μ und $-\mu$ diejenigen Electricitätsmengen sind, welche sich auf den beiden Belegungen befinden müssten, um die vorher besprochene innere Polarität, welche unmittelbar nach der Entladung noch vorhanden ist, hervorzurufen und aufrecht zu erhalten. Diese Grösse μ steht dann zu der Differenz $u - u_1$ in derselben Beziehung, welche in der Gleichung (41) des vorigen Abschnittes zwischen Q und $U - U_1$ ausgedrückt ist, und wir können daher schreiben:

$$(14) \qquad \mu = \frac{S}{4\pi c} \cdot \frac{1 + 4\pi E}{4\pi E}(u_1 - u).$$

Wenn auf den beiden Belegungen der Batterie nach der Entladung, statt der Electricitätsmengen m und $-m$, die Electricitätsmengen μ und $-\mu$ befindlich wären, so hätten wir einen Gleichgewichtszustand von derselben Art, wie der, auf welchen die Gleichungen (46) des vorigen Abschnittes sich beziehen. Nennen wir die ganzen Potentialniveaux, welche unter diesen Umständen auf den Belegungen stattfinden würden, f und g, so erhalten wir gemäss jenen Gleichungen, unter Vernachlässigung der Grösse δ und der mit den Coëfficien α und β behafteten Glieder:

$$(15) \qquad \mu = \frac{S}{4\pi c}(1 + 4\pi E)(f - g),$$

und wenn wir hierin für μ den in (14) gegebenen Ausdruck setzen, so ergiebt sich:

$$(16) \qquad f - g = \frac{u_1 - u}{4\pi E}.$$

Das Potential der gesammten Electricität auf sich selbst, welches unter diesen Umständen bestehen würde, und welches mit Ω bezeichnet werden möge, ergiebt sich aus der Gleichung (5), wenn man darin F und G durch f und g und M und N durch μ und $-\mu$ ersetzt, nämlich:

$$(17) \qquad \Omega = \tfrac{1}{2}\mu(f - g).$$

Setzt man hierin für μ und $f - g$ die in (14) und (16) gegebenen Ausdrücke, so kommt:

$$(18) \qquad \Omega = \frac{S}{8\,\pi\,c}\,(1 + 4\,\pi\,E)\left(\frac{u_1 - u}{4\,\pi\,E}\right)^2.$$

Um von diesem Potential zu dem von uns gesuchten zu gelangen, wollen wir uns die Grösse μ in die Theile $\mu - m$ und m getheilt denken, und dann die sämmtlichen vorher betrachteten Electricitäten, deren Potential Ω ist, in zwei Systeme zerlegen. Das erste System S_1 soll nur aus den beiden Electricitätsmengen $\mu - m$ und $- (\mu - m)$ bestehen. Das zweite System S' dagegen soll die Mengen m und $- m$ und ausserdem alle auf den polaren Glastheilchen befindlichen Electricitätsmengen (also gerade diejenigen Electricitätsmengen, welche unmittelbar nach der Entladung vorhanden sind), umfassen. Dann zerfällt das Potential Ω in folgende drei Bestandtheile:

1. das Potential des Systemes S_1 auf sich selbst, welches W_1 heissen möge;
2. das Potential des Systemes S' auf sich selbst, welches W' heissen möge;
3. das Potential des Systemes S_1 auf das System S', welches W'_1 heissen möge.

Hiernach kann man setzen:

$$\Omega = W_1 + W' + W'_1.$$

Das letzte an der rechten Seite stehende Potential W'_1 lässt sich sofort seinem Werthe nach angeben. Wir erhalten es nämlich, wenn wir jedes zu dem einen Systeme gehörige Electricitätselement mit der auf den betreffenden Punct bezüglichen Potentialfunction des anderen Systemes multipliciren, und dann die Integration ausführen. Nun befinden sich alle zum ersten Systeme gehörenden Electricitätselemente auf den Belegungen, und die Potentialfunction des zweiten Systemes ist auf den Belegungen gerade Null, folglich muss auch die Integration den Werth Null geben, und wir erhalten:

$$W'_1 = 0.$$

Hierdurch geht die vorige Gleichung über in:

$$\Omega = W_1 + W',$$

welche Gleichung wir in folgender Form schreiben wollen:

$$(19) \qquad W' = \Omega - W_1.$$

Von den beiden hierin an der rechten Seite stehenden Grössen ist die erste Ω durch die Gleichung (18) bestimmt. Um die andere Grösse W_1 zu bestimmen, ist zu bemerken, dass die Electricitätsmengen $\mu - m$ und $-(\mu - m)$, wenn sie für sich allein vorhanden wären, auf den Belegungen die Potentialniveaux f und g hervorbringen würden, da alle übrigen Electricitätsmengen auf den Belegungen die Potentialniveaux Null geben. Daraus folgt:

$$W_1 = \tfrac{1}{2}\,(\mu - m)\,(f - g).$$

Hierin kann man nach (13) und (14) setzen:

$$\mu - m = \frac{S}{4\pi c} \cdot \frac{u_1 - u}{4\pi E},$$

und für $f - g$ kann man den in (16) gegebenen Werth anwenden, wodurch man erhält:

$$(20) \qquad W_1 = \frac{S}{8\pi c} \left(\frac{u_1 - u}{4\pi E} \right)^2.$$

Durch Anwendung dieser Werthe geht (19) über in:

$$(21) \qquad W' = \frac{S}{8\pi c} \cdot \frac{(u_1 - u)^2}{4\pi E},$$

wofür man auch gemäss (13) schreiben kann:

$$(22) \qquad W' = \frac{c}{2E} \cdot \frac{m^2}{S}.$$

Durch diese Gleichungen ist das gesuchte, unmittelbar nach der Entladung stattfindende Potential der gesammten Electricität auf sich selbst bestimmt.

Wenn nach der Entladung eine gewisse Zeit verflossen ist, und die innere Polarität bis zu dem Reste abgenommen hat, welcher durch die auf den Belegungen befindlichen Electricitätsmengen m und $- m$ aufrecht erhalten werden kann, so ist wieder ein Gleichgewichtszustand von der Art, wie der, auf welchen die Gleichungen von (5) bis (12) sich beziehen, erreicht. Das diesem Zustande entsprechende Potential der gesammten Electricität auf sich selbst, welches W'' heissen möge, erhält man, wenn man in der Gleichung (12) einfach m an die Stelle von M setzt, wobei man wieder für den Grad von Genauigkeit, welcher beim Rückstande ausreichend ist, k durch $\dfrac{4\pi c}{1 + 4\pi E}$ ersetzen kann:

$$(23) \qquad W'' = \frac{2\pi c}{1 + 4\pi E} \cdot \frac{m^2}{S}.$$

Substituirt man hierin für m seinen Werth aus (13), so kommt:

$$(24) \qquad W'' = \frac{S(u_1 - u)^2}{8\pi c\,(1 + 4\pi E)}.$$

§. 5. Arbeit der electrischen Kräfte während der Entladung und nach derselben.

Nachdem in den vorigen Paragraphen das Potential der gesammten Electricität auf sich selbst für die verschiedenen in Betracht kommenden Zustände bestimmt ist, lässt sich auch die Arbeit, welche die electrischen Kräfte während der Entladung und nach derselben leisten, leicht ausdrücken.

Wir wollen uns die Entladung zuerst dadurch bewirkt denken, dass ein von der äusseren Belegung ausgehender Leiter mit seinem anderen Ende einer mit der inneren Belegung in leitender Verbindung stehenden Stelle genähert und für eine ganz kurze Zeit damit in Berührung gebracht wird. Dann haben wir vor der Entladung den Zustand, bei welchem das Potential gleich W ist, und unmittelbar nach der Entladung den Zustand, bei welchem das Potential gleich W' ist. Während der Entladung wird also die Arbeit

$$W - W'$$

geleistet.

Wenn nach der Entladung einige Zeit verstrichen ist, so ist der Zustand eingetreten, bei welchem das Potential gleich W'' ist, und es wird also nach der Entladung bis zum Eintreten dieses Zustandes noch die Arbeit

$$W' - W''$$

von den electrischen Kräften geleistet.

Lässt man jetzt abermals eine Entladung eintreten, so erhält man dieselben beiden Vorgänge im verkleinerten Maassstabe u. s. f.

Um die Arbeitsgrössen in ihrer Beziehung zum ganzen ursprünglich bestehenden Potential W näher angeben zu können, muss man wissen, wie sich W' und W'' zu W verhalten, und dazu wiederum muss bekannt sein, wie sich die Differenz $u_1 - u$ zur Differenz $F - G$ verhält. Ein Grenzwerth für $u_1 - u$, welcher

sicherlich nicht überschritten werden kann, ergiebt sich sofort
daraus, dass die Polarität des Glases nach der Entladung nicht
grösser sein kann, als sie während der Ladung war. Bezeichnen
wir daher, wie im vorigen Abschnitte, die Potentialniveaux, welche
die während der Ladung bestehende Polarität des Glases für sich
allein auf den Belegungen hervorbringen würde, mit U und U_1,
so kann $u_1 - u$ keinesfalls grösser als $U_1 - U$ sein. Wieviel kleiner es ist, lässt sich nicht genau angeben. Soviel aber kann als
unzweifelhaft angenommen werden, dass bei einer bestimmten
Flasche oder Batterie mit wachsendem $U_1 - U$ auch $u_1 - u$
wächst, und da es bei den auf den Rückstand bezüglichen Grössen,
welche überhaupt nicht bedeutend sind, auf äusserste Genauigkeit
nicht ankommt, so wird es erlaubt sein, die Differenzen $u_1 - u$
und $U_1 - U$ als einander proportional zu betrachten, und demgemäss zu setzen:

$$(25) \qquad u_1 - u = p(U_1 - U),$$

worin p einen von der Natur der die Batterie bildenden Flaschen
abhängigen Coëfficienten bedeutet, dessen Werth zwischen 0 und
1 liegen muss. Was nun die Differenz $U_1 - U$ anbetrifft, so lässt
sich aus der Gleichung (39) des vorigen Abschnittes zunächst die
folgende ableiten:

$$U_1 - U = 4\pi E (V + U - V_1 - U_1),$$

und wenn man hierin für $V + U$ und $V_1 + U_1$ die später eingeführten Zeichen F und G setzt, so kommt:

$$(26) \qquad U_1 - U = 4\pi E (F - G),$$

wodurch die Gleichung (25) übergeht in:

$$(27) \qquad u_1 - u = p.4\pi E (F - G).$$

Aus dieser Gleichung kann man mit Hülfe der im vorigen Abschnitt unter (46) und in diesem Abschnitt unter (13) gegebenen
Gleichungen auch noch die folgende ableiten:

$$(28) \qquad m = p \frac{4\pi E}{1 + 4\pi E} M.$$

Kehren wir nun zu den für die Potentiale W' und W'' aufgestellten Gleichungen (22) und (23) zurück und setzen darin für
m den vorstehenden Ausdruck, so kommt:

$$(29) \qquad W' = 2\pi c p^2 \frac{4\pi E}{(1 + 4\pi E)^2} \cdot \frac{M^2}{S}$$

$$(30) \qquad W'' = 2\pi c p^2 \frac{(4\pi E)^2}{(1 + 4\pi E)^3} \cdot \frac{M^2}{S}.$$

Das in diesen beiden Gleichungen vorkommende Product $2\pi c$ können wir noch durch $\dfrac{k}{2}$ ersetzen, da wir auch bisher bei der Behandlung der auf den Rückstand bezüglichen Grössen, welche an sich nur klein sind, den zwischen k und $4\pi c$ bestehenden Unterschied vernachlässigt haben.

Diese Ausdrücke von W' und W'' können nun bei der Bestimmung der Arbeit angewandt werden, wobei W mittelst der in §. 2 entwickelten Gleichungen zu bestimmen ist. Zur speciellen Ausführung der Rechnung wollen wir den Fall wählen, wo die äussere Belegung der Batterie mit der Erde in leitender Verbindung steht, und wo für W die Gleichung (12) gilt. Dann erhalten wir:

$$(31) \qquad W - W' = \frac{k}{2}\left(1 - p^2\,\frac{4\pi E}{(1+4\pi E)^2}\right)\frac{M^2}{S}$$

$$(32) \qquad W' - W'' = \frac{k}{2}\,p^2\,\frac{4\pi E}{(1+4\pi E)^3}\cdot\frac{M^2}{S}.$$

Im Vorstehenden war vorausgesetzt, dass die Entladung in der Weise stattfinde, dass die Enden des Schliessungsbogens nur für eine sehr kurze Zeit mit einander in Berührung gebracht werden. Wird dagegen die mit der Erde leitend verbundene äussere Belegung dauernd mit der inneren in leitende Verbindung gesetzt, so tritt eine vollständige Entladung ein. Indessen findet auch in diesem Falle der Umstand statt, dass nicht die ganze Entladung gleich im Momente der Verbindung vollendet ist, sondern dass ein Theil derselben erst nachträglich im Verlaufe einiger Zeit vor sich geht. Man kann daher auch in der Arbeit, welche im Ganzen durch W dargestellt wird, zwei Theile unterscheiden, den Theil $W - W'$, welcher sofort beim Eintritt der Verbindung geleistet wird, und den Theil W', welcher während des Bestehens der Verbindung erst allmälig folgt.

§. 6. Wirkungen der Entladung.

Wenn wir nun die von der Entladung hervorgebrachten Wirkungen betrachten, so können diese, wie schon oben in §. 1 erwähnt, von sehr verschiedener Art sein. Zu den dort angeführten Wirkungen ist, streng genommen, noch eine schon vor der eigentlichen Entladung stattfindende hinzuzufügen. Während nämlich das Ende des von der äusseren Belegung ausgehenden Schliessungsbogens sich der mit der inneren Belegung leitend verbundenen Stelle nähert, findet schon eine kleine Mitwirkung der Electricität statt, indem die Enden des Schliessungsbogens vermöge der auf ihnen befindlichen Electricität einander anziehen, und dadurch die Annäherung erleichtern. Diese Wirkung ist aber in unserem Falle, wo der grösste Theil der Electricität auf den Belegungen gebunden ist, und daher zu jener Anziehung nicht beitragen kann, jedenfalls so gering, dass wir sie ohne Bedenken vernachlässigen können.

Ferner wollen wir zur Vereinfachung die Erregung von Inductionsströmen oder Magnetismus ausserhalb des betrachteten Körpersystemes und alle bleibenden Veränderungen mechanischer, chemischer oder magnetischer Natur innerhalb desselben für jetzt von der Untersuchung ausschliessen und annehmen, dass die Arbeit, welche an den Stellen verwandt wird, wo der Schliessungsbogen unterbrochen ist, und wo ein Funke überspringen muss, und die in dem ganzen Systeme erzeugte Wärme die einzigen vorkommenden Wirkungen seien. Dann muss dem Hauptsatze nach die Summe dieser beiden gleich der Abnahme des Potentials sein.

Dieses theoretische Ergebniss möge nun mit der Erfahrung verglichen werden. Dazu bietet besonders die von Riess mit der grössten Sorgfalt, Umsicht und Consequenz durchgeführte Reihe von Untersuchungen ein ebenso reichhaltiges, als zuverlässiges Material dar, und die Vergleichung desselben mit der Theorie wird noch dadurch sehr erleichtert, dass Riess selbst aus den von ihm beobachteten Thatsachen ganz bestimmt formulirte Gesetze abgeleitet hat.

Wird zunächst angenommen, dass bei einer Reihe von Versuchen die Stärke der Entladung, d. h. die Abnahme des Potentials, dieselbe bleibe, aber der Schliessungsbogen geändert werde, so muss dabei die Summe der beiden Wirkungen constant sein.

Was die Wärmeerzeugung anbetrifft, so besitzen wir über deren Abhängigkeit vom Schliessungsbogen folgende zwei wichtige Sätze von Riess[1]).

1. Die durch eine und dieselbe Entladung in zwei verschiedenen im Schliessungsbogen befindlichen conti-

---

[1]) Pogg. Ann. Bd. 43 und 45.

nuirlichen Drahtstücken erzeugten Wärmemengen verhalten sich wie ihre reducirten Längen, wenn man unter reducirte Länge die Grösse $\dfrac{\lambda}{\varrho^2}\,x$ versteht, worin λ die wirkliche Länge, ϱ der Radius und x eine vom Stoffe des Drahtes abhängige Grösse ist, welche Riess die Verzögerungskraft nennt, und welche der Leitungsfähigkeit umgekehrt proportional ist.

2. Wenn man unter sonst unveränderten Umständen den Schliessungsbogen dadurch verlängert, dass man einen Draht von der reducirten Länge l einschaltet, so wird dadurch die Erwärmung eines anderen im Schliessungsbogen befindlichen Drahtes vermindert, und zwar nahe im Verhältnisse von $1 + bl : 1$, worin b eine durch den Versuch zu bestimmende Constante ist.

Beide Sätze lassen sich in folgende Gleichung zusammenfassen [1]):

$$(33) \qquad C = \frac{l'}{1 + bl}\,A,$$

worin l' die reducirte Länge des betrachteten Drahtstückes und C die darin erzeugte Wärmemenge ist, während b und l die vorher erwähnte Bedeutung haben, und A eine von der Stärke der Entladung abhängige Grösse darstellt, welche für unseren gegenwärtigen Fall, wo wir es nur mit gleichen Entladungen zu thun haben, constant ist.

Diese Gleichung enthält eine Bestätigung des vorher gezogenen Schlusses. Der eingeschaltete Draht l wird natürlich durch die Entladung ebenfalls erwärmt und zwar wird nach der vorigen Gleichung die Wärmemenge $\dfrac{l}{1 + bl}\,A$ in ihm erzeugt. Dafür muss, wenn die Gesammtsumme der Wirkungen constant bleiben soll, eine Verminderung der übrigen Wirkungen eintreten, und diese wird in der That durch den zweiten Riess'schen Satz und durch die Gleichung nachgewiesen. Mit dieser allgemeinen Uebereinstimmung müssen wir uns für jetzt begnügen. Eine genaue quantitative Untersuchung, ob die Abnahme aller übrigen Wirkungen zusammen wirklich gerade gleich jener durch $\dfrac{l}{1 + bl}\,A$ aus-

---

[1]) Pogg. Ann. Bd. 45, S. 23.

gedrückten Wärmemenge ist, scheint mir bis jetzt ohne neue Beobachtungsdata nicht ausführbar zu sein.

Vorsselman de Heer hat freilich aus jener Gleichung (33) einen allgemeinen Satz abgeleitet, den man vielleicht auf den ersten Blick für eine vollständige Bestätigung unseres Schlusses halten könnte. Es soll nämlich die Gesammtwärme, welche durch eine electrische Entladung in dem ganzen Schliessungsbogen erregt wird, von der Natur des Schliessungsbogens unabhängig sein[1]. Dieser Satz wird auch von Helmholtz in der That als mit der Theorie übereinstimmend angeführt[2]; indessen scheint er mir dazu doch nicht geeignet zu sein, indem er mehrere Ungenauigkeiten enthält.

Erstens beschränkt Vorsselman de Heer die Betrachtung ausdrücklich auf „den die beiden Belege der Batterie verbindenden Bogen"[3]. Die Wärmeerzeugung erstreckt sich aber auch auf die übrigen Körper des Systemes, und zwar wird ein Theil innerhalb der Batterie selbst erzeugt, und ein anderer, für den Fall, dass die Batterie und der Schliessungsbogen nicht isolirt, sondern mit der Erde verbunden sind, innerhalb des Ableitungszweiges und der Erde. Der letztere Theil wird im Allgemeinen unbedeutend sein, da nur der Ueberschuss der einen oder anderen Electricität nach der Erde strömt, und dieser gegen die ganze Electricitätsmenge gering ist, und dasselbe lässt sich unter der Bedingung, dass der Schliessungsbogen eine beträchtliche reducirte Länge hat, vielleicht auch von dem ersten Theile annehmen. Bei sehr kurzem Schliessungsbogen dagegen würde eine solche Annahme unzulässig sein, und jedenfalls müssen wir diesen Theil bis jetzt als unbekannt bezeichnen.

Ferner hat er die Stellen, wo der Schliessungsbogen unterbrochen ist und wo ein Funke überspringt, nicht berücksichtigt. An diesen Stellen findet eine äusserliche mechanische Wirkung statt, welche man erst als verbrauchte Arbeit von der Gesammtwirkung abziehen muss, um den Theil zu erhalten, welcher wirklich innerhalb des betrachteten Körpersystems in Wärme verwandelt wird.

Was die Grösse dieses Arbeitsverbrauches und seinen Einfluss auf die Wärmeentwickelung anbetrifft, so kann ich in dieser

---

[1] Pogg. Ann. Bd. 48, S. 298. — [2] Ueber die Erhaltung der Kraft, S. 44. — [3] Pogg. Ann. Bd. 48, S. 297.

Beziehung zunächst wieder eine Bestätigung der Theorie durch das Experiment anführen. Es ist nämlich im Voraus klar, dass der Arbeitsverbrauch von dem Widerstande, welchen die nichtleitende Schicht der Durchbrechung entgegensetzt, abhängt, und dass er daher bedeutender sein wird, wenn die Enden des Schliessungsbogens durch einen nichtleitenden festen Körper getrennt sind, als wenn sich bloss Luft zwischen ihnen befindet. Daraus folgt, dass im ersteren Falle ein an einer anderen Stelle des Schliessungsbogens befindliches electrisches Luftthermometer weniger erwärmt werden muss, als im letzteren, und so hat es sich auch bei einer von Riess ausgeführten Versuchsreihe [1]) in der That ergeben.

An der Unterbrechungsstelle standen sich entweder zwei kleine Scheiben, oder zwei Kugeln, oder zwei Spitzen gegenüber, jedesmal in einer Entfernung von 0,2 Linien. Zwischen diesen waren nach einander die in der ersten Columne der nachstehenden Tabelle genannten Körper eingeschaltet, und dabei wurden unter sonst gleichen Umständen in dem Luftthermometer die in den folgenden Columnen angeführten Erwärmungen beobachtet. Wo Riess mehrere Zahlen giebt, habe ich die Mittelzahl genommen.

Eingeschaltete Körper.	Erwärmungen im Luftthermometer, je nachdem der Funke		
	zwischen den Scheiben	zwischen den Kugeln	zwischen den Spitzen
	übersprang.		
Luftschicht	15·9	15·4	15·1
ein Kartenblatt	11·7	12·0	11·6
zwei Kartenblätter mit zwischengelegtem Stanniol , ...	9·7	9·3	—
zwei Kartenblätter	8·0	8·8	10·4
Glimmerblatt	6·8	4·7	4·8

[1]) Pogg. Ann. Bd. 43, S. 82.

In dieser Tabelle tritt der Einfluss der Festigkeit des eingeschalteten Körpers, welcher vom Funken durchbrochen werden muss, sehr deutlich hervor. Nur der Fall, wo zwei Kartenblätter mit zwischengelegtem Stanniol angewandt wurden, könnte auf den ersten Blick eine Ausnahme zu bilden scheinen, indem diese drei Körper eine geringere Wirkung ausübten als die beiden Kartenblätter allein. Hiernach muss man annehmen, dass durch das Stanniolblatt, obwohl es mit durchbrochen wurde, doch der Arbeitsverbrauch nicht vermehrt, sondern vermindert wurde, was einen Widersinn zu enthalten scheint. Ich glaube indessen, dass man diese Annahme nicht als widersinnig zu betrachten braucht, denn es kommt bei dem Arbeitsverbrauch nicht bloss darauf an, welche Körper durchbrochen werden, sondern auch, wie sie durchbrochen werden, und die Art der Durchbrechung wird durch den zwischen den Kartenblättern eingeschalteten leitenden Körper jedenfalls geändert. Aus der grossen Verschiedenheit der übrigen in der Tabelle befindlichen Zahlen ersieht man, wie bedeutend die durch den Funken verbrauchte Arbeit unter erschwerenden Umständen werden kann. Ein genaues Maass dieser Arbeit möchte sich jedoch hieraus noch nicht ableiten lassen, und ein solches besitzen wir meiner Ansicht nach bis jetzt überhaupt noch nicht, selbst für den einfachsten und wichtigsten Fall, wo der Funke nur durch Luft überspringt.

Bei oberflächlicher Betrachtung könnte man vielleicht glauben, diese Arbeit müsse bei gleicher Dichtigkeit der Luft einfach der Dicke der durchbrochenen Luftschicht proportional sein. Wenn man jedoch bei unverändertem Abstande der Körper, zwischen denen der Funke überspringen muss, die Ladung der Batterie oder die Beschaffenheit des Schliessungsbogens ändert, so treten in der Natur der Funken so grosse, schon äusserlich an der verschiedenen Stärke des Lichtes und Knalles erkennbare Unterschiede ein, dass man diese Funken in Bezug auf die von ihnen verbrauchte Arbeit unmöglich als gleich betrachten kann.

Ferner könnte man vielleicht aus einigen von Riess mitgetheilten Beobachtungen[1] den Schluss ziehen wollen, die von einem durch die Luft überspringenden Funken verbrauchte Arbeit sei überhaupt so gering, dass man sie vernachlässigen könne. Riess hat nämlich mit den vorher

---

[1] Pogg. Ann. Bd. 43, S. 78.

erwähnten kleinen Scheiben und Kugeln die Versuche auch so angestellt, dass er sie zuerst in Berührung und dann in verschiedene Entfernungen brachte, so dass die Electricität im ersteren Falle ohne und in den letzteren Fällen mit Funken überging, und für jeden dieser Fälle hat er die in dem Schliessungsbogen unter sonst gleichen Umständen erregte Wärme beobachtet. Dabei zeigte sich diese Wärme bei der Entfernung im Allgemeinen nur wenig geringer, als bei der Berührung, und in einzelnen Fällen sogar etwas grösser. Ich glaube indessen, dass diese Beobachtungen zu dem obigen Schlusse noch nicht berechtigen.

Wir müssen nämlich ausser demjenigen Funken, welcher durch die Entfernung der Scheiben oder Kugeln willkürlich hervorgerufen wurde, auch jene anderen betrachten, welche an sich schon mit dem Entladungsverfahren verbunden waren. Riess bewirkte die Entladungen, um sie so regelmässig wie möglich zu machen, durch einen eigens dazu construirten Apparat [1]), welcher so eingerichtet war, dass jedesmal zwei Funken übersprangen. Nun ergiebt sich aus anderen Versuchen von Riess [2]), dass durch eine im Schliessungsbogen angebrachte Unterbrechung die Schlagweite an einer anderen Stelle vermindert wird, und folglich müssen auch im vorliegenden Falle zugleich mit der Hervorbringung des einen neuen Funkens zwischen den Scheiben oder Kugeln die beiden anderen Funken im Entladungsapparate verkürzt sein, woraus man auf eine theilweise Compensation des Arbeitsverbrauches schliessen kann. In manchen Fällen waren die beiden letzteren Funken sogar ganz verschwunden, indem „die Entladung erst bei der Berührung der Kugeln des Entladungsapparates eintrat" [3]). Es war also Ein Funke neu hinzugekommen, und dafür waren zwei früher vorhandene Funken fortgefallen, was eine Verminderung des Arbeitsverbrauches, und dem entsprechend eine Vermehrung der Wärmeerzeugung erwarten lässt; und in der That waren es gerade diese Fälle, in denen Riess eine erhöhte Wärme im Schliessungsbogen beobachtete. Man sieht also, dass es zur Erklärung dieser Erscheinungen nicht nothwendig ist, die Annahme zu machen, dass die Grösse des Arbeitsverbrauches bei einem Funken sehr klein sei, und überhaupt scheinen mir die Versuche noch keinen sicheren Schluss über diese Grösse zu gestatten.

---

[1]) Pogg. Ann. Bd. 40, S. 339. — [2]) Pogg. Ann. Bd. 53, S. 11.
[3]) Pogg. Ann. Bd. 43, S. 79.

Wenn es somit wegen der in der Gesammtwirkung vorkommenden unbekannten Grössen unmöglich ist, eine quantitativ genaue Uebereinstimmung der Gleichung (33) mit dem Hauptsatze nachzuweisen, so könnte man vielleicht umgekehrt versuchen, durch die Annahme beider, und ihre Verbindung mit einander, jene unbekannten Grössen, oder wenigstens die Summe derselben zu bestimmen, und dazu scheint die Form der von Riess aufgestellten Gleichung (33) allerdings einzuladen. Dabei muss man aber bedenken, dass man dieser Gleichung selbst, als einer empirischen Gleichung, keine absolute Genauigkeit zuschreiben darf, wie es auch die von Riess angeführten Zahlen zeigen. Er hat nämlich in zwei Versuchsreihen in den Schliessungsbogen Drähte von verschiedener Länge und Dicke eingeschaltet, wodurch sich in dem Ausdrucke auf der rechten Seite der Gleichung (33) nur die im Nenner befindliche Grösse l änderte, und hat dann jedesmal aus der beobachteten Erwärmung die Constante b bestimmt. Die so gefundenen Werthe weichen in der ersten Reihe zwischen 0,01358 und 0,01101 und in der zweiten zwischen 0,00000926 und 0,00000840[1]) von einander ab, und wenn diese Differenzen bei der grossen Verschiedenheit der eingeschalteten Drähte und bei der Schwierigkeit der Versuche auch nicht als bedeutend gelten können, so scheinen sie doch deshalb einige Beachtung zu verdienen, weil sich in ihnen eine gewisse Regelmässigkeit zeigt. In beiden Reihen werden nämlich mit wachsender reducirter Länge l des Drahtes die entsprechenden Werthe von b im Allgemeinen kleiner.

§. 7. Vergleichung unter Annahme verschiedener Ladungen.

Wir wenden uns nun zu dem zweiten Vergleichspuncte zwischen der Theorie und der Erfahrung, nämlich zu dem Falle, wo der Schliessungsbogen derselbe bleibt, aber die Grösse der Batterie und der darauf angehäuften Electricitätsmenge geändert wird.

Auch hier tritt uns der eben besprochene Uebelstand wieder entgegen. Da wir nämlich einen Theil der Entladungswirkungen

---

[1]) Pogg. Ann. Bd. 43, S. 68 und 73. Der grosse Unterschied zwischen den Zahlen der ersten und zweiten Reihe beruht auf einer verschiedenen Wahl der Einheiten.

nicht kennen, so können wir auch nicht angeben, wie derselbe sich mit der Grösse der Batterie und der Electricitätsmenge ändert, und können daher aus der an Einer Stelle des Schliessungsbogens beobachteten Wirkung noch nicht mit Sicherheit auf die Gesammtwirkung schliessen. Nur in Bezug auf die in den continuirlichen Theilen des Schliessungsbogens erzeugte Wärme können wir als sicher voraussetzen, dass jede in Einem Theile beobachtete Veränderung auch in den übrigen Theilen proportional stattfindet.

Wenn nun aber der Schliessungsbogen eine grosse reducirte Länge hat, so darf man wohl annehmen, dass der grösste Theil der Gesammtwirkung zu seiner Erwärmung verwendet wird, und in diesem Falle werden also, wenn die übrigen Wirkungen auch von jener Proportionalität abweichen sollten, die dadurch entstehenden Differenzen verhältnissmässig gering sein, so dass man ohne bedeutende Ungenauigkeit die an irgend einer Stelle beobachteten Erwärmungen den entsprechenden Gesammtwirkungen proportional setzen kann.

Nun lässt sich aber die Gesammtwirkung einer vollständigen Entladung nach Gleichung (12) durch den Ausdruck

$$\frac{M^2}{S}\ Const.$$

darstellen, und dieses ist gerade der Ausdruck, welchen Riess für die Erwärmung im Schliessungsbogen experimentell gefunden hat, indem die Gleichung (33) vollständig lautet [1]:

$$(33\,\mathrm{a}) \qquad\qquad C = \frac{a\,l'}{1 + b\,l} \cdot \frac{M^2}{S},$$

worin a eine Constante ist [2]).

§. 8. Unvollständige Entladung.

Die bisher betrachteten Fälle bezogen sich auf die vollständige Entladung. Wir wollen nun den Fall der unvollständigen Entladung betrachten.

----

[1]) Pogg. Ann. Bd. 45, S. 23.

[2]) Diese Uebereinstimmung zwischen Theorie und Erfahrung wird auch schon von Helmholtz angeführt (seine Schrift S. 43), doch ist mir die Entwicklung seiner Formel nicht ganz verständlich, indem er darin eine Grösse einführt, welche er Ableitungsgrösse nennt, und von welcher er sagt, dass sie der Fläche der Batteriebelegung proportional sei, ohne jedoch ihre Bedeutung oder den Grund dieser Proportionalität näher anzugeben.

Auch in dieser Beziehung besitzen wir messende Versuche von Riess[1]), welcher eine geladene Batterie dadurch theilweise entlud, dass er ihre beiden Belegungen mit den entsprechenden Belegungen einer anderen ungeladenen Batterie in Verbindung setzte, so dass die vorher auf der einen Batterie angehäuften Electricitäten sich nun über beide verbreiteten. Er änderte die Versuche dadurch ab, dass er beide Batterien von verschiedener Flaschenzahl nahm, und beobachtete jedesmal die Erwärmung in einem oder in beiden Verbindungsbogen. Die Flaschen jeder Batterie waren natürlich unter sich gleich, aber leider waren nicht auch die Flaschen der einen gleich denen der anderen. Als Resultat giebt er an, dass die nachfolgende „Formel sich allen beobachteten Erwärmungen an einer constanten Stelle sowohl des inneren als des äusseren Schliessungsbogens vollkommen angeschlossen"[2]) habe:

$$(34) \qquad C = \frac{a\,M^2}{\left(\dfrac{n}{n'} + \dfrac{s'}{s}\right) n\,s},$$

wobei ich nur zur leichteren Vergleichung mit meinen sonstigen Formeln die Buchstaben etwas anders gewählt habe, als Riess. Es bedeutet nämlich C die beobachtete Wärme, M die angewandte Electricitätsmenge, s den Flächenraum der inneren Belegung einer Flasche der ersten Batterie und n die Anzahl dieser Flaschen, s' und n' dieselben Grössen für die andere Batterie, und endlich a eine Constante, welche für den inneren Schliessungsbogen etwas grösser genommen werden musste, als für den äusseren, was sich daraus erklären lässt, dass sich auf der inneren Belegung etwas mehr Electricität befand, als auf der äusseren.

Wir wollen nun diese Erwärmung mit der Zunahme des Potentials vergleichen.

Aus der Gleichung (12) ergiebt sich für das Potential der ersten Batterie vor der Entladung, wenn man die Electricitätsmenge mit M bezeichnet, und für den ganzen Flächenraum S seinen Werth $n\,s$ setzt, der Ausdruck:

$$(35) \qquad W = \frac{k}{2} \cdot \frac{M^2}{n\,s}.$$

Um nun zu bestimmen, wie sich die ganze Electricitätsmenge M

<hr>

[1]) Pogg. Ann. Bd. 80, S. 214. — [2]) A. a. O. S. 217.

bei der Entladung über beide Batterien vertheilt, kennt man die Bedingung, dass auf den verbundenen Belegungen die Potentialfunctionen gleich sein müssen. Seien nach der Entladung F_1 und F_1' die Potentialfunctionen auf den inneren Belegungen, und M_1 und M_1' die gesuchten, auf ihnen befindlichen Electricitätsmengen, so hat man nach (10):

$$F_1 = k\,\frac{M_1}{ns}$$

$$F_1' = k'\,\frac{M_1'}{n'\,s'},$$

worin k' dieselbe Grösse für die Flaschen der zweiten Batterie ist, wie k für die der ersten. Setzt man diese beiden Ausdrücke einander gleich, und bedenkt, dass:

$$M_1 + M_1' = M$$

sein muss, so erhält man:

$$(36)\qquad\begin{cases} M_1 = \dfrac{\dfrac{ns}{k}}{\dfrac{ns}{k} + \dfrac{n's'}{k'}}\,M \\[4ex] M_1' = \dfrac{\dfrac{n's'}{k'}}{\dfrac{ns}{k} + \dfrac{n's'}{k'}}\,M. \end{cases}$$

Hieraus ergiebt sich weiter, wenn W_1 das Gesammtpotential beider Batterien nach der Entladung ist:

$$(37)\qquad W_1 = \tfrac{1}{2}\,(M_1 F_1 + M_1' F_1') = \frac{\tfrac{1}{2}\,M^2}{\dfrac{ns}{k} + \dfrac{n's'}{k'}}$$

und somit erhält man als Abnahme des Potentials:

$$(38)\qquad W - W_1 = \frac{\dfrac{1}{2}\,\dfrac{k^2}{k'}\cdot\dfrac{s'}{s}\cdot M^2}{\left(\dfrac{n}{n'} + \dfrac{k}{k'}\cdot\dfrac{s'}{s}\right)ns}.$$

Die Grösse $\dfrac{1}{2}\,\dfrac{k^2}{k'}\cdot\dfrac{s'}{s}$ ist für die ganze Versuchsreihe constant, und man kann also schreiben:

$$(39) \qquad W - W_1 = \frac{A \cdot M^2}{\left(\dfrac{n}{n'} + \dfrac{k}{k'} \cdot \dfrac{s'}{s} \right) n s}.$$

Vergleicht man diesen Ausdruck mit dem von Riess für die Erwärmung gegebenen (34), so zeigt sich, dass man, um beide einander proportional zu machen, nur anzunehmen braucht, dass in den Flaschen beider Batterien, obwohl sie nicht gleich waren, doch die Grössen k und k' nahe denselben Werth hatten, und diese Annahme wird noch insbesondere dadurch gerechtfertigt, dass Riess weiterhin [1] anführt, er habe durch directe Messungen gefunden, dass bei der Verbindung die Electricität sich über beide Batterien nach dem Verhältnisse der Oberflächen vertheilte, was nach den Gleichungen (36) nur dann der Fall sein konnte, wenn $k = k'$ war [2]).

Riess änderte die Versuche auch dadurch ab, dass er den Schliessungsbogen verlängerte, und beobachtete die dabei stattfindende Abnahme der Wärme an einer bestimmten Stelle. Die Resultate dieser Beobachtungen stimmen im Allgemeinen mit den schon oben besprochenen überein, und wir wollen sie daher hier übergehen und ebenso einige andere in demselben Aufsatze noch angeführte Versuche.

---

[1]) A. a. O. S. 220.

[2]) Da die Grössen k und k' dem Obigen nach von den Glasdicken beider Batterien abhängen, so schien es mir von Interesse zu sein, diese Dicken kennen zu lernen, und ich habe daher, während der Aufsatz, in welchem ich diese Entwickelungen gemacht hatte, schon in Pogg. Ann. gedruckt wurde, noch Hrn. Riess ersucht, eine Messung derselben anzustellen, worauf er so gut gewesen ist, mir folgende Mittheilung zu machen. In den kleinen Flaschen (denen der zweiten Batterie) variirt die Glasdicke bedeutend und ist im Mittel $1\frac{1}{2}$ pariser Linien. Die grossen Flaschen (die der ersten Batterie) hat er nicht selbst messen können, da sie oben geschlossen sind, und er hat dafür zwei überzählige Flaschen derselben Art, die zur Vorsicht mit den im Gebrauch befindlichen zu gleicher Zeit angefertigt worden sind, gemessen; das Glas ist in diesen nahe gleich und $1\frac{1}{3}$ Linien dick. Da eine absolute Gleichheit der Glasdicken unter den von Hrn. Riess angeführten Umständen nicht zu erwarten war, und auch durch die angenommene Gleichheit der Grössen k und k' nicht nothwendig bedingt ist, indem die letzteren ausser von der Glasdicke auch von der Natur des Glases und in einem gewissen, obwohl nur untergeordneten Grade von der Gestalt und Grösse der Flaschen abhängen, so glaube ich, dass man die Uebereinstimmung der Zahlen $1\frac{1}{2}$ und $1\frac{1}{3}$ als genügend betrachten kann.

§. 9. Gleichungen für die Cascadenbatterie.

Es möge nun noch die Franklin'sche sogenannte Cascadenbatterie oder Flaschensäule betrachtet werden. Sie besteht
bekanntlich aus einer Anzahl einzelner Flaschen oder ganzer Batterien, welche isolirt und dann so unter einander verbunden sind,
dass die äussere Belegung der ersten mit der inneren der zweiten,
die äussere der zweiten mit der inneren der dritten u. s. f. in lei-
tendem Zusammenhange stehen. Nur die innere Belegung der ersten und die äussere der letzten Batterie sind frei, und diese werden bei der Ladung wie die innere und äussere Belegung einer
einzelnen Batterie behandelt.

Nachdem diese Ladung stattgefunden hat, mögen die Electricitätsmengen, welche sich auf den beiden Belegungen der einzelnen Batterien befinden, und die entsprechenden Potentialniveaux
der Reihe nach mit

$$(40) \quad \begin{cases} M_1, N_1; & M_2, N_2; & M_3, N_3 \text{ etc.} \\ F_1, G_1; & F_2, G_2; & F_3, G_3 \text{ etc.} \end{cases}$$

bezeichnet werden. Da nun, wenn der inneren Belegung der ersten Batterie von einem Conductor positive Electricität zugeführt
wird, die äussere Belegung dieser Batterie ihre negative Electricität nur von der inneren der zweiten erhalten kann, und diese
dadurch positiv geladen wird, so hat man:

$$N_1 = - M_2;$$

und da ferner zwei Körper, welche leitend mit einander verbunden
sind, gleiche Potentialniveaux haben müssen, so hat man für dieselben beiden Belegungen:

$$G_1 = F_2,$$

und zwei eben solche Gleichungen gelten für jedes andere Paar
verbundener Belegungen, so dass folgende Reihe von Gleichungen
gegeben ist:

$$(41) \quad \begin{cases} N_1 = - M_2; & N_2 = - M_3; & N_3 = - M_4 \text{ etc.} \\ G_1 = F_2; & G_2 = F_3; & G_3 = F_4 \text{ etc.} \end{cases}$$

Ausserdem stehen für jede Batterie die Grössen M, N, F und
G in solcher Beziehung zu einander, dass durch je zwei derselben
die beiden anderen bestimmt sind. Man kann nämlich gemäss

den Gleichungen (51) des vorigen Abschnittes für eine aus n gleichen Flaschen bestehende Batterie setzen:

$$(42) \quad \begin{cases} M = n\,\dfrac{s}{k}\,(F - G) + n\,\alpha\,G \\[2mm] N = n\left(\dfrac{s}{k} - \alpha\right)(G - F) + n\,\beta\,G. \end{cases}$$

Mittelst der Gleichungssysteme (41) und (42) kann man, sobald zwei der Grössen (40) gegeben sind, die übrigen bestimmen, und daraus dann weiter auch das Potential der gesammten Electricität auf sich selbst berechnen.

Zur Vergleichung der Theorie mit der Erfahrung besitzen wir messende Versuche von Dove[1]) und Riess[2]). Die von ihnen angestellten Versuche bestehen bei beiden aus zwei verschiedenen Reihen. Bei der ersten war die Flaschenzahl in allen verbundenen Batterien gleich, aber die Anzahl der angewandten Batterien wurde geändert; bei der zweiten dagegen blieb die Anzahl der angewandten Batterien dieselbe, nämlich immer nur zwei, aber in jeder dieser Batterien wurde die Flaschenzahl geändert.

§. 10. Cascadenbatterie aus zwei ungleichen Elementen.

Wir wollen zunächst die zweite der genannten Versuchsreihen betrachten und mit der Theorie vergleichen.

Die Anordnung der Versuche war so getroffen, dass beide als Elemente der Cascadenbatterie dienende Batterien isolirt, und die innere Belegung der ersten mit dem Conductor der Electrisirmaschine, die äussere der zweiten mit einer Lane'schen Maassflasche verbunden waren. Demnach war durch die Anzahl der Funken der Maassflasche die Electricitätsmenge der zweiten äusseren Belegung gegeben, und zugleich kann man das Potentialniveau dieser Belegung nach dem Ueberspringen jedes Funkens der Maassflasche gleich Null setzen, wobei nur die Potentialfunction des jedesmal in der Maassflasche bleibenden Rückstandes vernachlässigt ist.

Es sind also, wie oben gefordert wurde, zwei von den Grössen (40) bekannt, und um aus diesen die übrigen abzuleiten, kann

---

1) Pogg. Ann. Bd. 72, S. 406. — 2) Pogg. Ann. Bd. 80, S. 349.

man von der zweiten äusseren Belegung nach einander zur zweiten inneren, zur ersten äusseren und endlich zur ersten inneren fortschreiten. Man erhält auf diese Weise, wenn man die durch die Maassflasche gemessene Electricitätsmenge mit $- Q$ und die Flaschenzahlen der beiden Batterien mit n_1 und n_2 bezeichnet, und alle Flaschen als gleich voraussetzt, unter Vernachlässigung von Gliedern höherer Ordnungen in Bezug auf k, folgende Reihe von Gleichungen:

$$G_2 = 0$$

$$N_2 = - Q$$

$$F_2 = \left(1 + \alpha \, \frac{k}{s}\right) \frac{k}{n_2 \, s} \, Q$$

$$M_2 = \left(1 + \alpha \, \frac{k}{s}\right) Q$$

$$G_1 = \left(1 + \alpha \, \frac{k}{s}\right) \frac{k}{n_2 \, s} \, Q$$

$$N_1 = - \left(1 + \alpha \, \frac{k}{s}\right) Q$$

$$F_1 = \left\{1 + \frac{n_2}{n_1 + n_2} \left[2 \, \alpha + (\alpha + \beta) \, \frac{n_1}{n_2}\right] \frac{k}{s}\right\} \left(\frac{1}{n_1} + \frac{1}{n_2}\right) \frac{k}{s} \, Q$$

$$M_1 = \left\{1 + \left[2 \, \alpha + (\alpha + \beta) \, \frac{n_1}{n_2}\right] \frac{k}{s}\right\} Q.$$

Bildet man nun zur Bestimmung des Potentials der ganzen zusammengesetzten Batterie die Gleichung:

$$W = \tfrac{1}{2} \, (F_1 M_1 + G_1 N_1 + F_2 M_2 + G_2 N_2),$$

und setzt darin die vorstehenden Ausdrücke ein, so erhält man:

$$(43) \quad W = \left\{1 + \frac{n_1 + 2 \, n_2}{n_1 + n_2} \left[2 \, \alpha + (\alpha + \beta) \, \frac{n_1}{n_2}\right] \frac{k}{s}\right\} \left(\frac{1}{n_1} + \frac{1}{n_2}\right) \frac{k}{2 \, s} \, Q^2.$$

Will man sich mit einem geringeren Grade von Genauigkeit begnügen, und eine Grösse, welche im Verhältnisse zum Ganzen von der Ordnung k ist, vernachlässigen, so kann man schreiben:

$$(43\,\mathrm{a}) \qquad W = \left(\frac{1}{n_1} + \frac{1}{n_2}\right) \frac{k}{2 \, s} \, Q^2.$$

Da nach der Entladung das Potential Null ist, so ist W die bei der Entladung stattfindende Abnahme des Potentials, und wenn wir wieder, wie früher, annehmen, dass unter sonst gleichen Umständen die Erwärmung an einer einzelnen Stelle des

Schliessungsbogens der Gesammtwirkung proportional sei, so können wir schreiben:

$$(44) \qquad C = A \left(\frac{1}{n_1} + \frac{1}{n_2} \right) \frac{Q^2}{2\,s},$$

worin C die erzeugte Wärme und A eine Constante ist.

Vergleichen wir diese Formel mit den Beobachtungsresultaten, so finden wir zunächst die Proportionalität der erzeugten Wärme mit dem Quadrate der angewandten Electricitätsmenge auch hier, wie in allen anderen Fällen, bestätigt. Was aber die Abhängigkeit der Wärme von den Flaschenzahlen n_1 und n_2 betrifft, so giebt Dove dafür eine andere Formel. Bezeichnen wir nämlich die ganzen Flächenräume der Belegungen der beiden Batterien, also $n_1 s$ und $n_2 s$, mit S_1 und S_2, so geht (44) über in:

$$(45) \qquad C = A \cdot \left(\frac{1}{S_1} + \frac{1}{S_2} \right) \frac{Q^2}{2},$$

und statt dessen giebt Dove die Formel:

$$(46) \qquad C = A \cdot \frac{Q^2}{\sqrt{S_1 \cdot S_2}} \;{}^{1)}.$$

Die von ihm mitgetheilten Versuchsresultate schliessen sich auch sehr gut seiner Formel an, dagegen stimmen die späteren Versuche von Riess besser mit der meinigen, wie die nachstehenden Tabellen zeigen.

Es wurde nämlich von beiden Beobachtern [2] ein Mal n_2 constant gelassen und n_1 so geändert, dass nach einander

$$n_1 = n_2, = 2\,n_2, = 3\,n_2 \text{ und } = 4\,n_2$$

war; ein anderes Mal wurde n_1 constant gelassen und n_2 so geändert, dass nach einander

$$n_2 = n_1, = 2\,n_1, = 3\,n_1 \text{ und } = 4\,n_1$$

war. Um die Resultate besser vergleichen zu können, habe ich in beiden Fällen die Erwärmung, welche bei dem ersten Versuche, wo $n_1 = n_2$ war, beobachtet wurde, als Einheit genommen, und darauf die übrigen Erwärmungen reducirt. Bei Riess, welcher jedesmal zwei Beobachtungswerthe anführt, habe ich die Mittelzahlen genommen.

---

[1] Pogg. Ann. Bd. 72, S. 419.
[2] Pogg. Ann. Bd. 72, S. 417 und Bd. 80, S. 356.

(I.) n_1 veränderlich, n_2 constant.

| n_1 | Erwärmungen | | | |
| | berechnet | | beobachtet | |
	nach Dove's Formel.	nach Formel (45).	von Dove.	von Riess.
n_2	1	1	1	1
$2\,n_2$	0·71	0·75	0·72	0·76
$3\,n_2$	0·58	0·67	0·59	0·69
$4\,n_2$	0·50	0·63	0·51	0·66

(II.) n_2 veränderlich, n_1 constant.

| n_2 | Erwärmungen | | | |
| | berechnet | | beobachtet | |
	nach Dove's Formel.	nach Formel (45).	von Dove.	von Riess.
n_1	1	1	1	1
$2\,n_1$	0·71	0·75	0·71	0·78
$3\,n_1$	0·58	0·67	0·60	0·72
$4\,n_1$	0·50	0·63	0·50	0·68

Man sieht, dass in der ersten Tabelle zwischen den Zahlen der dritten und fünften Columne eine genügende Uebereinstimmung stattfindet. In der zweiten Tabelle sind die Differenzen allerdings etwas bedeutender, wenn man aber bedenkt, wie schwierig es sein würde, die in der theoretischen Formel vorausgesetzten Bedingungen, besonders die der vollkommenen Isolation, genau zu erfüllen, und dass auch selbst für diesen Fall die Formel nur als eine angenähert richtige aufgestellt ist, so wird man auch diese Differenzen nicht für die Theorie bedenklich finden, und dabei muss noch bemerkt werden, dass alle Zahlen der fünften Columne grösser sind, als die Ergebnisse meiner Formel, während sie, um sich der Dove'schen Formel zu nähern, kleiner sein müssten.

§. 11. Cascadenbatterie aus mehreren gleichen Elementen.

Wir wenden uns nun zu der anderen oben erwähnten Reihe von Versuchen, bei welcher die zur Cascadenbatterie verbundenen Elemente (einzelne Flaschen oder aus einigen Flaschen bestehende Batterien), unter einander gleich waren, ihre Anzahl aber verschieden genommen wurde. Dove und Riess wandten drei oder vier gleiche Flaschen oder Batterien als Elemente an, welche bei der Ladung immer alle zu einer Cascadenbatterie vereinigt waren, während die Entladung entweder an der ersten allein, oder an den beiden ersten zusammen, oder an den drei ersten zusammen etc. vorgenommen wurde. Bei jeder Entladung wurde die Erwärmung im Schliessungsbogen beobachtet.

Um für eine aus beliebig vielen gleichen Elementen bestehende Cascadenbatterie die Potentialniveaux aller einzelnen Belegungen und die auf ihnen befindlichen Electricitätsmengen zu bestimmen, wenn zwei dieser Grössen gegeben sind, können wir wieder die Gleichungssysteme (41) und (42) anwenden. Wir wollen uns aber jetzt bei dieser Bestimmung mit dem geringeren Grade von Genauigkeit begnügen, welchen man erhält, wenn man bei jeder der Grössen nur das erste Glied berücksichtigt. Dann sind die Electricitätsmengen auf allen Belegungen den absoluten Werthen nach als gleich zu betrachten, und sie lassen sich daher., wenn wir die auf der letzten äusseren Belegung befindliche Electricitätsmenge wieder mit $- Q$ bezeichnen, von dieser anfangend der Reihe nach durch $- Q, + Q, - Q, + Q$ etc. darstellen. Für die Potentialniveaux erhalten wir, wenn das Potentialniveau der letzten äusseren Belegung gleich Null ist, von diesem anfangend der Reihe nach folgende Werthe:

$$0, \; k\,\frac{Q}{S}, \; k\,\frac{Q}{S}, \; 2k\,\frac{Q}{S}, \; 2k\,\frac{Q}{S}, \; 3k\,\frac{Q}{S} \text{ etc.}$$

Was nun das Potential der gesammten Electricität auf sich selbst für eine Cascadenbatterie von irgend einer Anzahl von Elementen anbetrifft, so ist zu bemerken, dass bei dem Grade von Genauigkeit, mit welchem wir uns begnügt haben, die Potentiale der einzelnen als Elemente angewandten Flaschen oder Batterien alle unter einander gleich sind, indem jedes durch $\frac{k}{2} \cdot \frac{Q^2}{S}$ dargestellt wird. Wendet man also bloss Ein Element, oder eine Verbindung von zwei, drei etc. Elementen an, so erhält man als Potentiale die Werthe:

$$\frac{k}{2} \cdot \frac{Q^2}{S}, \quad 2\,\frac{k}{2} \cdot \frac{Q^2}{S}, \quad 3\,\frac{k}{2} \cdot \frac{Q^2}{S} \text{ etc.}$$

Diese im Verhältnisse der ganzen Zahlen 1, 2, 3 etc. fortschreitenden Werthe sind es, welche bei den von Dove und Riess nach einander vorgenommenen Entladungen die von den electrischen Kräften geleisteten Arbeitsgrössen darstellen, und mit ihnen müssen daher die beobachteten Erwärmungen verglichen werden.

Dabei darf man aber in dieser Versuchsreihe nicht eine so nahe Uebereinstimmung erwarten, wie in der vorher besprochenen, indem bei diesen Versuchen einige Uebelstände hervortreten, welche zwar auch bei den anderen nicht ganz fehlten, aber doch dort nicht so einflussreich sein konnten, als hier. Darunter ist besonders der hervorzuheben, dass durch jede bei der Entladung neu hinzugenommene Batterie auch der Schliessungsbogen verlängert wird. In der vorher betrachteten Versuchsreihe wurden nämlich bei der Vermehrung der Flaschen einer Batterie die neuen Flaschen neben den schon vorhandenen eingeschaltet, und wenn daher auch durch sie und ihre Verbindungsdrähte das unter der Einwirkung der electrischen Entladung stehende Körpersystem vergrössert wurde, so war diese Vergrösserung doch nicht als eine für sich bestehende Verlängerung des Schliessungsbogens zu rechnen, und ich habe deshalb diesen Umstand vorher unberücksichtigt gelassen, ebenso wie den ähnlichen früher bei der Vermehrung der Flaschen einer einzelnen Batterie. Bei der jetzt betrachteten Versuchsreihe dagegen ist jede neu hinzugenommene Batterie hinter den anderen eingeschaltet, so dass der zu ihr führende Zwischendraht und ihre beiden Belegungen selbständige Theile des Schliessungsbogens bilden.

Hieraus folgt, dass die Annahme, welche wir früher bei gleichbleibendem Schliessungsbogen gemacht haben, dass die Wärmeerregung an einer einzelnen Stelle der Gesammtwirkung proportional sei, auf den Fall, wo die letztere durch Vermehrung der Elemente einer Cascadenbatterie vergrössert wird, nicht als gleich nahe richtig angewandt werden darf, sondern dass in diesem Falle das Verhältniss der beobachteten Wärmeerregungen ein etwas geringeres sein muss. Da sich nun aus den obigen Gleichungen die Gesammtwirkung oder die Abnahme des Potentials der Anzahl der zusammen entladenen Elemente proportional ergiebt, so muss man von einem in dem Schliessungsbogen befindlichen electrischen Thermometer bei stufenweiser Vermehrung der Elemente Anzeigen erwarten, die etwas hinter den auf einander folgenden ganzen Zahlen zurückbleiben.

In den von Dove[1]) mitgetheilten Versuchen tritt dieser Unterschied zwar nicht hervor, indem er bei vier Batterien für die Erwärmungen gerade die Zahlen 1, 2, 3 und 4 anführt. Die Versuche von Riess[2]) dagegen zeigen sogar eine ziemlich bedeutende Abweichung, indem bei vier Flaschen die Zahlen, statt von 1 bis 4, immer nur von 1 bis etwa 3, und bei drei Batterien, statt von 1 bis 3, nur von 1 bis 2,5 wachsen. Ein bestimmtes Gesetz lässt sich über diese Zahlenreihe natürlich nicht aufstellen, indem dieselbe sehr von der Beschaffenheit der angewandten Batterien und der Zwischenverbindungen abhängen muss.

Die Richtigkeit der im Vorigen gemachten Annahme, dass jede Verbindung je zweier Elemente als ein selbständiger Theil des Schliessungsbogens zu betrachten sei, ergiebt sich übrigens noch insbesondere daraus, dass nach den Beobachtungen beider Physiker die Erwärmung in diesen Zwischendrähten nahe ebenso stattfindet, wie im Hauptschliessungsbogen, und dass durch die Einschaltung eines schlechten Leiters in eine der Zwischenverbindungen die Erwärmung irgend einer Stelle des Hauptbogens nahe ebenso vermindert wird, als wenn jener Leiter in den Hauptbogen selbst eingeschaltet wäre.

Diesen letzteren Umstand muss man wohl berücksichtigen, wenn man sich von der bei der Vermehrung der Elemente einer Cascadenbatterie stattfindenden Zunahme der im Ganzen erzeugten Wärme Rechenschaft geben will. Hat man z. B. eine Cascadenbatterie von vier Elementen, so kommen in dieser vier getrennte Theile des Schliessungsbogens vor, der Hauptbogen, welcher die erste innere Belegung mit der letzten äusseren verbindet, und die

---

[1]) Pogg. Ann. Bd. 72, S. 408. — [2]) Pogg. Ann. Bd. 80, S. 351.

drei Zwischenstücke, welche je eine äussere Belegung mit der nächsten inneren Belegung verbinden. Da man nun in jedem dieser vier Verbindungsbogen ein electrisches Luftthermometer einschalten kann, und darin jedesmal eine Wärmemenge erhält, die sich der vierfachen von derjenigen, welche ein einzelnes Element hervorbringen würde, wenigstens nähert, so könnte man vielleicht, wie es in der That geschehen ist, den Schluss ziehen, dass man bei gleichzeitiger Einschaltung von electrischen Luftthermometern in allen vier Verbindungsbogen angenähert die sechszehnfache Wärmemenge erhalten würde. Dabei ist aber zu bedenken, dass wenn nur Ein Luftthermometer, dessen Draht eine bedeutende reducirte Länge hat, eingeschaltet ist, fast die ganze Wirkung der Entladung sich in ihm concentrirt; wenn aber vier Luftthermometer eingeschaltet sind, die Wirkung sich über alle vier verbreiten und daher in jedem einzelnen entsprechend geringer werden muss. Die gesammte Wärmeerzeugung kann nicht grösser sein, als die bei der Entladung eingetretene Abnahme des Potentials, und diese ist dem Obigen nach bei einer Batterie von vier Elementen nicht sechzehnmal, sondern viermal so gross als bei einem einzelnen Elemente.

Fassen wir nun das Ergebniss aller bisher untersuchten Fälle zusammen, so sind die meisten derselben allerdings zu complicirt, um eine ganz strenge Vergleichung mit der Theorie zuzulassen; so weit aber die Vergleichung möglich war, ist sie immer zu Gunsten des Hauptsatzes ausgefallen, und mir ist auch sonst keine experimentell feststehende Thatsache bekannt, welche gegen diesen Satz spräche. Ich glaube daher, dass man denselben, sofern er dessen neben seiner theoretischen Begründung überhaupt noch bedarf, auch durch die Erfahrung als bestätigt ansehen kann.

ABSCHNITT V.

Arbeit und Wärmeerzeugung bei einem stationären electrischen Strome.

§. 1. Eigenthümlichkeit des zu betrachtenden Falles.

Im vorigen Abschnitte wurden die Wirkungen der Electricitätsbewegung in einem Falle betrachtet, welcher in einer gewissen Beziehung besonders einfach ist. Es wurde nämlich vorausgesetzt, dass sowohl der Anfangs- als auch der Endzustand der Electricität ein Ruhezustand sei. Für diesen Fall brauchte man den Verlauf der Bewegung, durch welche die Electricität aus dem einen Zustande in den anderen übergeht, gar nicht zu betrachten, sondern es genügte, das Potential der gesammten Electricität auf sich selbst für jeden der beiden Ruhezustände zu kennen, indem die während des Ueberganges von den electrischen Kräften geleistete Arbeit einfach durch die Differenz dieser beiden Potentiale dargestellt wird. Jetzt wollen wir dagegen die Electricität in der Bewegung selbst betrachten, wollen dabei aber andere vereinfachende Annahmen machen. Wir wollen die Bewegung als eine stationäre voraussetzen, worunter wir eine solche verstehen, bei der der Bewegungszustand des betrachteten Systemes im Verlaufe der Zeit immer derselbe bleibt, oder wenigstens nur solche Aenderungen erleidet, deren Zeitdauer gegen die bei der Beobachtung in Betracht kommenden Zeiten so klein ist, dass man es bei der Beobachtung nur mit einem mittleren Bewegungszustande zu thun hat, welcher unveränderlich ist. Eine solche stationäre Bewegung findet bei einem galvanischen und thermoelectrischen Strome statt, und mit Strömen dieser Art wollen wir uns jetzt beschäftigen. Dabei wollen wir noch eine Beschränkung einführen. Wir wollen nämlich nicht gleich den ganzen Stromkreis mit Einschluss der Stellen, wo die electromotorischen Kräfte wirken, und mit den diese Kräfte erzeugenden Vorgängen betrachten, sondern wollen die Betrachtung auf ein solches Leiterstück beschränken, in welchem keine electromotorische Kraft ihren Sitz hat, und welches durch den Strom keinerlei chemische oder mechanische Veränderungen erleidet. Auch wollen wir voraussetzen, dass keinerlei inducirende Wirkungen zwischen dem betrachteten Leiter und anderen Leitern oder Magneten stattfinden.

In diesem Falle ist die einzige Wirkung, welche der electrische Strom hervorbringt, eine Erwärmung des Leiters. Die Gesetze dieser Wärmeerzeugung sind für den einfachsten Fall, wo der Leiter ein Draht ist, empirisch von Joule[1]), Lenz[2]) und Becquerel[3]) ermittelt, welche gefunden haben, dass die während der Zeiteinheit in einem Drahte erzeugte Wärme proportional seinem Leitungswiderstande und dem Quadrate der Stromintensität ist. Es handelt sich nun darum, die in dem Leiter von den electrischen Kräften gethane Arbeit und die in Folge dessen erzeugte Wärme vom allgemeinen theoretischen Gesichtspuncte aus zu betrachten und mit den im vorigen Abschnitte betrachteten Wirkungen in Zusammenhang zu bringen.

§. 2. Das Ohm'sche Gesetz und die Kirchhoff'sche Deutung desselben.

Das Ohm'sche Gesetz, soweit es sich auf die Vorgänge innerhalb eines homogenen Leiters bezieht, lässt sich ganz allgemein in folgender Weise aussprechen. Sei $d\omega$ irgend ein Flächenelement innerhalb des Leiters, N die Normale darauf und $i\,d\omega$ die Electricitätsmenge, welche während der Zeiteinheit hindurchströmt, worin i positiv oder negativ zu nehmen ist, je nachdem

---

1) Phil. Mag. S. 3, V. 19, p. 264 und Ser. 4, V. 3, p. 486.
2) Pogg. Ann. Bd. 61, S. 44.
3) Ann. de chim. et de phys. S. 3, T. 9, p. 21.

die Electricität von der in Bezug auf N negativen Seite nach der positiven oder umgekehrt strömt, so gilt die Gleichung:

$$(1) \qquad i = - k \, \frac{\partial V}{\partial N},$$

worin k das Leitungsvermögen des Körpers bedeutet, und V eine Function ist, welche, sobald der stationäre Zustand des Stromes eingetreten ist, nur von den Raumcoordinaten abhängt.

Es muss nämlich in jedem Puncte des durchströmten Leiters eine Kraft wirken, welche die Electricität trotz des Widerstandes, den sie fortwährend zu überwinden hat, doch in Bewegung erhält, und der negative Differential-Coëfficient $- \dfrac{\partial V}{\partial N}$ stellt offenbar die in die Richtung der Normale N fallende Componente dieser Kraft dar. Im Uebrigen aber war die physikalische Bedeutung der Function V früher zweifelhaft. Ohm nennt nämlich die durch diese Function dargestellte Grösse die electroskopische Kraft, und definirt sie als die Dichtigkeit der Electricität an dem betreffenden Puncte des Leiters [1]). Gegen diese Ansicht hat aber Kirchhoff[2]) mit Recht eingewandt, dass sie mit einem bekannten electrostatischen Satze geradezu im Widerspruche stehe. Nach ihr müsste nämlich die Electricität in einem Leiter in Ruhe bleiben, wenn sie durch den ganzen Rauminhalt desselben mit gleicher Dichtigkeit verbreitet wäre, während es doch hinlänglich bekannt ist, dass die getrennte (d. h. nicht mit einer gleichen Menge entgegengesetzter Electricität verbundene) Electricität eines Körpers, von welcher allein hier die Rede sein kann, da nur sie eine Kraft ausübt, im Zustande der Ruhe nur über die Oberfläche des Körpers verbreitet ist.

Dieser Einwand könnte vielleicht Misstrauen gegen die theoretische Zulässigkeit des Ohm'schen Gesetzes überhaupt einflössen, doch hat Kirchhoff selbst sogleich gezeigt, dass das Gesetz auch mit den Grundsätzen der Electrostatik sehr wohl in Einklang zu bringen ist, und welche Bedeutung man zu dem Zwecke der Function V beilegen muss.

---

[1]) Die galvanische Kette, mathematisch bearbeitet von Dr. G. S. Ohm, S. 95 und an anderen Stellen.

[2]) Pogg. Ann. Bd. 78, S. 506.

Wie schon gesagt, stellt $-\dfrac{\partial V}{\partial N}$ die in die Richtung von N fallende Componente der in dem betrachteten Puncte auf eine dort gedachte Electricitätseinheit wirkende Kraft dar, und ebenso werden natürlich auch die in die Richtungen der drei Coordinatenaxen fallenden Componenten durch $-\dfrac{\partial V}{\partial x}$, $-\dfrac{\partial V}{\partial y}$ und $-\dfrac{\partial V}{\partial z}$ dargestellt. Das deutet darauf hin, dass die Kraft von Anziehungen und Abstossungen herrührt, welche von festen Puncten ausgehen, und von denen jede ihrer Stärke nach nur von der Entfernung und nicht von der sonstigen Lage des wirksamen Punctes abhängt, wobei freilich das Gesetz dieser Abhängigkeit noch willkürlich bleibt. Aber auch dieses letztere lässt sich aus anderen Gründen schliessen, indem solche Anziehungen und Abstossungen in unserem Falle offenbar nur von der Electricität selbst ausgeübt werden können, und für deren Anziehungen und Abstossungen das Gesetz des umgekehrten Quadrates der Entfernung gilt. Daraus folgt, dass die Function V einfach als die Potentialfunction der gesammten getrennten Electricität zu betrachten ist [1]).

Hierdurch ist der oben erwähnte Widerspruch gehoben, denn bei dieser Bedeutung der Function V ist die Gleichung $V = \text{const.}$, welche in Folge von (1) ausdrückt, dass kein Strom stattfinde, dieselbe, welche auch aus der Electrostatik als Bedingungsgleichung für den Gleichgewichtszustand bekannt ist.

§. 3. Anordnung der getrennten Electricität und electrischer Zustand im Inneren des Leiters.

Aus der vorstehend angegebenen Bedeutung von V lässt sich, wie Kirchhoff gezeigt hat, leicht bestimmen, wo sich während eines stationären Stromes die getrennte Electricität befindet. Soll nämlich der Strom stationär sein, so muss die in jedem Raumelemente enthaltene Electricitätsmenge constant, und also die wäh-

---

[1]) Ich habe daher für diese Function, welche Ohm und Kirchhoff mit u bezeichnen, von vornherein den Buchstaben V gewählt, weil ich diesen in meinen sonstigen Untersuchungen für die Potentialfunction gebraucht habe.

rend irgend einer Zeit einströmende Electricitätsmenge gleich der ausströmenden sein. Betrachten wir nun ein beim Puncte (x, y, z) liegendes Element $dx\,dy\,dz$, so ist nach Gleichung (1) die während der Zeiteinheit durch die erste der beiden Flächen $dy\,dz$ in das Element einströmende Menge

$$= -\,k\,dy\,dz\,\frac{\partial V}{\partial x},$$

und die durch die gegenüberliegende Fläche ausströmende Menge

$$= -\,k\,dy\,dz\left(\frac{\partial V}{\partial x} + \frac{\partial^2 V}{\partial x^2}\,dx\right),$$

also der Ueberschuss der ersteren über die letztere

$$= k\,dx\,dy\,dz\,\frac{\partial^2 V}{\partial x^2}.$$

Ebenso erhält man für das Flächenpaar $dx\,dz$ den Ueberschuss:

$$k\,dx\,dy\,dz\,\frac{\partial^2 V}{\partial y^2},$$

und für das Flächenpaar $dx\,dy$:

$$k\,dx\,dy\,dz\,\frac{\partial^2 V}{\partial z^2}.$$

Die Summe dieser drei Ausdrücke giebt den Ueberschuss der ganzen in das Element einströmenden Electricitätsmenge über die ausströmende, und da dieser Ueberschuss Null sein muss, so erhält man:

$$(2) \qquad \frac{\partial^2 V}{\partial x^2} + \frac{\partial^2 V}{\partial y^2} + \frac{\partial^2 V}{\partial z^2} = 0.$$

Aus dieser Gleichung folgt nun aber nach einem bekannten Satze über die Potentialfunction, dass der Punct (x, y, z) sich ausserhalb derjenigen Electricitätsmengen, von welchen V die Potentialfunction ist, befinden muss, und da dasselbe von allen Puncten des Leiters gilt, so folgt weiter, dass die getrennte Electricität sich überhaupt nicht innerhalb des Leiters befinden kann, und sie kann daher während eines stationären Stromes, ebenso wie im Gleichgewichtszustande, nur an der Oberfläche angehäuft sein.

Den Umstand, dass die im Inneren des Leiters strömende Electricität keine Anziehung oder Abstossung ausübt, muss man je nach der Hypothese, dass es zwei Electricitäten oder nur eine Electricität gebe, verschieden deuten. Bei der ersten Hypothese muss man annehmen, dass sich in jedem Raumelemente innerhalb des Leiters stets gleich viel von beiden Electricitäten befinde. Bei der anderen Hypothese, bei welcher vorausgesetzt wird, dass ein Raumelement eines Körpers, wenn es eine gewisse normale Quantität von Electricität enthalte, auf ein fremdes Electricitätstheilchen keine Wirkung ausübe, indem die Abstossung der Electricität durch irgend eine andere Kraft compensirt werde, und dass erst dann eine wirksame Abstossung oder Anziehung eintrete, wenn das Raumelement zu viel oder zu wenig Electricität enthalte, muss man annehmen, dass sich während eines stationären Stromes in jedem Raumelemente innerhalb des Leiters fortwährend die normale Electricitätsmenge befinde.

Bei der ersten Hypothese, dass es zwei Electricitäten gebe, kann man aber in Bezug auf ihr Verhalten noch verschiedene Annahmen machen. Wenn man beide Electricitäten als gleich beweglich betrachtet, so muss man schliessen, dass sie sich beide mit gleichen Geschwindigkeiten nach entgegengesetzten Seiten bewegen. Man kann aber auch, wie es von C. Neumann geschehen ist, die Annahme machen, dass nur Eine der beiden Electricitäten, etwa die positive, in der Weise beweglich sei, dass sie im festen Leiter strömen könne, und dass die negative Electricität fest an die ponderablen Atome gebunden sei. Diese Annahme stimmt in Bezug darauf, dass der galvanische Strom nur aus einer einfachen Bewegung, nämlich der Bewegung der positiven Electricität besteht, mit jener anderen Hypothese, dass es nur Eine Electricität gebe, überein; sie ist aber im Uebrigen für die mathematische Behandlung bequemer, indem die von der ruhenden festen Electricität ausgeübten Kräfte sich in bestimmter und einfacher Weise ausdrücken lassen.

Wir wollen im Folgenden immer nur Eine Electricität als strömend annehmen. Die Gültigkeit der in diesem Abschnitte vorkommenden Schlüsse ist aber von dieser Annahme ganz unabhängig. Um alle hier vorkommenden Betrachtungen der anderen Annahme, dass beide Electricitäten gleich beweglich seien, anzupassen, braucht man immer nur statt Eines Stromes, welcher während der Zeiteinheit durch eine gegebene Fläche die Electricitätsmenge Q nach Einer Richtung führt, zwei Ströme, welche die Electricitätsmengen $\frac{1}{2} Q$ und $- \frac{1}{2} Q$ nach entgegengesetzten Richtungen führen, zu substituiren, und dann dieselben Schlüsse, welche sich hier auf den einen Strom beziehen, auf beide Ströme einzeln anzuwenden.

Ferner muss noch ein anderer Umstand hier zur Sprache gebracht werden. Es sind im Vorigen bei Besprechung der Kraft, welche die bewegte Electricität erleidet, nur die gewöhnlich betrachteten Kräfte berücksichtigt, welche die Electricitätstheilchen unabhängig von ihrer Bewegung auf einander ausüben. Nun üben aber bewegte Electricitätstheilchen auch solche Kräfte auf einander aus, die nur durch ihre Bewegung entstehen, und welche wir kurz electrodynamische Kräfte nennen wollen. Es fragt sich nun, ob ein in dem Leiter sich bewegendes Electricitätstheilchen von allen übrigen bewegten Electricitätstheilchen, welche den ganzen geschlossenen Strom bilden, eine electrodynamische Kraft erleidet, welche durch ihr Hinzukommen zu der bisher besprochenen Kraft die oben erwähnten Gesetze modificirt.

In dieser Beziehung will ich zunächst als Resultat einer in einem späteren Abschnitte folgenden Untersuchung vorläufig anführen, dass die electrodynamische Kraft, welche ein bewegtes Electricitätstheilchen von einem ruhenden und constanten geschlossenen Strome erleidet, nur eine auf der Bewegungsrichtung senkrechte Richtung haben kann, und dass sie also bei der Bewegung keine Arbeit leisten kann. Demnach können wir bei der hier beabsichtigten Bestimmung der Arbeit und der damit zusammenhängenden Wärmeerzeugung von der electrodynamischen Kraft ganz absehen.

Bei der Frage aber, wo sich die getrennte Electricität befindet, und wie sie angeordnet ist, kommt allerdings die electrodynamische Kraft mit in Betracht. Man kann sich nämlich, wenn eine solche Kraft besteht, vorstellen, dass ausser derjenigen getrennten Electricität, von welcher V die Potentialfunction ist, noch andere getrennte Electricität vorhanden sei, deren Kraft der electrodynamischen Kraft das Gleichgewicht halte. Die nähere Erörterung dieses Gegenstandes würde hier, wo von der electrodynamischen Kraft noch nicht die Rede gewesen ist, nicht am Orte sein, und ich will mich daher hier darauf beschränken, durch eine gewisse Unterscheidung in der Benennungsweise anzudeuten, dass dieser Erörterung durch das hier Gesagte nicht vorgegriffen werden soll. Ich will nämlich V nicht einfach die Potentialfunction der getrennten Electricität, sondern die Potentialfunction der treibenden getrennten Electricität nennen, wodurch ausgedrückt werden soll, dass ausser dieser getrennten Electricität noch andere vorhanden sein kann, welche nicht treibend wirkt, indem die

in die Richtung der Bahn fallende Componente der von ihr ausgeübten Kraft Null ist.

§. 4. Bestimmung der im Leiter gethanen Arbeit.

Wir gehen jetzt zur Bestimmung der Arbeit über, welche die
innerhalb des Leiters wirksame Kraft bei der Bewegung der Electricität thut.

Es sei dazu irgend ein Electricitätselement dq, während es
sich auf dem Wege s fortbewegt, betrachtet. Die in die Richtung
der Bahn fallende Componente der auf eine Electricitätseinheit
wirkenden Kraft wird für jeden Punct der Bahn durch $-\dfrac{\partial V}{\partial s}$, und
daher die Componente der auf das Element dq wirkenden Kraft
durch $-dq\cdot\dfrac{\partial V}{\partial s}$ dargestellt. Dabei ist zu bemerken, dass das
Electricitätselement sich nach der Richtung bewegt, nach welcher
die Kraft wirkt, und dass daher die in die Richtung der Bahn fallende Componente der Kraft zugleich die ganze Kraft ist. Denken
wir uns nun die Bahn des Electricitätselementes dq gegeben, so
können wir V einfach als Function der Bahnlänge s betrachten,
und können daher statt $\dfrac{\partial V}{\partial s}$ auch $\dfrac{dV}{ds}$ schreiben, und demgemäss
die obige Kraft durch $-dq\cdot\dfrac{dV}{ds}$ darstellen. Die bei der Bewe-
gung um das Bahnelement ds von der Kraft gethane Arbeit ist
daher

$$= -dq\cdot\frac{dV}{ds}\,ds,$$

und somit die auf der Strecke von s_0 bis s_1 gethane Arbeit

$$= -dq\int_{s_0}^{s_1}\frac{dV}{ds}\,ds = (V_0 - V_1)\,dq,$$

worin V_0 und V_1 die zu s_0 und s_1 gehörigen Werthe von V bezeichnen.

Man sieht hieraus zunächst, dass diese Arbeit durch die am
Anfangs- und Endpuncte der Bahnstrecke stattfindenden Werthe
der Potentialfunction vollständig bestimmt ist, ohne dass man den
Weg zwischen diesen beiden Puncten zu kennen braucht. Ferner ist

das Product $V.dq$ das Potential der treibenden getrennten Electricität auf das Element dq, so dass der vorige Ausdruck die auf dem Wege von s_0 bis s_1 eingetretene Abnahme dieses Potentials darstellt, und da derselbe Ausdruck ebenso für jedes andere Electricitätselement gilt, und sich daher auch auf eine endliche Electricitätsmenge ausdehnen lässt, so erhält man folgenden Satz:

> Die bei einer bestimmten Bewegung einer Electricitätsmenge von der im Leiter wirksamen Kraft gethane Arbeit ist gleich der bei der Bewegung eingetretenen Abnahme des Potentials dieser Electricitätsmenge und der treibenden getrennten Electricität auf einander.

Wir haben uns bei dieser Entwickelung die Bewegung der Electricität so vorgestellt, als ob eine bestimmte Electricitätsmenge den ganzen betrachteten Weg durchlaufe; es kann aber sein, dass die Bewegung der Electricität einen ganz anderen Charakter hat. Setzt man z. B. voraus, dass jedes Massenmolecül mit einer gewissen Menge von Electricität versehen sei, und denkt sich eine Anzahl solcher Molecüle 1, 2, 3, 4 etc. in einer Reihe hinter einander liegend, so kann die Electricitätsbewegung in der Weise stattfinden, dass eine kleine Quantität von 1 nach 2 geht, eine eben so grosse, aber andere Quantität von 2 nach 3, wieder eine eben so grosse aber andere von 3 nach 4 u. s. f. Für die Gültigkeit des vorigen Satzes ist es aber ganz gleichgültig, welche dieser beiden Arten von Bewegung man annimmt, denn der Satz fordert nur, dass alle Theile des ganzen Weges von einer gleich grossen, aber nicht, dass sie von derselben Electricitätsmenge durchlaufen werden.

Nach diesem Satze ist es nun auch leicht, die Arbeit zu bestimmen, welche in einem beliebigen Stücke eines von einem stationären Strome durchflossenen Leiters während der Zeiteinheit gethan wird.

Sei nämlich eine geschlossene Fläche gegeben, welche einen Theil des von dem Leiter erfüllten Raumes abgrenzt, so braucht man nur für jedes während der Zeiteinheit durch diesen abgegrenzten Raum hindurchströmende Electricitätstheilchen die Abnahme des Potentials zu bestimmen, oder, was dasselbe ist, es mit den am Eintritts- und Austrittspuncte stattfindenden Werthen der Potentialfunction zu multipliciren, und beide Producte von einander abzuziehen. Die Summe aller dieser Differenzen, welche die gesuchte Arbeitsgrösse giebt, lässt sich bequem auf folgende Weise darstellen. Sei $d\omega$ ein Element der Oberfläche des abgegrenzten Raumes, und $i\,d\omega$ die während der Zeiteinheit durch dasselbe hindurchströmende Electricitätsmenge, welche positiv oder negativ genommen wird, je nachdem sie in den Raum hinein- oder aus ihm herausströmt, und bezeichne W die innerhalb des Raumes gethane Arbeit, so ist:

$$(\text{I.}) \qquad W = \int V\,i\,d\omega,$$

worin das Integral über die ganze Oberfläche genommen werden muss. Setzt man hierin nach (1):

$$i = -\,k\,\frac{\partial V}{\partial N},$$

wobei die Normale N nach Innen als positiv zu rechnen ist, so kann man diese Gleichung auch so schreiben:

$$(\text{I a.}) \qquad W = -\,k \int V\,\frac{\partial V}{\partial N}\,d\omega.$$

§. 5. Bestimmung der im Leiter erzeugten Wärme.

An diese Gleichungen schliessen sich unmittelbar diejenigen an, welche die innerhalb des abgegrenzten Raumes erzeugte Wärme bestimmen.

Es muss nämlich die in demselben gethane Arbeit von einer ebenso grossen Zunahme an lebendiger Kraft begleitet sein. Die gethane Arbeit wird für unseren Fall durch die Gleichung (I.) oder (I a.) vollständig dargestellt, da wir alle sonstigen Wirkungen, bei welchen eine Arbeit vorkommt, wie z. B. die Electrolyse, ausgeschlossen haben. Bei der lebendigen Kraft müssen wir, streng genommen, nicht nur die ponderable Masse des Leiters, sondern auch die Electricität berücksichtigen. Die Electricitätstheilchen können nämlich auf ihrem Wege durch den Raum beschleunigt oder verzögert werden, da mit der Bedingung des stationären Zustandes zwar ausgesprochen ist, dass die Geschwindigkeit an jeder Stelle des Leiters unveränderlich, aber nicht, dass sie an den verschiedenen Stellen gleich sei. Geht z. B. der Strom durch einen Leiter mit sehr verschiedenen Querschnitten, so kann sich die Electricität an den engeren Stellen schneller bewegen als an den weiteren, ähnlich wie das Wasser eines Flusses an Stellen, wo das Flussbett beengt ist, schneller fliesst als an anderen.

Es würde sich also darum handeln, zu entscheiden, ob man der Electricität Beharrungsvermögen und daher der bewegten Electricität lebendige Kraft zuzuschreiben und wie man diese zu bestimmen hat. In dieser Beziehung ist nun zu bemerken, dass schon bei der Aufstellung des Ohm'schen Gesetzes stillschweigend eine Annahme hierüber gemacht ist. Wenn nämlich die unter (1) gegebene Gleichung

$$i = - k \frac{\partial V}{\partial N}$$

richtig ist, so hängt die an einem bestimmten Puncte stattfindende Geschwindigkeit der Electricität nach Grösse und Richtung nur von der an diesem Puncte wirksamen Kraft ab, und es muss daher das Beharrungsvermögen der Electricität entweder Null, oder doch so klein sein, dass die Kraft, welche nöthig ist, um solche Geschwindigkeitsänderungen, wie sie im Leiter vorkommen, zu bewirken, gegen die Kraft, welche zur Ueberwindung des Leitungswiderstandes nöthig ist, vernachlässigt werden kann. Demnach können wir auch bei der hier beabsichtigten Bestimmung von einer Berücksichtigung der lebendigen Kraft der Electricität absehen.

Wir haben also nur die lebendige Kraft der ponderablen Masse des Leiters zu betrachten, und da der Voraussetzung nach keine äusserlich wahrnehmbare Bewegung derselben hervorgebracht ist, so bleibt nur die Vermehrung oder Verminderung der Wärmemenge übrig. Man kann dieses kurz so aussprechen: die ganze Arbeit ist zur Ueberwindung des Leitungswiderstandes verwandt, und diese wiederum hat in ähnlicher Weise, wie die Ueberwindung einer Reibung, die Entstehung einer der Arbeit äquivalenten Wärmemenge zur Folge.

Denken wir uns nun die Wärme nach mechanischem Maasse gemessen, so ist die erzeugte Wärmemenge einfach gleich der von den electrischen Kräften gethanen Arbeit, und die für W gegebenen Formeln gelten also auch für die erzeugte Wärmemenge. Denken wir uns dagegen die Wärme nach gewöhnlichem Maasse gemessen und nennen die der Wärmeeinheit entsprechende Arbeit oder das mechanische Aequivalent der Wärme E, so haben wir, wenn wir die während der Zeiteinheit in dem abgegrenzten Raume erzeugte Wärmemenge mit H bezeichnen, zu setzen:

$$H = \frac{1}{E}\, W$$

und somit nach (I.) und (Ia.):

(II.)
$$H = \frac{1}{E} \int V i\, d\omega$$

(IIa.)
$$H = -\frac{k}{E} \int V \frac{\partial V}{\partial N}\, d\omega.$$

§. 6. Behandlung specieller Fälle.

Die in den Gleichungen (I.), (Ia.), (II.) und (IIa.) enthaltenen Integrale lassen in den in der Praxis vorkommenden Fällen gewöhnlich grosse Vereinfachungen zu.

Ist die Fläche, welche den betrachteten Raum abgrenzt, zum Theil zugleich die Oberfläche des Leiters, und vernachlässigen wir die geringe Electricitätsmenge, welche der Leiter während des Stromes an die umgebende Luft abgiebt, gegen die ganze ihn durchströmende Electricitätsmenge, so brauchen wir diesen Theil der Fläche bei der Integration gar nicht zu berücksichtigen. Bildet z. B., wie es gewöhnlich der Fall ist, der Leiter einen langgestreckten Körper, welcher seiner Länge nach von der Electricität durchströmt wird, und betrachten wir von ihm ein zwischen zwei Querschnitten liegendes Stück, so brauchen wir die Integration nur für die Flächen dieser beiden Querschnitte auszuführen.

Hat ferner der Leiter an der Stelle, wo sich der eine Querschnitt befindet, eine angenähert prismatische oder cylindrische Gestalt, so dass man annehmen kann, dass die Electricitätstheilchen sich hier alle unter einander und mit der Axe parallel bewegen, so muss auch die treibende Kraft hier diese Richtung haben. Legt man daher ein rechtwinkliges Coordinatensystem so, dass die Coordinatenaxe der x mit der Axe des Leiters parallel ist, so stellt $-\dfrac{\partial V}{\partial x}$ die ganze treibende Kraft dar, und $\dfrac{\partial V}{\partial y}$ und $\dfrac{\partial V}{\partial z}$ sind Null. Daraus folgt, dass wenn der Querschnitt gegen die Axe senkrecht genommen ist, innerhalb desselben V constant sein muss, und man kann also schreiben:

$$\int V i\, d\omega = V \int i\, d\omega.$$

Hierin stellt das Integral $\int i\, d\omega$, positiv oder negativ genommen, je nachdem dieser Querschnitt in Bezug auf die Richtung des Stromes der erste oder zweite ist, die ganze während der Zeiteinheit durch den Querschnitt strömende Electricitätsmenge dar, welche man gewöhnlich die **Intensität** des Stromes nennt, und welche wir daher mit J bezeichnen wollen, wodurch der vorige Ausdruck in

$$\pm V \cdot J$$

übergeht. Nehmen wir nun an, dass bei dem anderen Querschnitte dieselben Bedingungen erfüllt seien, und bezeichnen die im ersten und zweiten Querschnitte geltenden Werthe von V resp. mit V_0 und V_1, so ist die innerhalb des ganzen Stückes gethane Arbeit:

$$(3) \qquad W = (V_0 - V_1) \cdot J,$$

und die erzeugte Wärme:

$$(4) \qquad H = \frac{1}{E} (V_0 - V_1) \cdot J.$$

Nun ist aber nach dem Ohm'schen Gesetze:

$$(5) \qquad J = \frac{V_0 - V_1}{l},$$

worin l den Leitungswiderstand des zwischen den beiden Querschnitten liegenden Stückes bedeutet, und dadurch gehen die beiden vorigen Gleichungen über in:

$$(6) \qquad W = l \cdot J^2$$

$$(7) \qquad H = \frac{1}{E} l \cdot J^2.$$

Die letztere dieser Gleichungen enthält die beiden Eingangs erwähnten von Joule gefundenen, und von Lenz und Becquerel bestätigten Gesetze.

Nachdem ich diese Gleichung (7), in welcher E das mechanische Aequivalent der Wärme bedeutet, in einer in Poggendorff's Annalen[1]) veröffentlichten Abhandlung so, wie es vorstehend mitgetheilt ist, nur aus dem Ohm'schen Gesetze abgeleitet hatte[2]),

---

[1]) Bd. 87, S. 164.

[2]) In einer von W. Thomson ausgeführten Untersuchung dieses Gegenstandes (Phil. Mag. Ser. 4, Vol. 2, p. 551) waren ausser dem Ohm'schen

hat von Quintus-Icilius dieselbe zu einer numerischen Bestimmung von $\bar{E}$ angewandt[1]). Durch eine Reihe sorgfältiger Messungen ist er zu dem Werthe 399·7 oder rund 400 Kilogrammeter gelangt, welcher in Anbetracht der grossen Schwierigkeit der dabei auszuführenden Beobachtungen hinlänglich genau mit dem von Joule durch Reibung des Wassers bestimmten Werthe 424 übereinstimmt.

§. 7. Verhalten galvanisch erwärmter Drähte in verschiedenen Gaßen.

Grove hat im Jahre 1845 [2]) die Beobachtung gemacht, dass, wenn man einen Draht durch einen galvanischen Strom zur Weissgluth gebracht hat und darauf ein Gefäss mit Wasserstoff darüber stülpt, dann sein Licht so plötzlich erlischt, wie es mit der Flamme einer Kerze geschehen sein würde. In einer späteren Arbeit [3]) ist er auf diesen Gegenstand noch specieller eingegangen, wobei besonders der folgende Versuch von Wichtigkeit ist. Er schaltete in den Schliessungsbogen einer Volta'schen Batterie zwei ganz gleiche Stücke Platindraht ein, welche schraubenförmig gewunden in zwei kleine Glasröhren eingeschlossen waren, deren eine Sauerstoff, die andere Wasserstoff enthielt, und legte die so vorgerichteten Röhren in zwei gleiche, mit gleichen Quantitäten Wasser versehene Gefässe, welche als Calorimeter dienten. Wurde nun die Verbindung mit der Batterie hergestellt, so dass beide Drähte von demselben Strome durchflossen wurden, so gerieth der in Sauerstoff befindliche Draht in Weissgluth, während der in Wasserstoff befindliche nicht sichtbar glühte. Zugleich stieg durch die von den Drähten abgegebene Wärme die Temperatur in den Calorimetern in verschiedenem Grade, nämlich in dem die Wasserstoffröhre umgebenden von 60⁰ F. bis 70⁰ und in dem die Sauerstoffröhre umgebenden von 60⁰ bis 81⁰.

In ähnlicher Weise verglich Grove auch andere Gase mit dem Wasserstoff und fand dabei unter anderen folgende Zahlen,

---

Gesetze auch noch die Gesetze der electromagnetischen Induction in Anwendung gebracht.

   [1]) Pogg. Ann. Bd. 101, S. 69. — [2]) Phil. Mag. Sér. 3, Vol. 27, p. 445.

   [3]) Phil. Mag. Ser. 3, Vol. 35, p. 114 und Pogg. Ann. Bd. 78, S. 366.

welche ich zur leichteren Uebersicht dadurch reducirt habe, dass ich immer die in demselben Versuche beim Wasserstoff beobachtete Wärmemenge als Einheit genommen habe.

Gase, in denen der Draht sich befand.	Stick-stoff.	Sauer-stoff.	Kohlen-säure.	Oelbilden-des Gas.	Wasser-stoff.
Abgegebene Wärme-menge	2·26	2·10	1·90	1·57	1

Bei der Uebersetzung eines Aufsatzes, welcher die erste oben erwähnte Beobachtung enthält, hat Poggendorff in einer Anmerkung die Ansicht ausgesprochen [1]), dass das Erkalten eines galvanisch glühenden Drahtes in verschiedenen Gasen wohl *mutatis mutandis* nach denselben Gesetzen geschehe, welche Dulong und Petit für das Erkalten eines auf gewöhnliche Weise erhitzten Körpers aufgestellt haben, und nach welchen ebenfalls das Wasserstoffgas das stärkste Abkühlungsvermögen besitzt. Als aber der spätere Versuch mit den beiden Calorimetern von Grove veröffentlicht war, trat J. Müller gegen die Poggendorff'sche Ansicht auf, indem er sagte [2]): „Dieser Versuch beweist entschieden, dass das schwächere Glühen des Drahtes in Wasserstoff bei vollkommen gleicher Stromstärke nicht etwa darin zu suchen ist, dass das Wasserstoffgas dem Drahte seine Wärme schneller entzieht, sonst müsste ja gerade das Wasser sich schneller erwärmen, welches die Wasserstoffröhre umgiebt. Alles deutet darauf hin, dass in dem Drahte, wenn er vom Wasserstoff umgeben ist, wirklich eine geringere Wärmeproduction stattfindet." Nach einigen weiteren Betrachtungen schloss er seine Auseinandersetzung mit dem Ausspruche: „Nach meinem Dafürhalten steht die Erscheinung noch ganz isolirt und völlig unerklärt da."

Diese Bemerkungen von Müller gaben mir Veranlassung zu einer erweiterten Betrachtung des Gegenstandes [3]), wobei ich neben dem von Poggendorff erwähnten Unterschiede des Abkühlungsvermögens verschiedener Gase, noch die Abhängigkeit des Lei-

---

[1]) Pogg. Ann. Bd. 71, S. 197.
[2]) Bericht über die neuesten Fortschritte der Physik. Braunschweig 1849, S. 397.
[3]) Pogg. Ann. Bd. 87, S. 501.

tungswiderstandes von der Temperatur und die Abhängigkeit der Wärmeerzeugung vom Leitungswiderstande berücksichtigte.

Die von mir gegebene Erklärung lässt sich kurz so aussprechen. Wenn zwei Gase, als welche wir beispielsweise atmosphärische Luft und Wasserstoff annehmen wollen, in der Weise verschieden wirken, dass der Wasserstoff einem heissen Körper seine Wärme schneller entzieht, als die Luft, so würde der Platindraht, selbst bei gleicher Wärmeerzeugung im Wasserstoff weniger warm werden, als in der Luft. Nun ist aber der Leitungswiderstand im kälteren Drahte geringer, als im wärmeren, und daher wird bei gleicher Stromstärke im kälteren Drahte weniger Wärme erzeugt. Daraus ergiebt sich für den im Wasserstoff befindlichen Draht eine noch niedrigere Temperatur, als die, welche man bei gleicher Wärmeerzeugung erhalten würde. Auf diese Weise ist also gleichzeitig einerseits die viel niedrigere Temperatur und andererseits die geringere Wärmeerzeugung und Wärmeabgabe an das Calorimeter erklärt.

Um auch eine ungefähre numerische Vergleichung machen zu können, hat man die Rechnungen in folgender Weise anzustellen.

Die Wärmemenge H, welche durch einen galvanischen Strom während der Zeiteinheit in dem Drahte erzeugt wird, lässt sich durch die unter (7) gegebene Gleichung

$$H = \frac{1}{E}\, l J^2$$

darstellen. Der hierin vorkommende Leitungswiderstand l bestimmt sich als Function der Temperatur durch die Gleichung

$$l = l_0\,(1 + k t),$$

worin l_0 den Leitungswiderstand beim Gefrierpuncte und t die vom Gefrierpuncte an gerechnete Temperatur in C.-Graden darstellt, während k eine Constante bedeutet, welche wir für Platin nach Arndtsen gleich 0·00327 setzen können [1]). Demnach geht die für H geltende Gleichung über in

$$(8) \qquad H = \frac{1}{E}\, l_0 J^2\,(1 + k t).$$

---

[1]) In meinem oben citirten Aufsatze von 1852 habe ich für k den Werth 0·0023 angewandt, welcher damals nach den Versuchen von Lenz der wahrscheinlichste war; jetzt aber glaube ich den später von Arndtsen gefundenen Werth vorziehen zu müssen.

Was nun die Wärmemenge H' anbetrifft, welche der Draht theils durch Strahlung, theils durch Berührung mit dem umgebenden Gase während der Zeiteinheit verliert und an das Calorimeter abgiebt, so haben wir bei deren Bestimmung die von Dulong und Petit gegebene Gleichung in Anwendung zu bringen. Diese Gleichung halte ich zwar, wenn man sie als eine für alle Temperaturen gültige betrachten wollte, für durchaus fehlerhaft; aber in dem Temperaturintervall, innerhalb dessen die Versuche von Dulong und Petit angestellt sind, nämlich von 0^0 bis 300^0, wird man sie wohl als angenähert richtig ansehen dürfen. Die Gleichung ist für einen an der Oberfläche aus Silber bestehenden Körper aufgestellt, wir wollen aber annehmen, dass sie sich auch auf Platin anwenden lasse. Machen wir ferner noch der Einfachheit wegen die Voraussetzung, dass die Temperatur des Calorimeters constant gleich 0^0 gewesen sei (wie es der Fall gewesen sein würde, wenn Grove statt der Wassercalorimeter Eiscalorimeter angewandt hätte), so können wir die Dulong-Petit'sche Gleichung in folgender Form schreiben:

$$(9) \qquad H' = B\,(a^t - 1 + p\,t^b),$$

worin B eine von der Form und Grösse des angewandten Körpers (also in unserem Falle des Platindrahtes) abhängige Constante ist. Innerhalb der Klammer bezieht sich die Differenz $a^t - 1$ auf den Wärmeverlust durch Strahlung, und die darin vorkommende Grösse a hat den Werth $1\cdot0077$. Das Glied $p\,t^b$ bezieht sich auf die Wärmeabgabe an das umgebende Gas. Darin hat b ein- für allemal den Werth $1\cdot233$, während p von der Natur des umgebenden Gases abhängt, und für die von Dulong und Petit untersuchten Gase unter dem Drucke von einer Atmosphäre folgende Werthe hat:

	In Kohlensäure.	In atm. Luft.	In ölbild. Gase.	In Wasserstoff.
p	$0\cdot0220$	$0\cdot0227$	$0\cdot0305$	$0\cdot0784$

Wenn nun in Bezug auf die Temperatur des Drahtes ein stationärer Zustand eingetreten ist, wie es bei den Grove'schen Versuchen der Fall war, so muss die Gleichung

$$H - H' = 0$$

gelten, und diese nimmt durch Einsetzung der für H und H' in

(8) und (9) gegebenen Ausdrücke, wenn man dabei zugleich für den Bruch $\dfrac{l_0 J^2}{EB}$ zur Abkürzung das Zeichen C einführt, folgende Form an:

$$(10) \qquad C(1 + kt) - a^t + 1 - p\,t^b = 0.$$

Aus dieser Gleichung lassen sich die Temperaturen, welche der Draht bei einer bestimmten Stromstärke in den verschiedenen Gasen annimmt, berechnen, wenn man bei unverändertem Werthe der Grösse C für p die verschiedenen in der Tabelle angeführten Werthe anwendet. Die von der Stromstärke abhängige Grösse C muss dabei aber einen solchen Werth haben, dass keine der Temperaturen höher wird, als 300^0, weil sonst die Gleichung (9) und demnach auch die Gleichung (10) ihre Anwendbarkeit verlieren würde.

Ich habe eine solche Rechnung für atmosphärische Luft und Wasserstoff ausgeführt, indem ich angenommen habe, die Stromstärke sei so gewählt, dass der Draht in atmosphärischer Luft gerade die Temperatur

$$t_1 = 300^0$$

annehme, und dann die Temperatur t_2, welche er bei derselben Stromstärke in Wasserstoff annehmen muss, berechnet habe. Um zunächst den der gewählten Stromstärke entsprechenden Werth von C zu bestimmen, hat man in (10) für t den Werth 300 und für p den in atmosphärischer Luft geltenden Werth 0·0227 zu setzen. Die so entstehende Gleichung giebt für C den Werth 17·52. Führt man nun diesen Werth von C in die Gleichung (10) ein, und wendet jetzt für p den in Wasserstoff geltenden Werth 0·0784 an, so kann man aus der Gleichung die Temperatur t_2, welche der Draht bei derselben Stromstärke in Wasserstoff annimmt, berechnen, und erhält:

$$t_2 = 97^0.$$

Man sieht also, dass der Draht in Wasserstoff in der That eine viel niedrigere Temperatur annehmen muss, als in atmosphärischer Luft.

Nachdem die Temperaturen t_1 und t_2 bestimmt sind, kann man auch das Verhältniss der Wärmemengen H_1 und H_2, welche in dem Drahte während der Zeiteinheit erzeugt und an das Calorimeter abgegeben werden, leicht berechnen. Man braucht dazu nur in der Gleichung (8) für t nach einander 300 und 97 zu setzen, wodurch man erhält:

$$H_1 : H_2 = 1{\cdot}981 : 1{\cdot}317 = 1{\cdot}5 : 1.$$

Also auch in dieser Beziehung stimmt das Resultat der Rechnung mit der Grove'schen Beobachtung überein, indem die durch den Strom erzeugte und an das Calorimeter abgegebene Wärmemenge für den in Wasserstoff befindlichen Draht geringer gefunden wird, als für den in atmosphärischer Luft befindlichen.

Eine genaue Vergleichung der Zahlen ist allerdings nicht möglich, weil wir unsere Rechnung wegen der beschränkten Gültigkeit der empirischen Formeln auf viel engere Temperaturgrenzen beschränken mussten, als in Grove's Versuchen vorgekommen sind, wo der in Luft befindliche Draht weissglühend geworden ist. Da indessen für die engeren Temperaturgrenzen die Erklärung so unzweifelhaft der Erfahrung entspricht, so wird man keinen Anstand nehmen, sie auch für weitere Temperaturgrenzen als richtig anzuerkennen. Wenn man dieses thut, so kann man nun umgekehrt die Grove'schen Beobachtungen dazu anwenden, zu prüfen, ob die von Dulong und Petit aufgestellte Formel auch für solche Temperaturen, die bis zur Weissglühhitze gehen, noch als zulässig anzusehen ist. Auf diese Betrachtungen will ich hier nicht eingehen, sondern verweise in dieser Beziehung auf meinen oben citirten Aufsatz.

Schliesslich will ich noch bemerken, dass jedes andere Mittel, durch welches die Wärmeabgabe des Drahtes geändert wird, im Wesentlichen dieselben Erscheinungen zur Folge haben muss, wie die Anwendung verschiedener Gase. Ein sehr einfaches Mittel der Art besteht darin, die Grösse der Oberfläche des Drahtes zu ändern. Nimmt man z. B. zwei Drähte von gleichem Stoffe, gleicher Länge und gleichem Querschnitte, welche sich nur dadurch von einander unterscheiden, dass der eine cylindrisch und der andere plattgewalzt ist, so besitzt der letztere eine grössere Oberfläche und demgemäss eine schnellere Wärmeabgabe, als der erstere. Zwei solche Drähte werden sich in einem und demselben Gase ganz ähnlich verhalten, wie zwei gleiche Drähte in verschiedenen Gasen, indem der platte Draht weniger erhitzt und in ihm weniger Wärme erzeugt wird.

§. 8. Zunahme des Leitungswiderstandes einfacher fester Metalle mit der Temperatur.

Der electrische Leitungswiderstand der Metalle ändert sich bekanntlich mit der Temperatur. Bei Legirungen aus zwei oder mehreren Metallen ist diese Aenderung sehr verschieden; bei den einfachen festen Metallen dagegen ist die verhältnissmässige Zunahme des Leitungswiderstandes mit der Temperatur angenähert gleich. Diese letztere Uebereinstimmung tritt besonders deutlich in der im Jahre 1858 veröffentlichten werthvollen Untersuchung von Arndtsen[1]) hervor, welcher am Schlusse seines Aufsatzes darauf hinweist, ohne jedoch die Grösse dieser auf das electrische Verhalten der Metalle ausgeübten Wärmewirkung mit der anderer Wärmewirkungen in Beziehung zu bringen.

Als ich jenen Hinweis las, stieg mir der Gedanke auf, dass, wenn die verhältnissmässige Zunahme des Leitungswiderstandes von der Natur des Stoffes unabhängig und nur von der Temperaturzunahme abhängig sei, sie nothwendig zur absoluten Temperatur in einer einfachen Beziehung stehen müsse. Dieses fand ich dann bei einer Vergleichung der Zahlen in der That bestätigt. Die absolute Temperatur wächst bekanntlich, wenn man die vom Gefrierpuncte an in C.-Graden gezählte Temperatur mit t bezeichnet, im Verhältnisse der Summe $1 + 0{\cdot}003665 . t$. Ganz ähnlich verhält sich auch die Zunahme des Leitungswiderstandes der einfachen festen Metalle mit der Temperatur. Bei fünf Metallen (Platin, Aluminium, Silber, Kupfer und Blei) konnte Arndtsen die Zunahme des Leitungswiderstandes durch eine in Bezug auf die Temperatur lineare Formel darstellen, und nur beim Eisen musste er ein quadratisches Glied hinzufügen, welches aber innerhalb der bei seinen Versuchen eingehaltenen Temperaturgrenzen im Verhältniss zum linearen Gliede unbedeutend ist. Die Coëfficienten von t liegen bei allen sechs Metallen (wenn wir bei jedem den bei 0^0 stattfindenden Leitungswiderstand zur Einheit nehmen) zwischen $0{\cdot}00327$ und $0{\cdot}00413$ und ihr Mittelwerth ist $0{\cdot}00366$. Auch die schon ein Jahr früher von Matthiessen mit Kalium und Natrium angestellten Versuche[2]) hatten Zunahmen des Lei-

---

[1]) Pogg. Ann. Bd. 104, S. 1. — [2]) Pogg. Ann. Bd. 100, S. 178.

tungswiderstandes gegeben, welche zwischen denselben Grenzen liegen.

Dieses veranlasste mich in einer in Pogg. Ann. veröffentlichten kurzen Notiz[1]) darauf aufmerksam zu machen, dass die Abhängigkeit des Leitungswiderstandes der festen einfachen Metalle von der Temperatur sich mit einer gewissen Annäherung durch den einfachen Satz ausdrücken lasse, dass der Leitungswiderstand der absoluten Temperatur proportional sei. Wenn dieser Satz auch nur angenähert richtig ist (wie es ja auch die meisten anderen physicalischen Sätze nur sind), so schien er mir doch geeignet zu sein, als Anknüpfungspunct für weitere Betrachtungen über den electrischen Leitungswiderstand zu dienen und insofern einiges Interesse darzubieten.

§. 9. Beziehung zwischen der chemischen Action, welche in einer Volta'schen Säule stattfindet, und den durch den Strom hervorgebrachten Wirkungen.

Es ist in den in diesem Abschnitte vorgekommenen Betrachtungen über die während eines stationären Stromes geleistete Arbeit und erzeugte Wärme nur von homogenen Leitern die Rede gewesen und dabei angenommen, dass der in ihnen stattfindende Strom keine Wirkung nach Aussen hin ausübe und von Aussen her erleide. Es wird aber vielleicht nicht unzweckmässig sein, zum Schlusse noch einen Blick auf die galvanische Kette im Ganzen zu werfen, um zu sehen, wie die chemischen Kräfte, welche den Strom hervorrufen, bei der Betrachtung der Aequivalenz von Wärme und Arbeit in Rechnung zu bringen sind, und wie es sich verhält, wenn der Strom ausserhalb des Leiters eine Arbeit leistet und dabei die entsprechende Rückwirkung erfährt.

Wenn ein electrischer Strom durch eine Volta'sche Säule hervorgebracht wird, so findet in dieser eine chemische Action statt, welche nicht unmittelbar die Wärme entwickelt, die sie entwickeln könnte, wenn sie unter anderen Umständen stattfände. Diejenige bei dieser Action von den molecularen Kräften gethane Arbeit, welche, anstatt unmittelbar Wärme zu erzeugen, den electrischen Strom hervorruft, möge kurz die verbrauchte Arbeit

---

[1]) Bd. 104, S. 650.

genannt werden. Der Strom seinerseits, indem er den Leitungswiderstand überwindet, erzeugt in den Leitern Wärme. Sofern
der Strom keine äusseren Wirkungen hervorbringt, ist diese erzeugte Wärme der verbrauchten Arbeit äquivalent.

Wenn dagegen der Strom eine äussere Wirkung hervorzubringen, z. B. eine electromagnetische Maschine zu treiben hat, so
nimmt die Stärke des Stromes ab, und damit wird zugleich einerseits die chemische Action und der mit ihr verbundene Arbeitsverbrauch, und andererseits die bei der Ueberwindung des Leitungswiderstandes stattfindende Wärmeerzeugung geringer. Es
fragt sich nun, in welcher Beziehung jetzt diese beiden Grössen
zu einander stehen, ob wiederum die erzeugte Wärme der verbrauchten Arbeit äquivalent ist, oder ob sich unter Anwendung
der in der Electricitätslehre geltenden Gesetze ein Ueberschuss an
verbrauchter Arbeit in der Säule nachweisen lässt, welcher als
Aequivalent der äusserlich hervorgebrachten Wirkungen zu betrachten ist.

Diese Frage lässt sich sehr kurz so beantworten. Wenn die
Intensität des Stromes, während er äusserlich eine Arbeit thut,
abnimmt, so nimmt dabei die chemische Action im einfachen Verhältnisse und die erzeugte Wärme im quadratischen Verhältnisse
ab. Folglich muss die erzeugte Wärme kleiner als die verbrauchte
Arbeit werden. Es bleibt somit von der in der Säule verbrauchten Arbeit ein Ueberschuss, welcher das Aequivalent der äusserlich gethanen Arbeit ist.

Die Sache wird noch klarer durch einige einfache Formeln.

Sei a die Menge des Zinks, welche in einem galvanischen Elemente durch einen Strom von der Einheit der Intensität während
der Einheit der Zeit aufgelöst wird. Wenn dann Z die Menge des
Zinks bezeichnet, welche in einer Säule von n Elementen durch
einen Strom von der Intensität I während der Zeiteinheit aufgelöst wird, so haben wir die Gleichung:

$$(11) \qquad Z = anI.$$

Die übrigen chemischen Actionen, welche die Auflösung des
Zinks begleiten, sind in den verschiedenen galvanischen Elementen verschieden, und ebenso verhält es sich folglich auch mit der
in den Elementen verbrauchten Arbeit. Sei e die verbrauchte Arbeit für die Gewichtseinheit Zink, eine Arbeitsgrösse, welche je
nach den Elementen ungleich und z. B. in einem Grove'schen

Elemente grösser als in einem Daniell'schen Elemente ist. Sei
ferner W die Arbeit, welche in der ganzen Säule während der
Zeiteinheit verbraucht wird, wenn der Strom die Intensität I hat.
Dann hat man die Gleichung:

$$(12) \qquad W = eZ = aenI.$$

Die Wärmemenge H, welche durch denselben Strom bei Ueberwindung des Leitungswiderstandes erzeugt wird, wird dem Obigen
nach bestimmt durch die Gleichung:

$$(13) \qquad H = \frac{1}{E}\, lI^2,$$

worin l den ganzen Leitungswiderstand der Schliessung und E
das mechanische Aequivalent der Wärme bedeutet, vorausgesetzt
dass die Stromintensität und der Leitungswiderstand nach mechanischen Maassen gemessen wird.

Wenn eine Schliessung, welche eine galvanische Säule enthält,
sich unter solchen Umständen befindet, wo sie keine äusserliche
Wirkung ausübt oder erleidet, so nimmt der Strom von selbst diejenige Intensität an, welche nothwendig ist, damit die erzeugte
Wärme der verbrauchten Arbeit äquivalent werde. Wenn also W_1
und H_1 die speciellen Werthe von W und H sind, welche diesem
Falle entsprechen, so hat man:

$$(14) \qquad H_1 = \frac{1}{E}\, W_1,$$

welche Gleichung dazu dient, die Intensität I_1 des Stromes, welcher unter diesen Umständen entsteht, zu bestimmen. Unter Anwendung der Gleichungen (12) und (13) geht diese Gleichung
nämlich über in:

$$(15) \qquad \frac{1}{E}\, lI_1^2 = \frac{1}{E}\, aenI_1,$$

woraus folgt:

$$(16) \qquad I_1 = \frac{aen}{l}.$$

Die in dieser Gleichung vorkommende Grösse aen ist diejenige,
welche man gewöhnlich die electromotorische Kraft der Säule
nennt.

Wir wollen nun annehmen, der Strom vollbringe äusserlich
eine Arbeit, und dadurch sei seine Intensität um die Grösse i vermindert. Der Einfachheit wegen wollen wir noch annehmen, dass
diese Verminderung constant sei, denn wenn sie veränderlich wäre,

so müssten wir statt einer Zeiteinheit nur ein Element der Zeit betrachten. Die gegenwärtige Intensität des Stromes ist also:

$$I = I_1 - i.$$

Indem man diesen Werth in die Gleichungen (12) und (13) einführt, erhält man:

$$(17) \qquad W = aen(I_1 - i)$$

$$(18) \qquad H = \frac{1}{E}\, l(I_1 - i)^2$$

$$= \frac{1}{E}\, [l I_1 (I_1 - i) - l i (I_1 - i)].$$

Substituirt man in der letzten Gleichung für I_1 einmal seinen Werth aus (16), so kann man schreiben:

$$H = \frac{1}{E}\, [aen(I_1 - i) - l i (I_1 - i)]$$

und folglich auch, gemäss der Gleichung (17):

$$(19) \qquad H = \frac{1}{E}\, [W - l i (I_1 - i)].$$

Aus dieser Gleichung ersieht man, dass die erzeugte Wärme zu klein ist, um der verbrauchten Arbeit äquivalent zu sein. Der Rest dieser letzteren, nämlich die Grösse

$$l i (I_1 - i)$$

stellt denjenigen Verbrauch dar, welcher der äusserlich gewonnenen Arbeit entspricht.

Ebenso findet man, dass in dem Falle, wo durch einen äusseren Einfluss die Intensität des Stromes vermehrt wird, die erzeugte Wärme die in der Säule verbrauchte Arbeit übertrifft. Man braucht für diesen Fall nur die Grösse i mit dem Pluszeichen einzuführen, wodurch man an der Stelle von (19) erhält:

$$(20) \qquad H = \frac{1}{E}\, [W + l i (I_1 + i)].$$

Wenn die Schliessung, in welcher der Strom i inducirt wird, keine eigene Stromquelle enthält, so muss man $W = 0$ und $I_1 = 0$ setzen, wodurch die Gleichungen (19) und (20) übergehen in:

$$H = \frac{1}{E}\, l i^2,$$

welches für einen inducirten Strom dieselbe Gleichung ist, wie (13) für einen beliebigen Strom.

ABSCHNITT VI.

Electricitätsleitung in Electrolyten.

§. 1. Arbeitleistung und Wärmeerzeugung in einem electrolytischen Leiter.

Im vorigen Abschnitte haben wir die Wirkungen eines galvanischen Stromes innerhalb eines Leiters erster Classe (d. h. eines solchen, welcher ohne Electrolyse leitet) betrachtet, ohne dabei auf die Art der Entstehung des Stromes Rücksicht zu nehmen. Es hat sich dort ergeben, dass die Gesetze, nach welchen die Wärmeerzeugung in diesen Leitern stattfindet, eine unmittelbare Folge des Ohm'schen Gesetzes und des Satzes von der Aequivalenz von Wärme und Arbeit sind. In ähnlicher Weise kann man auch bei einem Leiter zweiter Classe, welcher durch Electrolyse leitet, wenn man ihn ganz für sich, ohne Rücksicht auf die übrigen Theile der Kette betrachtet, einige theils streng begründete, theils wenigstens wahrscheinliche Folgerungen ziehen, welche mir von Interesse zu sein scheinen, und welche ich hier so, wie ich sie in einer in Pogg. Ann.[1] veröffentlichten Abhandlung entwickelt habe, mittheilen will.

Was zunächst die Gesetze der Arbeitleistung anbetrifft, so lassen sich, wenn man das Ohm'sche Gesetz auch bei den Leitern zweiter Classe als richtig anerkennt, die im vorigen Abschnitte gezogenen Schlüsse in unveränderter Weise auch auf diesen Fall

---

[1] Bd. 101, S. 338.

ausdehnen. Um den Strom trotz des Leitungswiderstandes aufrecht zu erhalten, muss an jeder Stelle des Leiters eine Kraft thätig sein, welche positiv electrische Theilchen nach einer und negativ electrische Theilchen nach der entgegengesetzten Richtung zu treiben sucht. Diese Kraft wird ausgeübt von getrennter Electricität, welche sich, wie Kirchhoff bewiesen hat, nur an der Oberfläche des Leiters oder an der Grenzfläche zweier verschiedener Leiter befinden kann, während man von dem Inneren eines homogenen Leiters annehmen muss, dass dort positiv und negativ electrische Theilchen so gleichmässig gemischt sind, dass man jeden messbaren Raum als unelectrisch betrachten darf. Die von jener treibenden Kraft geleistete Arbeit lässt sich durch dieselben Formeln ausdrücken, welche im vorigen Abschnitte entwickelt sind.

Wenn man nun die durch den Strom erzeugte Wärme bestimmen will, so könnte es auf den ersten Blick vielleicht scheinen, als ob in dieser Beziehung zwischen den Leitern erster und zweiter Classe eine Verschiedenheit obwalten müsse. In den Leitern erster Classe bleiben die Massenmolecüle unverändert in ihrer Lage, und nur die Electricität bewegt sich; bei den Leitern zweiter Classe dagegen werden die Bestandtheile der Massenmolecüle mit in die Bewegung gezogen, und es finden Zerlegungen und Wiederzusammensetzungen statt, bei denen ohne Zweifel die Molecularkräfte, mit welchen die Bestandtheile auf einander wirken, eine bedeutende Thätigkeit entwickeln. Bei näherer Betrachtung überzeugt man sich jedoch leicht, dass bei der Bestimmung der erzeugten Wärme die von den Molecularkräften gethanen Arbeitsgrössen, so bedeutend sie auch im Einzelnen sein mögen, doch nicht berücksichtigt zu werden brauchen, weil sie sich gegenseitig vollständig aufheben.

Wenn man, während der Leiter von einem stationären Strome durchflossen wird, ein zur Betrachtung ausgewähltes, von einer geschlossenen Fläche umgrenztes Stück desselben zu Anfang und zu Ende einer Zeiteinheit untersucht, so findet man, dass sein Zustand während dieser Zeit keine wesentliche Veränderung erlitten hat. Es haben sich zwar die electro-positiven Bestandtheile vieler Molecüle von electro-negativen, mit welchen sie bisher verbunden waren, getrennt, aber dafür haben sie sich mit anderen ganz gleichen wieder verbunden, und die Arbeit, welche die Molecularkräfte bei einer solchen Verbindung thun, ist unzweifelhaft eben so gross, wie die, welche sie bei der Trennung erleiden (oder negativ thun). Ebenso sind für alle Massentheile, welche an der einen Seite aus dem Raume ausgetreten sind, eben so viele solche an der anderen Seite eingetreten, so dass die ganze in dem Raume befindliche Masse zu Ende der Zeit dieselbe Dichtigkeit, dieselbe Zusammensetzung und dieselbe Anordnung der Molecüle hat, wie zu Anfang. Man kann daher, ohne die Arbeitsgrössen, welche bei den einzelnen Vorgängen von den Molecularkräften gethan sind, zu kennen, mit Sicherheit den Schluss ziehen, dass die algebraische Summe dieser Arbeitsgrössen Null ist. Es bleibt also nur die Arbeit übrig, welche die treibende electrische Kraft bei der Ueberwindung des Leitungswiderstandes gethan hat, und welche sich, da sie keine bleibende Veränderung in dem Leiter hervorgebracht hat, in lebendige Kraft, und da keine andere lebendige Kraft vorkommt, in Wärme verwandelt haben muss.

§. 2. Electrisches Verhalten der Theilmolecüle.

Wir wollen nun auf die Art, wie man sich die Electricitätsleitung innerhalb eines Electrolyten vorstellen muss, etwas specieller eingehen.

Die Molecüle des Electrolyten werden durch den Strom in zwei Bestandtheile zerlegt, welche entweder einfache Atome oder selbst auch schon aus mehreren Atomen zusammengesetzte Molecüle sein können, wie z. B. im Kupfervitriol der eine Bestandtheil Cu einfach und der andere SO_4 zusammengesetzt ist. Ich werde diese Bestandtheile, mögen sie nun aus einem oder aus mehreren Atomen bestehen, die Theilmolecüle nennen, und ein ganzes Molecül des Electrolyten, wo es zur Unterscheidung nöthig ist, ein Gesammtmolecül.

Aus der Art, wie die Zersetzung des Electrolyten mit der Electricitätsleitung zusammenhängt, muss man schliessen, dass die beiden Theilmolecüle in ihrer Verbindung zu einem Gesammtmolecül entgegengesetzte electrische Zustände haben, welche auch nach ihrer Trennung fortbestehen. Unter der Voraussetzung, dass es zwei Electricitäten gebe, muss man also annehmen, dass das eine Theilmolecül einen Ueberschuss an positiver, das andere einen eben so grossen Ueberschuss an negativer Electricität habe; unter der Voraussetzung von nur Einer Electricität dagegen muss man annehmen, dass das eine Theilmolecül mehr und das andere weniger Electricität besitze, als zum neutralen Zustande nöthig ist.

Dass zwei Molecüle von verschiedener Natur bei ihrer Berührung solche entgegengesetzten electrischen Zustände annehmen können, ist sehr wohl denkbar. Eben so liegt keine Schwierigkeit darin, sich diese Zustände auch nach der Trennung als fortbestehend zu denken, so lange man nur annimmt, dass nirgends innerhalb des Leiters eine grössere Anzahl positiver Theilmolecüle allein oder negativer Theilmolecüle allein angehäuft sei, sondern dass beide Arten von Theilmolecülen überall so gleichmässig verbreitet seien, dass sich in jedem messbaren Raume gleich viel Molecüle beider Arten befinden. In diesem Falle kann nämlich aus den Kräften, welche die an einem Theilmolecül haftende Electricitätsmenge von den Electricitätsmengen der umgebenden Theilmolecüle erleidet, wegen der entgegengesetzten Wirkungen der positiven und negativen Theilmolecüle, keine starke Resultante entstehen, welche jene erstere Electricitätsmenge nach einer bestimmten Richtung zu treiben und dadurch von seinem Molecül, wenn dieses an der Bewegung verhindert wäre, zu trennen suchte.

Wäre dagegen in einem Raume eine grosse Anzahl von Molecülen befindlich, welche alle mit gleicher Electricität geladen wären, so würde die Electricitätsmenge irgend eines zur Betrachtung ausgewählten Molecüls von den Electricitätsmengen aller anderen abgestossen werden, und diese Kräfte würden, wenn sich das betrachtete Molecül nicht gerade in der Mitte der Masse befände, durch ihre Vereinigung eine beträchtliche in der Richtung von innen nach aussen wirkende Kraft bilden können. Da auch die an den anderen Molecülen haftenden Electricitätsmengen ganz ähnlichen Wirkungen unterworfen wären, indem jede durch die Gesammtwirkung aller übrigen nach aussen gedrängt würde, so würde in dem electrischen Zustande der ganzen Masse eine Spannung obwalten, welche sich nur dann unverändert erhalten könnte, wenn die Masse absolut nichtleitend wäre. Im anderen Falle würde die freie Electricität aller Molecüle, je nach der Güte der Leitung mehr oder weniger schnell nach aussen strömen, zunächst an die Oberfläche der Masse, und von da, wenn die Masse nicht vollkommen isolirt wäre, in die weiteren Umgebungen.

§. 3. Bedingung, welche als erfüllt vorauszusetzen ist.

Betrachten wir ferner den Vorgang der Zersetzung selbst, wie er in der Flüssigkeit, welche als Electrolyt dient, oder den Electrolyten aufgelöst enthält, stattfindet, so darf zunächst so viel als feststehend betrachtet werden, dass nicht die an der einen Electrode frei werdenden Theilmolecüle sich durch die Flüssigkeit bis zur anderen Electrode fortbewegen, sondern dass in der ganzen zwischen den beiden Electroden befindlichen Flüssigkeitsmasse überall Zersetzungen und neue Verbindungen geschehen, so dass die positiven Theilmolecüle, welche während der Zeiteinheit an der Kathode ankommen, zwar der Anzahl nach mit denen übereinstimmen, welche von der Anode ausgehen, aber nicht dieselben sind, und ebenso in Bezug auf die negativen Theilmolecüle, welche an der Anode ankommen.

Die Art, wie die in den verschiedenen Flüssigkeitsschichten stattfindenden Zersetzungen unter einander zusammenhängen, bedarf aber noch einer näheren Feststellung, und namentlich muss eine Ansicht, welche ziemlich nahe zu liegen scheint, welche aber entschieden unrichtig ist, von vornherein ausgeschlossen werden.

Man könnte sich nämlich möglicherweise vorstellen, dass die Zersetzung von der einen Electrode, z. B. von der Anode, ausginge, dass die negativen Theilmolecüle der zersetzten Gesammtmolecüle hier festgehalten würden, die positiven dagegen zur nächsten Flüssigkeitsschicht gingen und dort eine neue Zersetzung bewirkten, indem sie sich mit den negativen Theilmolecülen dieser Schicht verbänden, und die positiven frei machten, dass diese letzteren dann weiter zur folgenden Schicht gingen, und hier abermals dieselbe Wirkung ausübten u. s. f. Hiernach würde die Zersetzung einer Schicht die Ursache für die Zersetzung der folgenden Schicht sein, und die Wirkung der in dem Leiter vorhandenen treibenden Kraft würde sich darauf beschränken, erstens die frei gewordenen positiven Theilmolecüle der vorigen Schicht nach der folgenden zu bewegen, und zweitens dadurch, dass sie die positiven Theilmolecüle dieser Schicht ebenfalls vorwärts drängt, die Zersetzung zu erleichtern.

Die Unrichtigkeit dieser Vorstellungsweise ergiebt sich aber sogleich daraus, dass nach ihr innerhalb der Flüssigkeit während des Stromes stets ein Ueberschuss von positiven Theilmolecülen, und somit auch von positiver Electricität vorhanden sein müsste, was, wie schon erwähnt, nach den Gesetzen über die Vertheilung der getrennten Electricität für einen stationären Strom eben so unzulässig ist, wie für den Gleichgewichtszustand. In derselben Weise würde man, wenn man die vorher beschriebene Art der Fortpflanzung der Zersetzungen in umgekehrter Richtung von der Kathode zur Anode annehmen wollte, einen Ueberschuss von negativen Theilmolecülen innerhalb der Flüssigkeit erhalten, welcher natürlich gleichfalls unstatthaft ist.

Als Grundbedingung für alle weiteren Betrachtungen müssen wir an dem Satze festhalten, dass sich innerhalb jedes messbaren Raumes der Flüssigkeit gleich viel positive und negative Theilmolecüle befinden, mögen diese nun alle je zwei zu Gesammtmolecülen verbunden sein, oder mögen einige im unverbundenen Zustande zwischen den Gesammtmolecülen zerstreut sein.

Hieraus folgt, dass in einer electrolytischen Flüssigkeit, welche sich in ihrem natürlichen Zustande befindet, indem keine Art von Theilmolecülen in ihr überwiegt, unter dem blossen Einflusse derjenigen Kraft, welche dazu dient, den Leitungswiderstand zu überwinden, solche abwechselnde Zersetzungen und Wiederverbindungen der Molecüle, wie sie zur Electricitätsleitung nöthig sind, stattfinden können [1]).

Die Erklärung dieser Thatsache bietet eine eigenthümliche Schwierigkeit dar, welche, wie es mir scheint, nur dadurch gehoben werden kann, dass man ein durchaus anderes Verhalten der Flüssigkeiten annimmt, als es bisher gebräuchlich war. Ich will versuchen, dieses in den nächsten Paragraphen auseinander zu setzen.

---

[1]) Um einen Fall zu haben, wo gar keine Electroden vorkommen, kann man folgende Annahme machen. Es sei aus einem electrolytischen Leiter ein in sich geschlossener Ring gebildet. In der Nähe dieses leitenden Ringes werde ein kreisförmiger electrischer Strom oder ein Magnet bewegt, z. B. angenähert oder entfernt. Dadurch wird in dem Ringe ein Inductionsstrom erzeugt, und man hat somit in dem Electrolyten einen electrischen Strom, welcher nicht von einer Electrode zu einer anderen, sondern im Kreise durch einen überall gleichartigen Ring geht und durch eine electromotorische Kraft hervorgerufen ist, die nicht bloss an einzelnen Stellen des Ringes, sondern in allen seinen Theilen wirkt.

§. 4. Schwierigkeit der Erklärung.

Es sei eine Flüssigkeit gegeben, welche entweder ganz oder zum Theil aus electrolytischen Molecülen besteht, und wir wollen zunächst einmal annehmen, diese Molecüle hätten sich im natürlichen Zustande der Flüssigkeit in irgend einer bestimmten Anordnung gelagert, in welcher sie, so lange keine fremde Kraft auf sie einwirkt, verharrten, indem die einzelnen Molecüle zwar vielleicht um ihre Gleichgewichtslagen oscilliren, aber nicht ganz aus denselben heraustreten könnten; ferner sei, wie man es bei jeder derartigen Anordnung voraussetzen muss, die Anziehung zwischen zwei Theilmolecülen, welche zu einem Gesammtmolecül verbunden sind, und daher einander sehr nahe sind, grösser, als die Anziehung zwischen dem positiven Theilmolecül eines Gesammtmolecüls und dem negativen eines anderen. Wenn nun innerhalb dieser Masse eine electrische Kraft wirkt, welche die positiv electrischen Theilmolecüle nach einer und die negativ electrischen nach der entgegengesetzten Richtung zu treiben sucht, so fragt es sich, welchen Einfluss diese auf das Verhalten der Molecüle ausüben muss.

Die erste Wirkung würde offenbar, sofern die Molecüle als drehbar vorausgesetzt werden, darin bestehen, alle Molecüle in gleicher Weise zu richten, indem die beiden entgegengesetzt electrischen Bestandtheile jedes Gesammtmolecüls sich nach den Seiten drehen würden, wohin sie durch die wirksame Kraft getrieben werden.

Ferner würde die Kraft die zu einem Gesammtmolecül vereinigten Theilmolecüle zu trennen und nach entgegengesetzten Richtungen zu bewegen suchen, und wenn diese Bewegung einträte, so würde dadurch das positive Theilmolecül des einen Gesammtmolecüls mit dem negativen des folgenden zusammenkommen und sich mit ihm verbinden. Nun muss aber, um die einmal verbundenen Theilmolecüle zu trennen, die Anziehung, welche sie auf einander ausüben, überwunden werden, wozu eine Kraft von bestimmter Stärke nöthig ist, und dadurch wird man zu dem Schlusse geführt, dass, so lange die in dem Leiter wirksame Kraft diese Stärke nicht besitzt, gar keine Zersetzung der Molecüle stattfinden könne, dass dagegen, wenn die Kraft bis zu dieser Stärke angewachsen ist, sehr viele

Molecüle mit einem Male zersetzt werden müssen, indem sie alle unter dem Einflusse derselben Kraft stehen und fast gleiche Lage zu einander haben. In Bezug auf den electrischen Strom kann man diesen Schluss, wenn man voraussetzt, dass der Leiter nur durch Electrolyse leiten könne, so ausdrücken: So lange die im Leiter wirksame treibende Kraft unter einer gewissen Grenze ist, bewirkt sie gar keinen Strom, wenn sie aber diese Grenze erreicht hat, so entsteht plötzlich ein sehr starker Strom.

Dieser Schluss widerspricht aber der Erfahrung vollkommen. Schon die geringste Kraft [1] bewirkt einen durch abwechselnde Zersetzungen und Wiederverbindungen geleiteten Strom, und die Intensität dieses Stromes wächst nach dem Ohm'schen Gesetze der Kraft proportional.

Demnach muss die obige Annahme, dass die Theilmolecüle eines Electrolyten in fester Weise zu Gesammtmolecülen verbunden sind, und diese eine bestimmte regelmässige Anordnung haben, unrichtig sein. Man kann dieses Resultat noch allgemeiner folgendermaassen aussprechen. Jede Annahme, welche darauf hinauskommt, dass der natürliche Zustand einer electrolytischen Flüssigkeit ein Gleichgewichtszustand ist, in welchem jedes positive Theilmolecül mit einem negativen fest verbunden ist, und dass ferner, um die Flüssigkeit aus diesem Gleichgewichtszustande in einen anderen, welcher sich vom vorigen nur dadurch unterscheidet, dass eine Anzahl positiver Theilmolecüle mit anderen negativen, als vorher, verbunden ist, überzuführen, eine Kraft von bestimmter Stärke auf diejenigen Molecüle, welche diese Veränderung erleiden sollen, wirken muss, — jede solche Annahme steht im Widerspruche mit dem Ohm'schen Gesetze.

Ich glaube daher, dass die folgende Annahme, bei welcher dieser Widerspruch gehoben ist, und welche, wie es mir scheint,

---

[1] Ich muss hierbei noch einmal ausdrücklich hervorheben, dass hier, wie in diesem ganzen Abschnitte, nicht von den Kräften die Rede ist, welche an den Electroden wirken, wo die Zersetzungsproducte ausgeschieden werden und die Polarisation überwunden werden muss, sondern lediglich von der Kraft, welche innerhalb des Electrolyten selbst wirkt, wo jedes Theilmolecül, welches von dem bisher mit ihm verbundenen Theilmolecül getrennt wird, sich sogleich wieder mit einem anderen Theilmolecül derselben Art verbindet, so dass die Masse im Wesentlichen ungeändert bleibt, und nur der Leitungswiderstand zu überwinden ist.

auch mit den sonst bekannten Thatsachen vereinbar ist, einige Beachtung verdient.

§. 5. Veränderte Annahme über das moleculare Verhalten electrolytischer Flüssigkeiten.

In meiner Abhandlung „über die Art der Bewegung, welche wir Wärme nennen"[1]), habe ich die Ansicht ausgesprochen, dass in Flüssigkeiten die Molecüle nicht bestimmte Gleichgewichtslagen haben, um welche sie nur oscilliren, sondern dass ihre Bewegungen so lebhaft sind, dass sie dadurch in ganz veränderte und immer neue Lagen zu einander kommen, und sich unregelmässig durch einander bewegen.

Unter Zugrundelegung dieser Ansicht wollen wir uns in der electrolytischen Flüssigkeit zunächst einmal ein einzelnes Theilmolecül, z. B. ein electro-positives, befindlich denken, von welchem wir voraussetzen wollen, dass sein electrischer Zustand noch ganz derselbe sei, wie in dem Momente, wo es aus einem Gesammtmolecül ausgeschieden wurde. Ich glaube nun, dass, indem dieses Theilmolecül sich zwischen den Gesammtmolecülen umherbewegt, unter den vielen Lagen, die es annehmen kann, auch zuweilen solche vorkommen, in welchen es das negative Theilmolecül irgend eines Gesammtmolecüls mit stärkerer Kraft anzieht, als die, mit welcher die beiden zu dem Gesammtmolecül gehörigen Theilmolecüle, deren Lage zu einander auch nicht ganz unveränderlich ist, sich in diesem Augenblicke gegenseitig anziehen. Sobald es in eine solche Lage getreten ist, verbindet es sich mit diesem negativen Theilmolecül, und das bisher mit demselben verbundene positive Theilmolecül wird dadurch frei. Dieses bewegt sich nun ebenfalls allein umher und zerlegt nach einiger Zeit ein anderes Gesammtmolecül auf dieselbe Art u. s. f., und alle diese Bewegungen und Zersetzungen geschehen eben so unregelmässig, wie die Wärmebewegungen, durch welche sie veranlasst werden.

Betrachten wir ferner das Verhalten der Gesammtmolecüle unter einander, so glaube ich, dass es auch hier zuweilen geschieht, dass das positive Theilmolecül eines Gesammtmolecüls zu dem negativen eines anderen in eine günstigere Lage kommt, als jedes

---

[1]) Pogg. Ann. Bd. 100, S. 353.

dieser beiden Theilmolecüle im Augenblicke gerade zu dem anderen Theilmolecül seines eigenen Gesammtmolecüls hat. Dann werden sich jene beiden bisher fremden Theilmolecüle zu einem Gesammtmolecül verbinden, und die beiden dadurch frei werdenden Theilmolecüle (das negative des ersten und das positive des zweiten Gesammtmolecüls) werden sich entweder ebenfalls unter einander verbinden, oder wenn die Wärmebewegung sie daran verhindern sollte, so werden sie sich unter die übrigen Gesammtmolecüle mischen, und dort ähnliche Zersetzungen hervorbringen, wie sie vorher von einem einzelnen Theilmolecül beschrieben wurden.

Wie häufig in einer Flüssigkeit solche gegenseitige Zerlegungen vorkommen, wird erstens von der Natur der Flüssigkeit abhängen, ob die Theile der einzelnen Gesammtmolecüle mehr oder weniger innig zusammenhängen, und zweitens von der Lebhaftigkeit der Molecularbewegung, d. h. von der Temperatur.

§. 6. Neue Erklärung der electrolytischen Leitung.

Wenn nun in einer Flüssigkeit, deren Molecüle sich schon von selbst in einer solchen Bewegung befinden, wobei sie ihre Theilmolecüle in unregelmässiger Weise austauschen, eine electrische Kraft wirkt, welche alle positiven Theilmolecüle nach einer und alle negativen nach der entgegengesetzten Richtung zu treiben sucht, so lässt sich leicht einsehen, welcher Unterschied dadurch in der Art der Molecularbewegung eintreten muss.

Ein freies Theilmolecül wird dann nicht mehr ganz den unregelmässig wechselnden Richtungen, nach welchen es durch die Wärmebewegungen getrieben wird, folgen, sondern es wird die Richtung seiner Bewegung im Sinne der wirksamen Kraft ändern, so dass unter den Richtungen der freien positiven Theilmolecüle, obwohl sie noch sehr unregelmässig sind, doch eine gewisse Richtung vorherrscht, und ebenso die negativen Theilmolecüle sich vorherrschend nach der entgegengesetzten Richtung bewegen. Ausserdem werden bei der Einwirkung eines Theilmolecüls auf ein Gesammtmolecül und bei der Einwirkung zweier Gesammtmolecüle auf einander solche Zerlegungen, bei welchen die Theilmolecüle in ihren Bewegungen zugleich der electrischen Kraft folgen können, erleichtert werden und daher häufiger stattfinden, als ohne die

Kraft, indem auch in Fällen, wo die Lage der Molecüle noch nicht günstig genug ist, dass die Zerlegung von selbst eintreten könnte, die Mitwirkung der electrischen Kraft ihr Eintreten veranlassen kann. Umgekehrt solche Zerlegungen, bei denen die Theilmolecüle sich der electrischen Kraft entgegen bewegen müssten, werden durch diese Kraft erschwert und dadurch seltener gemacht werden.

Betrachtet man im Inneren dieser Flüssigkeit, während die electrische Kraft wirkt, ein kleines auf der Richtung der Kraft senkrechtes Flächenstück, so gehen durch dieses während der Zeiteinheit mehr positive Theilmolecüle in positiver als in negativer Richtung hindurch, und mehr negative Theilmolecüle in negativer als in positiver Richtung. Da nun für jede Art von Theilmolecülen zwei in entgegengesetzter Richtung stattfindende Durchgänge sich gegenseitig in ihrer Wirkung aufheben, und nur der für die eine Richtung bleibende Ueberschuss von Durchgängen in Betracht kommt, so kann man das Vorige auch einfacher so ausdrücken: es geht eine gewisse Anzahl positiver Theilmolecüle in positiver und eine Anzahl negativer Theilmolecüle in negativer Richtung durch das Flächenstück. Die Grösse dieser beiden Zahlen braucht nicht gleich zu sein, weil sie ausser von der treibenden Kraft, welche für beide Arten von Theilmolecülen gleich ist, auch noch von dem Grade der Beweglichkeit abhängt, welcher bei verschiedenartigen Theilmolecülen aus mehreren Gründen verschieden sein kann.

Diese entgegengesetzte Bewegung der beiden Arten von Theilmolecülen bildet den galvanischen Strom innerhalb der Flüssigkeit. Um die Stärke des Stromes zu bestimmen, ist es nicht nöthig, die Anzahl der in positiver Richtung durch das Flächenstück gehenden positiven Theilmolecüle und die Anzahl der in negativer Richtung hindurchgehenden negativen Theilmolecüle einzeln zu kennen, sondern es genügt, wenn man die Summe beider Zahlen kennt. Mag man nämlich von der Vorstellung ausgehen, dass es zwei Electricitäten gebe, und dass ein negativ electrisches Theilmolecül mit einer gewissen Quantität freier negativer Electricität begabt sei, oder von der Vorstellung, dass es nur eine Electricität gebe, und dass ein negativ electrisches Theilmolecül weniger Electricität besitze, als für den neutralen Zustand nöthig ist, in beiden Fällen muss man annehmen, dass es zur Vermehrung eines galvanischen Stromes gleich viel beiträgt, ob ein positiv-electrisches Theilmolecül sich nach der Richtung des Stromes, oder ob ein eben so stark negativ-electrisches Theilmolecül sich nach der entgegengesetzten Richtung bewegt. Wenn wir also für den Fall, dass die Molecularbewegung der Art wäre, dass nur für die positiven Theilmolecüle ein Ueberschuss der Bewegung nach einer Richtung stattfände, und dass während der Zeiteinheit n positive Theilmolecüle in positiver Richtung durch das Flächenstück gingen, die dadurch bedingte Stromstärke mit $C.n$ bezeichnen, so müssen wir dem entsprechend bei einer Bewegung, bei welcher gleichzeitig n positive Theilmolecüle in der positiven und n' negative Theilmolecüle in der negativen Richtung hindurchgehen, die Stromstärke mit $C\,(n + n')$ bezeichnen.

§. 7. Uebereinstimmung der neuen Erklärung mit der Erfahrung und Unterschied zwischen ihr und der Grotthuss'schen Erklärung.

Bei dieser Auffassung des Zustandes der Flüssigkeiten fällt die oben erwähnte Schwierigkeit fort. Man sieht leicht, dass der Einfluss, welchen die electrische Kraft auf die schon von selbst stattfindenden, aber noch unregelmässigen Zersetzungen und Bewegungen der Molecüle übt, nicht erst beginnt, wenn die Kraft eine gewisse Stärke erreicht hat, sondern dass schon die geringste Kraft in der vorher angegebenen Weise ändernd auf dieselben einwirken, und dass die Grösse dieser Wirkung mit der Stärke der Kraft wachsen muss. Der ganze Vorgang stimmt also mit dem Ohm'schen Gesetze sehr gut überein.

Weshalb das electrische Leitungsvermögen, welches von der Leichtigkeit, mit welcher die Zerlegungen der Molecüle und die Bewegungen der Theilmolecüle innerhalb der Flüssigkeit geschehen, abhängt, bei verschiedenen Flüssigkeiten so verschieden ist, weshalb z. B. bei den Molecülen des Schwefelsäurehydrats die Zerlegungen so sehr viel leichter stattfinden, als bei den Wassermolecülen, und woher der bedeutende Einfluss kommt, welchen die Verdünnung der Schwefelsäure auf die Güte der Leitung ausübt, ist freilich bisher nicht hinlänglich erklärt, indessen sehe ich darin auch nichts, was als Widerspruch gegen die vorstehende Theorie geltend gemacht werden könnte.

Der Umstand dagegen, dass bei Leitern zweiter Classe das Leitungsvermögen mit wachsender Temperatur zunimmt, erklärt sich aus dieser Theorie in sehr ungezwungener Weise, indem die grössere Lebhaftigkeit der inneren Bewegung offenbar dazu beitragen muss, die gegenseitigen Zerlegungen der Molecüle zu erleichtern.

Vergleichen wir die ältere Grotthuss'sche Theorie mit der hier entwickelten, so liegt der Unterschied hauptsächlich darin, dass in jener angenommen wird, die Bewegung werde erst durch die electrische Kraft hervorgerufen, und finde nur nach zwei bestimmten Richtungen statt, indem die Zersetzungen regelmässig von Molecül zu Molecül fortschreiten, während nach dieser die schon vorhandenen Bewegungen nur geändert werden, und auch das nicht so, dass sie vollkommen regelmässig werden, sondern nur so, dass in der noch immer grossen Mannichfaltigkeit von Bewegungen die beiden bestimmten Richtungen vorherrschen.

§. 8. Eine frühere ähnliche Ansicht über moleculare Vorgänge.

Nachdem ich im Jahre 1857 die vorstehende Ansicht über das Verhalten electrolytischer Flüssigkeiten niedergeschrieben hatte, erfuhr ich in der Unterhaltung mit einem Chemiker, dass eine ähnliche Ansicht über das Verhalten zusammengesetzter flüssiger und luftförmiger Körper schon von Williamson in einer Abhandlung über die Theorie der Aetherbildung [1]) ausgesprochen ist. Es heisst in dieser Abhandlung unter anderen [2]): „Wir werden auf diese Weise zu der Annahme geführt, dass in einem Aggregat von Molecülen jeder Verbindung ein fortwährender Austausch zwischen den in ihr enthaltenen Elementen vor sich geht. Angenommen z. B., ein Gefäss mit Salzsäure würde durch eine grosse Zahl von Molecülen von der Zusammensetzung ClH ausgefüllt, so würde uns die Betrachtung, zu der wir gelangt sind, zu der Annahme führen, dass jedes Atom Wasserstoff nicht in ruhiger Gegeneinanderlagerung neben dem Atom Chlor bleibe, mit dem es

---

[1]) Annalen der Chemie und Pharmacie Bd. **77**, S. 37. Gelesen vor der *British Association* zu Edinburg.

[2]) A. a. O. S. 46.

zuerst verbunden war, sondern dass ein fortwährender Wechsel des Platzes mit anderen Wasserstoffatomen stattfindet."

Hiernach scheint Williamson sogàr eine bei weitem grössere Wandelbarkeit in der Gruppirung der Theilmolecüle anzunehmen, als zur Erklärung der Electricitätsleitung nöthig ist. Er spricht von einem fortwährenden Wechsel eines Wasserstoffatoms mit anderen Wasserstoffatomen, während es zur Erklärung der Electricitätsleitung genügt, wenn bei den Zusammenstössen der Gesammtmolecüle hin und wieder und vielleicht verhältnissmässig selten ein Austausch der Theilmolecüle stattfindet.

Williamson führt zur Bestätigung seiner Ansicht das Verhalten an, welches stattfindet, wenn in einer Flüssigkeit zwei Verbindungen mit verschiedenen electro-positiven und verschiedenen electro-negativen Bestandtheilen gelöst sind, dass dann die beiden ursprünglichen Verbindungen nicht einfach bestehen bleiben, oder eine andere Anordnung der Art entsteht, bei welcher ein electropositiver Bestandtheil ausschliesslich mit Einem der beiden electronegativen Bestandtheile verbunden ist, und umgekehrt, sondern dass alle vier möglichen Combinationen sich in einem gewissen Verhältnisse bilden, woher es kommt, dass, wenn irgend eine der vier Verbindungen unlöslich ist, diese sich ausscheidet. Auch ich glaube, dass dieses Verhalten sich sehr natürlich daraus erklärt, dass die Verbindungen je zweier Theilmolecüle nicht fest, sondern wandelbar sind, und dass ein positives Theilmolecül nicht bloss ein positives Theilmolecül derselben Art, sondern auch ein solches von anderer Art verdrängen kann, und ich habe dieses Verhalten bei der Aufstellung der oben entwickelten Theorie gleich mit im Auge gehabt. Indessen halte ich es auch hierbei nicht für nöthig, dass alle Molecüle in fortwährendem Wechsel begriffen sind, sondern es scheint mir zu genügen, wenn sie sich hin und wieder gegenseitig austauschen, denn wenn die Anzahl der Austausche auch im Verhältniss zur Anzahl der Stösse gering ist, so kann sie doch an sich betrachtet noch sehr gross sein, und daher in kurzer Zeit eine bedeutende Aenderung in der ursprünglichen Verbindungsart hervorbringen.

Da ich zu dem Schlusse über die im Inneren einer Flüssigkeit stattfindenden Austausche der Theilmolecüle ganz unabhängig und auf einem durchaus anderen Wege wie Williamson gelangt bin, so habe ich, auch nachdem ich die Abhandlung desselben kennen gelernt habe, doch noch geglaubt, meine Betrachtungen unverändert mittheilen zu dürfen, indem es dadurch am besten ersichtlich sein wird, in wie fern diese beiden Betrachtungsweisen einander gegenseitig zur Bestätigung dienen.

§. 9. Metallische Leitung in Electrolyten.

Es ist in neuerer Zeit mehrfach die Frage erörtert, ob in Leitern zweiter Classe neben der Leitung durch Electrolyse auch noch eine Electricitätsleitung der Art, wie in Leitern erster Classe stattfinde.

Vom theoretischen Gesichtspuncte aus scheint mir der Annahme, dass beide Arten von Leitung in demselben Körper gleichzeitig stattfinden können, nichts entgegen zu stehen. Die Bestimmung aber, wie sich in einzelnen Fällen die beiden verschiedenen Leitungen ihrer Grösse nach zu einander verhalten, wird bei dem Mangel an genau festgestellten Thatsachen, welche als Grundlage für theoretische Schlüsse dienen könnten, für jetzt wohl ganz der experimentellen Untersuchung überlassen bleiben müssen.

Für diejenigen Körper, welche bis jetzt in dieser Beziehung untersucht sind, und welche ihrer vielfachen Anwendung wegen die wichtigsten sind, hat sich gezeigt, dass die Leitung ohne Electrolyse, wenn sie überhaupt existirt, jedenfalls sehr gering ist, und es wird daher nicht nöthig sein, auf diese Art von Leitung, welche übrigens theoretisch nichts wesentlich Neues darbieten würde, hier näher einzugehen.

ABSCHNITT VII.

Die thermoelectrischen Ströme.

§. 1. Electrischer Zustand an der Berührungsfläche zweier Stoffe.

Während die beiden vorigen Abschnitte nur die in einem homogenen Leiter während eines stationären electrischen Stromes stattfindenden Vorgänge behandelten, soll nun eine Verbindung mehrerer ohne Electrolyse leitender Stoffe betrachtet werden, welche, wenn sie eine in sich geschlossene Leitung bilden und die Verbindungsstellen der Stoffe auf verschiedenen Temperaturen erhalten werden, einen thermoelectrischen Strom geben.

Man nimmt gewöhnlich als Sitz der electromotorischen Kräfte, welche den thermoelectrischen Strom hervorbringen, die eben erwähnten Verbindungsstellen verschiedener Stoffe an, während man innerhalb eines einzelnen Stoffes, auch wenn seine Theile verschiedene Temperaturen haben, keine electromotorischen Kräfte voraussetzt. Wir wollen diese Annahme, welche die einfachste ist, zunächst auch machen, und untersuchen zu welchen Folgerungen sie führt. Die Vergleichung dieser Folgerungen mit der Erfahrung wird dann von selbst herausstellen, ob jene einfache Annahme zur Erklärung aller beobachteten Thatsachen genügt, oder ob und in welcher Weise sie noch modificirt werden muss.

Für die Berührungsfläche zweier Stoffe machen wir die Annahme, dass dort eine Spannungsdifferenz zwischen den Stoffen eintrete, indem die Electricität sich ungleich unter ihnen theile. Hiernach muss man für den Zustand des Gleichgewichtes annehmen, dass die Potentialfunction zwar innerhalb eines jeden einzelnen Stoffes constant sei, aber in zwei sich berührenden Stoffen verschiedene Werthe habe [1]), und für den während eines continuirlichen Stromes stattfindenden Zustand, dass die Potentialfunction sich innerhalb jedes einzelnen Stoffes nur allmälig, an der Berührungsfläche zweier Stoffe aber plötzlich ändere. Wir können somit, wenn wir die Potentialfunction innerhalb zweier Leiter, welche a und b heissen mögen, zur Unterscheidung mit V_a und V_b bezeichnen, für je zwei Puncte, welche sich zu beiden Seiten der Berührungsfläche sehr nahe gegenüberliegen, die Gleichung

$$(1) \qquad V_b - V_a = E_{ab},$$

bilden, worin E_{ab} eine von der Beschaffenheit der sich berührenden Stoffe abhängige Grösse ist, welche wir die Potentialniveaudifferenz der beiden Stoffe nennen wollen.

Man darf diese plötzliche Aenderung der Potentialfunction natürlich nicht im streng mathematischen Sinne als einen Sprung betrachten, welcher in einer mathematischen Fläche stattfindet, sondern nur als eine sehr schnelle Aenderung in der Nähe dieser Fläche. Zur Erklärung derselben muss man, wie schon mehrfach, und besonders bestimmt von Helmholtz [2]) ausgesprochen ist, zwei zu beiden Seiten der Berührungsfläche sich gegenüberliegende entgegengesetzt electrische Schichten annehmen, also eine ähnliche Anordnung, wie bei einer geladenen Leidener Flasche oder Franklin'schen Tafel. Wir wollen den die beiden electrischen Schichten und ihren Zwischenraum umfassenden Raum, welcher im Ganzen nur eine sehr dünne Schicht bildet, die Uebergangsschicht der beiden Stoffe nennen.

§. 2. Grund der Potentialniveaudifferenz.

Es entsteht nun aber die Frage, was es für eine Kraft ist, welche diese beiden Schichten, die doch durch keinen nichtleiten-

---

[1]) In electrostatischen Untersuchungen legt man gewöhnlich den Satz zu Grunde, dass in einem ganzen Systeme unter sich verbundener Leiter im Zustande des Gleichgewichtes die Potentialfunction überall denselben Werth habe; dadurch sollen aber die durch Verschiedenheit der Stoffe bedingten Unterschiede nicht bestritten werden, sondern sie sind nur ihrer Kleinheit wegen vernachlässigt, da man es in der Electrostatik gewöhnlich mit viel grösseren Unterschieden zu thun hat.

[2]) Pogg. Ann. Bd. 89.

den Körper von einander getrennt sind, hindert, sich in ihrem electrischen Zustande auszugleichen, und welche sogar, wenn die Electricität einen anderen Weg zur Ausgleichung hat, in demselben Maasse, wie dadurch die Differenz an der Berührungsfläche geringer werden würde, immer neue Electricität von der negativen nach der positiven Seite hinübertreibt, und so einen fortwährenden electrischen Strom möglich macht.

Helmholtz spricht sich darüber in seiner Schrift „über die Erhaltung der Kraft" S. 47 folgendermaassen aus: „Es lassen sich nämlich offenbar alle Erscheinungen in Leitern erster Classe (d. h. solchen, in denen die Leitung der Electricität ohne Electrolyse stattfindet) herleiten aus der Annahme, dass die verschiedenen chemischen Stoffe verschiedene Anziehungskräfte haben gegen die beiden Electricitäten und dass diese Anziehungskräfte nur in unmessbar kleinen Entfernungen wirken, während die Electricitäten auf einander es auch in grösseren thun. Die Contactkraft würde danach in der Differenz der Anziehungskräfte bestehen, welche die der Berührungsstelle zunächst liegenden Metalltheilchen auf die Electricitäten dieser Stelle ausüben, und das electrische Gleichgewicht eintreten, wenn ein electrisches Theilchen, welches von dem einen zum anderen übergeht, nichts mehr an lebendiger Kraft verliert oder gewinnt."

Mit dieser Erklärung stimmen meines Wissens auch die Ansichten der meisten anderen Physiker überein, wenn die darüber vorhandenen Aussprüche auch minder klar und bestimmt sind; dessen ungeachtet glaube ich ihr wenigstens theilweise widersprechen zu müssen. Ob überhaupt eine Potentialniveaudifferenz in der hier angegebenen Weise bloss durch die verschiedenen Anziehungskräfte verschiedener chemischer Stoffe gegen die Electricität hervorgebracht wird, mag vorläufig dahingestellt bleiben, dass sich aber hieraus, wie behauptet wird, alle Erscheinungen in Leitern erster Classe herleiten lassen, muss ich bestreiten. Zur Erklärung . der thermoelectrischen Ströme, und der von Peltier entdeckten, durch einen electrischen Strom verursachten Wärme- und Kälteerregung an der Berührungsstelle zweier Stoffe reicht diese Annahme nicht hin, sondern dazu ist eine andere Annahme nothwendig, nämlich die, dass die Wärme selbst bei der Bildung und Erhaltung der Potentialniveaudifferenz an der Berührungsstelle wirksam ist, indem die Molecularbewegung, welche wir Wärme nennen, die Electricität von dem einen

Stoffe zum anderen zu treiben strebt, und nur durch die entgegenwirkende Kraft der beiden dadurch gebildeten electrischen Schichten, wenn diese eine gewisse Dichtigkeit erreicht haben, daran verhindert werden kann.

Um dieses zuerst aus den thermoelectrischen Strömen nachzuweisen, denken wir uns irgend eine aus zwei Stoffen, als welche wir der Regel nach Metalle annehmen können, gebildete Kette gegeben. Wenn sich die ganze Kette in gleicher Temperatur befindet, so sind natürlich die Potentialniveaudifferenzen an den beiden Berührungsstellen gleich gross, und die Potentialfunction kann daher in jedem Metalle für sich einen constanten Werth haben, wie es dem Gleichgewichtszustande entspricht. Werden nun aber die beiden Berührungsstellen in verschiedene Temperaturen gebracht, so entsteht ein Strom, und daraus muss man schliessen, dass in Bezug auf die Vertheilung der Electricität eigenthümliche Bedingungen eingetreten sind, die sich durch keinen Gleichgewichtszustand erfüllen lassen.

Solche Bedingungen lassen sich aus der Annahme, dass die Potentialniveaudifferenzen nur durch die verschiedenen Anziehungskräfte chemisch verschiedener Stoffe gegen die Electricität hervorgebracht werden, nicht herleiten. Zunächst ist es überhaupt sehr unwahrscheinlich, dass solche Anziehungskräfte sich mit der Temperatur ändern sollten, und wenn dieses nicht der Fall wäre, so würde die Wärmevertheilung auf die Electricitätsvertheilung gar keinen Einfluss haben. Aber wenn man auch diesen Einwand fallen lässt, und die Abhängigkeit der Anziehungskräfte von der Temperatur als möglich zugiebt, so ist damit doch zur Erklärung einer fortwährenden Bewegung der Electricität noch gar nichts gewonnen, denn alsdann würde einfach jeder Theil der Kette so viel Electricität zu sich heranziehen, wie seiner augenblicklichen Anziehungskraft entspräche, und würde diese, so lange die Temperaturverhältnisse der Kette dieselben blieben, festhalten. Man kann denselben Schluss auch in folgender Weise aussprechen. Wenn ein Stoff bei verschiedenen Temperaturen verschiedene Anziehungskräfte gegen die Electricität besässe, so würden sich verschieden warme Theile desselben Stoffes in dieser Beziehung eben so zu einander verhalten, wie verschiedene Stoffe bei gleicher Temperatur, so dass auch zwischen ihnen Potentialniveaudifferenzen entstehen müssten, und zwar in der Weise, dass eine Temperaturverschiedenheit in den Theilen einer thermoelectrischen Kette gerade so wirken würde, wie eine vermehrte Stoffverschiedenheit bei gleicher Temperatur, welche wohl einen veränderten electrischen Gleichgewichtszustand, aber nie einen dauernden electrischen Strom zur Folge haben kann.

Anders verhält es sich, wenn man annimmt, dass die Wärme selbst bei der Bildung der Potentialniveaudifferenzen an den Berührungsstellen wirksam sei. Diese Annahme macht es nicht nur möglich, sondern sogar sehr wahrscheinlich, dass die Grösse der Differenzen von den dort stattfindenden Temperaturen abhänge, und giebt dabei doch durchaus keine Veranlassung zu dem Schlusse, dass auch zwischen den verschieden warmen Theilen eines und desselben Stoffes entsprechende Potentialniveaudifferenzen entstehen müssen. Man erhält also bei dieser Annahme in der That den eigenthümlichen Fall, dass einerseits die Verschiedenheit der Potentialniveaudifferenzen an den beiden Berührungsstellen es nothwendig macht, dass die Potentialfunction in den verschiedenen Theilen der einzelnen Stoffe verschiedene Werthe besitzt, und dass sich andererseits innerhalb jedes einzelnen Stoffes der electrische Zustand so auszugleichen sucht, dass die Potentialfunction in allen seinen Theilen denselben Werth hat. Diese beiden Bedingungen lassen sich durch einen Gleichgewichtszustand nicht gleichzeitig erfüllen, sondern erfordern einen continuirlichen Strom, ganz so, wie es der wirklichen Beobachtung entspricht.

Wir wenden uns nun zu der zweiten der oben erwähnten Erscheinungen, zu der von Peltier entdeckten, an der Berührungsfläche zweier Stoffe durch einen electrischen Strom verursachten Wärme- oder Kälteerregung. Von dieser Wirkung gilt natürlich dasselbe, was oben von der Veränderung der Potentialfunction gesagt ist, dass sie nicht auf eine mathematische Fläche beschränkt sein kann, sondern über den körperlichen Raum derjenigen Schicht vertheilt sein muss, welche wir oben mit dem Namen Uebergangsschicht bezeichnet haben. Zur Erklärung der in dieser Schicht stattfindenden Erzeugung oder Vernichtung von Wärme ist es erforderlich, eine entprechende, von irgend einer Kraft gethane positive oder negative Arbeit nachzuweisen.

Um zu sehen, wie die beiden einander gegenüberstehenden Annahmen sich in Bezug auf dieses Erforderniss verhalten, wollen wir zunächst wieder von der von Helmholtz ausgesprochenen Annahme ausgehen. Nach dieser wirken auf ein in diesem Raume befindliches Electricitätstheilchen zwei verschiedene Kräfte, erstens eine rein electrische Kraft, indem das Theilchen zwischen den beiden electrischen Schichten von der einen angezogen und von der anderen abgestossen wird, und zweitens eine Molecularkraft, indem das Theilchen von den auf beiden Seiten befindlichen verschiedenartigen Molecülen verschieden stark angezogen wird. Wenn sich der Gleichgewichtszustand hergestellt hat, so wirken sich diese beiden Kräfte mit gleicher Stärke entgegen, so dass beim Uebergange des Theilchens eine eben so grosse Arbeit von der einen erlitten, wie von der anderen gethan werden würde, und daher, wie es auch Helmholtz ausspricht, weder ein Gewinn noch ein Verlust an lebendiger Kraft eintreten könnte. Während eines Stromes dagegen ist die electrische Kraft ein wenig grösser oder kleiner, als die Molecularkraft, so dass das Electricitätstheilchen jener oder dieser folgen muss. Man kann dieses Verhältniss am einfachsten dadurch darstellen, dass man die während des Gleichgewichts wirksamen einander gleichen Kräfte auch jetzt ganz unverändert beibehält, ausserdem aber noch eine kleine electrische Kraft als dritte hinzufügt, welche nach der einen oder anderen Seite gerichtet ist, und gerade nur dazu hinreicht, den Leitungswiderstand innerhalb der Uebergangsschicht zu überwinden, und so die Electricität in Bewegung zu erhalten. Diese Kraft ist ganz dieselbe, welche bei gleicher Stromstärke auch in jeder mit einem gleichen Leitungswiderstande versehenen Schicht eines homogenen Leiters vorhanden sein muss, und somit können auch die von ihr gethane Arbeit und erzeugte Wärme keine anderen sein, als die, welche in einer solchen homogenen Schicht vorkommen, und welche bei der Kleinheit des Leitungswiderstandes einer so dünnen Schicht hier vernachlässigt werden können. Die an der Berührungsstelle stattfindende eigenthümliche Erscheinung, welche von Peltier beobachtet ist, bleibt bei dieser Annahme also unerklärt.

Wir wollen nun in gleicher Weise von der anderen Annahme ausgehen, nach der es die Wärme ist, welche innerhalb der Uebergangsschicht die Electricität von der einen nach der anderen Seite zu treiben strebt, und dadurch der electrischen Kraft entgegenwirkt. Während des Gleichgewichtszustandes wird dieses Streben von der electrischen Kraft gerade compensirt; während eines Stromes dagegen ist die letztere, wie vorher erwähnt, etwas vergrössert oder verkleinert und dadurch wird der Uebergang der

Electricität in der einen oder anderen Richtung veranlasst. Dabei thut oder erleidet die electrische Kraft eine gewisse Arbeit, und diese kann nicht durch eine entgegengesetzte Arbeit einer anderen Kraft aufgehoben werden, da unserer Annahme nach keine zweite Kraft vorhanden ist, sondern die Wirkungen, welche Helmholtz einer solchen zuschreiben zu müssen glaubte, durch die Wärme, also durch eine Bewegung, hervorgebracht werden. Demnach muss jene ganze Arbeit eine äquivalente Vermehrung oder Verminderung der lebendigen Kraft zur Folge haben, und daraus erhalten wir, da lebendige Kraft hier nur in der Form von Wärme vorkommt, die von Peltier beobachtete Wärme- oder Kälteerregung.

Ich glaube den ganzen Zustand in der Uebergangsschicht am besten mit dem vergleichen zu können, wenn ein in einer ausdehnsamen Hülle befindliches Quantum Gas durch einen äusseren Druck zusammengehalten wird, während die Wärmebewegung seiner Molecüle es auszudehnen sucht. Wird die äussere Kraft, welche vorher dem Ausdehnungsbestreben der Wärme gerade das Gleichgewicht hielt, ein Wenig vergrössert oder verkleinert, so drückt sie das Gas weiter zusammen oder lässt es sich weiter ausdehnen; dabei thut oder erleidet sie eine gewisse Arbeit, und zugleich wird in dem Gase eine äquivalente Menge Wärme erzeugt oder vernichtet.

Will man in Bezug auf die Arbeit diejenige Ausdrucksweise anwenden, welche in der mechanischen Wärmetheorie gebräuchlich ist, dass man die durch die Wärme bewirkte Ueberwindung einer Kraft als gewonnene Arbeit und die von der Kraft selbst gethane Arbeit als verbrauchte Arbeit bezeichnet, so kann man sagen: wenn die Electricität sich unter dem Einflusse der Wärme in dem der electrischen Kraft entgegengesetzten Sinne bewegt, so wird Arbeit gewonnen und dafür eine entsprechende Menge Wärme verbraucht. Findet dagegen die Bewegung der Electricität im Sinne der electrischen Kraft statt, so wird Arbeit verbraucht und dafür Wärme gewonnen, gerade so wie bei der Ausdehnung eines Gases und der dabei stattfindenden Ueberwindung des Gegendruckes Arbeit gewonnen und Wärme verbraucht, und bei der Zusammendrückung des Gases Arbeit verbraucht und Wärme gewonnen wird.

§. 3. Unterscheidung der hier angenommenen Potentialniveaudifferenz von einer anderen.

Es hat sich also ergeben, dass wenn man an der Berührungsstelle zweier Stoffe eine durch die Wärme verursachte Potentialniveaudifferenz annimmt, dann die durch den Strom je nach seiner Richtung erregte Wärme oder Kälte eine nothwendige Folge
davon ist. Demgemäss können wir nun auch umgekehrt die letztere Erscheinung als einen Beweis für das Vorhandensein, und zugleich als ein Maass jener Potentialniveaudifferenz betrachten.
Hiermit scheint aber eine andere Thatsache im Widerspruche zu
stehen. Da nämlich die Wärme- oder Kälteerregung am stärksten
beim Wismuth und Antimon stattfindet, so muss man schliessen,
dass zwischen diesen beiden Metallen auch die Potentialniveaudifferenz am grössten ist; electroskopische Versuche dagegen zeigen zwischen anderen Metallen, wie z. B. Kupfer und Zink, viel
grössere Differenzen, als zwischen Wismuth und Antimon. Dieser
Widerspruch lässt sich auf zwei verschiedene Weisen erklären.

Erstens kann man annehmen, dass ausser der durch die Wärme
verursachten Potentialniveaudifferenz gleichzeitig noch eine andere bestehe, welche in der von Helmholtz angegebenen Weise
nur durch die verschiedenen Molecularanziehungen hervorgebracht
werde, und dass diese, wenn sie auch auf die thermoelectrischen
Erscheinungen keinen Einfluss übe, doch bei den electroskopischen Erscheinungen zur vollen Geltung komme, und sich dabei
sogar meistens als die grössere von beiden erweise. Zweitens kann
man annehmen, dass die bei electroskopischen Versuchen beobachtete Differenz nicht durch die unmittelbare Berührung der beiden untersuchten Stoffe, z. B. des Kupfers und Zinks, entstehe,
und überhaupt gar nicht zur Zahl derjenigen Erscheinungen gehöre, welche bei der Berührung von nur Leitern erster Classe
eintreten, sondern zur Zahl derer, welche durch die Mitwirkung
von Leitern zweiter Classe (d. h. von solchen, die die Electricität
durch Electrolyse leiten) veranlasst werden. Man kann in dieser
Beziehung anführen, dass bei einem electroskopischen Versuche,
selbst wenn die untersuchten Metalle mit keinem fremden Körper,
wie z. B. mit der Hand, sondern nur unter sich in Berührung gebracht werden, dadurch doch die Mitwirkung fremder Stoffe nicht

ganz ausgeschlossen werden könne, denn die Metalle selbst seien an ihrer Oberfläche von einer Schicht comprimirter Gase und vielleicht auch condensirter Dämpfe bedeckt, welche bei nicht zusammengelötheten, sondern nur zusammengedrückten Metallstücken den wirklich metallischen Contact verhindere, und durch ihr Dazwischentreten die electroskopischen Erscheinungen wesentlich modificire.

Welche von diesen beiden Erklärungsarten vorzuziehen ist, soll hier nicht erörtert werden, da es für die Untersuchung der thermoelectrischen Ströme und ihrer Wirkungen gleichgültig ist. Für diese genügt es, wenn die durch die Wärme verursachte Potentialniveaudifferenz dem obigen Schlusse gemäss als existirend anerkannt wird, denn nur mit ihr haben wir es hier zu thun, und wenn daher im Folgenden kurz von der Potentialniveaudifferenz die Rede ist, so soll damit immer nur diese eine gemeint sein, ganz abgesehen davon, ob daneben noch eine andere besteht, oder nicht.

§. 4. Stromstärke in einer aus zwei Stoffen bestehenden Thermokette.

Wir wollen nun die Thermokette im Ganzen betrachten, und dazu zunächst eine solche wählen, die nur aus zwei leitenden Stoffen besteht. Dabei wollen wir die Voraussetzung machen, dass die Thermokette keinerlei inducirende Wirkungen nach Aussen hin ausübe oder von Aussen her erleide, sondern einfach sich selbst überlassen sei.

Die beiden der Einfachheit wegen als linear vorausgesetzten Leiter mögen a und b und ihre Verbindungsstellen p' und p'' heissen, und die dort herrschenden absoluten Temperaturen mit T' und T'' bezeichnet werden. Für den Strom und ebenso für die electromotorische Kraft nehmen wir eine bestimmte Richtung als die positive an, und zwar wollen wir dazu die Richtung $p'\,a\,p''\,b\,p'$ wählen. Die Potentialfunction im Leiter a bezeichnen wir mit V_a und ihre Grenzwerthe an den Puncten p' und p'' mit V_a' und V_a'', und ebenso bezeichnen wir im Leiter b die Potentialfunction allgemein mit V_b und ihre Grenzwerthe mit V_b' und V_b''. Die an den Verbindungsstellen stattfindenden Potentialniveaudifferenzen, beide im Sinne des positiven Stromes genommen, mögen für p'' mit E''_{ab} und für p' mit E'_{ba} bezeichnet werden; dann haben wir zu setzen:

$$(2) \qquad \begin{cases} E''_{ab} = V''_b - V''_a \\ E'_{ba} = V'_a - V'_b. \end{cases}$$

Um nun die durch diese Potentialniveaudifferenzen verursachte Stromstärke zu bestimmen, bilden wir zunächst, indem wir die Leitungswiderstände in den beiden Leitern a und b mit l_a und l_b bezeichnen, folgende zwei Gleichungen:

$$\text{Stromstärke in } a = \frac{V'_a - V''_a}{l_a}$$

$$\text{Stromstärke in } b = \frac{V''_b - V'_b}{l_b}.$$

Beide Stromstärken müssen unter einander gleich sein, und wir wollen ihren gemeinsamen Werth, welchen wir einfach die Stromstärke der Thermokette nennen, mit J bezeichnen. Indem wir nun die vorigen Brüche beide gleich J setzen und die so entstehenden Gleichungen mit l_a und l_b multipliciren, erhalten wir:

$$Jl_a = V'_a - V''_a$$
$$Jl_b = V''_b - V'_b.$$

Durch Addition dieser beiden Gleichungen kommt:

$$J(l_a + l_b) = V'_a - V''_a + V''_b - V'_b.$$

Führen wir hierin gemäss (2) die Zeichen E''_{ab} und E'_{ba} ein, und bezeichnen zugleich die Summe $l_a + l_b$, welche den ganzen Leitungswiderstand der Kette bedeutet, mit L, so kommt:

$$JL = E''_{ab} + E'_{ba}$$

oder auch:

$$(3) \qquad J = \frac{E''_{ab} + E'_{ba}}{L}.$$

Aus dieser Gleichung folgt nach dem Ohm'schen Gesetze, dass die im Zähler des Bruches stehende Summe der beiden Potentialniveaudifferenzen die ganze electromotorische Kraft der Thermokette ist. Bezeichnen wir diese mit F, so haben wir zu setzen:

$$(4) \qquad F = E''_{ab} + E'_{ba}.$$

§. 5. Arbeitsleistung und Wärmeerzeugung in der Thermokette.

Da jedes Theilchen der in der Kette strömenden Electricität nach einander an Stellen von verschiedenem Potentialniveau kommt, so wird dabei von den electrischen Kräften Arbeit geleistet, welche an einigen Stellen positiv, an anderen negativ ist.

Betrachten wir zuerst eine Uebergangsschicht, z. B. die bei p'', so gelangt jedes Electricitätstheilchen dq, indem es sich durch die Schicht bewegt, vom Potentialniveau V_a'' zum Potentialniveau V_b''. Die dabei von der electrischen Kraft gethane Arbeit, welche durch die Abnahme des Potentials der getrennt vorhandenen Electricität auf das Theilchen dq dargestellt wird, ist gleich $(V_a'' - V_b'')\,dq$ oder $- E_{ab}''\,dq$. Wenn wir dieses auf alle während der Zeiteinheit durch die Schicht strömende Electricität, deren Menge gleich J ist, anwenden, so erhalten wir für die Arbeit, welche während der Zeiteinheit in dieser Uebergangsschicht von der electrischen Kraft gethan wird, den Ausdruck $- E_{ab}''\,J$. Ebenso erhalten wir für die in der Uebergangsschicht bei p' gethane Arbeit den Ausdruck $- E_{ba}'\,J$. Setzen wir in diese Ausdrücke für J seinen Werth aus (3) ein, so erhalten wir:

$$(5)\quad \begin{cases} \text{Arbeit in der Uebergangsschicht bei } p'' = - E_{ab}''\,\dfrac{E_{ab}'' + E_{ba}'}{L} \\[2ex] \text{Arbeit in der Uebergangsschicht bei } p' = - E_{ba}'\,\dfrac{E_{ab}'' + E_{ba}'}{L}. \end{cases}$$

Diese Arbeitsgrössen sind negativ oder positiv, je nachdem die die Schicht durchströmende Electricität von niedrigerem zu höherem oder von höherem zu niedrigerem Potentialniveau gelangt.

Fasst man beide Ausdrücke zusammen, so erhält man:

$$(6)\quad \text{Arbeit in beiden Uebergangsschichten} = - \frac{(E_{ab}'' + E_{ba}')^2}{L}.$$

Dieser Ausdruck ist jedenfalls negativ und der Durchgang der Electricität durch beide Uebergangsschichten zusammen findet also gegen die electrischen Kräfte statt, was daraus zu erklären ist, dass die electrischen Kräfte durch die Wirkung der Wärme überwunden werden.

Betrachten wir nun weiter die homogenen Leiter a und b, so wird in diesen von den electrischen Kräften beim Strömen der Electricität diejenige Arbeit geleistet, welche zur Ueberwindung des Leitungswiderstandes nöthig ist. Diese Arbeit ist, gemäss der in Abschnitt V. unter (6) gegebenen Gleichung, im Leiter a gleich $l_a J^2$ und im Leiter b gleich $l_b J^2$. Für beide Leiter zusammen erhalten wir also, wenn wir wieder die Summe $l_a + l_b$ mit L bezeichnen, den Ausdruck $L J^2$, und wenn wir hierin für J seinen Werth aus (3) setzen, so kommt:

$$(7) \qquad \text{Arbeit in den Leitern} = \frac{(E''_{ab} + E'_{ba})^2}{L}.$$

Da dieser Ausdruck dem in (6) gegebenen Ausdrucke der in den beiden Uebergangsschichten zusammen gethanen Arbeit gleich und entgegengesetzt ist, so folgt daraus, dass die Summe aller in der Thermokette von den electrischen Kräften gethanen Arbeitsgrössen gleich Null ist. Dieses ist auch von vornherein selbstverständlich. Wenn nämlich die electrischen Kräfte während einer gegebenen Zeit innerhalb der Thermokette im Ganzen eine Arbeit thun oder erleiden sollten, so könnte dieses nur durch eine veränderte Anordnung der Electricität geschehen, und jede solche Aenderung ist durch die Annahme, dass der Strom stationär sei, ausgeschlossen.

Mit der vorher besprochenen in den verschiedenen Theilen der Kette von den electrischen Kräften gethanen, theils positiven, theils negativen Arbeit hängt nun auch Erzeugung und Verbrauch von Wärme zusammen. In den Uebergangsschichten wird, je nachdem die Bewegung der Electricität im Sinne der electrischen Kraft oder ihr entgegen geschieht, Wärme erzeugt oder verbraucht. In beiden Uebergangsschichten zusammen findet Verbrauch von Wärme statt, weil dem Obigen nach die Summe der in ihnen gethanen Arbeitsgrössen negativ ist. In den homogenen Leitern, wo die electrischen Kräfte den Leitungswiderstand zu überwinden haben, findet Erzeugung von Wärme statt. Was die Mengen der erzeugten und verbrauchten Wärme anbetrifft, so sind sie unter der von uns gemachten Voraussetzung, dass die Thermokette, ohne Wirkungen nach Aussen hin auszuüben oder von Aussen her zu erleiden, nur sich selbst überlassen ist, und dass in ihr neben den Wärmeveränderungen keine weiteren Veränderungen mechanischer oder chemischer Natur vorkommen, den oben bestimmten Arbeitsgrössen äquivalent. Wenn wir uns die Wärme nach mechanischem Maasse gemessen denken, so werden die Wärmemengen einfach durch dieselben Ausdrücke dargestellt, wie die betreffenden Arbeitsgrössen, und es wird daher nicht nöthig sein, länger dabei zu verweilen. Es möge nur noch angeführt werden, dass die algebraische Summe aller in der Thermokette erzeugten Wärmemengen (wobei verbrauchte Wärmemengen negativ gerechnet werden), ebenso wie die Summe aller von den electrischen Kräften gethanen Arbeitsgrössen, gleich Null ist.

Wir können diejenigen Theile der Thermokette, in welchen die Wärme selbst thätig ist, indem sie entweder die Electricität nach einer bestimmten Richtung treibt, oder der vorhandenen Bewegung widerstrebt, also in unserem bisher betrachteten einfachen Falle die beiden Uebergangsschichten bei p' und p'', mit jeder vollkommenen durch Wärme getriebenen Maschine vergleichen. Wie durch die Maschine z. B. ein Gewicht gehoben, also der Schwerkraft entgegen bewegt werden kann, wobei die Schwerkraft eine Arbeit erleidet, so wird hier die Electricität zu einer Bewegung gezwungen, welche der electrischen Kraft entgegengerichtet ist, und bei der diese daher eine Arbeit erleidet. Wie man ferner dort das gehobene Gewicht nachher wieder sinken und somit der Schwerkraft folgen lassen kann, wobei diese eine Arbeit thut, die der vorher erlittenen genau gleich ist, und welche man zur Hervorbringung verschiedener Wirkungen benutzen kann, so strömt auch hier die Electricität wieder zurück, indem sie innerhalb der homogenen Leiter der electrischen Kraft folgt, und die von dieser dabei gethane Arbeit kann ebenfalls zu verschiedenen Wirkungen benutzt werden, da man ja aus den electrischen Strömen eine mechanische Triebkraft gewinnen kann. Wenn wir, um die Uebereinstimmung noch vollständiger zu machen, auch die beschränkende Voraussetzung, welche wir über die Wirkungen des Stromes im Vorigen gemacht haben, in entsprechender Weise bei der Maschine machen wollen, so müssen wir annehmen, dass die ganze Arbeit der Maschine nur zur Ueberwindung von Reibung benutzt werde. In diesem Falle wird durch die Reibung gerade so viel Wärme erzeugt, wie in der Maschine selbst verbraucht wird, und betrachten wir daher, um ein mit der ganzen Thermokette vergleichbares System zu erhalten, die sich reibenden Körper als mit der Maschine zusammengehörig, so findet in diesem Systeme ebenfalls weder ein Gewinn noch ein Verlust an Wärme statt.

§. 6. Vorhandensein eines durch die Thermokette vermittelten Wärmeüberganges.

Indem wir vorher die Theile der Thermokette, in welchen die Wärme selbst thätig ist, also die beiden Uebergangsschichten, mit einer thermodynamischen Maschine verglichen, richteten wir unser Augenmerk nur auf den Verbrauch oder die Erzeugung von Wärme. Nun findet aber in einer thermodynamischen Maschine, ausser der Veränderung der Quantität der im Ganzen vorhandenen Wärme, auch ein Uebergang von Wärme von einem warmen zu einem kalten Körper statt, welcher durch den zweiten Hauptsatz der mechanischen Wärmetheorie näher bestimmt wird, und wir müssen daher die Thermokette auch von diesem Gesichtspuncte aus betrachten.

Zunächst wollen wir uns die allgemeinere Frage stellen, ob sich in der Thermokette überhaupt ein Wärmeübergang von einem warmen zu einem kalten Körper nachweisen lässt. Wir betrachten dabei wieder, wie bisher, die aus nur zwei homogenen Stoffen bestehende Kette, bei welcher die Wärme nur in den beiden Uebergangsschichten thätig ist. Oben wurde gezeigt, dass der Ausdruck für die in beiden Schichten zusammen erzeugte Wärme negativ ist; daraus darf man aber nicht denselben Schluss für jede Schicht einzeln ziehen, sondern man kann vielmehr, wenigstens für geringe Temperaturintervalle, im Voraus als Regel annehmen, dass die beiden einzelnen Ausdrücke von entgegengesetzten Vorzeichen sind. Bei gleichen Temperaturen sind nämlich die Potentialniveaudifferenzen an beiden Berührungsstellen gleich und entgegengesetzt; wenn sich nun die Temperatur der einen Stelle ändert, so ändert sich auch ihre Potentialniveaudifferenz, da diese Aenderung aber stetig vor sich geht, so kann sie wenigstens nicht gleich anfänglich eine Umkehrung des Vorzeichens bewirken, und so lange dieses nicht geschieht, behalten die Potentialniveaudifferenzen, und mit ihnen natürlich auch die entsprechenden Arbeitsgrössen und Wärmemengen entgegengesetzte Vorzeichen. Dieses Verhalten wollen wir daher auch in der von uns betrachteten Thermokette voraussetzen, indem wir die bei grossen Temperaturunterschieden zuweilen vorkommenden Abweichungen, von denen später die Rede sein wird, für jetzt unberücksichtigt lassen. Da der Zustand der ganzen Kette der Annahme nach stationär sein soll, und somit die an den beiden Berührungsstellen stattfindenden Temperaturen T' und T''' constant sein müssen, so denken wir uns dieses dadurch bewirkt, dass die beiden Berührungsstellen mit zwei Körpern in Verbindung gesetzt sind, welche bleibend auf den Temperaturen T' und T''' erhalten werden, und von denen der eine seiner Berührungsstelle die verbrauchte Wärme wieder ersetzt, der andere der seinigen die erzeugte Wärme entzieht. Dadurch erfährt der eine Körper einen Verlust, der andere einen Gewinn an Wärme, und wir erhalten somit wirklich einen durch die Thermokette vermittelten Uebergang von Wärme von einem Körper zu einem anderen.

Es fragt sich nun noch, ob dieser Uebergang auch der Bedingung genüge, dass er vom warmen zum kalten Körper, und nicht etwa in umgekehrter Richtung geschieht. Betrachten wir in dieser Beziehung die beiden Stoffe, deren thermoelectrische Wirkungen am meisten experimentell untersucht sind, und bei denen die Entscheidung daher am sichersten ist, nämlich Wismuth und Antimon, so ergiebt sich in der That das erstere, denn bei einer aus diesen Stoffen zusammengesetzten Kette geht der Strom an der warmen Berührungsstelle vom Wismuth zum Antimon, und an der kalten vom Antimon zum Wismuth, und andererseits weiss man, dass ein durch die Berührungsstellen gehender Strom bei der ersteren Richtung Abkühlung hervorbringt, also Wärme verbraucht, und bei der letzteren Wärme erzeugt. Demnach erfährt, wie es sein muss, der wärmere Körper den Verlust und der kältere den Gewinn an Wärme, und in ähnlicher Weise stellt sich die Uebereinstimmung auch bei den anderen bis jetzt untersuchten Stoffen heraus. Man sieht leicht, wie durch dieses Resultat die oben durchgeführte Analogie zwischen der Thermokette und einer durch die Wärme getriebenen Maschine noch vervollständigt wird, denn offenbar entspricht die warm gehaltene Berührungsstelle dem geheizten Theile der Maschine, und die kalt gehaltene dem Condensator der Dampfmaschine oder dem Theile, wo die kalte Luft comprimirt wird, in der durch warme Luft getriebenen Maschine.

§. 7. Anwendung des zweiten Hauptsatzes der mechanischen Wärmetheorie.

Nachdem so das Vorhandensein des Wärmeüberganges nachgewiesen ist, wollen wir den zweiten Hauptsatz der mechanischen Wärmetheorie auf ihn anwenden. Eine sehr einfache Form dieses Satzes erhält man, wenn man die Temperaturen der beiden Körper, welche die Wärmezu- und -abfuhr bewirken, als unendlich wenig von einander verschieden annimmt. Wir wollen die bei p'' stattfindende, bisher mit T''' bezeichnete Temperatur, welche wir als die höhere voraussetzen, jetzt einfach mit T bezeichnen, und die bei p' stattfindende, bisher mit T' bezeichnete Temperatur gleich $T - dT$ setzen. Dann gilt für den vollständigen Process, bei welchem eine gewisse Wärmemenge in Arbeit verwandelt oder, wie man auch sagen kann, zu Arbeit verbraucht wird, und eine andere Wärmemenge von dem wärmeren zu dem kälteren Körper übergeht, die Gleichung:

$$(8) \qquad \frac{\text{die verbrauchte Wärme}}{\text{die übergegangene Wärme}} = \frac{dT}{T}.$$

Um nun die an der linken Seite dieser Gleichung im Zähler und Nenner stehenden Wärmemengen zu bestimmen, müssen wir die auf die beiden Uebergangsschichten bezüglichen Gleichungen (5) anwenden, welche zunächst für die dort gethanen Arbeitsgrössen aufgestellt sind, aber auch für die dort erzeugten Wärmemengen gelten, und in welche wir nur für die die Potentialniveaudifferenzen darstellenden Zeichen die auf unseren Fall bezüglichen Werthe einzusetzen haben. Die bei p'' stattfindende Potentialniveaudifferenz wollen wir jetzt einfach mit E bezeichnen, so dass zu setzen ist:

$$E''_{ab} = E.$$

Was die bei p' stattfindende Potentialniveaudifferenz E'_{ba} anbetrifft, so ist erstens zu bemerken, dass sie wegen der umgekehrten Reihenfolge der Stoffe a und b das entgegengesetzte Vorzeichen hat, und zweitens ist ihr absoluter Werth um so viel vom vorigen verschieden anzunehmen, wie es der um dT niedrigeren Temperatur entspricht. Es ist also zu setzen:

$$E'_{ba} = - \left(E - \frac{dE}{dT} \, dT \right).$$

Aus der Vereinigung beider Gleichungen folgt:

$$E''_{ab} + E'_{ba} = \frac{dE}{dT} \, dT.$$

Setzen wir diese Werthe in die Gleichungen (5) ein, so kommt:

$$(9) \quad \begin{cases} \text{Bei } p'' \text{ erzeugte Wärme} = - \dfrac{E}{L} \dfrac{dE}{dT} \\[3mm] \text{Bei } p' \text{ erzeugte Wärme} = \dfrac{E}{L} \dfrac{dE}{dT} \, dT - \dfrac{1}{L} \left(\dfrac{dE}{dT} \right)^2 dT^2, \end{cases}$$

und hieraus folgt weiter:

$$(10) \quad \text{Bei } p' \text{ und } p'' \text{ erzeugte Wärme} = - \frac{1}{L} \left(\frac{dE}{dT} \right)^2 dT^2.$$

Da der letzte Ausdruck negativ ist, so ergiebt sich daraus, wie schon oben besprochen wurde, für beide Uebergangsschichten zusammen ein **Wärmeverbrauch**, und der absolute Werth des Ausdruckes stellt die Menge der verbrauchten Wärme dar, also die Grösse, welche in dem in der Gleichung (8) vorkommenden Bruche den Zähler bildet.

Was ferner die im Nenner stehende übergegangene Wärmemenge anbetrifft, so ist als solche die bei p' erzeugte Wärmemenge anzusehen, welche durch die zweite der Gleichungen (9) bestimmt wird, wobei noch zu bemerken ist, dass wir in dem betreffenden Ausdrucke das in Bezug auf dT quadratische Glied gegen das lineare vernachlässigen können. Die Gleichung (8) geht also über in:

$$\frac{\dfrac{1}{L} \left(\dfrac{dE}{dT} \right)^2 dT^2}{\dfrac{E}{L} \dfrac{dE}{dT} \, dT} = \frac{dT}{T},$$

welche Gleichung sich vereinfacht in:

$$(11) \qquad \frac{dE}{E} = \frac{dT}{T},$$

und aus welcher sich durch Integration ergiebt:

$$(12) \qquad E = \varepsilon T,$$

worin ε eine von der Natur der sich berührenden Stoffe abhängige Constante bedeutet.

Wir sind somit in Bezug auf die Art, wie die zwischen zwei verschiedenen Stoffen stattfindende Potentialniveaudifferenz sich mit der Temperatur ändert, zu dem einfachen Gesetze gelangt, dass die Potentialniveaudifferenz der absoluten Temperatur proportional ist. Dabei ist aber wohl zu beachten, dass die das Gesetz ausdrückende Gleichung (12) in der einfachen Form, dass ε constant ist, nur so weit als gültig angesehen werden darf, wie die unserer bisherigen Entwickelung zu Grunde liegende Voraussetzung, dass innerhalb der einzelnen Stoffe keine electromotorischen Kräfte auftreten, erfüllt ist.

Wenden wir jenen für E gewonnenen Ausdruck auf eine Thermokette an, deren Verbindungsstellen p' und p'' beliebige Temperaturen T' und T'' haben, so haben wir zu setzen:

$$E''_{ab} = \varepsilon_{ab}\, T''$$
$$E'_{ba} = \varepsilon_{ba}\, T' = -\,\varepsilon_{ab}\, T'.$$

Dadurch geht die für die ganze electromotorische Kraft der Thermokette geltende Gleichung (4) über in:

$$(13) \qquad F = \varepsilon_{ab}\,(T'' - T').$$

Wir wollen uns nun statt der aus zwei Stoffen bestehenden Thermokette eine solche gegeben denken, welche aus einer beliebigen Anzahl n von leitenden Stoffen besteht, die a, b, $c \ldots h$ heissen mögen. Die Verbindungsstellen wollen wir, vom Anfangspuncte des Leiters a beginnend, mit p', p'', $p''' \ldots\ldots p^{(n)}$ bezeichnen, so dass p'' die Verbindungsstelle zwischen a und b, p''' die Verbindungsstelle zwischen b und c und zuletzt p' die Verbindungsstelle zwischen h und a ist. Die an diesen Verbindungsstellen stattfindenden Potentialniveaudifferenzen mögen E''_{ab}, $E'''_{bc} \ldots\ldots E'_{ha}$ heissen. Dann haben wir zur Bestimmung der electromotorischen Kraft der Thermokette, entsprechend der Gleichung (4), zu setzen:

$$(14) \qquad F = E''_{ab} + E'''_{bc} + \cdots + E'_{ha}.$$

Bezeichnen wir ferner die in den Ausdrücken der Potentialniveaudifferenzen vorkommenden constanten Factoren der Reihe nach mit ε_{ab}, $\varepsilon_{bc} \ldots \varepsilon_{ha}$ und nennen die Temperaturen der Verbindungsstellen, von derjenigen, welche den Anfangspunct des Leiters a bildet, beginnend, T', T'', $T''' \ldots\ldots T^{(n)}$, so geht die vorige Gleichung über in:

$$(15) \qquad F = \varepsilon_{ab}\, T'' + \varepsilon_{bc}\, T''' + \cdots\cdots + \varepsilon_{ha}\, T'.$$

§. 8. Uebereinstimmungspuncte des obigen Resultates mit der Erfahrung.

Vergleicht man das in der Gleichung (12) ausgedrückte Resultat der obigen Entwickelungen mit der Erfahrung, so findet man in mehrfacher Beziehung eine unzweifelhafte Uebereinstimmung.

Der erste zu besprechende Punct bezieht sich nur darauf, dass der in (12) gegebene Ausdruck einem allgemeinen Erfordernisse entspricht. Wenn in einer aus beliebig vielen Stoffen a, b, c .... h bestehenden Thermokette alle Verbindungsstellen eine und dieselbe Temperatur T haben, so entsteht kein Strom und die electromotorische Kraft der Kette muss somit Null sein. Man hat also für diesen Fall, gemäss (14), zu setzen:

$$E_{ab} + E_{bc} + \cdots + E_{ha} = 0,$$

und dieser Gleichung müssen die Potentialniveaudifferenzen für jeden beliebigen Werth der gemeinsamen Temperatur T genügen. Setzt man nun für die Potentialniveaudifferenzen ihre Ausdrücke nach (12), indem man bei allen dieselbe Temperatur T in Anwendung bringt, so geht die vorige Gleichung über in:

$$(\varepsilon_{ab} + \varepsilon_{bc} + \cdots + \varepsilon_{ha})\, T = 0,$$

und aus der Form dieser Gleichung ersieht man sofort, dass, wenn die Constanten solche Werthe haben, dass die Gleichung für Eine Temperatur erfüllt ist, sie auch für alle Temperaturen erfüllt ist.

Wir wollen nun einige specielle Folgerungen, welche sich aus (12) ergeben, mit der Erfahrung vergleichen.

1. Nach (12) nehmen die Potentialniveaudifferenzen bei wachsender Temperatur zu und nicht ab. Um die Richtigkeit dieses Schlusses zu prüfen, müssen wir uns erinnern, dass der Strom immer die Richtung wählt, in welcher die Summe der Potentialniveaudifferenzen positiv ist, also für den Fall, wo nur zwei Differenzen vorkommen, die Richtung, in welcher die grössere von ihnen positiv ist. Es braucht also zum Beweise, dass die Potentialniveaudifferenz an der wärmeren Berührungsstelle die grössere ist, nur gezeigt zu werden, dass sie in Bezug auf die Stromrichtung die positive ist, und dieses ist schon oben geschehen, indem aus der Erfahrung nachgewiesen ist, dass an der

wärmeren Berührungsstelle ein Verbrauch von Wärme statt-findet, was einer negativen Arbeit und somit einer im Sinne des Stromes stattfindenden Zunahme des Potentialniveaus entspricht.

2. Nach (12) sind die Aenderungen jeder Potential-niveaudifferenz den entsprechenden Temperaturände-rungen proportional. Hiernach muss, wie aus (13) zu ersehen ist, bei jeder aus zwei homogenen Stoffen zusammengesetzten Thermo-kette die electromotorische Kraft [1]) dem an beiden Berührungs-stellen angewandten Temperaturunterschiede proportional sein, und dieses kann in der That für nicht zu grosse Temperaturunter-schiede im Allgemeinen als Regel bezeichnet werden.

3. Nach (12) müssen diejenigen Potentialniveaudiffe-renzen, deren Zunahme mit der Temperatur am gröss-ten ist, auch ihren ganzen Werthen nach die grössten sein. Betrachten wir nämlich irgend zwei Combinationen von je zwei Stoffen, etwa a, b und c, d, so haben wir zu setzen:

$$E_{ab} = \varepsilon_{ab}\, T \text{ und } E_{cd} = \varepsilon_{cd}\, T,$$

woraus folgt:

$$\frac{dE_{ab}}{dT} = \varepsilon_{ab} \text{ und } \frac{dE_{cd}}{dT} = \varepsilon_{cd}$$

und aus diesen Gleichungen ergiebt sich die Proportion:

$$\frac{dE_{ab}}{dT} : \frac{dE_{cd}}{dT} = E_{ab} : E_{cd}.$$

Auch dieser Schluss bestätigt sich, indem diejenigen Stoffcombi-nationen, welche bei einem bestimmten Temperaturunterschiede die stärksten Ströme geben, wie z. B. die von Wismuth und Anti-mon, sich auch dadurch auszeichnen, dass ein durch ihre Berüh-rungsstelle gehender Strom dort am meisten Wärme erzeugt oder vernichtet, wobei die erstere Eigenschaft auf einen grossen Werth des Differentialcoëfficienten $\dfrac{dE}{dt}$, und die letztere auf einen grossen Werth der Function E selbst schliessen lässt.

---

[1]) Man darf hier statt der electromotorischen Kraft nicht ohne Weite-res die Stromstärke setzen, weil die letztere auch vom Leitungswiderstande abhängt, welcher sich mit der Temperatur ändert.

§. 9. Abweichungen des obigen Resultates von der Erfahrung und ihre Erklärung.

Die vorstehend erwähnten Bestätigungen lassen wohl keinen Zweifel daran bestehen, dass der in der Gleichung (12) gegebene Ausdruck nicht bloss, wie eine empirische Formel innerhalb gewisser Grenzen eine äusserliche, vielleicht zufällige Aehnlichkeit mit dem Verhalten der Potentialniveaudifferenzen zeigt, sondern dass er in der Natur der Sache selbst begründet ist. Dessen ungeachtet stellt er allein die Erscheinungen noch nicht genau dar, vielmehr findet man bei näherer Untersuchung derselben, besonders in den Fällen, wo hohe Temperaturen vorkommen, erhebliche Abweichungen, welche zeigen, dass bei der Hervorbringung dieser Erscheinungen noch Nebenumstände mitwirken müssen, die bei der Ableitung des Ausdruckes nicht berücksichtigt sind. Am deutlichsten tritt dieses bei einer aus Eisen und Kupfer bestehenden Thermokette hervor, welche bekanntlich bei allmälig fortschreitender Erwärmung der einen Berührungsstelle statt beständiger Zunahme des Stromes von einer gewissen Temperatur an eine Abnahme, und bei der Glühhitze sogar eine Umkehrung des Stromes zeigt.

Diese Abweichungen lassen darauf schliessen, dass die unserer obigen Entwickelung zu Grunde gelegte Voraussetzung, dass die in einer Thermokette vorkommenden electromotorischen Kräfte nur an den Verbindungsstellen verschiedener Stoffe ihren Sitz haben, während im Inneren eines einzelnen Stoffes, auch wenn seine Theile verschiedene Temperaturen haben, keine electromotorischen Kräfte vorkommen, ungenau sein muss. Wollte man z. B. bei der Eisen-Kupferkette die Entstehung des Stromes nur aus den beiden an den Berührungsstellen stattfindenden Potentialniveaudifferenzen erklären, so müsste man schliessen, dass bei der Temperatur, bei welcher die Umkehrung des Stromes eintritt, die Potentialniveaudifferenz an der warmen Berührungsstelle gerade wieder gleich der an der kalten geworden wäre, und sich so auf dem Durchgangspuncte aus einem grösseren in einen kleineren, oder aus einem kleineren in einen grösseren Werth befände. Bei dieser Aenderung ihres Werthes würde natürlich ihr Vorzeichen zunächst ungeändert bleiben, und es müssten sich daher bei der

Umkehrung des Stromes auch seine thermischen Wirkungen an den beiden Berührungsstellen in die entgegengesetzten verwandeln, so dass, wenn vorher Wärme von einem warmen zu einem kalten Körper überging, nun der umgekehrte Uebergang einträte, was dem zweiten Hauptsatze der mechanischen Wärmetheorie direct widerspricht. Man ist also zu der Annahme genöthigt, dass auch im Inneren der beiden verbundenen Metalle, oder eines derselben, Potentialniveaudifferenzen entstanden seien, welche als electromotorische Kräfte zur Hervorbringung des Stromes mitwirken, und hat zugleich durch die Bedingung, dass der zweite Hauptsatz der mechanischen Wärmetheorie immer erfüllt bleiben muss, ein Mittel über das Verhältniss, in welchem diese verschiedenen Differenzen zu einander stehen müssen, wenigstens Einiges zu schliessen.

Damit ist aber nicht gesagt, dass jede Temperaturverschiedenheit schon als solche nothwendig von einer Potentialniveaudifferenz begleitet sein müsse, sondern ich glaube, dass es zur Erklärung jener Abweichungen, so weit sie bis jetzt beobachtet sind, hinreicht, wenn man die im Inneren eines Metalles entstehende Potentialniveaudifferenz nur als eine secundäre Wirkung der Temperaturverschiedenheit betrachtet, welche dann eintritt, wenn durch die Temperaturänderung des einen Theiles eine Aenderung seines Molecularzustandes veranlasst ist, so dass der veränderte und der unveränderte Theil desselben Metalles sich wie verschiedene Metalle zu einander verhalten. Dasselbe gilt natürlich auch, wenn beide Theile ihren Molecularzustand geändert haben, aber die Aenderungen nicht gleich sind.

Dass dergleichen Aenderungen in bedeutendem Maasse stattfinden, lässt sich in manchen Fällen mit ziemlicher Sicherheit nachweisen, und es möge als ein Beispiel der Art hier der Stahl betrachtet werden, bei welchem die Wirkungen der Wärme besonders auffällig sind. Harter und weicher Stahl stehen sich in den bedeutendsten Eigenschaften, wie Härte, Elasticität und Sprödigkeit, so fern, wie zwei ganz verschiedene Metalle, und es ist bekannt, dass bei ihrer Berührung auch eine electrische Potentialniveaudifferenz entsteht, indem sich aus ihnen eine wirksame Thermokette, und durch mehrfache Wiederholung eine ziemlich kräftige Thermosäule bilden lässt. Da der ganze zwischen hartem und weichem Stahl bestehende Unterschied seine Ursache nur in der grösseren oder geringeren Geschwindigkeit der Abkühlung hat, so muss man annehmen, dass die bei höherer Temperatur stattfindende Art der Verbindung des Eisens mit der Kohle, und der damit zusammenhängende Molecularzustand der ganzen Masse sich bei der Abkühlung zu ändern sucht, dass diese Aenderung aber einiger Zeit bedarf, und daher durch die Schnelligkeit der Abkühlung ganz oder theilweise verhindert werden kann, während sie bei langsamer Abkühlung wirklich eintritt. In Uebereinstimmung hiermit kann man aus der Verschiedenheit, welche man zwischen langsam und schnell gekühltem Stahle beobachtet, auf eine entsprechende Verschiedenheit zwischen langsam gekühltem und heissem Stahle schliessen, und denselben Schluss hat auch Seebeck aus seinen thermoelectrischen Versuchen gezogen [1]).

Für das häufige Vorkommen und den electrischen Einfluss solcher Verschiedenheiten des Molecularzustandes sprechen ferner alle thermoelectrischen Ströme, welche man bei Anwendung eines einzigen Metalles erhält, wenn man einzelne Stellen desselben erwärmt. Besonders stark sind diese bei solchen Metallen, die ein deutlich ausgeprägtes krystallinisches Gefüge zeigen. So beobachtete Seebeck [2]) z. B. bei einem im Ganzen gegossenen Ringe aus Antimon, dass er sich gerade so verhielt, als ob er aus zwei verschiedenen Metallen bestände, deren Grenzen sich genau feststellen liessen. Als später der Ring zerbrochen wurde, fand sich, dass der eine Theil sternförmig krystallisirt war, während der andere ein feinkörniges Gefüge besass, und eine weitere Untersuchung des Gegenstandes ergab als Ursache dieses Unterschiedes die verschiedene Erkaltungsgeschwindigkeit der beiden Theile. Für dehnbare Metalle ist in neuerer Zeit Magnus durch sorgfältige experimentelle Untersuchungen [3]) ebenfalls zu dem Resultate gelangt, dass die in einem einzigen Metalle entstehenden Ströme ihren Grund in dem verschiedenen Zustande seiner Theile, besonders in der verschiedenen Härte haben. Da demnach durch verschiedene Behandlung in den Theilen eines Metalles bleibend ein solcher Unterschied des Zustandes entstehen kann, dass sie sich in Bezug auf die Bildung von thermoelectrischen Strömen wie ver-

---

[1]) Ueber die magnetische Polarisation der Metalle und Erze durch Temperatur-Differenz, von Dr. T. J. Seebeck, Denkschr. der Berliner Akad. für 1822 u. 1823, und Pogg. Ann. Bd. 6, §. 47.

[2]) A. a. O. §. 46.

[3]) Denkschriften der Berliner Akad. für 1851, und Pogg. Ann. Bd. 83, S. 469.

schiedene Metalle verhalten, so ist es wohl keine unwahrschein-
liche Annahme, dass auch durch Temperaturverschiedenheit vor-
übergehend ein solcher Unterschied hervorgerufen werden könne.

Wenn nun in einer Thermokette dieser Fall eintritt, dass ein
Theil des einen Metalles seinen Molecularzustand ändert, so entsteht dabei erstens, wie erwähnt, zwischen diesem veränderten und
dem unveränderten Theile desselben Metalles eine vorher nicht
vorhandene Potentialniveaudifferenz, und zweitens erleidet an der
Stelle, wo der veränderte Theil ein anderes Metall berührt, die
dort schon vorhandene Potentialniveaudifferenz eine Aenderung,
welche in der Gleichung (12) nicht mit ausgedrückt ist, und daher
noch besonders in Rechnung gebracht werden muss, und beide
Umstände vereinigen sich in ihrer Wirkung auf den Strom. Um
in solchen Fällen mit dem zweiten Hauptsatze der mechanischen
Wärmetheorie im Einklange zu bleiben, braucht man sich nur die
durch die Wärme in der Thermokette hervorgebrachten electrischen Wirkungen in zwei Theile zerlegt zu denken, nämlich in die
unmittelbaren und die durch Aenderungen des Molecularzustandes vermittelten, und dann die letzteren so zu behandeln, als ob
sie durch wirkliche Stoffveränderungen veranlasst wären, für die
ersteren dagegen die Gleichung (12) ungeändert beizubehalten und
diese nach jeder Aenderung des Molecularzustandes auf die veränderte Kette gerade so anzuwenden, wie vorher auf die unveränderte. Ob die Aenderung des Molecularzustandes bei einer bestimmten Temperatur sprungweise eintritt, oder ob ein allmäliger
Uebergang aus dem einen Zustande in den anderen stattfindet,
macht hierbei keinen wesentlichen Unterschied, denn im letzteren
Falle kann man statt Einer endlichen Differenz eine unendliche
Reihe von unendlich kleinen Differenzen annehmen.

§. 10. Erweiterung der Theorie.

Nachdem ich die vorstehend mitgetheilte Theorie der thermoelectrischen Ströme in einer zuerst im Jahre 1853 erschienenen
und später wieder abgedruckten Abhandlung auseinandergesetzt
hatte, und am Schlusse derselben von den noch vorkommenden
Abweichungen der Resultate von der Erfahrung die im vorigen
Paragraphen enthaltene Erklärung gegeben und zugleich angedeu-
tet hatte, wie die Entwickelungen zu erweitern sein würden, um

die vollständige Uebereinstimmung mit der Erfahrung herzustellen, hat Hr. Budde in einer im Jahre 1874 veröffentlichten schönen Abhandlung [1] den Gegenstand wieder aufgenommen und jene Erweiterung der Entwickelungen ausgeführt. Von dieser Behandlung will ich das Wesentlichste in etwas veränderter Form hier hinzufügen, indem ich in Bezug auf die mehr ins Einzelne gehende Durchführung auf die Abhandlung selbst verweise.

Die im vorigen Paragraphen besprochenen Verschiedenheiten des Molecularzustandes oder der Structur, welche in einem chemisch gleichartigen Stoffe vorkommen und dann bewirken können, dass zwei Theile dieses Stoffes sich in thermoelectrischer Beziehung wie zwei verschiedene Stoffe zu einander verhalten, können in doppelter Weise von der Temperatur abhängen.

Es giebt Fälle, wo durch eine Aenderung der Temperatur auch eine Aenderung der Structur des Stoffes hervorgerufen wird, wo aber die Temperatur und die Structur doch nicht in so bestimmtem Zusammenhange unter einander stehen, dass der Stoff bei der Rückkehr zur ursprünglichen Temperatur auch nothwendig seine ursprüngliche Structur wieder annehmen müsste. So ist es z. B. bekannt, dass Körper, welche in verschiedener Weise krystallisiren können, zuweilen bei der Temperaturerhöhung eine Aenderung des crystallinischen Gefüges erleiden, ohne dass bei nachheriger Abkühlung das erste crystallinische Gefüge sich wieder herstellt. Ebenso weiss man, dass Stahl, wenn er erwärmt und nachher wieder zur ursprünglichen Temperatur abgekühlt wird, dadurch eine bedeutende Aenderung der Härte erleiden kann. Bei Stoffen dieser Art würde es schwer sein, ihr Verhalten in der Thermokette durch allgemeingültige Gleichungen darzustellen, und es möge hier nur gesagt werden, dass man für jeden Theil eines solchen Stoffes die seiner augenblicklich stattfindenden Structur entsprechenden thermoelectrischen Eigenschaften in Rechnung zu bringen hat.

Es kommen aber auch Stoffe vor, besonders Metalle, welche mit der Temperatur ihre Structur in der Weise ändern, dass bei derselben Temperatur auch immer wieder, wenigstens angenähert, dieselbe Structur eintritt. Nimmt man dieses Wiedereintreten derselben Structur als wirklich genau an, so kann man bei einem solchen Stoffe die von der Structur abhängigen Grössen als Functio-

---

[1] Pogg. Ann. Bd. 153, S. 343.

nen der Temperatur betrachten, was bei der Behandlung seines thermoelectrischen Verhaltens von Wichtigkeit ist. Auf Stoffe dieser Art beziehen sich die von Budde ausgeführten Entwickelungen.

§. 11. Verallgemeinerter Ausdruck der electromotorischen Kraft.

In §. 7 wurde die an der Berührungsstelle zweier Stoffe stattfindende Potentialniveaudifferenz E durch die unter (12) gegebene Gleichung

$$E = \varepsilon\, T$$

bestimmt, worin ε als eine von der Natur der sich berührenden Stoffe abhängige Constante angesehen wurde. Wenn nun die Stoffe mit der Temperatur ihre Structur ändern, so braucht die Grösse ε nicht constant zu sein, sondern ist als Function der Temperatur zu betrachten. Wenn ferner verschiedene Theile eines und desselben Stoffes verschieden warm sind, und dadurch in ihrer Structur Verschiedenheiten eingetreten sind, so können auch zwischen ihnen Potentialniveaudifferenzen obwalten.

Um die Potentialniveaudifferenz zwischen irgend zwei Stoffen oder irgend zwei Theilen eines Stoffes in einer für das Folgende bequemen Form darstellen zu können, wollen wir zunächst alle Stoffe mit einem Stoffe vergleichen, von dem wir annehmen, dass er eine durchweg gleichmässige und auch bei Temperaturänderungen unveränderliche Structur habe, so dass zwischen verschieden warmen Theilen dieses Stoffes keine electrischen Potentialniveaudifferenzen bestehen. Ob ein so unveränderlicher Stoff wirklich existirt, ist für die Gültigkeit des Folgenden ohne Bedeutung, da er nur dazu dienen soll, für die Bestimmung aller Potentialniveaux einen gemeinsamen Ausgangspunct zu gewinnen, dessen Lage die auf Thermoketten bezüglichen Gleichungen, in welchen es sich nur um die Differenzen der vorkommenden Potentialniveaux handelt, nicht beeinflusst. Wir wollen diesen hypothetischen Vergleichsstoff mit r bezeichnen. Betrachten wir nun irgend einen anderen Stoff a, so denken wir uns diesen mit r in Berührung gebracht und bilden für die an der Berührungsstelle bei der Temperatur T entstehende Potentialniveaudifferenz E_{ra} gemäss (12) die Gleichung:

$$(16) \qquad\qquad E_{ra} = \varepsilon_{ra}\, T.$$

Ganz entsprechend haben wir dann auch für einen anderen Stoff b die Gleichung:

$$(16\,\mathrm{a}) \qquad E_{rb} = \varepsilon_{rb}\, T$$

zu bilden, und aus diesen beiden Gleichungen ergiebt sich weiter:

$$(17) \qquad E_{ab} = E_{rb} - E_{ra} = T\,(\varepsilon_{rb} - \varepsilon_{ra}).$$

Da man nun andererseits gemäss (12) setzen kann:

$$E_{ab} = \varepsilon_{ab}\, T,$$

so folgt:

$$(18) \qquad \varepsilon_{ab} = \varepsilon_{rb} - \varepsilon_{ra},$$

wodurch die Temperaturfunction ε_{ab}, welche von der Natur der beiden Stoffe a und b abhängt, auf zwei Temperaturfunctionen, von denen jede nur von der Natur eines dieser beiden Stoffe abhängt, zurückgeführt ist. Um auch noch für die Bezeichnung die Vereinfachung zu gewinnen, dass wir den auf den Vergleichsstoff bezüglichen Buchstaben r nicht immer mitzuschreiben brauchen, wollen wir unter Einführung des neuen Buchstabens η setzen:

$$(19) \qquad \varepsilon_{ra} = \eta_a \text{ und } \varepsilon_{rb} = \eta_b,$$

so dass wir die vorige Gleichung schreiben können:

$$(20) \qquad \varepsilon_{ab} = \eta_b - \eta_a.$$

Hierdurch geht dann auch (17) über in:

$$(21) \qquad E_{ab} = T\,(\eta_b - \eta_a).$$

Wir wollen nun eine aus zwei linearen Leitern a und b bestehende Thermokette betrachten, deren Verbindungsstellen die Temperaturen T' und T'' haben.

Es möge zunächst für den Leiter a, dessen Temperatur sich vom Anfangspuncte bis zum Endpuncte von T' bis T'' ändert, bestimmt werden, wie sich die bei geöffneter Kette an seinen verschiedenen Puncten stattfindenden Potentialniveaux unter einander verhalten. Wenn an zwei unendlich wenig von einander entfernten Puncten des Leiters die Temperaturen T und $T + dT$ stattfinden, so unterscheiden sich die beiden betreffenden Werthe von η_a um $\dfrac{d\eta_a}{dT}\, dT$ von einander, und die entsprechende Differenz der an den beiden Puncten stattfindenden Potentialniveaux ist:

$$(22) \qquad \frac{dV_a}{dT}\, dT = T\, \frac{d\eta_a}{dT}\, dT.$$

Daraus folgt, wenn wir den Anfangs- und Endwerth von V_a mit V_a' und V_a'' bezeichnen:

$$(23) \qquad V_a'' - V_a' = \int_{T'}^{T''} T \frac{d\eta_a}{dT}\, dT.$$

Wenn die Kette geschlossen ist, und daher ein continuirlicher electrischer Strom durch den Leiter a geht, so finden natürlich andere Potentialniveaux auf ihm statt, als bei geöffneter Kette. Für die Bestimmung der electromotorischen Kräfte sind aber die bei geöffneter Kette stattfindenden Potentialniveaudifferenzen maassgebend. Zwischen zwei Stellen, deren Temperaturen T und $T + dT$ sind, wirkt eine electromotorische Kraft, welche durch $\frac{dV_a}{dT}\,dT$ oder durch $T\frac{d\eta_a}{dT}\,dT$ dargestellt wird, und demnach gilt für die Summe aller innerhalb des Leiters a wirkenden electromotorischen Kräfte der in (23) gegebene Ausdruck:

$$\int_{T'}^{T''} T \frac{d\eta_a}{dT}\, dT.$$

Aus der Form dieses Ausdruckes sieht man sofort, dass sein Werth nur von der Anfangs- und Endtemperatur des Leiters und nicht von der Art, wie die Zwischentemperaturen über ihn vertheilt sind, abhängt.

In entsprechender Weise wird für den Leiter b, der an seinem Anfangspuncte die Temperatur T'' und am Endpuncte die Temperatur T' hat, die Summe der in ihm wirkenden electromotorischen Kräfte durch den Ausdruck

$$\int_{T''}^{T'} T \frac{d\eta_b}{dT}\, dT$$

dargestellt.

Betrachten wir nun die ganze Thermokette, so wirken in dieser, ausser den eben bestimmten, noch die an den Verbindungsstellen p' und p'' stattfindenden electromotorischen Kräfte. Bezeichnen wir die Werthe, welche die Grössen η_a und η_b bei den Temperaturen T' und T'' haben, mit η_a', η_b' und η_a'', η_b'', so sind die an den Verbindungsstellen wirkenden electromotorischen Kräfte

$$T'' (\eta_b'' - \eta_a'') \text{ und } T' (\eta_a' - \eta_b').$$

Aus der Zusammenfassung der vier vorstehenden Ausdrücke erhalten wir für die ganze electromotorische Kraft F der Kette die Gleichung:

$$(24) \quad F = \int_{T'}^{T''} T\, \frac{d\eta_a}{dT}\, dT + T'' (\eta_b'' - \eta_a'') + \int_{T''}^{T'} T\, \frac{d\eta_b}{dT}\, dT$$
$$+ T' (\eta_a' - \eta_b').$$

Hierin kann man unter Ausführung der theilweisen Integration setzen:

$$\int_{T'}^{T''} T\, \frac{d\eta_a}{dT}\, dT = T'' \eta_a'' - T' \eta_a' - \int_{T'}^{T''} \eta_a\, dT$$

$$\int_{T''}^{T'} T\, \frac{d\eta_b}{dT}\, dT = T' \eta_b' - T'' \eta_b'' - \int_{T''}^{T'} \eta_b\, dT.$$

Dann heben sich die meisten Glieder auf und es bleibt:

$$(25) \quad F = - \int_{T'}^{T''} \eta_a\, dT - \int_{T''}^{T'} \eta_b\, dT$$

oder anders geschrieben:

$$(25\,\text{a}) \quad F = \int_{T'}^{T''} (\eta_b - \eta_a)\, dT = \int_{T'}^{T''} \varepsilon_{ab}\, dT.$$

Macht man in dieser Gleichung die specielle Annahme, dass ε_{ab} constant sei, so geht sie in die unter (13) gegebene Gleichung

$$F = \varepsilon_{ab} (T'' - T')$$

über. Betrachtet man dagegen ε_{ab} als eine noch zu bestimmende Temperaturfunction, so kann man durch geeignete Wahl der Form dieser Function die von dem gewöhnlichen Verhalten abweichenden Beobachtungen, welche man bei manchen Ketten in Bezug auf die Abhängigkeit der electromotorischen Kraft von den Temperaturen der Löthstellen gemacht hat, aus dieser Gleichung sehr gut erklären.

Die Gleichungen (24) und (25) lassen sich leicht auch in der Weise erweitern, dass sie für eine aus beliebig vielen Stoffen bestehende Thermokette gelten. Seien n Leiter a, b, c .... h als Bestandtheile der Thermokette gegeben, und seien die Temperaturen ihrer Verbindungsstellen vom Anfangspuncte des Leiters a an der Reihe nach mit T', T'', T''' .... $T^{(n)}$ bezeichnet, so lauten die erweiterten Gleichungen:

$$(26) \quad F = \int_{T'}^{T''} T \frac{d\eta_a}{dT} dT + T'' (\eta_b'' - \eta_a'') + \int_{T''}^{T'''} T \frac{d\eta_b}{dT} dT$$

$$+ T''' (\eta_c''' - \eta_b''') + \cdots + \int_{T^{(n)}}^{T'} T \frac{d\eta_h}{dT} dT + T' (\eta_a' - \eta_h')$$

$$(27) \quad F = - \int_{T'}^{T''} \eta_a \, dT - \int_{T''}^{T'''} \eta_b \, dT - \cdots - \int_{T^{(n)}}^{T'} \eta_h \, dT.$$

§. 12. Wärmeverbrauch und Wärmeerzeugung in der Thermokette.

Nachdem die in der Thermokette vorkommenden electromotorischen Kräfte ausgedrückt sind, kann auch das in ihren verschiedenen Theilen stattfindende Verschwinden oder Entstehen von Wärme leicht bestimmt werden.

Es sind dabei, wie schon früher in §. 5 auseinandergesetzt ist, zwei Vorgänge in Betracht zu ziehen. Derjenige, bei welchem die Wärme selbst thätig ist, indem sie electromotorische Kräfte hervorbringt, die an manchen Stellen im Sinne des Stromes, an anderen Stellen im entgegengesetzten Sinne stattfinden, wodurch dann Verbrauch oder Erzeugung von Wärme bedingt ist, und derjenige, welcher nur in der Ueberwindung des Leitungswiderstandes besteht, wobei ebenso, wie bei der Ueberwindung einer Reibung, Wärme erzeugt wird. In dem früher betrachteten einfachen Falle, wo die electromotorischen Kräfte nur an den Berührungsflächen verschiedener Stoffe ihren Sitz haben, waren beide Vorgänge räumlich getrennt. Wenn aber auch innerhalb der einzelnen Stoffe electromotorische Kräfte vorkommen, so finden hier beide Vorgänge in demselben Raume neben einander statt. Dessenungeachtet kann man sie für die Betrachtung von einander trennen.

Sie unterscheiden sich nämlich wesentlich dadurch, dass der eine durch Umkehrung des Stromes ebenfalls eine Umkehrung erleidet, indem Wärmeverbrauch und Wärmeerzeugung sich gegenseitig vertauschen, während der andere bei Umkehrung des Stromes ungeändert bleibt, indem bei ihm immer nur Wärmeerzeugung stattfindet. Dadurch wird es möglich, in jedem Stücke einer Thermokette die durch die beiden Vorgänge erzeugten Wärmemengen (wobei verbrauchte Wärmemengen als erzeugte negative Wärmemengen gerechnet werden) durch Beobachtung einzeln zu bestimmen. Nachdem man für den durch die thermoelectromotorischen Kräfte hervorgebrachten Strom die ganze in dem betrachteten Stücke erzeugte Wärme beobachtet hat, lasse man die Kette von einem durch fremde electromotorische Kräfte hervorgebrachten eben so starken entgegengesetzten Strom durchfliessen und beobachte dabei wieder die ganze in dem Stücke erzeugte Wärmemenge. Wenn man dann die beiden Wärmemengen addirt und von der Summe die Hälfte nimmt, so stellt diese die durch den thermoelectrischen Strom bei der Ueberwindung des Leitungswiderstandes erzeugte Wärmemenge dar. Wenn man dagegen die durch den zweiten Strom in dem Stücke erzeugte Wärme von der durch den ersten Strom erzeugten abzieht, und von der Differenz die Hälfte nimmt, so stellt diese diejenige durch den thermoelectrischen Strom erzeugte Wärmemenge dar, welche der selbstthätigen Wirkung der Wärme entspricht.

Auch mathematisch lassen sich beide Wärmemengen für lineare Leiter leicht ausdrücken. Diejenige in irgend einem Stücke eines Leiters erzeugte Wärmemenge, welche der selbstthätigen Wirkung der Wärme entspricht, also mit der Hervorbringung von electromotorischen Kräften zusammenhängt, wird dargestellt durch das negative Product aus der in dem Leiterstücke wirkenden electromotorischen Kraft und der Stromstärke. Die bei der Ueberwindung des Leitungswiderstandes erzeugte Wärmemenge dagegen wird dargestellt durch das Product aus dem Leitungswiderstande des betrachteten Stückes und dem Quadrate der Stromstärke.

Betrachten wir nun zunächst die Thermokette im Ganzen und nennen ihre gesammte electromotorische Kraft F, ihren gesammten Leitungswiderstand L und die in ihr stattfindende Stromstärke J, so ist die ganze durch den ersten Vorgang in der Kette erzeugte Wärmemenge:

$$- FJ$$

und die durch den zweiten Vorgang in ihr erzeugte Wärmemenge:

$$L J^2.$$

Setzen wir hierin:

$$J = \frac{F}{L},$$

so gehen die beiden Ausdrücke über in:

$$-\frac{F^2}{L} \quad \text{und} \quad \frac{F^2}{L}.$$

Sie sind also den Vorzeichen nach entgegengesetzt (indem bei dem
einen Vorgange Wärme verbraucht und bei dem anderen Vorgange Wärme erzeugt wird), und den absoluten Werthen nach
gleich, so dass ihre algebraische Summe Null ist, wie es nach dem
ersten Hauptsatze der mechanischen Wärmetheorie sein muss.

Um nun weiter zu sehen, ob auch der zweite Hauptsatz der
mechanischen Wärmetheorie erfüllt ist, haben wir unser Augenmerk nur auf die Wärmemengen zu richten, welche durch den
ersten Vorgang, bei welchem die Wärme selbst thätig ist, erzeugt
werden. Dividiren wir die in den verschiedenen Theilen der Thermokette durch diesen Vorgang erzeugten Wärmemengen durch die
absoluten Temperaturen der betreffenden Theile und bilden aus
den so entstehenden Quotienten die Summe, so muss diese nach
dem zweiten Hauptsatze der mechanischen Wärmetheorie gleich
Null sein.

Wir wählen zunächst den Leiter a zur Betrachtung und nehmen von demselben ein unendlich kleines Stück, dessen Anfangspunct die Temperatur T und dessen Endpunct die Temperatur
$T + dT$ hat. Die innerhalb dieses Stückes wirkende electromotorische Kraft ist $T \frac{d\eta_a}{dT} dT$, und daher die in ihm während der
Zeiteinheit erzeugte Wärmemenge $- JT \frac{d\eta_a}{dT} dT$. Dieses mit T
dividirt giebt: $- J \frac{d\eta_a}{dT} dT$. Denken wir uns solche Ausdrücke
für alle Elemente des Leiters a, welcher an seinem Anfangspuncte
die Temperatur T' und an seinem Endpuncte die Temperatur T''
hat, gebildet und nehmen die Summe aller dieser Ausdrücke, welche
in diesem Falle ein Integral wird, so erhalten wir:

$$- J \int_{T'}^{T''} \frac{d\eta_a}{dT}\, dT = J\,(\eta'_a - \eta''_a).$$

Ebenso erhalten wir für die folgenden Leiter b, c .... h der Reihe nach die Ausdrücke:

$$J\,(\eta''_b - \eta'''_b) \ldots\ldots J\,(\eta_h^{(n)} - \eta'_h).$$

Wir haben nun weiter die Verbindungsstellen der verschiedenen Leiter zu betrachten. Die an der Verbindungsstelle der Leiter a und b stattfindende electromotorische Kraft ist $T''\,(\eta''_b - \eta''_a)$ und daher die dort erzeugte Wärmemenge $JT''\,(\eta''_a - \eta''_b)$, woraus wir durch Division mit T'' erhalten:

$$J\,(\eta''_a - \eta''_b).$$

Ebenso erhalten wir für die anderen Verbindungsstellen der Reihe nach die Ausdrücke:

$$J\,(\eta'''_b - \eta'''_c) \ldots\ldots J\,(\eta'_h - \eta'_a).$$

Bilden wir nun aus sämmtlichen für die n Leiter und die n Verbindungsstellen geltenden Ausdrücken die Summe, so heben sich darin alle Glieder auf und es entsteht der Werth Null. Somit ist auch der zweite Hauptsatz der mechanischen Wärmetheorie erfüllt, und es wird sich daher vom Standpuncte dieser Theorie aus nichts gegen die aufgestellten Gleichungen einwenden lassen.

Budde hat sie auch noch einer experimentellen Prüfung unterworfen, indem er dazu einen speciellen Fall ausgewählt hat, welcher sich auf die Eisenkupferkette bezieht. Wie schon erwähnt, nimmt bei dieser, wenn man die Temperatur der warmen Löthstelle fortwährend steigert, die electromotorische Kraft nicht fortwährend zu, sondern erreicht ein Maximum und nimmt von da an wieder ab. Betrachtet man nun speciell die Temperatur, bei welcher die electromotorische Kraft ihr Maximum hat, so findet bei dieser eine characteristische Eigenthümlichkeit statt. Differentiirt man nämlich die Gleichung (25a) nach T'', so kommt:

$$\frac{dF}{dT''} = \varepsilon''_{ab},$$

worin ε''_{ab} den der Temperatur T'' entsprechenden Werth von ε_{ab} bedeuten soll. Hieraus folgt nach der Gleichung $E_{ab} = \varepsilon_{ab}\,T$, wenn man den der Temperatur T'' entsprechenden Werth von E_{ab} mit E''_{ab} bezeichnet:

$$E''_{ab} = T'' \, \frac{dF}{dT''}.$$

Für den Werth der Temperatur T'', für welchen F ein Maximum ist, muss nun der Differentialcoëfficient $\dfrac{dF}{dT''}$ gleich Null sein, und daraus ergiebt sich auch für die Potentialniveaudifferenz E''_{ab} der Werth Null. Wenn hiernach an der Löthstelle von Eisen und Kupfer bei dieser Temperatur keine Potentialniveaudifferenz vorhanden ist, so kann auch die Peltier'sche Erscheinung (der Verbrauch oder die Erzeugung von Wärme beim Durchgange eines Stromes) bei dieser Temperatur dort nicht stattfinden. Dieses Resultat der Theorie hat Budde experimentell geprüft und, soweit die Versuchsschwierigkeiten eine Entscheidung zuliessen, bestätigt gefunden.

Schliesslich möge noch bemerkt werden, dass über den eigentlichen Grund der Entstehung der electromotorischen Kraft einer Thermokette von W. Thomson und F. Kohlrausch Ansichten aufgestellt sind, welche von meiner Erklärung abweichen. Diese Ansichten werden im letzten Abschnitte dieses Bandes näher besprochen werden.

ABSCHNITT VIII.

Ponderomotorische und electromotorische Kräfte zwischen linearen Strömen und Leitern.

§. 1. Die Ampère'schen Grundformeln.

Ampère hat bekanntlich die Entwickelung seiner Theorie der ponderomotorischen Kräfte damit begonnen, eine Formel für die gegenseitige Einwirkung zweier Stromelemente abzuleiten. Dabei ist er von gewissen experimentell festgestellten Thatsachen ausgegangen, hat aber noch die Annahme hinzugefügt, dass die von zwei Stromelementen auf einander ausgeübten Kräfte nur in einer gegenseitigen Anziehung oder Abstossung bestehen können.

Der auf diese Weise abgeleiteten Formel hat er verschiedene Gestalten gegeben, von denen, je nach den Rechnungen, welche man mit ihr ausführen will, bald die eine, bald die andere bequemer ist. Eine der einfachsten ist folgende. Seien ds und ds' die beiden Stromelemente, i und i' die Stromintensitäten, r der Abstand der Elemente von einander und (ss') der Winkel zwischen ihren Richtungen, dann ist die Kraft, welche die Elemente auf einander ausüben, nach Ampère, eine Anziehung von der Stärke:

$$k\,i\,i'\,ds\,ds'\left(\frac{\cos(ss')}{r^2} + r\,\frac{\partial^2 \frac{1}{r}}{\partial s\,\partial s'}\right),$$

worin k eine positive Constante bedeutet. Ein negativer Werth dieser Formel stellt natürlich eine Abstossung dar, indem diese als negative Anziehung aufgefasst werden kann.

Will man hieraus die Kraft ableiten, welche das Stromelement ds von einem endlichen Strome s' erleidet, so muss man die in bestimmte Richtungen fallenden Componenten der Kraft betrachten, und für diese kann man dann die Integration ausführen. Es möge dazu ein rechtwinkliges Coordinatensystem eingeführt werden, in welchem die beiden Stromelemente die Coordinaten x, y, z und x', y', z' haben. Die in die Richtungen dieser Coordinaten fallenden Componenten der Kraft, welche das Element ds von dem Elemente ds' erleidet, seien mit $\xi\,ds\,ds'$, $\eta\,ds\,ds'$, $\zeta\,ds\,ds'$ bezeichnet; dann ergiebt sich aus der obigen Anziehungsformel die Gleichung:

$$\xi = k\,i\,i' \left[\frac{x' - x}{r^3} \cos(ss') + (x' - x) \frac{\partial^2 \frac{1}{r}}{\partial s\,\partial s'} \right]$$

oder anders geschrieben:

$$(1) \qquad \xi = k\,i\,i' \left[\frac{\partial \frac{1}{r}}{\partial x} \cos(ss') + (x' - x) \frac{\partial^2 \frac{1}{r}}{\partial s\,\partial s'} \right],$$

und ebenso für die beiden anderen Coordinatenrichtungen:

$$(1\,\text{a}) \quad \begin{cases} \eta = k\,i\,i' \left[\dfrac{\partial \frac{1}{r}}{\partial y} \cos(ss') + (y' - y) \dfrac{\partial^2 \frac{1}{r}}{\partial s\,\partial s'} \right] \\[2em] \zeta = k\,i\,i' \left[\dfrac{\partial \frac{1}{r}}{\partial z} \cos(ss') + (z' - z) \dfrac{\partial^2 \frac{1}{r}}{\partial s\,\partial s'} \right]. \end{cases}$$

Bezeichnen wir nun die drei Componenten der Kraft, welche das Stromelement ds von einem endlichen Strome s' erleidet, mit $\Xi\,ds$, $H\,ds$, $Z\,ds$, so gilt für Ξ die Gleichung:

$$\Xi = \int \xi\,ds'.$$

Für die hierin angedeutete Integration ist es zweckmässig, den unter (1) gegebenen Ausdruck von ξ in folgenden gleichbedeutenden umzuformen:

$$(2) \quad \xi = k\,i\,i' \left\{ \frac{\partial \frac{1}{r}}{\partial x} \cos(ss') - \frac{\partial \frac{1}{r}}{\partial s} \frac{\partial x'}{\partial s'} + \frac{\partial}{\partial s'} \left[(x' - x) \frac{\partial \frac{1}{r}}{ds} \right] \right\}.$$

Hierin lässt sich das letzte Glied sofort nach s' integriren und giebt einfach die Differenz der Werthe, welche der in der eckigen Klammer stehende Ausdruck für die beiden Grenzwerthe von s',

die s'_0 und s'_1 heissen mögen, annimmt, und welche wir dadurch
bezeichnen wollen, dass wir 0 und 1 als Indices neben den Ausdruck setzen. Wir erhalten so die Gleichung:

$$(3) \quad \Xi = kii' \left\{ \int \left[\frac{\partial \frac{1}{r}}{\partial x} \cos(ss') - \frac{\partial \frac{1}{r}}{\partial s} \frac{dx'}{ds'} \right] ds' \right.$$

$$\left. + \left[(x'-x) \frac{\partial \frac{1}{r}}{\partial s} \right]_1 - \left[(x'-x) \frac{\partial \frac{1}{r}}{\partial s} \right]_0 \right\}.$$

Nehmen wir nun an, der Strom s' sei ein geschlossener,
so beziehen sich die Grenzwerthe s'_0 und s'_1 der Stromcurve auf
einen und denselben Punct des Raumes, und die beiden Werthe,
deren Differenz in der vorigen Gleichung vorkommt, sind somit
unter einander gleich und heben sich gegenseitig auf. Es bleibt
also nur das Glied übrig, welches das noch unausgeführte Integral
enthält. Dasselbe, was hier über die Grösse Ξ gesagt ist, gilt natürlich auch von den Grössen H und Z, und man erhält daher zur
Bestimmung der drei Componenten der von einem geschlossenen
Strome auf ein Stromelement ausgeübten Kraft die Gleichungen:

$$(4) \quad \begin{cases} \Xi = kii' \displaystyle\oint \left[\frac{\partial \frac{1}{r}}{\partial x} \cos(ss') - \frac{\partial \frac{1}{r}}{\partial s} \frac{\partial x'}{\partial s'} \right] ds' \\[2ex] H = kii' \displaystyle\oint \left[\frac{\partial \frac{1}{r}}{dy} \cos(ss') - \frac{\partial \frac{1}{r}}{\partial s} \frac{\partial y'}{\partial s'} \right] ds' \\[2ex] Z = kii' \displaystyle\oint \left[\frac{\partial \frac{1}{r}}{\partial z} \cos(ss') - \frac{\partial \frac{1}{r}}{\partial s} \frac{\partial z'}{\partial s'} \right] ds'. \end{cases}$$

Was nun den Grad der Zuverlässigkeit der vorstehenden Formeln anbetrifft, so muss man sagen, dass die Formeln, welche sich
auf die von einem Stromelemente auf ein anderes ausgeübte Kraft
beziehen, mit einer erheblichen Unsicherheit behaftet sind. Die
bei ihrer Ableitung gemachte Voraussetzung, dass die Kraft nur
eine Anziehung oder Abstossung sein könne, also in die Richtung
der Verbindungslinie der beiden Elemente fallen müsse, ist, wie
H. Grassmann schon im Jahre 1845 in einer schönen Abhandlung[1])

---

1) Pogg. Ann. Bd. 64, S. 1.

hervorgehoben hat, durch nichts gerechtfertigt. Bei zwei Puncten kann man für diejenigen Kräfte, welche sie unabhängig von ihren etwaigen Bewegungen auf einander ausüben, allerdings im Voraus annehmen, dass sie nur die Richtung der Verbindungslinie haben können, da es für zwei Puncte, wenn man von ihren Bewegungen absieht, keine andere ausgezeichnete Richtung giebt. Bei zwei Stromelementen dagegen sind die Richtungen der Stromelemente ebenfalls ausgezeichnete Richtungen, und es ist gar nicht abzusehen, weshalb die Kraftrichtungen von den Richtungen der Stromelemente unabhängig sein müssen.

Demgemäss darf man die Richtigkeit der Gleichungen (1) und (1a), welche die von einem einzelnen Stromelemente auf ein anderes Stromelement ausgeübte Kraft bestimmen, nicht als bewiesen betrachten. Dasselbe gilt von der Gleichung (3), welche sich auf die von einem ungeschlossenen Strome auf ein Stromelement ausgeübte Kraft bezieht. Die Gleichungen (4) dagegen, welche die von einem geschlossenen Strome auf ein Stromelement ausgeübte Kraft bestimmen, sind der experimentellen Prüfung zugänglich und können als durch die Erfahrung hinlänglich bestätigt angesehen werden, um sie als sicher anzunehmen. Diese wollen wir daher den nächstfolgenden Entwickelungen zu Grunde legen.

§. 2. Umformung der vorstehenden Gleichungen.

Man kann den Gleichungen (4) noch andere, für die weiteren Anwendungen bequeme Formen geben. Für $cos\,(ss')$ und $\dfrac{\partial \frac{1}{r}}{\partial s}$ gelten folgende Ausdrücke:

$$cos\,(ss') = \frac{\partial x}{\partial s}\frac{\partial x'}{\partial s'} + \frac{\partial y}{\partial s}\frac{\partial y'}{\partial s'} + \frac{\partial z}{\partial s}\frac{\partial z'}{\partial s'}$$

$$\frac{\partial \frac{1}{r}}{\partial s} = \frac{\partial \frac{1}{r}}{d x}\frac{\partial x}{\partial s} + \frac{\partial \frac{1}{r}}{\partial y}\frac{\partial y}{\partial s} + \frac{\partial \frac{1}{r}}{\partial z}\frac{\partial z}{\partial s}.$$

Setzt man diese Ausdrücke in die Gleichungen (4) ein, so heben sich in jeder derselben unter dem Integralzeichen zwei Glieder auf, und die anderen Glieder lassen sich folgendermaassen zusammenfassen:

$$(5)\begin{cases} \Xi = k i i' \left[\frac{\partial y}{\partial s} \int \left(\frac{\partial \frac{1}{r}}{\partial x} \frac{\partial y'}{\partial s'} - \frac{\partial \frac{1}{r}}{\partial y} \frac{\partial x'}{\partial s'} \right) ds' - \frac{\partial z}{\partial s} \int \left(\frac{\partial \frac{1}{r}}{\partial z} \frac{\partial x'}{\partial s'} - \frac{\partial \frac{1}{r}}{\partial x} \frac{\partial z'}{\partial s'} \right) ds' \right] \\[3ex] H = k i i' \left[\frac{\partial z}{\partial s} \int \left(\frac{\partial \frac{1}{r}}{\partial y} \frac{\partial z'}{\partial s'} - \frac{\partial \frac{1}{r}}{\partial z} \frac{\partial y'}{\partial s'} \right) ds' - \frac{\partial x}{\partial s} \int \left(\frac{\partial \frac{1}{r}}{\partial x} \frac{\partial y'}{\partial s'} - \frac{\partial \frac{1}{r}}{\partial y} \frac{\partial x'}{\partial s'} \right) ds' \right] \\[3ex] Z = k i i' \left[\frac{\partial x}{\partial s} \int \left(\frac{\partial \frac{1}{r}}{\partial z} \frac{\partial x'}{\partial s'} - \frac{\partial \frac{1}{r}}{\partial x} \frac{\partial z'}{\partial s'} \right) ds' - \frac{\partial y}{\partial s} \int \left(\frac{\partial \frac{1}{r}}{\partial y} \frac{\partial z'}{\partial s'} - \frac{\partial \frac{1}{r}}{\partial z} \frac{\partial y'}{\partial s'} \right) ds' \right] \end{cases}$$

Von den sechs hierin vorkommenden Integralen sind dreimal je zwei unter sich gleich, so dass nur drei verschiedene Integrale übrig bleiben. Zur Abkürzung wollen wir nach Ampère für diese Integrale, nachdem sie mit $k i'$ multiplicirt sind, vereinfachte Zeichen einführen, indem wir setzen:

$$(6)\begin{cases} A = k i' \int \left(\frac{\partial \frac{1}{r}}{\partial y} \frac{\partial z'}{\partial s'} - \frac{\partial \frac{1}{r}}{\partial z} \frac{\partial y'}{\partial s'} \right) ds' \\[3ex] B = k i' \int \left(\frac{\partial \frac{1}{r}}{\partial z} \frac{\partial x'}{\partial s'} - \frac{\partial \frac{1}{r}}{\partial x} \frac{\partial z'}{\partial s'} \right) ds' \\[3ex] C = k i' \int \left(\frac{\partial \frac{1}{r}}{\partial x} \frac{\partial y'}{\partial s'} - \frac{\partial \frac{1}{r}}{\partial y} \frac{\partial x'}{\partial s'} \right) ds'. \end{cases}$$

Da nun, gemäss der Gleichung

$$r = \sqrt{ (x - x')^2 + (y - y')^2 + (z - z')^2 }$$

zu setzen ist:

$$\frac{\partial \frac{1}{r}}{\partial x} = - \frac{x - x'}{r^3}; \quad \frac{\partial \frac{1}{r}}{\partial y} = - \frac{y - y'}{r^3}; \quad \frac{\partial \frac{1}{r}}{\partial z} = - \frac{z - z'}{r^3},$$

so kann man die vorigen Gleichungen auch so schreiben:

$$(6\,\mathrm{a})\begin{cases} A = k i' \int \left(\frac{z - z'}{r^3} \frac{\partial y'}{\partial s'} - \frac{y - y'}{r^3} \frac{\partial z'}{\partial s'} \right) ds' \\[2ex] B = k i' \int \left(\frac{x - x'}{r^3} \frac{\partial z'}{\partial s'} - \frac{z - z'}{r^3} \frac{\partial x'}{\partial s'} \right) ds' \\[2ex] C = k i' \int \left(\frac{y - y'}{r^3} \frac{\partial x'}{\partial s'} - \frac{x - x'}{r^3} \frac{\partial y'}{\partial s'} \right) ds'. \end{cases}$$

Durch Einführung dieser Zeichen nehmen die Gleichungen (5) folgende einfache Formen an:

$$(7) \qquad \begin{cases} \Xi = i\left(C\,\dfrac{\partial y}{\partial s} - B\,\dfrac{\partial z}{\partial s}\right) \\[2mm] H = i\left(A\,\dfrac{\partial z}{\partial s} - C\,\dfrac{\partial x}{\partial s}\right) \\[2mm] Z = i\left(B\,\dfrac{\partial x}{\partial s} - A\,\dfrac{\partial y}{\partial s}\right). \end{cases}$$

§. 3. Zurückführung der drei Grössen A, B und C auf Eine Grösse.

Die drei Grössen A, B und C lassen sich unter der von uns gemachten Voraussetzung, dass der Strom s' geschlossen sei, auf eine einzige Grösse zurückführen, von welcher sie die negativ genommenen partiellen Differentialcoëfficienten nach x, y und z sind. Zu dieser Grösse gelangt man am leichtesten durch Anwendung einer aus der analytischen Geometrie bekannten Transformationsgleichung, die ich hier nicht beweisen, sondern nur anführen will.

Es sei irgend eine von einer geschlossenen Curve umgrenzte Fläche gegeben. Das Element der Curve möge ds und das Element der Fläche $d\omega$ heissen. Von der auf dem Flächenelemente $d\omega$ errichteten Normale, welche nach der einen Seite als positiv und nach der anderen als negativ zu rechnen ist, soll ein Element mit dn bezeichnet werden. Die Seite der Normale, nach welcher wir dn als positiv rechnen, soll mit der auf die geschlossene Curve bezüglichen Umlaufsrichtung, nach welcher wir ds als positiv rechnen, so zusammenhängen, dass ein in der Curve im positiven Sinne stattfindender Umlauf, von der positiven Seite der Normale aus betrachtet, als positive Drehung erscheint, d. h. so, wie in der xy-Ebene, wenn man sie von der positiven z-Seite aus betrachtet, eine von der positiven x-Axe nach der positiven y-Axe hin gehende Drehung erscheint. Zur vollständigeren Fixirung der Ideen möge auch noch über den positiven Sinn der Coordinatenaxen eine Annahme gemacht werden, und zwar wollen wir die Wahl so treffen, dass die erwähnte in der xy-Ebene von der positiven x-Axe nach der positiven y-Axe hin gehende Drehung von der positiven z-Seite aus als Linksdrehung erscheint, die der

Drehung des Zeigers der Uhr entgegengesetzt ist. Es mögen nun weiter L, M und N drei Functionen von x, y, z darstellen, dann gilt folgende Gleichung:

$$(8) \qquad \int\left(L\,\frac{\partial x}{\partial s} + M\,\frac{\partial y}{\partial s} + N\,\frac{\partial z}{\partial s}\right)ds$$

$$= \int\left[\left(\frac{\partial N}{\partial y} - \frac{\partial M}{\partial z}\right)\frac{\partial x}{\partial n} + \left(\frac{\partial L}{\partial z} - \frac{\partial N}{\partial x}\right)\frac{\partial y}{\partial n} + \left(\frac{\partial M}{\partial x} - \frac{\partial L}{\partial y}\right)\frac{\partial z}{\partial n}\right]d\omega,$$

worin das erste Integral über die ganze geschlossene Curve und das zweite Integral über die von der Curve begrenzte Fläche auszudehnen ist.

Diese Gleichung wollen wir nun zur Transformation der unter (6a) vorkommenden Integrale anwenden, indem wir uns durch die Stromcurve s' irgend eine Fläche gelegt denken. Da die auf den Strom s' bezüglichen Grössen in (6a) durch accentuirte Buchstaben bezeichnet sind, und es zweckmässig ist, dasselbe auch mit den Grössen zu thun, welche sich auf die durch s' gelegte Fläche beziehen, so wollen wir uns alle in der Gleichung (8) vorkommenden Buchstaben accentuirt denken. Um die so abgeänderte Gleichung zunächst auf die erste der Gleichungen (6a) anzuwenden, setzen wir:

$$L' = 0;\; M' = \frac{z - z'}{r^3};\; N' = -\,\frac{y - y'}{r^3},$$

wodurch (8) übergeht in:

$$(9) \qquad \int\left(\frac{z - z'}{r^3}\,\frac{\partial y'}{\partial s'} - \frac{y - y'}{r^3}\,\frac{\partial z'}{\partial s'}\right)ds'$$

$$= \int\left\{\left[-\,\frac{\partial}{\partial y'}\left(\frac{y - y'}{r^3}\right) - \frac{\partial}{\partial z'}\left(\frac{z - z'}{r^3}\right)\right]\frac{\partial x'}{\partial n'} + \frac{\partial}{\partial x'}\left(\frac{y - y'}{r^3}\right)\frac{\partial y'}{\partial n'}\right.$$

$$\left. + \frac{\partial}{\partial x'}\left(\frac{z - z'}{r^3}\right)\frac{\partial z'}{\partial n'}\right\}d\omega'.$$

Die rechte Seite dieser Gleichung lautet nach Ausführung der angedeuteten Differentiationen:

$$\int\left[\left(3\,\frac{(x - x')^2}{r^5} - \frac{1}{r^3}\right)\frac{\partial x'}{\partial n'} + 3\,\frac{(x - x')\,(y - y')}{r^5}\,\frac{\partial y'}{\partial n'}\right.$$

$$\left. + 3\,\frac{(x - x')\,(z - z')}{r^5}\,\frac{\partial z'}{\partial n'}\right]d\omega',$$

wofür man auch schreiben kann:

$$-\int\left(\frac{\partial^2 \frac{1}{r}}{\partial x\,\partial x'}\frac{\partial x'}{\partial n'}+\frac{\partial^2 \frac{1}{r}}{\partial x\,\partial y'}\frac{\partial y'}{\partial n'}+\frac{\partial^2 \frac{1}{r}}{\partial x\,\partial z'}\frac{\partial z'}{\partial n'}\right)d\omega'$$

oder endlich:

$$-\frac{\partial}{\partial x}\int \frac{\partial \frac{1}{r}}{\partial n'}\,d\omega'.$$

Entsprechende Ausdrücke erhält man, wenn man die Gleichung (8) auf die beiden letzten der Gleichungen (6a) anwendet. Setzt man diese Ausdrücke für die in (6a) enthaltenen Integrale ein, so kommt:

$$(10)\qquad\begin{cases}A=-\,k i'\,\dfrac{\partial}{\partial x}\displaystyle\int \dfrac{\partial \frac{1}{r}}{\partial n'}\,d\omega'\\[3mm] B=-\,k i'\,\dfrac{\partial}{\partial y}\displaystyle\int \dfrac{\partial \frac{1}{r}}{\partial n'}\,d\omega'\\[3mm] C=-\,k i'\,\dfrac{\partial}{\partial z}\displaystyle\int \dfrac{\partial \frac{1}{r}}{\partial n'}\,d\omega'.\end{cases}$$

Hiernach ist $k i'\displaystyle\int \dfrac{\partial \frac{1}{r}}{\partial n'}\,d\omega'$ die am Anfange dieses Paragraphen erwähnte Grösse, deren negativ genommene partielle Differential-coëfficienten die Grössen A, B und C darstellen.

§. 4. Die magnetische Kraft und die magnetische Potentialfunction eines geschlossenen Stromes.

Nachdem wir bisher nur die mathematischen Ausdrücke für die Grössen A, B und C abgeleitet haben, wollen wir nun eine gewisse Vorstellung damit verbinden, welche für physicalische Betrachtungen sehr bequem ist.

Wir wollen uns denken, A, B und C seien die Componenten einer von dem geschlossenen Strome s' am Puncte (x, y, z) ausgeübten Kraft, und da zu einer Kraft auch etwas gehört, worauf sie ausgeübt wird, wollen wir uns vorstellen, die Kraft werde auf eine im Puncte (x, y, z) befindliche Einheit eines Agens ausgeübt, welches wir Magnetismus nennen wollen, wobei wir aber unter diesem Namen vorläufig nur etwas zur Bequemlichkeit unserer Betrachtungen angenommenes verstehen, was gar keine reelle Existenz zu haben braucht. Nach Einführung dieses Agens können wir die Kraft, von der A, B und C die Componenten sind, die **magnetische Kraft** des geschlossenen Stromes s' nennen.

Ferner giebt der Umstand, dass in dem in den Gleichungen (10) vorkommenden Ausdrucke, dessen negative Differentialcoëfficienten die Kraftcomponenten A, B und C darstellen, die zu integrirende Grösse der nach n' genommene Differentialcoëfficient von $\frac{1}{r}$ ist, Veranlassung, auch den die Kraft ausübenden geschlossenen Strom durch ein eigenthümliches, nur für die mathematische Betrachtung bestimmtes Gebilde zu ersetzen.

Wir wollen uns denken, von dem Agens, welches wir Magnetismus genannt haben, gebe es ebenso, wie von der Electricität, zwei verschiedene Arten, welche sich so verhalten, dass zwei Mengen einer und derselben Art sich abstossen, und zwei Mengen der beiden verschiedenen Arten sich anziehen. Diese beiden Arten von Magnetismus können, in Uebereinstimmung mit der bei der Electricität angewandten Benennungsweise, positiver und negativer Magnetismus, oder auch, gemäss dem aus anderen Gründen entstandenen Sprachgebrauche, Nord- uud Süd-Magnetismus genannt werden. Von der Kraft, mit welcher zwei Mengen sich abstossen oder anziehen, nehmen wir an, dass sie dem Quadrate der Entfernung umgekehrt proportional sei, und was die Grösse der Kraft anbetrifft, so wollen wir annehmen, die Kraft, mit welcher zwei Einheiten von positivem Magnetismus sich in der Einheit der Entfernung abstossen, sei gleich k.

Nun kehren wir zu der im vorigen Paragraphen betrachteten, durch die geschlossene Stromcurve gelegten Fläche zurück, und denken uns, neben derselben, an der Seite, nach welcher die Normale als positiv gerechnet wird, noch eine zweite parallele Fläche gelegt, welche nur um den unendlich kleinen Abstand ε von ihr entfernt sei. Die erste Fläche denken wir uns mit negativem und die zweite mit positivem Magnetismus belegt, und zwar in folgender Weise. Auf der ersten sei die Flächendichtigkeit des Magnetismus constant gleich $-\dfrac{i'}{\varepsilon}$, so dass sich auf einem Flächenelemente $d\omega'$ die Menge $-\dfrac{i'}{\varepsilon}\,d\omega'$ befinde. Betrachten wir nun das diesem Elemente senkrecht gegenüberliegende Element der zweiten Fläche, so soll sich auf diesem eine ebenso grosse Menge von positivem Magnetismus befinden, und dasselbe soll für jede zwei andere sich senkrecht gegenüberliegende Flächenelemente der Fall sein, so dass die zweite Fläche eben so viel positiven Magnetismus enthält, wie die erste negativen Magnetismus.

Wir wollen nun zunächst nur die beiden unendlich kleinen Magnetismusmengen betrachten, welche sich auf dem Flächenelemente $d\omega'$ und dem ihm senkrecht gegenüberliegenden Elemente der anderen Fläche befinden, also die Mengen $-\dfrac{i'}{\varepsilon}\,d\omega'$ und $+\dfrac{i'}{\varepsilon}\,d\omega'$. Von diesen beiden Mengen wollen wir die Potentialfunction im Puncte $(x,\,y,\,z)$ bilden. Der Abstand des Elementes $d\omega'$ vom Puncte $(x,\,y,\,z)$ werde, gemäss unserer früheren Bezeichnungsweise, durch r dargestellt, und der Abstand des gegenüberliegenden Elementes von demselben Puncte heisse r_1. Dann ist die Potentialfunction der beiden Magnetismusmengen:

$$-\frac{k}{r}\,\frac{i'}{\varepsilon}\,d\omega' + \frac{k}{r_1}\,\frac{i'}{\varepsilon}\,d\omega'$$

oder:

$$\left(\frac{1}{r_1} - \frac{1}{r}\right)\frac{k\,i'}{\varepsilon}\,d\omega'.$$

Nun kann man aber, da das zweite Element vom ersten in der n'-Richtung um ε entfernt ist, setzen:

$$\frac{1}{r_1} = \frac{1}{r} + \frac{\partial\,\dfrac{1}{r}}{\partial n'}\,\varepsilon,$$

wodurch der vorige Ausdruck übergeht in:

$$k\,i'\,\frac{\partial\,\dfrac{1}{r}}{\partial n'}\,d\omega'.$$

Wenn man diesen Ausdruck über die ganze erste Fläche integrirt, also den Ausdruck

$$k\,i'\int \frac{\partial\,\dfrac{1}{r}}{\partial n'}\,d\omega'$$

bildet, so stellt dieser die Potentialfunction der ganzen auf den beiden Flächen befindlichen Magnetismusmengen im Puncte (x, y, z) dar. Hieraus folgt weiter, dass die Componenten der Kraft, welche diese beiden Magnetismusmengen auf eine im Puncte (x, y, z) gedachte Magnetismuseinheit ausüben, durch

$$- k\,i'\,\frac{\partial}{\partial x}\int \frac{\partial \frac{1}{r}}{\partial n'}\,d\omega';\quad - k\,i'\,\frac{\partial}{\partial y}\int \frac{\partial \frac{1}{r}}{\partial n'}\,d\omega';$$

$$- k\,i'\,\frac{\partial}{\partial z}\int \frac{\partial \frac{1}{r}}{\partial n'}\,d\omega'$$

dargestellt werden.

Dieses sind dieselben Ausdrücke, welche in (10) für die Componenten A, B, C derjenigen Kraft gegeben wurden, welche der geschlossene Strom s' auf jene Magnetismuseinheit ausübt. Demnach können die beiden magnetischen Flächen und der Strom sich in Bezug auf die von ihnen ausgeübte magnetische Kraft gegenseitig ersetzen, und die vorher für die beiden magnetischen Flächen bestimmte Potentialfunction kann daher auch auf den Strom bezogen werden, und wir wollen sie die magnetische Potentialfunction des geschlossenen Stromes nennen.

Da diese Potentialfunction vielfach angewandt werden kann, so ist es zweckmässig, ein einfaches Zeichen dafür einzuführen, und wir wollen setzen:

$$(11)\qquad P = k\,i'\int \frac{\partial \frac{1}{r}}{\partial n'}\,d\omega'.$$

Dann können wir die Gleichungen (10) kürzer so schreiben:

$$(12)\qquad A = -\frac{\partial P}{\partial x};\; B = -\frac{\partial P}{\partial y};\; C = -\frac{\partial P}{\partial z}.$$

Setzt man diese Werthe von A, B und C in die Gleichungen (7) ein, so kommt:

$$(13)\qquad \begin{cases} \Xi = i\left(\dfrac{\partial P}{\partial y}\dfrac{\partial z}{\partial s} - \dfrac{\partial P}{\partial z}\dfrac{\partial y}{\partial s}\right) \\[2ex] H = i\left(\dfrac{\partial P}{\partial z}\dfrac{\partial x}{\partial s} - \dfrac{\partial P}{\partial x}\dfrac{\partial z}{\partial s}\right) \\[2ex] Z = i\left(\dfrac{\partial P}{\partial x}\dfrac{\partial y}{\partial s} - \dfrac{\partial P}{\partial y}\dfrac{\partial x}{\partial s}\right). \end{cases}$$

Es ist somit die Bestimmung der von einem geschlossenen Strome auf ein Stromelement ausgeübten Kraft auf die magnetische Potentialfunction des Stromes zurückgeführt.

§. 5. Einführung magnetischer Flächen für den die Wirkung erleidenden Strom.

Es möge nun angenommen werden, dass auch der die Wirkung erleidende Strom s geschlossen sei, und dass es sich darum handele, zu bestimmen, welche Gesammtwirkung die auf alle seine Elemente wirkenden ponderomotorischen Kräfte auf den ganzen Strom ausüben, wenn der Leiter als starr vorausgesetzt wird.

Diese Gesammtwirkung kann in zwei auf den ganzen Strom bezügliche Wirkungen zerlegt werden, deren eine irgend einen mit dem Leiter fest verbundenen Punct, als welchen wir den Anfangspunct der Coordinaten wählen können, zu verschieben sucht, während die andere eine Drehung um diesen Punct hervorzubringen sucht, und es kommt daher darauf an, die drei in die Coordinatenrichtungen fallenden Componenten der Verschiebungskraft und die Drehungsmomente um die drei Coordinatenaxen zu bestimmen.

Die in die x-Richtung fallende Componente der Verschiebungskraft ist $\int \Xi\, ds$, und gemäss (13) haben wir:

$$(14) \qquad \int \Xi\, ds = i \int \left(\frac{\partial P}{\partial y}\frac{\partial z}{\partial s} - \frac{\partial P}{\partial z}\frac{\partial y}{\partial s} \right) ds.$$

Um das in dieser Gleichung an der rechten Seite stehende Linienintegral in ein Flächenintegral verwandeln zu können, denken wir es uns zunächst in der Form

$$\int \left(L\frac{\partial x}{\partial s} + M\frac{\partial y}{\partial s} + N\frac{\partial z}{\partial s} \right) ds$$

geschrieben, indem wir den hierin vorkommenden Buchstaben L, M und N folgende Bedeutungen beilegen:

$$L = 0; \quad M = -\frac{\partial P}{\partial z}; \quad N = \frac{\partial P}{\partial y}$$

und auf dieses Integral wenden wir die unter (8) gegebene Transformationsgleichung an. Dadurch erhalten wir:

$$\int \Xi\, ds = i \int \left[\left(\frac{\partial^2 P}{\partial y^2} + \frac{\partial^2 P}{\partial z^2} \right)\frac{\partial x}{\partial n} - \frac{\partial^2 P}{\partial x\,\partial y}\frac{\partial y}{\partial n} - \frac{\partial^2 P}{\partial x\,\partial z}\frac{\partial z}{\partial n} \right] d\omega,$$

und dieser Gleichung können wir folgende Form geben:

$$(15) \qquad \int \Xi \, ds = i \int \Bigg[\left(\frac{\partial^2 P}{\partial x^2} + \frac{\partial^2 P}{\partial y^2} + \frac{\partial^2 P}{\partial z^2} \right) \frac{\partial x}{\partial n}$$
$$- \left(\frac{\partial^2 P}{\partial x^2} \frac{\partial x}{\partial n} + \frac{\partial^2 P}{\partial x \partial y} \frac{\partial y}{\partial n} + \frac{\partial^2 P}{\partial x \partial z} \frac{\partial z}{\partial n} \right) \Bigg] \, d\omega.$$

Die hierin vorkommende Grösse P ist die im vorigen Paragraphen besprochene Potentialfunction der Magnetismusmengen, welche sich auf der vom Strome s' begrenzten und der ihr unendlich nahen parallelen Fläche befinden. Denken wir uns nun die vom Strome s begrenzte Fläche, deren Element $d\omega$ in der vorigen Gleichung vorkommt, so gelegt, dass sie jene erstgenannten beiden Flächen nicht schneidet, was immer möglich ist, wenn die Stromcurven s und s' nicht in einander verschlungen sind, so gilt für alle in dem Integrale vorkommenden Flächenelemente $d\omega$ die Gleichung:

$$\frac{\partial^2 P}{\partial x^2} + \frac{\partial^2 P}{\partial y^2} + \frac{\partial^2 P}{\partial z^2} = 0.$$

Ferner kann man schreiben:

$$\frac{\partial^2 P}{\partial x^2} \frac{\partial x}{\partial n} + \frac{\partial^2 P}{\partial x \partial y} \frac{\partial y}{\partial n} + \frac{\partial^2 P}{\partial x \partial z} \frac{\partial z}{\partial n} = \frac{\partial}{\partial n} \left(\frac{\partial P}{\partial x} \right).$$

Demnach geht die Gleichung (15) über in:

$$(16) \qquad \int \Xi \, ds = - i \int \frac{\partial}{\partial n} \left(\frac{\partial P}{\partial x} \right) d\omega.$$

Entsprechende Gleichungen gelten natürlich auch für die beiden anderen Coordinatenrichtungen.

Was nun ferner die Drehungsmomente anbetrifft, so wird dasjenige um die x-Axe durch $\int (y Z - z H) \, ds$ dargestellt, und nach (13) gilt die Gleichung:

$$(17) \qquad \int (y Z - z H) \, ds = i \int \Bigg[y \left(\frac{\partial P}{\partial x} \frac{\partial y}{\partial s} - \frac{\partial P}{\partial y} \frac{\partial x}{\partial s} \right)$$
$$- z \left(\frac{\partial P}{\partial z} \frac{\partial x}{\partial s} - \frac{\partial P}{\partial x} \frac{\partial z}{\partial s} \right) \Bigg] \, ds.$$

Um hierin wieder das an der rechten Seite stehende Linienintegral in ein Flächenintegral verwandeln zu können, schreiben wir auch dieses Integral in der Form:

$$\int \left(L \frac{\partial x}{\partial s} + M \frac{\partial y}{\partial s} + N \frac{\partial z}{\partial s} \right) ds,$$

indem wir jetzt den Buchstaben L, M und N folgende Bedeutungen beilegen:

$$L = -\left(y\,\frac{\partial P}{dy} + z\,\frac{\partial P}{\partial z}\right); \quad M = y\,\frac{\partial P}{\partial x}; \quad N = z\,\frac{\partial P}{\partial x}.$$

Wenn wir dann die Transformationsgleichung (8) anwenden, und die dadurch entstehende Gleichung in ähnlicher Weise, wie die obige, umgestalten, so erhalten wir:

$$(18) \qquad \int (y\,Z - z\,H)\,ds = i \int \frac{\partial}{\partial n}\left(z\,\frac{\partial P}{\partial y} - y\,\frac{\partial P}{\partial z}\right) d\omega.$$

Entsprechende Gleichungen gelten auch für die Drehungsmomente um die beiden anderen Coordinatenaxen.

Dieselben Ausdrücke, welche in den Gleichungen (16) und (18) für die x-Componente der Verschiebungskraft und für das Drehungsmoment um die x-Axe gegeben sind, erhält man, wenn man, ganz so, wie es im vorigen Paragraphen für den Strom s' geschehen ist, nun auch für den Strom s zwei magnetische Flächen einführt.

Man denke sich dazu neben der durch den Strom s gelegten Fläche, deren Element $d\omega$ ist, noch eine zweite, nur um den unendlich kleinen Abstand ε von ihr entfernte parallele Fläche, und nehme an, dass die erste mit negativem und die zweite mit positivem Magnetismus bedeckt sei. Auf einem Elemente $d\omega$ der ersten Fläche soll sich die Magnetismusmenge $-\dfrac{i}{\varepsilon}\,d\omega$ und auf dem ihm gegenüberliegenden Elemente der zweiten Fläche eine dem absoluten Werthe nach eben so grosse positive Magnetismusmenge befinden. Die auf $d\omega$ befindliche Menge $-\dfrac{i}{\varepsilon}\,d\omega$ erleidet eine Kraft, deren in die x-Richtung fallende Componente den Ausdruck

$$\frac{i}{\varepsilon}\,\frac{\partial P}{\partial x}\,d\omega$$

hat, und deren Drehungsmoment um die x-Axe durch den Ausdruck

$$\frac{i}{\varepsilon}\left(y\,\frac{\partial P}{\partial z} - z\,\frac{\partial P}{\partial y}\right)$$

dargestellt wird. Die auf dem gegenüberliegenden Flächenelemente befindliche Magnetismusmenge $\dfrac{i}{\varepsilon}\,d\omega$, welche von der ersteren in der n-Richtung um ε entfernt ist, erleidet eine Kraft, für deren in die x-Richtung fallende Componente und auf die x-Axe bezügliches Drehungsmoment folgende Ausdrücke gelten:

$$- \frac{i}{\varepsilon} \left[\frac{\partial P}{\partial x} + \frac{\partial}{\partial n} \left(\frac{\partial P}{\partial x} \right) \varepsilon \right] d\omega,$$

$$- \frac{i}{\varepsilon} \left[y \frac{\partial P}{\partial z} - z \frac{\partial P}{\partial y} + \frac{\partial}{\partial n} \left(y \frac{\partial P}{\partial z} - z \frac{\partial P}{\partial y} \right) \varepsilon \right] d\omega.$$

Für beide Flächenelemente zusammen wird also die x-Componente der Kraft durch

$$- i \frac{\partial}{\partial n} \left(\frac{\partial P}{\partial x} \right) d\omega$$

und das Drehungsmoment um die x-Axe durch

$$i \frac{\partial}{\partial n} \left(z \frac{\partial P}{\partial y} - y \frac{\partial P}{\partial z} \right) d\omega$$

dargestellt. Durch Integration dieser beiden Ausdrücke erhält man genau die oben unter (16) und (18) gegebenen Ausdrücke, und es folgt daraus, dass man den geschlossenen Strom s in Bezug auf die ponderomotorische Kraft, welche er erleidet, ganz so, wie den Strom s' in Bezug auf die Kraft, welche er ausübt, durch ein magnetisches Flächenpaar ersetzen kann.

§. 6.   **Das magnetische Potential zweier geschlossener Ströme auf einander.**

Die Gesammtwirkung, welche das den Strom s repräsentirende magnetische Flächenpaar von dem den Strom s' repräsentirenden magnetischen Flächenpaare erleidet, lässt sich am bequemsten dadurch bestimmen, dass man zuerst das Potential des einen magnetischen Flächenpaares auf das andere bildet, und dann die Aenderung untersucht, welche dieses Potential erleidet, wenn das den Strom s repräsentirende Flächenpaar irgend eine unendlich kleine Bewegung macht.

Dieses Potential lässt sich sehr leicht aus der schon bestimmten Potentialfunction P des den Strom s' repräsentirenden Flächenpaares ableiten. Das Potential dieses Flächenpaares auf die zu dem anderen Flächenpaare gehörige negativ magnetische Fläche ist:

$$- \int P \frac{i}{\varepsilon} \, d\omega$$

und das Potential auf die positiv magnetische Fläche:

$$\int \left(P + \frac{\partial P}{\partial n}\, \varepsilon \right) \frac{i}{\varepsilon}\, d\omega.$$

Daraus ergiebt sich für das Potential auf beide Flächen zusammen, welches Q heissen möge, die Gleichung:

$$(19) \qquad Q = i \int \frac{\partial P}{\partial n}\, d\omega.$$

Setzen wir hierin für P seinen unter (11) gegebenen Werth ein, so kommt:

$$Q = k i i' \int d\omega\, \frac{\partial}{\partial n} \int \frac{\partial \frac{1}{r}}{\partial n'}\, d\omega'$$

oder anders geschrieben:

$$(20) \qquad Q = k i i' \int\int \frac{\partial^2 \frac{1}{r}}{\partial n\, \partial n'}\, d\omega\, d\omega'.$$

Diese Grösse, welche ihrer Entwickelung nach zunächst das Potential der beiden magnetischen Flächenpaare auf einander bedeutet, kann, da die Flächenpaare durch ihre gegenseitigen Wirkungen die gegenseitigen Wirkungen der beiden geschlossenen Ströme vertreten können, auch das **magnetische Potential der beiden geschlossenen Ströme auf einander** genannt werden.

Man kann diesem Potential auch noch andere Formen geben, in welchen die beiden Integrationen sich direct auf die beiden Stromcurven beziehen.

Wir gehen dazu von folgendem Ausdrucke aus:

$$\int\int \frac{1}{r} \left(\frac{\partial x}{\partial s} \frac{\partial x'}{\partial s'} + \frac{\partial y}{\partial s} \frac{\partial y'}{\partial s'} + \frac{\partial z}{\partial s} \frac{\partial z'}{\partial s'} \right) ds\, ds'$$

und wenden auf ihn zweimal die Transformationsgleichung (8) an, um die beiden Linienintegrale in Flächenintegrale zu verwandeln.

Zuerst schreiben wir ihn in der Form:

$$\int ds' \int \left(\frac{1}{r} \frac{\partial x'}{\partial s'} \cdot \frac{\partial x}{\partial s} + \frac{1}{r} \frac{\partial y'}{\partial s'} \cdot \frac{\partial y}{\partial s} + \frac{1}{r} \frac{\partial z'}{\partial s'} \cdot \frac{\partial z}{\partial s} \right) ds$$

und erhalten daraus gemäss (8):

$$\int ds' \int \left[\left(\frac{\partial \frac{1}{r}}{\partial y} \cdot \frac{\partial z'}{\partial s'} - \frac{\partial \frac{1}{r}}{\partial z} \frac{\partial y'}{\partial s'} \right) \frac{\partial x}{\partial n} + \left(\frac{\partial \frac{1}{r}}{\partial z} \frac{\partial x'}{\partial s'} - \frac{\partial \frac{1}{r}}{\partial x} \frac{\partial z'}{\partial s'} \right) \frac{\partial y}{\partial n} \right.$$
$$\left. + \left(\frac{\partial \frac{1}{r}}{\partial x} \frac{\partial y'}{\partial s'} - \frac{\partial \frac{1}{r}}{\partial y} \frac{\partial x'}{\partial s'} \right) \frac{\partial z}{\partial n} \right] d\omega.$$

Diesem Ausdrucke geben wir nun folgende Form:

$$\int d\omega \int \left[\left(\frac{\partial \frac{1}{r}}{\partial z}\frac{\partial y}{\partial n} - \frac{\partial \frac{1}{r}}{\partial y}\frac{\partial z}{\partial n} \right)\frac{\partial x'}{\partial s'} + \left(\frac{\partial \frac{1}{r}}{\partial x}\frac{\partial z}{\partial n} - \frac{\partial \frac{1}{r}}{\partial z}\frac{\partial x}{\partial n} \right)\frac{\partial y'}{\partial s'} \right.$$

$$\left. + \left(\frac{\partial \frac{1}{r}}{\partial y}\frac{\partial x}{\partial n} - \frac{\partial \frac{1}{r}}{\partial x}\frac{\partial y}{\partial n} \right)\frac{\partial z'}{\partial s'} \right] ds'$$

und wenden hierauf abermals die Transformationsgleichung (8) an, wodurch wir erhalten:

$$\int d\omega \int \left[\left(\frac{\partial^2 \frac{1}{r}}{\partial y\,\partial y'}\frac{\partial x}{\partial n} - \frac{\partial^2 \frac{1}{r}}{\partial x\,\partial y'}\frac{\partial y}{\partial n} - \frac{\partial^2 \frac{1}{r}}{\partial x\,\partial z'}\frac{\partial z}{\partial n} + \frac{\partial^2 \frac{1}{r}}{\partial z\,\partial z'}\frac{\partial x}{\partial n} \right)\frac{\partial x'}{\partial n'} \right.$$

$$+ \left(\frac{\partial^2 \frac{1}{r}}{\partial z\,\partial z'}\frac{\partial y}{\partial n} - \frac{\partial^2 \frac{1}{r}}{\partial y\,\partial z'}\frac{\partial z}{\partial n} - \frac{\partial^2 \frac{1}{r}}{\partial y\,\partial x'}\frac{\partial x}{\partial n} + \frac{\partial^2 \frac{1}{r}}{\partial x\,\partial x'}\frac{\partial y}{\partial n} \right)\frac{\partial y'}{\partial n'}$$

$$\left. + \left(\frac{\partial^2 \frac{1}{r}}{\partial x\,\partial x'}\frac{\partial z}{\partial n} - \frac{\partial^2 \frac{1}{r}}{\partial z\,\partial x'}\frac{\partial x}{\partial n} - \frac{\partial^2 \frac{1}{r}}{\partial z\,\partial y'}\frac{\partial y}{\partial n} + \frac{\partial^2 \frac{1}{r}}{\partial y\,\partial y'}\frac{\partial z}{\partial n} \right)\frac{\partial z'}{\partial n'} \right] d\omega'.$$

Dieser Ausdruck lässt sich nun sehr vereinfachen.

Wir wollen zunächst unsere Aufmerksamkeit nur auf den Factor von $\frac{\partial x'}{\partial n'}$ richten, welchen wir, nachdem wir noch das Glied

$$\frac{\partial^2 \frac{1}{r}}{\partial x\,\partial x'}\frac{\partial x}{\partial n}$$

einmal mit positivem und einmal mit negativem Vorzeichen hinzugefügt haben, so schreiben können:

$$\left(\frac{\partial^2 \frac{1}{r}}{\partial x\,\partial x'} + \frac{\partial^2 \frac{1}{r}}{\partial y\,\partial y'} + \frac{\partial^2 \frac{1}{r}}{\partial z\,\partial z'} \right)\frac{\partial x}{\partial n}$$

$$- \left(\frac{\partial^2 \frac{1}{r}}{\partial x\,\partial x'}\frac{\partial x}{\partial n} + \frac{\partial^2 \frac{1}{r}}{\partial x\,\partial y'}\frac{\partial y}{\partial n} + \frac{\partial^2 \frac{1}{r}}{\partial x\,\partial z'}\frac{\partial z}{\partial n} \right).$$

Nun ist zu bemerken, dass in der Grösse $\frac{1}{r}$ die Coordinaten x, y, z, x', y', z' nur in der Verbindung $x - x'$, $y - y'$ und $z - z'$ vorkommen, und dass man daher jeden Differentialcoëfficienten nach einer der accentuirten Grössen durch den Differentialcoëfficienten nach der entsprechenden unaccentuirten Grösse, und umgekehrt, ersetzen kann, wenn man zugleich das Vorzeichen umkehrt, dass man also z. B. schreiben kann:

$$\frac{\partial^2 \frac{1}{r}}{\partial x\, \partial x'} = -\frac{\partial^2 \frac{1}{r}}{\partial x^2} \quad \text{und} \quad \frac{\partial^2 \frac{1}{r}}{\partial x\, \partial y'} = \frac{\partial^2 \frac{1}{r}}{\partial x'\, \partial y}.$$

Demnach kann man dem vorigen Ausdrucke folgende Form geben:

$$-\left(\frac{\partial^2 \frac{1}{r}}{\partial x^2} + \frac{\partial^2 \frac{1}{r}}{\partial y^2} + \frac{\partial^2 \frac{1}{r}}{\partial z^2}\right)\frac{\partial x}{\partial n} - \left(\frac{\partial^2 \frac{1}{r}}{\partial x'\, \partial x}\frac{\partial x}{\partial n} + \frac{\partial^2 \frac{1}{r}}{\partial x'\, \partial y}\frac{\partial y}{\partial n} + \frac{\partial^2 \frac{1}{r}}{\partial x'\, \partial z}\frac{\partial z}{\partial n}\right).$$

Von den beiden Gliedern dieses Ausdruckes ist das erste Null und das zweite lässt sich so schreiben:

$$-\frac{\partial}{\partial x'}\left(\frac{\partial \frac{1}{r}}{\partial x}\frac{\partial x}{\partial n} + \frac{\partial \frac{1}{r}}{\partial y}\frac{\partial y}{\partial n} + \frac{\partial \frac{1}{r}}{\partial z}\frac{\partial z}{\partial n}\right)$$

und dann zusammenziehen in

$$-\frac{\partial}{\partial x'}\left(\frac{\partial \frac{1}{r}}{\partial n}\right).$$

Ebenso lassen sich die Factoren von $\frac{\partial y'}{\partial n'}$ und $\frac{\partial z'}{\partial n'}$ in die entsprechenden einfachen Formen

$$-\frac{\partial}{\partial y'}\left(\frac{\partial \frac{1}{r}}{\partial n}\right) \quad \text{und} \quad -\frac{\partial}{\partial z'}\left(\frac{\partial \frac{1}{r}}{\partial n}\right)$$

bringen, und das ganze obige Doppelintegral nimmt daher folgende Gestalt an:

$$-\int d\omega \int \left[\frac{\partial}{\partial x'}\left(\frac{\partial \frac{1}{r}}{\partial n}\right)\frac{\partial x'}{\partial n'} + \frac{\partial}{\partial y'}\left(\frac{\partial \frac{1}{r}}{\partial n}\right)\frac{\partial y'}{\partial n'} + \frac{\partial}{\partial z'}\left(\frac{\partial \frac{1}{r}}{\partial n}\right)\frac{\partial z'}{\partial n'}\right] d\omega',$$

welche sich noch weiter vereinfacht in

$$-\int d\omega \int \frac{\partial^2 \frac{1}{r}}{\partial n\, \partial n'} \, d\omega'$$

oder anders geschrieben:

$$-\int\int \frac{\partial^2 \frac{1}{r}}{\partial n\, \partial n'}\, d\omega\, d\omega'.$$

Demnach erhalten wir als Resultat der vorgenommenen Transformationen die Gleichung:

$$\int\int \frac{1}{r}\left(\frac{\partial x}{\partial s}\frac{\partial x'}{\partial s'}+\frac{\partial y}{\partial s}\frac{\partial y'}{\partial s'}+\frac{\partial z}{\partial s}\frac{\partial z'}{\partial s'}\right) ds\, ds' = -\int\int \frac{\partial^2 \frac{1}{r}}{\partial n\, \partial n'}\, d\omega\, d\omega'.$$

Wenn wir diese Gleichung auf (20) anwenden, so kommt:

$$(21) \quad Q = - kii' \int\int \frac{1}{r}\left(\frac{\partial x}{\partial s}\frac{\partial x'}{\partial s'}+\frac{\partial y}{\partial s}\frac{\partial y'}{\partial s'}+\frac{\partial z}{\partial s}\frac{\partial z'}{\partial s'}\right) ds\, ds'.$$

Nun ist aber ferner, wenn man den Winkel zwischen den Stromelementen ds und ds' mit (ss') bezeichnet, zu setzen:

$$cos\, (ss') = \frac{\partial x}{\partial s}\frac{\partial x'}{\partial s'}+\frac{\partial y}{\partial s}\frac{\partial y'}{\partial s'}+\frac{\partial z}{\partial s}\frac{\partial z'}{\partial s'}$$

und aus der Gleichung

$$r^2 = (x - x')^2 + (y - y')^2 + (z - z')^2$$

ergiebt sich:

$$\frac{\partial^2 (r^2)}{\partial s\, \partial s'} = - 2\left(\frac{\partial x}{\partial s}\frac{\partial x'}{\partial s'}+\frac{\partial y}{\partial s}\frac{\partial y'}{\partial s'}+\frac{\partial z}{\partial s}\frac{\partial z'}{\partial s'}\right)$$

und man kann daher die Gleichung (21) auch in folgende Formen bringen:

$$(21\,a) \qquad Q = - kii' \int\int \frac{cos\, (ss')}{r}\, ds\, ds'$$

$$(21\,b) \qquad Q = \tfrac{1}{2}\, kii' \int\int \frac{1}{r}\frac{\partial^2 (r^2)}{\partial s\, \partial s'}\, ds\, ds'.$$

Setzt man in der letzten Gleichung:

$$\frac{1}{r}\frac{\partial^2 (r^2)}{\partial s\, \partial s'} = \frac{2}{r}\frac{\partial r}{\partial s}\frac{\partial r}{\partial s'} + 2\frac{\partial^2 r}{\partial s\, \partial s'},$$

und bedenkt, dass das Integral des letzten Gliedes für geschlossene Ströme Null wird, so erhält man:

$$(22) \qquad Q = kii' \int\int \frac{1}{r}\frac{\partial r}{\partial s}\frac{\partial r}{\partial s'}\, ds\, ds'.$$

Bezeichnet man ferner die Winkel zwischen der in dem Sinne von ds' nach ds hin positiv gerechneten Richtung von r und den Richtungen von ds und ds' mit (rs) und (rs'), so ist

$$cos\, (rs) = \frac{\partial r}{\partial s} \quad \text{und} \quad cos\, (rs') = - \frac{\partial r}{\partial s'},$$

und demgemäss kann man der Gleichung (22) noch folgende Form geben:

$$(22\,\mathrm{a}) \qquad Q = -\,k\,i\,i' \int\!\!\int \frac{\cos\,(rs)\,.\,\cos\,(rs')}{r}\,ds\,ds'.$$

Die unter (21), (21 a), (21 b), (22) und (22 a) gegebenen Ausdrücke sind es, welche F. Neumann für das magnetische Potential zweier geschlossener Ströme auf einander aufgestellt hat.

Da es für das Folgende zweckmässig ist, in dem Ausdrucke des Potentials den Factor, welcher von den Stromintensitäten unabhängig ist, und ausser von der Grösse k nur noch von der Configuration der beiden Leiter abhängt, kurz bezeichnen zu können, wollen wir dafür das Zeichen w einführen, indem wir setzen:

$$(23) \qquad w = k \int\!\!\int \frac{\cos\,(ss')}{r}\,ds\,ds'.$$

Dann können wir die zur Bestimmung des magnetischen Potentials dienende Gleichung sehr einfach so schreiben:

$$(24) \qquad Q = -\,i\,i'\,w.$$

Denkt man sich nun, dass der Strom s unter dem Einflusse der ponderomotorischen Kräfte, welche seine Elemente von dem Strome s' erleiden, irgend eine Bewegung mache, so wird dabei von den ponderomotorischen Kräften eine Arbeit gethan, welche sich durch die Abnahme des magnetischen Potentials darstellen lässt. Dasselbe gilt auch für den umgekehrten Fall, wo der Strom s' sich unter dem Einflusse der von dem Strome s auf seine Elemente ausgeübten ponderomotorischen Kräfte bewegt, und ebenso für den allgemeineren Fall, wo beide Ströme sich unter dem Einflusse der gegenseitig auf einander ausgeübten ponderomotorischen Kräfte bewegen. Hierbei ist unter Abnahme des Potentials aber nur diejenige Abnahme verstanden, welche durch die Lagenänderungen der Leiter verursacht wird, und nicht diejenige, welche möglicherweise gleichzeitig durch Aenderung der Stromintensitäten stattfinden kann. Bezeichnen wir also die von den ponderomotorischen Kräften gethane Arbeit mit A_p und den während eines Zeitelementes dt stattfindenden Zuwachs dieser Arbeit mit dA_p, so dürfen wir nicht allgemein setzen:

$$dA_p = -\,dQ,$$

sondern haben folgende Gleichung zu bilden:

$$(25) \qquad dA_p = i\,i'\,dw.$$

§. 7. Die Induction und das electrodynamische Potential zweier geschlossener Ströme auf einander.

Die Induction ist bekanntlich von F. Neumann sehr vollständig behandelt [1]); wir wollen uns hier aber auf die Besprechung des Falles beschränken, wo beide Leiter geschlossen sind, weil das für diesen Fall von Neumann aufgestellte Gesetz als unzweifelhaft richtig betrachtet werden kann.

Wir denken uns also zwei geschlossene Leiter s und s' gegeben, und nehmen an, dass in s' ein Strom von der Stärke i' stattfinde. Wenn nun die beiden Leiter, welche wir der Einfachheit wegen als starr voraussetzen wollen, sich irgendwie bewegen und zugleich die Stromstärke i' sich ändert, so fragt es sich, welche electromotorische Kraft dabei in s inducirt wird. Darüber gilt nach Neumann folgendes Gesetz: Die im Leiter s inducirte electromotorische Kraft ist gleich dem nach der Zeit genommenen Differentialcoëfficienten des magnetischen Potentials des im Leiter s' stattfindenden Stromes i' auf einen im Leiter s gedachten Strom von einer gewissen constanten Stärke, welche vorläufig c heissen möge.

Die hierin vorkommende, vorläufig unbestimmt gelassene Constante c wird die Inductionsconstante genannt.

Das magnetische Potential der Ströme i' und c auf einander wird nach Gleichung (24) durch $- c i' w$ dargestellt. Demnach lässt sich, wenn die in s inducirte electromotorische Kraft mit E bezeichnet wird, folgende Gleichung bilden:

$$(26) \qquad\qquad E = - c \, \frac{d\,(i'w)}{dt}.$$

Findet in dem Leiter s, für welchen vorher nur ein gedachter Strom von gegebener Stärke c in Betracht kam, auch ein wirklicher Strom von irgend einer Stärke i statt, die mit der Zeit veränderlich sein kann, so wird auch in dem Leiter s' eine electromotorische Kraft inducirt, welche mit E' bezeichnet werden möge, und für welche folgende, der vorigen entsprechende Gleichung gilt:

$$(27) \qquad\qquad E' = - c \, \frac{d\,(i w)}{dt}.$$

---

[1]) Abhandlungen der Berliner Academie 1845 und 1847.

Nachdem die inducirte electromotorische Kraft bestimmt ist, kann auch die von dieser Kraft während des Zeitelementes dt gethane Arbeit leicht ausgedrückt werden. Man braucht dazu nur die inducirte electromotorische Kraft mit der Intensität des in dem betreffenden Leiter stattfindenden Stromes und mit dem Zeitelemente zu multipliciren, also für den Leiter s das Product $E i dt$ und für den Leiter s' das Product $E' i' dt$ zu bilden, in welche Producte man dann für E und E' ihre Werthe einsetzen kann. Man erhält daher, wenn man die in beiden Leitern zusammen von den electromotorischen Kräften während der Zeit dt gethane Arbeit mit dA_e bezeichnet, die Gleichung:

$$dA_e = - ic\,\frac{d\,(i'\,w)}{dt}\,dt - i'c\,\frac{d\,(i\,w)}{dt}\,dt$$

oder einfacher geschrieben:

$$(28) \qquad dA_e = - c\,[i\,d\,(i'\,w) + i'\,d\,(iw)].$$

Dem hier in der eckigen Klammer stehenden Ausdrucke kann man auch eine solche Form geben, dass eines seiner Glieder ein vollständiges Differential ist, nämlich:

$$(29) \qquad dA_e = - c\,[d\,(i\,i'\,w) + i\,i'\,dw].$$

Diese von den electromotorischen Kräften gethane Arbeit möge nun noch mit der oben in (25) bestimmten, von den ponderomotorischen Kräften gethanen Arbeit in eine Summe vereinigt werden. Wir wollen dabei für die Gesammtarbeit das einfache Zeichen A einführen, so dass wir setzen können:

$$dA_p + dA_e = dA,$$

dann kommt:

$$dA = i i'\,dw - c\,[d\,(i\,i'\,w) + i\,i'\,dw],$$

oder anders geordnet:

$$(30) \qquad dA = - c\,d\,(i\,i'\,w) + (1 - c)\,i\,i'\,dw.$$

Nehmen wir nun an, dass für electrische Ströme und die von ihnen gethane Arbeit das Princip von der Erhaltung der Energie gelte, so muss sich die von den ponderomotorischen und electromotorischen Kräften zusammen während des Zeitelementes gethane Arbeit durch das Differential irgend einer Grösse darstellen lassen, welche nur von dem augenblicklichen Zustande der Ströme, also von ihren Lagen und Intensitäten abhängt. Wir wollen, in Uebereinstimmung mit dem in der Electrostatik und beim Magnetismus angewandten Verfahren, diejenige Grösse, deren negatives

Differential die Arbeit darstellt, zur besonderen Benennung und Bezeichnung auswählen. Diese Grösse möge das electrodynamische Potential der beiden Ströme auf einander genannt und durch das Zeichen W dargestellt werden, so dass zu setzen ist:

$$(31) \qquad\qquad dA = - dW.$$

Halten wir diese Gleichung mit der Gleichung (30) zusammen, so sehen wir, dass an der rechten Seite der letzteren das zweite Glied, nämlich $(1 - c)\, i\,i'\, dw$, welches kein vollständiges Differential ist, verschwinden muss, woraus folgt, dass die Inductionsconstante c in unseren Gleichungen, in welchen zur Messung der Stromintensitäten das mechanische Maass angewandt ist, den Werth 1 haben muss. Das dann an der rechten Seite von (30) allein übrig bleibende erste Glied muss mit $- dW$ übereinstimmen, und wir erhalten daher zur Bestimmung des electrodynamischen Potentials der beiden Ströme auf einander die Gleichung:

$$(32) \qquad\qquad W = i\,i'\, w.$$

Das electrodynamische Potential der beiden Ströme auf einander ist also dem oben mit Q bezeichneten und durch die Gleichung (24) bestimmten magnetischen Potential der beiden Ströme auf einander dem absoluten Werthe nach gleich, aber dem Vorzeichen nach entgegengesetzt.

ABSCHNITT IX.

Ableitung eines neuen electrodynamischen Grundgesetzes.

§. 1. Verallgemeinerung des electrischen Kraftgesetzes und Ansichten über die strömende Electricität.

Die im vorigen Abschnitte besprochenen ponderomotorischen und electromotorischen Kräfte sind von der Bewegung der Electricität abhängig, und man muss daher schliessen, dass bewegte Electricitätstheilchen anders auf einander wirken, als ruhende. Es entsteht nun die Frage, ob sich für die Kräfte, welche zwei bewegte Electricitätstheilchen auf einander ausüben, ein allgemeines Gesetz aufstellen lässt, welches alle electrostatischen und electrodynamischen Wirkungen erklärt, und keiner bekannten Erscheinung widerspricht.

Der erste, welcher die electrischen Wirkungen von diesem allgemeinen Gesichtspuncte aus betrachtet hat, ist W. Weber gewesen, welcher bekanntlich für die Kräfte, welche zwei bewegte Electricitätstheilchen auf einander ausüben, ein Grundgesetz aufgestellt hat, welches zur Erklärung aller electrischen Wirkungen ausreichen soll. Seien nämlich e und e' die beiden in Puncten concentrirt gedachten Electricitätstheilchen, und r ihr gegenseitiger Abstand zur Zeit t, so bestehen die von den Theilchen auf einander ausgeübte Kräfte nach Weber in einer gegenseitigen Abstossung von der Stärke

$$\frac{ee'}{r^2}\left[1 - \frac{1}{c^2}\left(\frac{dr}{dt}\right)^2 + \frac{2}{c^2}\,r\,\frac{d^2r}{dt^2}\right],$$

worin c eine Constante bedeutet.

Bei der Ableitung dieser Formel ist Weber von der Vorstellung ausgegangen, dass bei einem galvanischen Strome in jedem Leiterelemente gleiche Mengen positiver und negativer Electricität sich mit gleichen Geschwindigkeiten nach entgegengesetzten Seiten bewegen. Diese Vorstellung ist eine so complicirte, dass schon viele Physiker daran Anstoss genommen haben. So lange nicht zwingende Gründe für die Annahme einer solchen Doppelbewegung vorliegen, darf man die einfachere Vorstellung, dass ein Strom aus der Bewegung nur Eines Fluidums bestehe, nicht aufgeben, sondern muss versuchen, aus ihr die Wirkungen des galvanischen Stromes zu erklären.

Der letztgenannten, schon lange und oft zum Ausdruck gelangten Vorstellung hat neuerdings besonders Carl Neumann eine bestimmtere Form gegeben[1]), indem er dabei sagt, dass seine Ueberlegungen vollständig mit denen übereinstimmen, welche Riemann schon im Jahre 1854 in der einunddreissigsten Naturforscherversammlung ausgesprochen habe. Neumann nimmt nämlich an, ein metallischer Leiter enthalte zwar in jedem Raumtheilchen positive und negative Electricität, aber nur die erstere sei in der Weise beweglich, dass sie im Leiter strömen könne, während die letztere unlöslich mit den ponderablen Atomen verbunden sei.

Ueber den Punct, ob es überhaupt nöthig ist, neben der beweglichen positiven Electricität noch eine an den ponderablen Atomen haftende negative Electricität anzunehmen, oder ob sich die dieser Electricität zugeschriebenen Kräfte auch auf andere Weise erklären lassen, können vielleicht noch verschiedene Ansichten geltend gemacht werden. Indessen bei der mathematischen Behandlung der Sache kann man, da die Kräfte so stattfinden, wie sie von solcher den Atomen anhaftenden negativen Electricität ausgeübt werden würden, jedenfalls die letztere als vorhanden voraussetzen, ohne dadurch schon eine feste Entscheidung über ihre wirkliche Existenz zu treffen. In diesem Sinne werde ich jene Vor-

---

[1]) Berichte der k. sächsischen Gesellschaft der Wiss. Math.-phys. Classe, 1871, S. 394 und 417.

stellungsweise so, wie sie von Neumann formulirt ist, den nachstehenden Betrachtungen zu Grunde legen.

§. 2. Unvereinbarkeit des Weber'schen Grundgesetzes
mit der Vorstellung von nur Einer im festen Leiter
beweglichen Electricität.

Es möge nun zunächst die Frage gestellt werden, ob das
Weber'sche Grundgesetz mit jener Ansicht, dass nur Eine Electricität im festen Leiter strömen könne, vereinbar ist. Dazu wollen wir als Kriterium den Erfahrungssatz wählen, dass ein in
einem ruhenden Leiter stattfindender geschlossener und
constanter galvanischer Strom auf ruhende Electricität
keine bewegende Kraft ausübt, und wollen untersuchen, ob
das Weber'sche Grundgesetz auch dann noch zu diesem Satze
führt, wenn man nur Eine der beiden Electricitäten als beweglich
betrachtet.

Im Puncte x, y, z denken wir uns irgend eine Electricitäts-
menge, z. B. eine Einheit positiver Electricität, und im Puncte
x', y', z' ein Element ds' eines galvanischen Stromes befindlich.
Die im letzteren sich bewegende positive Electricität heisse $h'\,ds'$.
Diese übt nach Weber auf die ruhende Electricitätseinheit eine
Abstossung aus, welche durch

$$\frac{h'\,ds'}{r^2}\left[1 - \frac{1}{c^2}\left(\frac{dr}{dt}\right)^2 + \frac{2}{c^2}\,r\,\frac{d^2r}{dt^2}\right]$$

dargestellt wird, wobei natürlich ein negativer Werth des Ausdruckes Anziehung bedeutet. Hierin können wir im vorliegenden
Falle, wo die Grösse r sich nur durch die Bewegung der im Leiterelemente ds' befindlichen Electricität ändert, setzen:

$$\frac{dr}{dt} = \frac{\partial r}{\partial s'}\,\frac{ds'}{dt},$$

$$\frac{d^2r}{dt^2} = \frac{\partial^2 r}{\partial s'^2}\left(\frac{ds'}{dt}\right)^2 + \frac{\partial r}{\partial s'}\,\frac{d^2s'}{dt^2},$$

und in dieser letzteren Formel haben wir, wenn wir den Leiter
des Stromes als durchweg gleich voraussetzen, so dass h' in allen
seinen Theilen einen und denselben Werth hat, für einen constan-

ten Strom $\dfrac{d^2 s'}{dt^2} = 0$ zu setzen. Dadurch geht der Ausdruck für die Abstossung über in:

$$\frac{h'\,ds'}{r^2}\left\{ 1 + \frac{1}{c^2}\left[-\left(\frac{\partial r}{\partial s'}\right)^2 + 2\,r\,\frac{\partial^2 r}{\partial s'^2}\right]\left(\frac{ds'}{dt}\right)^2 \right\}.$$

Nimmt man nun zunächst mit Weber an, dass in dem Leiterelemente ds' auch eine eben so grosse Menge negativer Electricität sich mit gleicher Geschwindigkeit nach entgegengesetzter Richtung bewege, so muss man, um die Abstossung, welche diese auf die ruhende Electricitätseinheit ausüben würde, zu erhalten, dem vorigen Ausdrucke im Ganzen das negative Vorzeichen geben, und ausserdem das Vorzeichen des Differentialcoëfficienten $\dfrac{ds'}{dt}$ umkehren. Da aber dieser Differentialcoëfficient nur quadratisch vorkommt, so bringt die Umkehrung seines Vorzeichens keine Aenderung in dem Ausdrucke hervor. Die von der negativen Electricität ausgeübte Kraft würde also der von der positiven ausgeübten gleich und entgegengesetzt sein, so dass beide sich aufheben, und das Stromelement gar keine Kraft auf die ruhende Electricitätseinheit ausüben würde. Es ergiebt sich also, dass das Weber'sche Grundgesetz, wenn es mit der Weber'schen Vorstellung von der doppelten Electricitätsbewegung in Verbindung gebracht wird, mit dem obigen Erfahrungssatze übereinstimmt, indem nicht nur für einen geschlossenen Strom, sondern auch für jedes einzelne Element desselben die Kraft Null wird.

Nun wollen wir aber die andere Annahme machen, dass die in dem Leiterelemente befindliche negative Electricität nicht ströme, sondern fest mit den ponderablen Atomen verbunden sei. Dann wird die Kraft, welche diese auf die ruhende Electricitätseinheit ausübt, durch die aus der Electrostatik bekannte einfache Formel $-\dfrac{h'\,ds'}{r^2}$ dargestellt. Demnach heben sich in diesem Falle die beiden Kräfte nicht vollständig auf, sondern es bleibt eine durch die Formel

$$\frac{h'\,ds'}{c^2 r^2}\left[-\left(\frac{\partial r}{\partial s'}\right)^2 + 2\,r\,\frac{\partial^2 r}{\partial s'^2}\right]\left(\frac{ds'}{dt}\right)^2$$

dargestellte Abstossung übrig.

Die in die x-Richtung fallende Componente dieser Kraft erhält man durch Multiplication mit $\dfrac{x-x'}{r}$, und es ergiebt sich daher, wenn man diese Componente mit $\dfrac{d\mathfrak{X}}{ds'}\,ds'$ bezeichnet, folgende Gleichung:

$$(1)\qquad \frac{d\mathfrak{X}}{ds'}\,ds' = \frac{h'}{c^2}\left(\frac{ds'}{dt}\right)^2 \frac{x-x'}{r^3}\left[-\left(\frac{\partial r}{\partial s'}\right)^2 + 2r\,\frac{\partial^2 r}{\partial s'^2}\right]ds'.$$

Diese Gleichung muss nach s' über den ganzen geschlossenen Strom integrirt werden, um die Grösse $\mathfrak{X}$, nämlich die in die x-Richtung fallende Componente der Kraft, welche der ganze Strom auf die ruhende Electricitätseinheit ausübt, zu erhalten.

Dazu wollen wir mit dem auf der rechten Seite stehenden Ausdrucke noch einige Umformungen vornehmen. Man kann setzen:

$$\frac{x-x'}{r^{3/2}} = 2\,\frac{\partial\,Vr}{\partial x} \quad\text{und}\quad \frac{1}{r^{3/2}}\left[-\left(\frac{\partial r}{\partial s'}\right)^2 + 2r\,\frac{\partial^2 r}{\partial s'^2}\right] = 4\,\frac{\partial^2\,Vr}{\partial s'^2}.$$

Dadurch geht die Gleichung (1) über in:

$$(2)\qquad \frac{d\mathfrak{X}}{ds'}\,ds' = \frac{8h'}{c^2}\left(\frac{ds'}{dt}\right)^2 \frac{\partial\,Vr}{\partial x}\,\frac{\partial^2\,Vr}{\partial s'^2}\,ds'.$$

Hierin kann man weiter setzen:

$$\frac{\partial\,Vr}{\partial x}\,\frac{\partial^2\,Vr}{\partial s'^2} = \frac{\partial}{\partial s'}\left(\frac{\partial\,Vr}{\partial x}\,\frac{\partial\,Vr}{\partial s'}\right) - \frac{\partial\,Vr}{\partial s'}\,\frac{\partial^2\,Vr}{\partial s'\,\partial x}$$

$$= \frac{\partial}{\partial s'}\left(\frac{\partial\,Vr}{\partial x}\,\frac{\partial\,Vr}{\partial s'}\right) - \frac{1}{2}\,\frac{\partial}{\partial x}\left[\left(\frac{\partial\,Vr}{\partial s'}\right)^2\right],$$

wodurch (2) übergeht in:

$$(3)\qquad \frac{d\mathfrak{X}}{ds'}\,ds' = \frac{8h'}{c^2}\left(\frac{ds'}{dt}\right)^2\left\{\frac{\partial}{\partial s'}\left(\frac{\partial\,Vr}{\partial x}\,\frac{\partial\,Vr}{\partial s'}\right) - \frac{1}{2}\,\frac{\partial}{\partial x}\left[\left(\frac{\partial\,Vr}{\partial s'}\right)^2\right]\right\}ds'.$$

Wenn man diese Gleichung über einen geschlossenen Strom integrirt, so giebt das erste innerhalb der Klammer befindliche Glied, welches ein Differentialcoëfficient nach s' ist, den Werth Null. Das zweite Glied, welches ein Differentialcoëfficient nach x ist, kann, da die Veränderliche x von der Veränderlichen s' unabhängig ist, unter dem Differentiationszeichen integrirt werden, und es kommt:

$$(4)\qquad \mathfrak{X} = -\frac{4h'}{c^2}\left(\frac{ds'}{dt}\right)^2\frac{\partial}{\partial x}\int\left(\frac{\partial\,Vr}{\partial s'}\right)^2 ds'.$$

Ganz entsprechende Ausdrücke ergeben sich auch für die in die y- und z-Richtung fallenden Componenten der Kraft.

Man sieht sofort, dass das hierin vorkommende Integral nicht Null ist, und dass auch seine Differentialcoëfficienten nach x, y und z im Allgemeinen nicht Null sein werden. Demnach müsste ein in einem ruhenden Leiter stattfindender geschlossener und constanter Strom auf ruhende Electricität eine Kraft ausüben, und zwar eine Kraft, welche ein Ergal hätte, da ihre in die Coordinatenrichtungen fallenden Componenten, der obigen Gleichung nach, durch die negativen Differentialcoëfficienten einer von den Coordinaten der betreffenden ruhenden Electricitätseinheit abhängenden Grösse dargestellt würden. Der galvanische Strom müsste also, ähnlich wie ein mit einem Ueberschuss von positiver oder negativer Electricität geladener Körper, in jedem in seiner Nähe befindlichen leitenden Körper eine veränderte Vertheilung der Electricität hervorrufen [1]). Auch für einen Magneten würde man, wenn man den Magnetismus durch moleculare electrische Ströme erklärt, ähnliche Wirkungen auf die ihn umgebenden leitenden Körper erhalten.

Solche Wirkungen sind aber, trotz der vielen Gelegenheit, die man dazu gehabt haben würde, nie beobachtet worden, und man wird daher den obigen Satz, welcher ausdrückt, dass sie nicht stattfinden, gewiss allgemein als feststehenden Erfahrungssatz anerkennen, woraus dann, da das in der Gleichung (4) ausgedrückte Resultat diesem Satze widerspricht, der Schluss folgt, dass das Weber'sche Grundgesetz mit der Ansicht, dass bei einem in einem festen Leiter stattfindenden galvanischen Strome nur die positive Electricität sich bewegt, unvereinbar ist.

§. 3. Betrachtung eines von Riemann aufgestellten Kraftgesetzes unter dem obigen Gesichspuncte.

In neuester Zeit, nachdem ich meine erste Mittheilung über das von mir aufgestellte Grundgesetz schon veröffentlicht hatte,

---

[1]) Derselbe Schluss ist auch schon i. J. 1873 von Riecke gezogen (Gött. Nachr. 5. Juli 1873), was mir, als ich dieses schrieb, unbekannt war, worauf ich aber, noch während es in Borchardt's Journal gedruckt wurde, durch den damals eben erschienenen neuesten Aufsatz von Riecke (Gött. Nachr. 28. Juni 1876), in welchem jener ältere citirt war, aufmerksam gemacht wurde.

ist ein Werk erschienen [1]), in welchem ein anderes, von Riemann in seinen Vorlesungen mitgetheiltes electrodynamisches Kraftgesetz angeführt wird, und es wird daher zweckmässig sein, im Anschlusse an das Vorige auch dieses Gesetz unter demselben Gesichtspuncte zu betrachten, d. h. zu untersuchen, ob es mit der Ansicht von nur Einer im festen Leiter beweglichen Electricität vereinbar ist.

Seien, wie oben, e und e' zwei in Puncten concentrirt gedachte Electricitätstheilchen, x, y, z und x', y', z' ihre rechtwinkligen Coordinaten zur Zeit t, so gilt für die in die x-Richtung fallende Componente der Kraft, welche e von e' erleidet, nach Riemann (S. 327) folgende Gleichung:

$$(5) \quad X = \frac{ee'}{r^2}\frac{\partial r}{\partial x} + \frac{ee'}{c^2}\frac{d\left\{\frac{2}{r}\left(\frac{dx}{dt}-\frac{dx'}{dt}\right)\right\}}{dt}$$
$$+ \frac{ee'}{c^2}\frac{1}{r^2}\frac{\partial r}{\partial x}\left\{\left(\frac{dx}{dt}-\frac{dx'}{dt}\right)^2+\left(\frac{dy}{dt}-\frac{dy'}{dt}\right)^2+\left(\frac{dz}{dt}-\frac{dz'}{dt}\right)^2\right\},$$

und entsprechende Gleichungen sind für die beiden anderen Coordinatenrichtungen zu bilden.

Diese Gleichung wollen wir nun wieder dazu anwenden, die Kraft zu bestimmen, welche ein geschlossener galvanischer Strom auf eine ruhende Electricitätseinheit ausübt. Wir setzen daher:

$$e = 1 \text{ und } \frac{dx}{dt} = \frac{dy}{dt} = \frac{dz}{dt} = 0.$$

Ferner ersetzen wir, um zunächst die Kraft zu bestimmen, welche von der im Leiterelemente ds' sich bewegenden positiven Electricität ausgeübt wird, e' durch das Product $h' ds'$. Dann geht der vorige Ausdruck über in:

$$h' ds'\left\{\frac{1}{r^2}\frac{\partial r}{\partial x} - \frac{1}{c}\frac{d\left(\frac{2}{r}\frac{dx'}{dt}\right)}{dt}\right.$$
$$\left. + \frac{1}{c^2}\frac{1}{r^2}\frac{\partial r}{\partial x}\left[\left(\frac{dx'}{dt}\right)^2+\left(\frac{dy'}{dt}\right)^2+\left(\frac{dz'}{dt}\right)^2\right]\right\}.$$

Hierin kann das letzte Glied dadurch vereinfacht werden, dass die in der eckigen Klammer stehende Summe durch $\left(\frac{ds'}{dt}\right)^2$ ersetzt

---

[1]) Schwere, Electricität und Magnetismus. Nach den Vorlesungen von Bernhard Riemann bearbeitet von Karl Hattendorff, Hannover 1876.

wird, und das zweite Glied möge so umgeändert werden, dass x' und r als Functionen von s' und die Grösse s' als Function von t behandelt und dabei, weil der Strom constant ist, $\dfrac{d^2 s'}{dt^2} = 0$ gesetzt wird. Dann kommt:

$$h'\,ds'\left[\frac{1}{r^2}\frac{\partial r}{\partial x} - \frac{1}{c^2}\frac{\partial\left(\dfrac{2}{r}\dfrac{dx'}{ds'}\right)}{\partial s'}\left(\frac{ds'}{dt}\right)^2 + \frac{1}{c^2}\frac{1}{r^2}\frac{\partial r}{\partial x}\left(\frac{ds'}{dt}\right)^2\right].$$

Gehen wir nun zunächst wieder von der Voraussetzung aus, dass in dem Leiterelemente ds' eine gleich grosse Menge negativer Electricität mit gleicher Geschwindigkeit nach entgegengesetzter Richtung ströme, so haben wir, um die x-Componente der von dieser Electricitätsmenge auf die ruhende Electricitätseinheit ausgeübten Kraft darzustellen, denselben Ausdruck, wie vorher, nur mit entgegengesetztem Vorzeichen zu bilden. Beide Kräfte heben sich somit auf, und es ist daher unter der Voraussetzung zweier in gleicher Weise im Leiter beweglicher Electricitäten auch das Riemann'sche Kraftgesetz mit unserem Erfahrungssatze im Einklange.

Machen wir dagegen die Voraussetzung, dass die im Leiterelemente ds' befindliche negative Electricität in Ruhe sei, so haben wir die x-Componente der von ihr auf die ruhende Electricitätseinheit ausgeübten Kraft durch

$$-\,h'\,ds'\,\frac{1}{r^2}\frac{\partial r}{\partial x}$$

darzustellen, und wir erhalten daher, wenn wir die x-Componente der Kraft, mit welcher das Stromelement ds' auf die ruhende Electricitätseinheit wirkt, wieder mit $\dfrac{d\mathfrak{X}}{ds'}\,ds'$ bezeichnen, die Gleichung:

$$(6)\qquad \frac{d\mathfrak{X}}{ds'}\,ds' = \frac{h'}{c^2}\left(\frac{ds'}{dt}\right)^2\left[-\frac{\partial\left(\dfrac{2}{r}\dfrac{dx'}{ds'}\right)}{\partial s'} + \frac{1}{r^2}\frac{\partial r}{\partial x}\right]ds'.$$

Denken wir uns diese Gleichung über einen geschlossenen Strom integrirt, so giebt das erste Glied Null, und es kommt:

$$\mathfrak{X} = \frac{h'}{c^2}\left(\frac{ds'}{dt}\right)^2\int\frac{1}{r^2}\frac{\partial r}{\partial x}\,ds',$$

oder anders geschrieben:

$$(7)\qquad \mathfrak{X} = -\frac{h'}{c^2}\left(\frac{ds'}{dt}\right)^2\frac{\partial}{\partial x}\int\frac{ds'}{r}.$$

Entsprechende Gleichungen erhält man natürlich auch für die in die beiden anderen Coordinatenrichtungen fallenden Kraftcomponenten.

Das hierin vorkommende Integral ist nicht Null und auch seine Differentialcoëfficienten sind es im Allgemeinen nicht. Wir erhalten also auch aus dem Riemann'schen Gesetze dasselbe Resultat, wie aus dem Weber'schen, dass ein geschlossener galvanischer Strom, und ebenso auch ein Magnet, auf jeden in seiner Nähe befindlichen leitenden Körper eine der electrostatischen Influenz ähnliche Wirkung ausüben müsste. Da dieses unserem Erfahrungssatze widerspricht, so können wir auch von dem Riemann'schen Gesetze sagen, dass es mit der Vorstellung von nur Einer im festen Leiter beweglichen Electricität nicht vereinbar ist.

§. 4. Zulässigkeit gewisser Vorbedingungen bei der Bestimmung der Kräfte.

Wenn wir nun versuchen wollen, ein anderes Grundgesetz aufzufinden, welches von dem vorstehend erwähnten Widerspruche mit der Erfahrung frei ist, so müssen wir uns zunächst darüber klar werden, ob und in wie weit es zulässig ist, in Bezug auf die Richtung und Grösse der Kräfte gewisse Vorbedingungen zu stellen.

Weber hat es als selbstverständlich betrachtet, dass die Kräfte, welche zwei in Puncten concentrirt gedachte Electricitätstheilchen auf einander ausüben, nur in gegenseitigen Anziehungen oder Abstossungen bestehen können, dass sie also gleich und entgegengesetzt sein und ihrer Richtung nach in die Verbindungslinie der beiden Puncte fallen müssen. In dieser Beziehung muss ich aber auf das zurückkommen, was schon in §. 1 des vorigen Abschnittes über die von zwei Stromelementen auf einander ausgeübten Kräfte gesagt wurde.

Wenn Newton die Kräfte, welche zwei materielle Puncte unabhängig von ihrer etwaigen Bewegung auf einander ausüben, ohne weiteres als eine gegenseitige Anziehung betrachtet, und wenn man ebenso von den Kräften, welche zwei ruhende Electricitätstheilchen auf einander ausüben, ohne weiteres annimmt, dass sie nur in gegenseitiger Anziehung oder Abstossung bestehen können, so ist das vollkommen berechtigt, denn zwei ruhenden Puncten kann man gar keine Kraft zuschreiben, welche von der Verbindungslinie seitlich abwiche, da kein Umstand vorhanden ist, durch welchen Eine seitliche Richtung vor den übrigen ausgezeichnet wäre. Bei derjenigen Kraft dagegen, welche zwei Electricitätstheilchen wegen ihrer Bewegungen auf einander ausüben, verhält es sich ganz anders. In diesem Falle giebt es in der That ausser der Verbindungslinie der Theilchen noch andere ausgezeichnete Richtungen, nämlich die beiden Bewegungsrichtungen der Theilchen, und es ist sehr wohl denkbar, dass diese einen Einfluss auf die Kraftrichtungen haben. Hätte Newton ein Gesetz für solche Kräfte, die durch die Bewegungen der Puncte verursacht werden, aufzustellen gehabt, so würde er bei der Vorsicht, mit welcher er ungerechtfertigte Hypothesen vermied, wohl nicht im Voraus angenommen haben, dass diese Kräfte eine bestimmte von den Bewegungsrichtungen der Puncte unabhängige Richtung haben müssten.

Ich kann daher die in dieser Beziehung stattfindende Einfachheit des Weber'schen Kraftgesetzes nicht als einen Vorzug desselben anerkennen, da es eine Einfachheit ist, die nicht der Natur der Sache entspricht, sondern durch eine der Sache fremde Voraussetzung willkürlich hineingebracht ist.

Riemann hat sich auch in der That bei der Aufstellung seines Kraftgesetzes an die Bedingung, dass die Kraftrichtungen in die Verbindungslinie der beiden Puncte fallen müssen, nicht gebunden. Dagegen hat er an der anderen Bedingung, dass die beiden von den Puncten auf einander ausgeübten Kräfte gleich und entgegengesetzt sein müssen, noch festgehalten. Dadurch hat er erreicht, dass die beiden Kräfte, wenn man sie sich an einen gemeinsamen Angriffspunct verlegt denkt, als Resultante Null geben, was mit dem Verhalten der sonst gewöhnlich betrachteten Kräfte, die von der Bewegung unabhängig sind, übereinstimmt. Ich glaube aber, dass damit nicht viel gewonnen ist, denn, wenn die beiden Kräfte auch nicht eine nach einer bestimmten Richtung gehende Resultante geben, so geben sie doch ein Drehungsmoment, worin eine wesentliche Abweichung von dem Verhalten der von der Bewegung unabhängigen Kräfte liegt. Wenn nun aber einmal in Einer Beziehung eine solche wesentliche Abweichung als möglich zugegeben ist, so liegt meiner Ansicht nach auch kein Grund mehr vor, in einer anderen Beziehung die entsprechende Abweichung für unmöglich zu erklären.

Wir wollen daher im Folgenden über die Richtung und Grösse der Kräfte, welche zwei bewegte Electricitätstheilchen auf einander ausüben, im Voraus gar keine Annahme machen, sondern nur versuchen, durch eine auf der Grundlage von Erfahrungssätzen auszuführende Entwickelung zur Bestimmung der Kräfte zu gelangen.

§. 5. Ausdrücke der Kraftcomponenten für ein specielles Coordinatensystem.

Gemäss der Annahme, dass die Kraft von der gegenseitigen Lage der Theilchen und von ihren durch die Geschwindigkeitscomponenten und Beschleunigungscomponenten bestimmten Bewegungszuständen abhänge, bilden wir für jede der drei in die Coordinatenrichtungen fallenden Componenten der Kraft einen allgemeinen Ausdruck, welcher von den relativen Coordinaten des einen Theilchens zum anderen, und von den nach der Zeit genommenen Differentialcoëfficienten erster und zweiter Ordnung der Coordinaten beider Theilchen abhängt. In diesen Ausdruck nehmen wir vorläufig alle möglichen Glieder bis zur zweiten Ordnung auf, wobei unter Gliedern zweiter Ordnung alle Glieder von solchen Formen verstanden werden, wie sie durch zweimalige Differentiation nach t entstehen können, die also entweder einen Differentialcoëfficienten zweiter Ordnung oder zwei Differentialcoëfficienten erster Ordnung als Factoren haben.

Es möge nun zunächst ein rechtwinkliges Coordinatensystem von specieller Lage eingeführt werden. Die eine Coordinatenaxe soll nämlich durch die beiden Puncte gehen, in welchen die beiden Electricitätstheilchen sich zur Zeit t gerade befinden, und zwar möge die Richtung von e' nach e als die positive angenommen werden. Die auf dieser Axe gemessenen Coordinaten der beiden Theilchen mögen l und l' sein. Die beiden anderen Coordinatenaxen können irgend welche auf der ersten und unter einander senkrechte Richtungen haben. Wenn dann die auf diesen Axen gemessenen Coordinaten der beiden Theilchen allgemein mit m, n und m', n' bezeichnet werden, so ist zur Zeit t zu setzen:

$$m = n = m' = n' = 0.$$

Demnach sind auch die auf diese beiden Richtungen bezüglichen relativen Coordinaten $m - m'$ und $n - n'$ zur Zeit t gleich Null, und nur die auf die erste Richtung bezügliche relative Coordinate $l - l'$ hat einen angebbaren Werth, welcher gleich der Entfernung der beiden Theilchen von einander ist und daher, der obigen Bezeichnungsweise entsprechend, durch r dargestellt werden kann. Daraus folgt, dass bei Anwendung dieses Coordinatensystems die Functionen der relativen Coordinaten, welche in den Ausdrücken der Kraftcomponenten vorkommen, nur Functionen von r sein können. Auch in anderer Beziehung bietet dieses Coordinatensystem noch Gelegenheit zu Vereinfachungen dar, indem aus dem Verhalten der in den Gliedern vorkommenden Differentialcoëfficienten unmittelbar ersichtlich ist, dass gewisse Glieder auf die betreffende Kraftcomponente keinen Einfluss haben können, und gewisse Paare von Gliedern einen gleichen Einfluss haben müssen.

Als erste zu untersuchende Kraftcomponente wählen wir die in die l-Richtung fallende aus. Indem wir diese mit $L e e'$ bezeichnen, bilden wir den die Grösse L bestimmenden Ausdruck.

Dieser Ausdruck muss zunächst ein Glied enthalten, welches von den Bewegungen der Theilchen unabhängig ist, und die electrostatische Kraft darstellt. Dieses Glied ist vollkommen bekannt und lautet $\dfrac{1}{r^2}$.

Von den anderen Gliedern betrachten wir zuerst diejenigen, welche nur Differentialcoëfficienten der Coordinaten des Theilchens e enthalten.

Die Glieder, welche nur Einen Differentialcoëfficienten erster Ordnung enthalten, lauten allgemein:

$$A \frac{dl}{dt}, \quad A' \frac{dm}{dt}, \quad A'' \frac{dn}{dt},$$

worin A, A' und A'' Functionen von r bedeuten; aber in Bezug auf die beiden letzten lässt sich sofort ein Schluss der oben angedeuteten Art ziehen. Das Glied $A' \dfrac{dm}{dt}$ ändert nämlich mit $\dfrac{dm}{dt}$ sein Vorzeichen. Nun verhält sich aber für einen in der l-Axe liegenden Punct die negative Seite der m-Richtung ebenso zur l-Richtung, wie die positive Seite, und es ist daher in unserem Falle, wo beide Puncte in der l-Axe liegen, kein Grund abzusehen, weshalb eine Bewegung nach der einen Seite eine andere Kraft in der l-Richtung zur Folge haben sollte, als eine Bewegung nach der anderen Seite. Demnach muss dieses Glied aus dem Ausdrucke verschwinden, d. h. es muss $A' = 0$ sein. Ebenso kann man auch schliessen, dass $A'' = 0$ sein muss. Es bleibt also von den obigen drei Gliedern nur $A \dfrac{dl}{dt}$ übrig.

Dasselbe gilt von den drei Gliedern

$$A_1 \frac{d^2 l}{dt^2}, \quad A'_1 \frac{d^2 m}{dt^2}, \quad A''_1 \frac{d^2 n}{dt^2},$$

von denen die beiden letzten ebenfalls verschwinden müssen, so dass nur das erste übrig bleibt.

Was endlich die Glieder anbetrifft, welche zwei gleiche oder verschiedene Differentialcoëfficienten erster Ordnung als Factoren haben, in welchen also eines der folgenden Quadrate und Producte vorkommt:

$$\left(\frac{dl}{dt}\right)^2, \quad \left(\frac{dm}{dt}\right)^2, \quad \left(\frac{dn}{dt}\right)^2, \quad \frac{dl}{dt}\frac{dm}{dt}, \quad \frac{dl}{dt}\frac{dn}{dt}, \quad \frac{dm}{dt}\frac{dn}{dt},$$

so lässt sich auf die Glieder mit den zuletzt erwähnten Producten dasselbe anwenden, was vorher gesagt wurde. Diese Producte ändern nämlich ihr Vorzeichen mit $\dfrac{dm}{dt}$ und $\dfrac{dn}{dt}$, während doch sowohl bei der m-Richtung als auch bei der n-Richtung die negative Seite sich zu den beiden anderen Axen gerade so verhält, wie die positive Seite. Glieder mit diesen Producten können also in dem Ausdrucke nicht vorkommen. Da ferner die m- und n-Richtung sich zur l-Axe geometrisch gleich verhalten, so müssen die Quadrate $\left(\dfrac{dm}{dt}\right)^2$ und $\left(\dfrac{dn}{dt}\right)^2$ gleiche Coëfficienten haben. Die betreffenden Glieder bilden also eine Summe von der Form:

$$A'_2 \left(\frac{dl}{dt}\right)^2 + A_3 \left[\left(\frac{dm}{dt}\right)^2 + \left(\frac{dn}{dt}\right)^2\right].$$

Dieser Summe wollen wir folgende etwas abgeänderte Gestalt geben:

$$A_2 \left(\frac{dl}{dt}\right)^2 + A_3 \left[\left(\frac{dl}{dt}\right)^2 + \left(\frac{dm}{dt}\right)^2 + \left(\frac{dn}{dt}\right)^2\right],$$

worin A_2 an die Stelle der Differenz $A'_2 - A_3$ gesetzt ist. Nun ist aber, wenn v die Geschwindigkeit des Theilchens e bedeutet:

$$\left(\frac{dl}{dt}\right)^2 + \left(\frac{dm}{dt}\right)^2 + \left(\frac{dn}{dt}\right)^2 = v^2,$$

und die vorige Summe lässt sich daher einfacher so schreiben:

$$A_2 \left(\frac{dl}{dt}\right)^2 + A_3\, v^2.$$

Fassen wir nun alle Glieder, welche nur Differentialcoëfficienten der Coordinaten des Theilchens e enthalten, zusammen und bezeichnen die Summe dieser Glieder mit L_1, so kommt:

$$(8) \qquad L_1 = A\, \frac{dl}{dt} + A_1\, \frac{d^2 l}{dt^2} + A_2 \left(\frac{dl}{dt}\right)^2 + A_3\, v^2.$$

Ganz entsprechend können wir, wenn wir die Summe der Glieder, welche nur Differentialcoëfficienten der Coordinaten des Theilchens e' enthalten, mit L_2 bezeichnen, schreiben:

$$(9) \qquad L_2 = A_4\, \frac{dl'}{dt} + A_5\, \frac{d^2 l'}{dt^2} + A_6 \left(\frac{dl'}{dt}\right)^2 + A_7\, v'^2.$$

Nun bleiben noch die Glieder zu betrachten, welche ein Product aus Differentialcoëfficienten der Coordinaten beider Theilchen, also eines der folgenden Producte enthalten:

$$\frac{dl}{dt}\,\frac{dl'}{dt}, \quad \frac{dm}{dt}\,\frac{dm'}{dt}, \quad \frac{dn}{dt}\,\frac{dn'}{dt},$$

$$\frac{dl}{dt}\,\frac{dm'}{dt}, \quad \frac{dl'}{dt}\,\frac{dm}{dt}, \quad \frac{dl}{dt}\,\frac{dn'}{dt}, \quad \frac{dl'}{dt}\,\frac{dn}{dt}, \quad \frac{dm}{dt}\,\frac{dn'}{dt}, \quad \frac{dm'}{dt}\,\frac{dn}{dt}.$$

Bei den sechs letzten Producten kann man wieder aus dem Umstande, dass sie mit $\frac{dm}{dt}, \frac{dm'}{dt}, \frac{dn}{dt}, \frac{dn'}{dt}$ ihr Vorzeichen ändern, ganz in der obigen Weise schliessen, dass Glieder mit diesen Producten in dem Ausdrucke der Kraftcomponente nicht vorkommen können. Auf das zweite und dritte Product aber ist dieser Schluss nicht anwendbar, obwohl die Aenderung des Vorzeichens auch bei ihnen vorkommt. Wenn nämlich der Differentialcoëfficient $\frac{dm}{dt}$ sein Vorzeichen ändert, also das Theilchen e seine in der m-Richtung stattfindende Bewegung umkehrt, so verhält sich die jetzige Bewegung zwar zur l-Richtung ebenso, wie die frühere, aber zu der durch $\frac{dm'}{dt}$ ausgedrückten nach der m-Richtung gehenden Bewegung des Theilchens e' verhält sie sich anders. Wenn sie früher mit ihr nach gleicher Seite ging, so geht sie jetzt nach entgegengesetzter Seite, und umgekehrt. Die Coëfficienten dieser beiden Producte brauchen also nicht Null zu werden, aber sie müssen unter einander gleich sein, weil die m- und n-Richtung sich zur l-Axe geometrisch gleich verhalten.

Es ergiebt sich also, indem wir die Summe der Glieder, welche Differentialcoëfficienten der Coordinaten beider Theilchen enthalten, mit L_3 bezeichnen, folgende Gleichung:

$$L_3 = A'_8 \frac{dl}{dt} \frac{dl'}{dt} + A_9 \left(\frac{dm}{dt} \frac{dm'}{dt} + \frac{dn}{dt} \frac{dn'}{dt} \right).$$

Diese Gleichung wollen wir in ähnlicher Weise, wie es weiter oben mit einem anderen Ausdrucke geschehen ist, umgestalten. Wir schreiben zunächst:

$$L_3 = A_8 \frac{dl}{dt} \frac{dl'}{dt} + A_9 \left(\frac{dl}{dt} \frac{dl'}{dt} + \frac{dm}{dt} \frac{dm'}{dt} + \frac{dn}{dt} \frac{dn'}{dt} \right),$$

worin A_8 an die Stelle der Differenz $A'_8 - A_9$ gesetzt ist. Nun ist aber, wenn ε den Winkel zwischen den Bewegungsrichtungen der beiden Theilchen e und e' bedeutet:

$$\frac{dl}{dt} \frac{dl'}{dt} + \frac{dm}{dt} \frac{dm'}{dt} + \frac{dn}{dt} \frac{dn'}{dt} = v v' \cos \varepsilon,$$

und die vorige Gleichung lässt sich daher so schreiben:

$$(10) \qquad L_3 = A_8 \frac{dl}{dt} \frac{dl'}{dt} + A_9 v v' \cos \varepsilon.$$

Nachdem wir vorstehend die einzelnen Gruppen der in L enthaltenen Glieder näher bestimmt haben, erhalten wir aus ihnen die ganze Grösse L durch Bildung folgender Gleichung:

$$(11) \qquad L = \frac{1}{r^2} + L_1 + L_2 + L_3.$$

In ganz entsprechender Weise können wir nun auch die in die m- und n-Richtung fallenden Kraftcomponenten, welche mit $M ee'$ und $N ee'$ bezeichnet werden mögen, behandeln; es wird aber nicht nöthig sein, auch diese Behandlung hier vollständig durchzuführen, sondern es wird genügen, die zur Bestimmung von M und N dienenden Systeme von Gleichungen einfach hinzuschreiben. Es sind die folgenden:

$$(12) \qquad \begin{cases} M_1 = B \dfrac{dm}{dt} + B_1 \dfrac{d^2 m}{dt^2} + B_2 \dfrac{dl}{dt} \dfrac{dm}{dt}, \\[2ex] M_2 = B_3 \dfrac{dm'}{dt} + B_4 \dfrac{d^2 m'}{dt^2} + B_5 \dfrac{dl'}{dt} \dfrac{dm'}{dt}, \\[2ex] M_3 = B_6 \dfrac{dl}{dt} \dfrac{dm'}{dt} + B_7 \dfrac{dl'}{dt} \dfrac{dm}{dt}, \\[2ex] M = M_1 + M_2 + M_3. \end{cases}$$

$$(13) \quad \begin{cases} N_1 = B\,\dfrac{dn}{dt} + B_1\,\dfrac{d^2 n}{dt^2} + B_2\,\dfrac{dl}{dt}\,\dfrac{dn}{dt}, \\[2ex] N_2 = B_3\,\dfrac{dn'}{dt} + B_4\,\dfrac{d^2 n'}{dt^2} + B_5\,\dfrac{dl'}{dt}\,\dfrac{dn'}{dt}, \\[2ex] N_3 = B_6\,\dfrac{dl}{dt}\,\dfrac{dn'}{dt} + B_7\,\dfrac{dl'}{dt}\,\dfrac{dn}{dt}, \\[2ex] N = N_1 + N_2 + N_3. \end{cases}$$

§. 6. Ausdrücke der Kraftcomponenten für ein beliebiges Coordinatensystem.

Nachdem für ein specielles Coordinatensystem die drei Kraftcomponenten ausgedrückt sind, können wir daraus auch leicht die Kraftcomponenten für ein beliebiges Coordinatensystem ableiten.

Es sei irgend ein rechtwinkliges Coordinatensystem eingeführt, in welchem die beiden Electricitätstheilchen die Coordinaten x, y, z und x', y', z' haben. Die in diese Coordinatenrichtungen fallenden Componenten der Kraft, welche e von e' erleidet, mögen durch $X\,ee'$, $Y\,ee'$ und $Z\,ee'$ dargestellt werden, dann handelt es sich darum, die Grössen X, Y und Z auszudrücken.

Um X auszudrücken, bezeichnen wir die Winkel, welche die x-Richtung mit den früher angenommenen Coordinatenrichtungen, nämlich der l-, m- und n-Richtung bildet, mit (lx), (mx) und (nx). Dann ist zu setzen:

$$(14) \qquad X = L \cos (lx) + M \cos (mx) + N \cos (nx).$$

Man kann aber auch die einzelnen Bestandtheile von X durch die entsprechenden Bestandtheile von L, M und N ausdrücken. Bezeichnet man die Summe derjenigen in X vorkommenden Glieder, welche nur Differentialcoëfficienten der Coordinaten von e enthalten, mit X_1, die Summe der Glieder, welche nur Differentialcoëfficienten der Coordinaten von e' enthalten, mit X_2, und die Summe der Glieder, welche Producte aus Differentialcoëfficienten der Coordinaten beider Theilchen enthalten, mit X_3, so gilt für X_1 die Gleichung:

$$(15) \qquad X_1 = L_1 \cos (lx) + M_1 \cos (mx) + N_1 \cos (nx),$$

und eben solche Gleichungen gelten für X_2 und X_3.

Setzt man nun in die vorige Gleichung für L_1, M_1 und N_1 die unter (8), (12) und (13) gegebenen Werthe ein, und berücksichtigt bei der Addition der drei Glieder die Gleichungen:

$$(16) \begin{cases} \dfrac{dl}{dt}\,cos\,(lx) + \dfrac{dm}{dt}\,cos\,(mx) + \dfrac{dn}{dt}\,cos\,(nx) = \dfrac{dx}{dt}, \\[2ex] \dfrac{d^2l}{dt^2}\,cos\,(lx) + \dfrac{d^2m}{dt^2}\,cos\,(mx) + \dfrac{d^2n}{dt^2}\,cos\,(nx) = \dfrac{d^2x}{dt^2}, \end{cases}$$

so kommt:

$$(17) \begin{cases} X_1 = B\,\dfrac{dx}{dt} + B_1\,\dfrac{d^2x}{dt^2} + B_2\,\dfrac{dl}{dt}\,\dfrac{dx}{dt} + \Big[(A-B)\,\dfrac{dl}{dt} \\[2ex] \qquad + (A_1 - B_1)\,\dfrac{d^2l}{dt^2} + (A_2 - B_2)\Big(\dfrac{dl}{dt}\Big)^2 + A_3\,v^2\Big]\,cos\,(lx). \end{cases}$$

Hierin substituiren wir für $cos\,(lx)$ seinen Werth $\dfrac{x-x'}{r}$, und zwar multipliciren wir mit $\dfrac{1}{r}$ die einzelnen innerhalb der eckigen Klammer stehenden Glieder, während wir $x - x'$ als gemeinsamen Factor ausserhalb der Klammer stehen lassen.

Ferner wollen wir für die Differentialcoëfficienten von l diejenigen von r einführen. Es ist schon oben gesagt, dass der Abstand r der Theilchen e und e' von einander zur Zeit t einfach durch die Differenz $l - l'$ dargestellt wird, weil zu dieser Zeit die Coordinaten m, n, m' und n' gleich Null sind. Will man aber die Grösse r differentiiren, so muss man dazu den allgemeinen Ausdruck

$$r = \sqrt{(l-l')^2 + (m-m')^2 + (n-n')^2}$$

anwenden, und erst nach vollzogener Differentiation darf man $m - m' = n - n' = 0$ setzen. Für die Differentiation ist noch zu bemerken, dass sich die Coordinaten l, m, n nur durch die Bewegung des Theilchens e und die Coordinaten l', m', n' nur durch die Bewegung des Theilchens e' ändern, während r sich durch die Bewegung beider Theilchen ändert. Die den beiden einzelnen Bewegungen entsprechenden Aenderungen von r kann man dadurch von einander unterscheiden, dass man r als Function der von den beiden Theilchen beschriebenen Bahnlängen s und s', und diese Bahnlängen ihrerseits als Functionen von t betrachtet. Dann kann man die Differentiationen, welche sich nur auf die Bewegung des Theilchens e beziehen, so ausführen:

$$\frac{\partial r}{\partial s}\frac{ds}{dt}=\frac{1}{r}\left[(l-l')\frac{dl}{dt}+(m-m')\frac{dm}{dt}+(n-n')\frac{dn}{dt}\right]$$

$$\frac{\partial^2 r}{\partial s^2}\left(\frac{ds}{dt}\right)^2+\frac{\partial r}{\partial s}\frac{d^2 s}{dt^2}=-\frac{1}{r^3}\left[(l-l')\frac{dl}{dt}+(m-m')\frac{dm}{dt}+(n-n')\frac{dn}{dt}\right]^2$$

$$+\frac{1}{r}\left[\left(\frac{dl}{dt}\right)^2+\left(\frac{dm}{dt}\right)^2+\left(\frac{dn}{dt}\right)^2\right]$$

$$+\frac{1}{r}\left[(l-l')\frac{d^2 l}{dt^2}+(m-m')\frac{d^2 m}{dt^2}+(n-n')\frac{d^2 n}{dt^2}\right].$$

In diesen Gleichungen kann nun

$$m - m' = n - n' = 0 \quad \text{und} \quad l - l' = r$$

gesetzt werden, und zugleich kann man setzen:

$$\left(\frac{dl}{dt}\right)^2 + \left(\frac{dm}{dt}\right)^2 + \left(\frac{dn}{dt}\right)^2 = \left(\frac{ds}{dt}\right)^2.$$

Aus den dadurch entstehenden Gleichungen ergeben sich für die Differentialcoëfficienten von l folgende Ausdrücke:

$$(18) \qquad \frac{dl}{dt} = \frac{\partial r}{\partial s}\frac{ds}{dt},$$

$$(19) \qquad \frac{d^2 l}{dt^2} = \left[\frac{\partial^2 r}{\partial s^2} + \frac{1}{r}\left(\frac{\partial r}{\partial s}\right)^2 - \frac{1}{r}\right]\left(\frac{ds}{dt}\right)^2 + \frac{\partial r}{\partial s}\frac{d^2 s}{dt^2}.$$

Diese Ausdrücke haben wir in (17) einzusetzen, wobei wir der Gleichförmigkeit wegen auch v^2 durch $\left(\dfrac{ds}{dt}\right)^2$ ersetzen wollen. Für die dann in der eckigen Klammer stehenden Functionen von r, mit welchen die Differentialcoëfficienten multiplicirt sind, wollen wir zur Abkürzung die einfachen Zeichen C, C_1, C_2 und C_3 einführen. Dann lautet die Gleichung:

$$(20) \qquad \left\{\begin{aligned} X_1 &= B\frac{dx}{dt} + B_1\frac{d^2 x}{dt^2} + B_2\frac{\partial r}{\partial s}\frac{dx}{dt}\frac{ds}{dt} \\[2mm] &\quad + \left\{C\frac{\partial r}{\partial s}\frac{ds}{dt} + \left[C_1\frac{\partial^2 r}{\partial s^2} + C_2\left(\frac{\partial r}{\partial s}\right)^2 + C_3\right]\left(\frac{ds}{dt}\right)^2\right. \\[2mm] &\quad \left. + C_1\frac{\partial r}{\partial s}\frac{d^2 s}{dt^2}\right\}(x - x'). \end{aligned}\right.$$

Ganz ebenso erhält man:

$$(21) \quad \begin{cases} X_2 = B_3 \dfrac{dx'}{dt} + B_4 \dfrac{d^2x'}{dt^2} + B_5 \dfrac{\partial r}{\partial s'} \dfrac{dx'}{dt} \dfrac{ds'}{dt} \\[2mm] \qquad + \left\{ C_4 \dfrac{\partial r}{\partial s'} \dfrac{ds'}{dt} + \left[C_5 \dfrac{\partial^2 r}{\partial s'^2} + C_6 \left(\dfrac{\partial r}{\partial s'} \right)^2 + C_7 \right] \left(\dfrac{ds'}{dt} \right)^2 \right. \\[2mm] \qquad \left. + C_5 \dfrac{\partial r}{\partial s'} \dfrac{d^2 s'}{dt^2} \right\} (x - x'). \end{cases}$$

Was nun noch die dritte zu bestimmende Grösse X_3 anbetrifft, so hat man, um sie auszudrücken, in die Gleichung

$$X_3 = L_3 \, cos \, (lx) + M_3 \, cos \, (mx) + N_3 \, cos \, (nx)$$

für L_3, M_3 und N_3 die unter (10), (12) und (13) gegebenen Werthe einzusetzen. Wenn man dann bei der Addition der drei Glieder wieder die erste der Gleichungen (16) berücksichtigt, so kommt:

$$X_3 = B_6 \dfrac{dl}{dt} \dfrac{dx'}{dt} + B_7 \dfrac{dl'}{dt} \dfrac{dx}{dt}$$
$$+ \left[(A_8 - B_6 - B_7) \dfrac{dl}{dt} \dfrac{dl'}{dt} + A_9 \, v v' \, cos \, \varepsilon \right] cos \, (lx),$$

welche Gleichung sich dem Obigen entsprechend auch so schreiben lässt:

$$(22) \quad \begin{cases} X_3 = B_6 \dfrac{\partial r}{\partial s} \dfrac{dx'}{dt} \dfrac{ds}{dt} + B_7 \dfrac{\partial r}{\partial s'} \dfrac{dx}{dt} \dfrac{ds'}{dt} \\[2mm] \qquad + \left(C_8 \dfrac{\partial r}{\partial s} \dfrac{\partial r}{\partial s'} + C_9 \, cos \, \varepsilon \right) (x - x') \dfrac{ds}{dt} \dfrac{ds'}{dt}. \end{cases}$$

Nachdem die drei Grössen X_1, X_2 und X_3 ausgedrückt sind, kann man die ganze Grösse X aus der Gleichung

$$(23) \qquad X = \dfrac{x - x'}{r^3} + X_1 + X_2 + X_3$$

erhalten.

Ebenso kann man natürlich auch die Grössen Y und Z darstellen, wozu man in den vorstehenden Gleichungen nur die speciell auf die x-Axe bezüglichen Grössen durch die entsprechenden, auf die y-Axe oder auf die z-Axe bezüglichen Grössen zu ersetzen hat, während man alles auf r bezügliche unverändert beibehält.

Es kommt nun darauf an, die in den Gleichungen (20), (21) und (22) vorkommenden, bisher unbestimmt gelassenen Functionen von r zu bestimmen.

§. 7. Bestimmung der in X_2 vorkommenden Functionen.

Um zunächst die in X_2 vorkommenden Functionen theilweise zu bestimmen, möge von dem Satze Gebrauch gemacht werden, welcher schon in den Paragraphen 2 und 3 angewandt wurde, nämlich dass ein in einem ruhenden Leiter stattfindender geschlossener und constanter galvanischer Strom auf ruhende Electricität keine bewegende Kraft ausübt.

Zur Vermeidung von Missverständnissen wird es zweckmässig sein, diesem Satze noch einige Erläuterungen beizufügen.

Wenn irgendwo Electricität von Einer Art, also z. B. positive Electricität angehäuft ist, so übt diese auf jeden in ihrer Nähe befindlichen leitenden Körper eine electrostatische Influenzwirkung aus und erleidet demgemäss auch die Gegenwirkung der durch Influenz auf dem Leiter angehäuften Electricität. Diese Art von Wechselwirkung findet natürlich auch zwischen dem Leiter des galvanischen Stromes und jener als vorhanden angenommenen ruhenden Electricitätsmenge statt. Sie ist aber von dem in dem Leiter stattfindenden Strome ganz unabhängig und braucht daher hier nicht in Betracht gezogen zu werden.

Ferner befindet sich auf der Oberfläche eines Leiters, während er von einem Strome durchflossen wird, eine gewisse Menge getrennter Electricität, von welcher die auf die strömende Electricität wirkende, zur Ueberwindung des Leitungswiderstandes nöthige treibende Kraft herrührt. Diese Electricität kann ebenfalls auf die als vorhanden angenommene ruhende Electricitätsmenge eine Kraft ausüben; aber auch von dieser Kraft können wir hier absehen, da sie mit der von uns zu betrachtenden Kraft, welche die strömende Electricität wegen ihrer Bewegung ausübt, in keinem Zusammenhange steht, und nicht nur für die theoretische Betrachtung, sondern auch für die Beobachtung davon getrennt werden kann. Man kann nämlich dem Leiter des galvanischen Stromes eine solche Form geben, dass die Theile, welche am meisten positiv electrisch sind, denen, welche am meisten negativ electrisch sind, sehr nahe liegen, z. B. die Form einer Spirale, welche aus zwei Lagen von Windungen besteht, die so gewickelt sind, dass die Windungen der zweiten Lage nach derselben Seite zurückgehen, von welcher die der ersten ausgingen. Dann hebt sich die von jener getrennten Electricität ausgeübte Kraft zum grössten Theile auf, während die von der strömenden Electricität ausgeübte Kraft bestehen bleibt. Ferner ist zu bemerken, dass bei einem Magneten, dessen Molecularströme, in Bezug auf die von ihnen ausgeübte Kraft, derselben Betrachtung, wie geschlossene galvanische Ströme, unterworfen werden können, jene getrennte Electricität, welche beim galvanischen Strome auf die strömende Electricität treibend wirkt, überhaupt nicht vorhanden ist.

Demnach können wir von jenen Nebenwirkungen ganz absehen, und uns auf die vom Strome selbst ausgeübten Wirkungen beschränken.

Wir denken uns also, wie in §. 2, im Puncte x, y, z eine ruhende positive Electricitätseinheit, und im Puncte x', y', z' ein Stromelement ds' befindlich, welches letztere aus der sich bewegenden positiven Electricitätsmenge $h'ds'$ und aus der ruhenden negativen Electricitätsmenge $-h'ds'$ besteht. Diese beiden Electricitätsmengen üben auf die ruhende Electricitätseinheit Kräfte aus, deren in die x-Richtung fallende Componenten sind:

$$h'ds'\left(\frac{x-x'}{r^3} + X_2\right) \quad \text{und} \quad -h'ds'\frac{x-x'}{r^3}.$$

Die Summe dieser beiden ist die x-Componente der von dem Stromelemente auf die Electricitätseinheit ausgeübten Kraft, welche Componente, wie früher, mit $\frac{\partial \mathfrak{X}}{\partial s'} ds'$ bezeichnet werden möge. Wir erhalten also die Gleichung:

$$\frac{\partial \mathfrak{X}}{\partial s'} ds' = h'ds'\, X_2.$$

Hierin haben wir für X_2 den unter (21) gegebenen Ausdruck zu setzen. Dabei wollen wir statt

$$\frac{dx'}{dt} \quad \text{und} \quad \frac{d^2 x'}{dt^2}$$

die gleichbedeutenden Formeln

$$\frac{dx'}{ds'}\frac{ds'}{dt} \quad \text{und} \quad \frac{d^2 x'}{ds'^2}\left(\frac{ds'}{dt}\right)^2 + \frac{dx'}{ds'}\frac{d^2 s'}{dt^2}$$

anwenden und wegen der Voraussetzung, dass der Strom constant sei, $\frac{d^2 s'}{dt^2} = 0$ setzen. Dann lautet die Gleichung:

$$
(24)\quad
\begin{cases}
\dfrac{\partial x}{\partial s'}\, ds' = h'\, ds' \left\{ \left[B_3\, \dfrac{dx'}{ds'} + C_4\, (x - x')\, \dfrac{\partial r}{\partial s'} \right] \dfrac{ds'}{dt} \right. \\[2ex]
\qquad + \left[B_4\, \dfrac{d^2 x'}{ds'^2} + B_5\, \dfrac{\partial r}{\partial s'}\, \dfrac{dx'}{ds'} \right. \\[2ex]
\qquad\qquad \left. + \left(C_5\, \dfrac{\partial^2 r}{\partial s'^2} + C_6 \left(\dfrac{\partial r}{\partial s'} \right)^2 + C_7 \right) (x - x') \right] \left. \left(\dfrac{ds'}{dt} \right)^2 \right\}.
\end{cases}
$$

Dieser Ausdruck muss, jenem Satze nach, bei der Integration über einen beliebigen geschlossenen Strom Null geben. Wenn aber das Integral des ganzen Ausdruckes, unabhängig von der Stromintensität, Null sein soll, so müssen die Integrale der beiden mit $\dfrac{ds'}{dt}$ und $\left(\dfrac{ds'}{dt} \right)^2$ multiplicirten Glieder einzeln Null sein. Die in den beiden eckigen Klammern stehenden Ausdrücke müssen demnach vollständige Differentialcoëfficienten nach s' sein, ohne dass dazu zwischen r und x' irgend eine specielle Relation angenommen zu werden braucht.

Wenn der erste Ausdruck ein Differentialcoëfficient nach s' sein soll, so kann er, wie man sofort aus seiner Form ersieht, nur gleich

$$
- \frac{\partial}{\partial s'} \left[B_3\, (x - x') \right]
$$

sein, und dazu ist erforderlich, dass die Gleichung

$$
(25)\qquad\qquad C_4 = - \frac{dB_3}{dr}
$$

erfüllt ist.

Ebenso ist beim zweiten Ausdrucke, wenn man die Glieder, welche Differentialcoëfficienten zweiter Ordnung enthalten, ins Auge fasst, sofort ersichtlich, dass er nur mit folgendem Differentialcoëfficienten übereinstimmen kann:

$$
\frac{\partial}{\partial s'} \left[B_4\, \frac{dx'}{ds'} + C_5\, (x - x')\, \frac{\partial r}{\partial s'} \right],
$$

wozu erforderlich ist, dass die Gleichungen

$$
(26)\qquad
\begin{cases}
B_5 = \dfrac{dB_4}{dr} - C_5, \\[2ex]
C_6 = \dfrac{dC_5}{dr}, \\[2ex]
C_7 = 0
\end{cases}
$$

erfüllt sind.

Auf diese Weise sind die in der Gleichung (21) vorkommenden sieben unbestimmten Functionen auf drei zurückgeführt, und jene Gleichung lässt sich nun so schreiben:

$$(27) \quad \begin{cases} X_2 = - \dfrac{\partial\,[\,B_3\,(x - x')\,]}{\partial s'}\,\dfrac{ds'}{dt} \\[2mm] \quad + \dfrac{\partial}{\partial s'}\left[B_4\,\dfrac{dx'}{ds'} + C_5\,(x - x')\,\dfrac{\partial r}{\partial s'}\right]\left(\dfrac{ds'}{dt}\right)^2 \\[2mm] \quad + \left[B_4\,\dfrac{dx'}{ds'} + C_5\,(x - x')\,\dfrac{\partial r}{\partial s'}\right]\dfrac{d^2 s'}{dt^2}. \end{cases}$$

§. 8. Bestimmung der in X_1 vorkommenden Functionen.

Bei der Behandlung der Grösse X_1 können wir einen dem vorigen ähnlichen Erfahrungssatz anwenden, nämlich den folgenden: **eine ruhende Electricitätsmenge übt auf einen in einem ruhenden Leiter stattfindenden geschlossenen und constanten galvanischen Strom keine Kraft aus.**

Für diesen Satz gelten dieselben Erläuterungen, welche dem im vorigen Paragraphen angewandten hinzugefügt sind.

Um diesen Satz anzuwenden, denken wir uns im Puncte x', y', z' eine ruhende Electricitätseinheit und im Puncte x, y, z ein Stromelement ds, welches die bewegte Electricitätsmenge $h\,ds$ und die ruhende Electricitätsmenge $-\,h\,ds$ enthält. Die x-Componenten der Kräfte, welche diese beiden von der ruhenden Electricitätseinheit erleiden, sind:

$$h\,ds\left(\frac{x - x'}{r^3} + X_1\right) \quad \text{und} \quad -\,h\,ds\,\frac{x - x'}{r^3}.$$

Demnach wird die x-Componente der Kraft, welche das Stromelement von der Electricitätseinheit erleidet, durch das Product $h\,ds\,X_1$ dargestellt, worin für X_1 der unter (20) gegebene Ausdruck zu setzen ist. Wenn wir dabei wieder für $\dfrac{dx}{dt}$ und $\dfrac{d^2x}{dt^2}$ die Formeln

$$\frac{dx}{ds}\,\frac{ds}{dt} \quad \text{und} \quad \frac{d^2x}{ds^2}\left(\frac{ds}{dt}\right)^2 + \frac{dx}{ds}\,\frac{d^2s}{dt^2}$$

anwenden, und zugleich, weil der Strom constant sein soll, $\dfrac{d^2 s}{dt^2} = 0$ setzen, so lautet der Ausdruck:

$$h\,ds\left\{\left[B\frac{dx}{ds} + C\,(x - x')\,\frac{\partial r}{\partial s}\right]\frac{ds}{dt}\right.$$

$$\left. + \left[B_1\frac{d^2x}{ds^2} + B_2\frac{\partial r}{\partial s}\frac{dx}{ds} + \left(C_1\frac{\partial^2 r}{\partial s^2} + C_2\left(\frac{\partial r}{\partial s}\right)^2 + C_3\right)(x - x')\right]\left(\frac{ds}{dt}\right)^2\right\}.$$

Hieraus können wir nun zunächst ganz entsprechende Schlüsse ziehen, wie im vorigen Paragraphen. Wenn nämlich die Electricitätseinheit auf den ganzen Strom keine nach der x-Richtung gehende Kraft ausüben soll, so muss das auf den ganzen Strom ausgedehnte Integral des Ausdruckes Null sein, und daraus erhält man, entsprechend den Gleichungen (25) und (26), die Gleichungen:

$$(28)\qquad\begin{cases} C = \dfrac{dB}{dr},\\[2ex] B_2 = \dfrac{dB_1}{dr} + C_1; \quad C_2 = \dfrac{dC_1}{dr}; \quad C_3 = 0. \end{cases}$$

Ausserdem können aber im vorliegenden Falle noch weitere Schlüsse gezogen werden. Der Satz sagt nämlich nicht nur aus, dass die Electricitätseinheit den Strom nach keiner Richtung zu bewegen sucht, sondern auch, dass sie ihn um keine Axe zu drehen sucht, und daraus ergeben sich ebenfalls gewisse Gleichungen.

Da die Wahl der Axe beliebig ist, so wollen wir die durch den Punct x', y', z' gehende, der z-Axe parallele Gerade als Axe wählen, und für sie das Drehungsmoment bestimmen. Der obige Ausdruck für die x-Componente der Kraft, welche das Stromelement ds von der ruhenden Electricitätseinheit erleidet, lässt sich in Folge der Gleichungen (28) in nachstehende Form bringen:

$$h\,ds\,\frac{\partial P}{\partial s},$$

worin P eine durch folgende Gleichung bestimmte Grösse ist:

$$(29)\quad P = B\,(x - x')\,\frac{ds}{dt} + \left[B_1\frac{dx}{ds} + C_1\,(x - x')\,\frac{\partial r}{\partial s}\right]\left(\frac{ds}{dt}\right)^2.$$

Ebenso gilt für die y-Componente jener Kraft der Ausdruck:

$$h\,ds\,\frac{\partial Q}{\partial s},$$

worin Q durch folgende Gleichung bestimmt wird:

$$(30) \quad Q = B(y - y') \frac{ds}{dt} + \left[B_1 \frac{dy}{ds} + C_1 (y - y') \frac{\partial r}{\partial s} \right] \left(\frac{ds}{dt} \right)^2.$$

Hieraus ergiebt sich für das Drehungsmoment dieser Kraft der Ausdruck:

$$h \left[(x - x') \frac{\partial Q}{\partial s} - (y - y') \frac{\partial P}{\partial s} \right] ds.$$

Wenn nun die ruhende Electricitätseinheit einen geschlossenen Strom nicht zu drehen sucht, so muss das Integral dieses Ausdruckes für jeden geschlossenen Strom Null sein. Der Ausdruck lässt sich auch so schreiben:

$$h \frac{\partial}{\partial s} \left[(x - x') \, Q - (y - y') P \right] ds - h \left(Q \frac{dx}{ds} - P \frac{dy}{ds} \right) ds,$$

und da hierin das erste Glied ein Differential ist, welches jedenfalls bei der Integration Null giebt, so muss auch das zweite Glied Null geben. Dieses nimmt aber, wenn für P und Q die in (29) und (30) gegebenen Werthe gesetzt werden, folgende Form an:

$$h \left[(x - x') \frac{dy}{ds} - (y - y') \frac{dx}{ds} \right] \cdot \left[B \frac{ds}{dt} + C_1 \frac{\partial r}{\partial s} \left(\frac{ds}{dt} \right)^2 \right] ds,$$

und man sieht sofort, dass dieser Ausdruck kein vollständiges Differential ist, und nur dann für jeden geschlossenen Strom das Integral Null geben kann, wenn er selbst durch den in der zweiten eckigen Klammer stehenden Factor Null wird. Damit aber dieser Factor, unabhängig von der Stromstärke, Null werde, muss sein:

$$(31) \qquad\qquad B = 0 \quad \text{und} \quad C_1 = 0.$$

Verbindet man diese neuen Gleichungen mit den unter (28) gegebenen, so gehen die letzteren über in:

$$(32) \qquad C = 0; \quad B_2 = \frac{dB_1}{dr}; \quad C_2 = 0; \quad C_3 = 0.$$

Dadurch sind die sieben in dem Ausdrucke von X_1 vorkommenden unbestimmten Functionen auf Eine reducirt, und die Gleichung (20) geht über in:

$$(33) \qquad X_1 = \frac{\partial}{\partial s} \left(B_1 \frac{dx}{ds} \right) \left(\frac{ds}{dt} \right)^2 + B_1 \frac{dx}{ds} \frac{d^2 s}{dt^2}.$$

§. 9. Bestimmung der in X_3 vorkommenden Functionen.

Um nun die in X_3 vorkommenden Functionen zu bestimmen, wollen wir die gegenseitige Einwirkung zweier in ruhenden Leitern stattfindenden Ströme betrachten.

In den Puncten x, y, z und x', y', z' seien zwei Stromelemente ds und ds', welche die bewegten Electricitätsmengen $h\,ds$ und $h'\,ds'$ und die ruhenden Electricitätsmengen $-h\,ds$ und $-h'\,ds'$ enthalten. Um nun die Kraft zu bestimmen, welche das Stromelement ds von dem Stromelemente ds' erleidet, müssen wir die vier Kräfte betrachten, welche die Menge $h\,ds$ von den beiden Mengen $h'\,ds'$ und $-h'\,ds'$ und die Menge $-h\,ds$ von den beiden Mengen $h'\,ds'$ und $-h'\,ds'$ erleidet. Die in die x-Richtung fallenden Componenten dieser vier Kräfte sind:

$$hh'\,ds\,ds' \left(\frac{x-x'}{r^3} + X_1 + X_2 + X_3 \right),$$

$$-hh'\,ds\,ds' \left(\frac{x-x'}{r^3} + X_1 \right),$$

$$-hh'\,ds\,ds' \left(\frac{x-x'}{r^3} + X_2 \right),$$

$$hh'\,ds\,ds'\,\frac{x-x'}{r^3}.$$

Durch Addition derselben erhalten wir für die x-Componente der Kraft, welche das Stromelement ds von dem Stromelemente ds' erleidet, einfach das Product

$$hh'\,ds\,ds'\,X_3,$$

worin wir für X_3 den in (22) gegebenen Ausdruck anzuwenden haben.

Dem letzteren wollen wir aber erst noch eine für die Integration geeignetere Gestalt geben. Die darin vorkommende Grösse $cos\,\varepsilon$ können wir durch einen Differentialcoëfficienten ersetzen. Aus der Gleichung

$$r^2 = (x-x')^2 + (y-y')^2 + (z-z')^2$$

erhält man nämlich durch zweimalige Differentiation:

$$(34) \qquad \frac{\partial^2 (r^2)}{\partial s \, \partial s'} = -2 \left(\frac{dx}{ds} \frac{dx'}{ds'} + \frac{dy}{ds} \frac{dy'}{ds'} + \frac{dz}{ds} \frac{dz'}{ds'} \right),$$

und da der rechts in Klammern stehende Ausdruck nichts anderes ist, als $cos\,\varepsilon$, so kommt:

$$(35) \qquad cos\,\varepsilon = -\frac{1}{2} \frac{\partial^2 (r^2)}{\partial s \, \partial s'}.$$

Wenn wir diesen Ausdruck für $cos\,\varepsilon$ einsetzen und zugleich statt $\frac{dx}{dt}$ und $\frac{dx'}{dt'}$, wie in den vorigen Paragraphen, die Producte $\frac{dx}{ds} \frac{ds}{dt}$ und $\frac{dx'}{ds'} \frac{ds'}{dt'}$ anwenden, so lautet die Gleichung (22):

$$(36) \qquad X_3 = \frac{ds}{dt} \frac{ds'}{dt} \left[B_6 \frac{\partial r}{\partial s} \frac{dx'}{ds'} + B_7 \frac{\partial r}{\partial s'} \frac{dx}{ds} \right.$$
$$\left. + \left(C_8 \frac{\partial r}{\partial s} \frac{\partial r}{\partial s'} - \frac{1}{2} C_9 \frac{\partial^2 (r^2)}{\partial s \, \partial s'} \right) (x - x') \right].$$

Hieraus soll nun noch das Product $C_8 \frac{\partial r}{\partial s} \frac{\partial r}{\partial s'}$ fortgeschafft werden.

Dazu möge eine Function E von r eingeführt werden, welche zu C_8 in folgender Beziehung steht:

$$E = \int r \, dr \int \frac{C_8}{r} \, dr,$$

woraus folgt:

$$\frac{1}{r} \frac{dE}{dr} = \int \frac{C_8}{r} \, dr \quad \text{und} \quad r \frac{d}{dr} \left(\frac{1}{r} \frac{dE}{dr} \right) = C_8.$$

Differentiiren wir diese Function E nach s und s', so können wir den Differentialcoëfficienten folgende Formen geben

$$\frac{\partial E}{\partial s} = \frac{dE}{dr} \frac{\partial r}{\partial s} = \frac{1}{2r} \frac{dE}{dr} \frac{\partial (r^2)}{\partial s}$$

$$\frac{\partial^2 E}{\partial s \, \partial s'} = \frac{1}{2r} \frac{dE}{dr} \frac{\partial^2 (r^2)}{\partial s \, \partial s'} + \frac{1}{2} \frac{d}{dr} \left(\frac{1}{r} \frac{dE}{dr} \right) \frac{\partial r}{\partial s'} \frac{\partial (r^2)}{\partial s}$$

$$= \frac{1}{2r} \frac{dE}{dr} \frac{\partial^2 (r^2)}{\partial s \, \partial s'} + C_8 \frac{\partial r}{\partial s} \frac{\partial r}{\partial s'},$$

und wir erhalten daher:

$$C_8 \frac{\partial r}{\partial s} \frac{\partial r}{\partial s'} = -\frac{1}{2r} \frac{dE}{dr} \frac{\partial^2 (r^2)}{\partial s \, \partial s'} + \frac{\partial^2 E}{\partial s \, \partial s'}.$$

Setzt man diesen Werth von $C_8 \frac{\partial r}{\partial s} \frac{\partial r}{\partial s'}$ in die Gleichung (36) ein, und wendet dabei für

$$-\frac{1}{2}\left(C_9 + \frac{1}{r}\frac{dE}{dr}\right)$$

das vereinfachte Zeichen E_1 an, so kommt:

$$(37)\quad X_3 = \frac{ds}{dt}\frac{ds'}{dt}\left[B_6\,\frac{\partial r}{\partial s}\frac{dx'}{ds'} + B_7\,\frac{\partial r}{\partial s'}\frac{dx}{ds}\right.$$
$$\left. + \left(E_1\frac{\partial^2 (r^2)}{\partial s\,\partial s'} + \frac{\partial^2 E}{\partial s\,\partial s'}\right)(x - x')\right].$$

Ferner kann gesetzt werden:

$$\frac{\partial^2 E}{\partial s\,\partial s'}\,(x - x') = \frac{\partial^2\left[E(x - x')\right]}{\partial s\,\partial s'} + \frac{\partial E}{\partial s}\frac{dx'}{ds'} - \frac{\partial E}{\partial s'}\frac{dx}{ds},$$

und wenn man dabei noch zur Vereinfachung die Zeichen E_2 und E_3 mit den Bedeutungen

$$E_2 = B_6 + \frac{dE}{dr} \quad\text{und}\quad E_3 = B_7 - \frac{dE}{dr}$$

einführt, so geht die Gleichung (37) über in:

$$(38)\quad X_3 = \frac{ds}{dt}\frac{ds'}{dt}\left\{E_1\,(x - x')\frac{\partial^2 (r^2)}{\partial s\,\partial s'} + E_2\,\frac{\partial r}{\partial s}\frac{dx'}{ds'} + E_3\,\frac{\partial r}{\partial s'}\frac{dx}{ds}\right.$$
$$\left. + \frac{\partial^2\left[E(x - x')\right]}{\partial s\,\partial s'}\right\}.$$

Den so umgestalteten Ausdruck von X_3 multipliciren wir mit $hh'\,ds\,ds'$, um die x-Componente der Kraft zu erhalten, welche das Stromelement ds von dem Stromelemente ds' erleidet.

Führt man dann, um die x-Componente der Kraft, welche das Stromelement ds von dem ganzen als geschlossen vorausgesetzten Strome s' erleidet, zu erhalten, die Integration nach s' aus, so treten dabei einige Vereinfachungen ein. Das letzte Glied des vorigen Ausdruckes ist nämlich ein Differentialcoëfficient nach s', und im vorletzten Gliede ist der Factor $\dfrac{dx}{ds}$ von s' unabhängig, so dass er bei der Integration als constant behandelt werden kann, und der andere Factor $E_3\,\dfrac{\partial r}{\partial s'}$ ist wiederum ein Differentialcoëfficient nach s'. Beide Glieder geben also bei der Integration über einen geschlossenen Strom den Werth Null, und es bleibt:

$$(39)\quad hh'\,ds\int X_3\,ds'$$
$$= hh'\,\frac{ds}{dt}\frac{ds'}{dt}\,ds\int\left[E_1\,(x - x')\frac{\partial^2 (r^2)}{\partial s\,\partial s'} + E_2\,\frac{\partial r}{\partial s}\frac{dx'}{ds'}\right]ds'.$$

Wenn man diesen Ausdruck auch noch nach s integrirt, so erhält man die Kraft, mit welcher der Strom s' den ganzen Strom s nach der x-Richtung zu verschieben sucht. Diese Integration bringt für den Fall, dass auch der Strom s geschlossen ist, wiederum ein Glied zum Verschwinden. In dem Gliede $E_2 \dfrac{\partial r}{\partial s} \dfrac{dx'}{ds'}$ ist nämlich der Factor $\dfrac{dx'}{ds'}$ von s unabhängig und der andere Factor $E_2 \dfrac{\partial r}{\partial s}$ ist ein Differentialcoëfficient nach s und giebt somit bei der Integration Null. Es kommt also:

$$(40) \quad hh' \int\int X_3\, ds\, ds' = hh' \frac{ds}{dt}\frac{ds'}{dt} \int\int E_1\,(x-x')\,\frac{\partial^2(r^2)}{\partial s\,\partial s'}\, ds\, ds'.$$

Dieses Resultat können wir mit einem vollkommen feststehenden Ergebnisse der Ampère'schen Theorie vergleichen, indem diese Theorie, soweit sie sich auf die von geschlossenen Strömen auf einander ausgeübten Kräfte bezieht, als durchaus zuverlässig anzusehen ist. Nun wird nach dieser Theorie die Kraft, mit welcher ein geschlossener Strom s' einen anderen geschlossenen Strom s nach der x-Richtung zu bewegen sucht, durch den Ausdruck

$$- k\,i\,i' \int\int \frac{x-x'}{r^3}\, \cos\varepsilon\, ds\, ds'$$

dargestellt, worin i und i' die beiden Stromintensitäten sind, und k eine Constante bedeutet. Diesen Ausdruck kann man, wenn man i und i' durch $h\,\dfrac{ds}{dt}$ und $h'\,\dfrac{ds'}{dt}$ und $\cos\varepsilon$, gemäss Gleichung (35), durch $-\dfrac{1}{2}\dfrac{\partial^2(r^2)}{\partial s\,\partial s'}$ ersetzt, in folgende Gestalt bringen:

$$hh' \frac{ds}{dt}\frac{ds'}{dt} \int\int \frac{k}{2\,r^3}\,(x-x')\,\frac{\partial^2(r^2)}{\partial s\,\partial s'}\, ds\, ds',$$

und wenn man ihn dann mit dem in (40) gegebenen Ausdrucke vergleicht, so sieht man, dass zu setzen ist:

$$(41) \qquad\qquad E_1 = \frac{k}{2\,r^3}.$$

Um auch noch die andere in (39) vorkommende, mit E_2 bezeichnete Function zu bestimmen, wenden wir den ebenfalls thatsächlich feststehenden Satz an, dass ein in einem ruhenden

Leiter stattfindender geschlossener und constanter galvanischer Strom einen anderen in einem ruhenden Leiter stattfindenden geschlossenen galvanischen Strom in seiner Intensität nicht zu ändern sucht.

Der in (39) gegebene Ausdruck, welcher nach Einsetzung des eben gefundenen Werthes von E_1 lautet:

$$hh' \frac{ds}{dt} \frac{ds'}{dt} \, ds \int \left[\frac{k\,(x - x')}{2\,r^3} \frac{\partial^2\,(r^2)}{\partial s\,\partial s'} + E_2 \frac{\partial r}{\partial s} \frac{dx'}{ds'} \right] ds',$$

bedeutet seiner Entwickelung nach die x-Componente derjenigen Kraft, welche der geschlossene Strom s' auf das Stromelement ds, also auf die beiden in dem Leiterelemente ds befindlichen Electricitätsmengen $h\,ds$ und $-\,h\,ds$ ausübt. Nun ist aber die negative Electricitätsmenge $-\,h\,ds$ in Ruhe, und auf ruhende Electricität kann nach dem in §. 6 angewandten Satze der geschlossene galvanische Strom keine Kraft ausüben. Demnach lässt sich der obige Ausdruck auch in dem Sinne auffassen, dass er die x-Componente derjenigen Kraft bedeutet, welche der geschlossene Strom s' auf die in dem Leiterelemente ds befindliche positive Electricitätsmenge $h\,ds$ ausübt.

Um auch die in die Richtung des Elementes ds fallende und somit auf Stromverstärkung hinwirkende Componente dieser Kraft bequem darstellen zu können, wollen wir dem Ausdrucke noch eine etwas veränderte Gestalt geben. Aus der Gleichung

$$r^2 = (x - x')^2 + (y - y')^2 + (z - z')^2$$

folgt nämlich:

$$(42) \qquad \begin{cases} \dfrac{\partial\,(r^2)}{\partial x} = 2\,(x - x'), \\[2ex] \dfrac{\partial^2\,(r^2)}{\partial x\,\partial s'} = -\,2\,\dfrac{dx'}{ds'}. \end{cases}$$

Wenn man mittelst dieser Gleichungen $x - x'$ und $\dfrac{dx'}{ds'}$ aus jenem Ausdrucke eliminirt, und zugleich $\dfrac{\partial r}{\partial s}$ in der Form $\dfrac{1}{2r} \dfrac{\partial\,(r^2)}{\partial s}$ schreibt, so geht er über in:

$$\tfrac{1}{4} hh' \frac{ds}{dt} \frac{ds'}{dt} \, ds \int \left[\frac{k}{r^3} \frac{\partial\,(r^2)}{\partial x} \frac{\partial^2\,(r^2)}{\partial s\,\partial s'} - \frac{E_2}{r} \frac{\partial\,(r^2)}{\partial s} \frac{\partial^2\,(r^2)}{\partial x\,\partial s'} \right] ds'.$$

Will man nun statt der in die willkürlich gewählte x-Richtung fallenden Componente der Kraft die in die Richtung des Elementes ds fallende Componente haben, so braucht man nur die Differentialcoëfficienten nach x durch entsprechende Differentialcoëfficienten nach s zu ersetzen, wodurch man erhält:

$$\tfrac{1}{4} h h' \frac{ds}{dt} \frac{ds'}{dt} ds \int \left[\frac{k}{r^3} \frac{\partial (r^2)}{\partial s} \frac{\partial^2 (r^2)}{\partial s \, \partial s'} - \frac{E_2}{r} \frac{\partial (r^2)}{\partial s} \frac{\partial^2 (r^2)}{\partial s \, \partial s'} \right] ds'$$

oder anders geschrieben:

$$\tfrac{1}{8} h h' \frac{ds}{dt} \frac{ds'}{dt} ds \int \left(\frac{k}{r^3} - \frac{E_2}{r} \right) \frac{\partial}{\partial s'} \left[\frac{\partial (r^2)}{\partial s} \right]^2 ds'.$$

Dieser Ausdruck stellt die in einem einzelnen Elemente ds im Sinne der Stromverstärkung wirkende Kraft dar. Soll nun die Intensität des Stromes ungeändert bleiben, so muss das über den ganzen geschlossenen Strom s ausgedehnte Integral dieses Ausdruckes Null sein. Das in dem Ausdrucke schon vorkommende über den Strom s' zu nehmende Integral

$$\int \left(\frac{k}{r^3} - \frac{E_2}{r} \right) \frac{\partial}{\partial s'} \left[\frac{\partial (r^2)}{\partial s} \right]^2 ds',$$

mit welchem das Element ds multiplicirt ist, muss also entweder die Form eines Differentialcoëfficienten nach s haben, oder Null sein. Da nun das erstere durch keine Form der Function E_2 zu bewirken ist, so muss man E_2 so bestimmen, dass das Integral Null wird, was erfordert, dass man setzt:

$$\frac{k}{r^3} - \frac{E_2}{r} = c,$$

worin c irgend eine Constante bedeutet, indem nur dadurch der unter dem Integralzeichen stehende Ausdruck ein Differential und somit das Integral selbst für jeden geschlossenen Strom Null werden kann.

Aus dieser Gleichung folgt:

$$E_2 = \frac{k}{r^2} - cr.$$

Da nun aber das hierin vorkommende Glied $- cr$ in dem Ausdrucke von X_3 ein Glied geben würde, welches mit wachsendem Abstande r grösser würde, und ein solches Glied in dem Ausdrucke der Kraftcomponente nicht vorkommen kann, so muss die Constante c gleich Null gesetzt werden, und man erhält somit zur Bestimmung von E_2 die Gleichung:

$$(43) \qquad\qquad E_2 = \frac{k}{r^2}.$$

Es sind also von den vier in dem unter (38) gegebenen Ausdrucke von X_3 vorkommenden unbestimmten Functionen von r zwei bestimmt, und durch Einsetzung ihrer Werthe geht die Gleichung (38) über in:

$$(44) \quad X_3 = \left\{ \frac{k\,(x-x')}{2r^3}\, \frac{\partial^2\,(r^2)}{\partial s\,\partial s'} + \frac{k}{r^2}\, \frac{\partial r}{\partial s}\, \frac{dx'}{ds'} + E_3\, \frac{\partial r}{\partial s'}\, \frac{dx}{ds} + \frac{\partial^2\,[E\,(x-x')]}{\partial s\,\partial s'} \right\} \frac{ds}{dt}\, \frac{ds'}{dt}.$$

§. 10. Anwendung der Inductionsgesetze.

Während wir bisher nur constante Ströme in ruhenden Leitern betrachtet haben, wollen wir jetzt von der Beschränkung, dass die Ströme constant seien, absehen und ferner noch die Annahme machen, dass der Leiter s sich bewege. Der Einfachheit wegen wollen wir aber voraussetzen, dieser Leiter ändere seine Gestalt nicht, und bewege sich nur mit sich selbst parallel, so dass alle seine Elemente während des Zeitelementes dt ein gleich grosses Wegelement $d\sigma$ nach gleicher Richtung zurücklegen.

Dann hat jedes in dem Leiter s befindliche positive Electricitätstheilchen gleichzeitig zwei Bewegungen, die, mit welcher es sich im Leiter bewegt, und deren Geschwindigkeit $\dfrac{ds}{dt}$ ist, und die, mit welcher der Leiter sich bewegt, und deren Geschwindigkeit $\dfrac{d\sigma}{dt}$ ist. Demnach müssen die auf die Bewegung dieses Electricitätstheilchens bezüglichen Differentialcoëfficienten nach t jetzt anders ausgedrückt werden als früher. Statt eines Ausdruckes von der Form

$$\frac{\partial U}{\partial s}\, \frac{ds}{dt},$$

worin U irgend eine von der Lage des Electricitätstheilchens abhängige Grösse bedeutet, muss jetzt gesetzt werden:

$$\frac{\partial U}{\partial s}\, \frac{ds}{dt} + \frac{\partial U}{\partial \sigma}\, \frac{d\sigma}{dt},$$

und statt eines Ausdruckes von der Form

$$\frac{\partial}{\partial s} \left(V\, \frac{\partial U}{\partial s} \right) \left(\frac{ds}{dt} \right)^2 + V\, \frac{\partial U}{\partial s}\, \frac{d^2 s}{dt^2},$$

worin V noch irgend eine zweite von der Lage des Electricitätstheilchens abhängige Grösse bedeutet, muss jetzt gesetzt werden:

$$\frac{\partial}{\partial s}\left(V\frac{\partial U}{\partial s}\right)\left(\frac{ds}{dt}\right)^2 + \left[\frac{\partial}{\partial\sigma}\left(V\frac{\partial U}{\partial s}\right) + \frac{\partial}{\partial s}\left(V\frac{\partial U}{\partial\sigma}\right)\right]\frac{ds}{dt}\frac{d\sigma}{dt}$$

$$+ \frac{\partial}{\partial\sigma}\left(V\frac{\partial U}{\partial\sigma}\right)\left(\frac{d\sigma}{dt}\right)^2 + V\frac{\partial U}{\partial s}\frac{d^2 s}{dt^2} + V\frac{\partial U}{\partial\sigma}\frac{d^2\sigma}{dt^2}.$$

Wollen wir nun die x-Componente der Kraft bestimmen,
welche die in ds befindliche positive Electricitätsmenge $h\,ds$ von
der in ds' befindlichen positiven Electricitätsmenge $h'\,ds'$ erleidet,
so haben wir für dieselbe, wie früher, den allgemeinen Ausdruck

$$hh'\,ds\,ds'\left(\frac{x-x'}{r^3} + X_1 + X_2 + X_3\right)$$

zu bilden, darin aber jetzt für X_1, X_2 und X_3 diejenigen Ausdrücke zu setzen, welche aus (33), (27) und (44) durch die vorstehend angedeuteten Aenderungen hervorgehen, nämlich:

$$(45)\quad\left\{\begin{aligned}X_1 &= \frac{\partial}{\partial s}\left(B_1\frac{\partial x}{\partial s}\right)\left(\frac{ds}{dt}\right)^2\\ &\quad + \left[\frac{\partial}{\partial\sigma}\left(B_1\frac{\partial x}{\partial s}\right) + \frac{\partial}{\partial s}\left(B_1\frac{\partial x}{\partial\sigma}\right)\right]\frac{ds}{dt}\frac{d\sigma}{dt}\\ &\quad + \frac{\partial}{\partial\sigma}\left(B_1\frac{\partial x}{\partial\sigma}\right)\left(\frac{d\sigma}{dt}\right)^2 + B_1\frac{\partial x}{\partial s}\frac{d^2 s}{dt^2} + B_1\frac{\partial x}{\partial\sigma}\frac{d^2\sigma}{dt^2}.\end{aligned}\right.$$

$$(46)\quad\left\{\begin{aligned}X_2 &= -\frac{\partial[B_3(x-x')]}{\partial s'}\frac{ds'}{dt}\\ &\quad + \frac{\partial}{\partial s'}\left[B_4\frac{dx'}{ds'} + C_5(x-x')\frac{\partial r}{\partial s'}\right]\left(\frac{ds'}{dt}\right)^2\\ &\quad + \left[B_4\frac{dx'}{ds'} + C_5(x-x')\frac{\partial r}{\partial s'}\right]\frac{d^2 s'}{dt^2}.\end{aligned}\right.$$

$$(47)\quad\left\{\begin{aligned}X_3 &= \left\{\frac{k(x-x')}{2r^3}\frac{\partial^2(r^2)}{\partial s\,\partial s'} + \frac{k}{r^2}\frac{\partial r}{\partial s}\frac{dx'}{ds'} + E_3\frac{\partial r}{\partial s'}\frac{\partial x}{\partial s}\right.\\ &\qquad\left. + \frac{\partial^2[E(x-x')]}{\partial s\,\partial s'}\right\}\frac{ds}{dt}\frac{ds'}{dt}\\ &\quad + \left\{\frac{k(x-x')}{2r^3}\frac{\partial^2(r^2)}{\partial\sigma\,\partial s'} + \frac{k}{r^2}\frac{\partial r}{\partial\sigma}\frac{dx'}{ds'} + E_3\frac{\partial r}{\partial s'}\frac{\partial x}{\partial\sigma}\right.\\ &\qquad\left. + \frac{\partial^2[E(x-x')]}{\partial\sigma\,\partial s'}\right\}\frac{d\sigma}{dt}\frac{ds'}{dt}.\end{aligned}\right.$$

Wollen wir ferner die x-Componente der Kraft bestimmen,
welche die in ds befindliche positive Electricitätsmenge $h\,ds$ von

der in ds' befindlichen negativen Electricitätsmenge $- h' ds'$ erleidet, so brauchen wir in den vorigen Ausdrücken nur $h' ds'$ durch $- h' ds'$ zu ersetzen und ferner, weil die in ds' befindliche negative Electricität in Ruhe ist, $\dfrac{ds'}{dt} = 0$ zu setzen. Dadurch wird $X_2 = 0$ und $X_3 = 0$, während X_1 ungeändert bleibt. Demnach reducirt sich der Ausdruck dieser Kraftcomponente auf

$$- h h' ds\, ds' \left(\frac{x - x'}{r^3} + X_1 \right).$$

Daraus ergiebt sich für die x-Componente der Kraft, welche die in ds befindliche positive Electricitätsmenge $h\,ds$ von dem Stromelemente ds', also, von den beiden Electricitätsmengen $h'\,ds'$ und $- h'\,ds'$ zusammen, erleidet, der Ausdruck:

$$h h' ds\, ds' \,(X_2 + X_3).$$

Integrirt man diesen Ausdruck nach s', so erhält man die x-Componente der Kraft, welche die in ds befindliche positive Electricitätsmenge $h\,ds$ von dem ganzen Strome s' erleidet, und es gilt also, wenn man diese Kraftcomponente mit $\mathfrak{X} h\,ds$ bezeichnet, die Gleichung

$$(48) \qquad \mathfrak{X} = h' \int (X_2 + X_3)\, ds',$$

worin man für X_2 und X_3 die unter (46) und (47) gegebenen Ausdrücke zu setzen hat. Bei der Ausführung der Integration geben alle in jenen Ausdrücken vorkommenden Glieder, welche die Form von Differentialcoëfficienten nach s' haben, Null, und können daher fortgelassen werden, so dass man erhält:

$$(49) \quad \left\{ \begin{aligned} \mathfrak{X} &= h' \frac{d^2 s'}{dt^2} \int \left[B_4 \frac{dx'}{ds'} + C_5 (x - x') \frac{\partial r}{\partial s'} \right] ds' \\ &+ k h' \frac{ds}{dt} \frac{ds'}{dt} \int \left[\frac{x - x'}{2 r^3} \frac{\partial^2 (r^2)}{\partial s\, \partial s'} + \frac{1}{r^2} \frac{\partial r}{\partial s} \frac{dx'}{ds'} \right] ds' \\ &+ k h' \frac{d\sigma}{dt} \frac{ds'}{dt} \int \left[\frac{x - x'}{2 r^3} \frac{\partial^2 (r^2)}{\partial \sigma\, \partial s'} + \frac{1}{r^2} \frac{\partial r}{\partial \sigma} \frac{dx'}{ds'} \right] ds' \end{aligned} \right.$$

Diese Gleichung kann man noch mittelst der schon im vorigen Paragraphen angewandten Gleichungen:

$$x - x' = r \frac{\partial r}{\partial x} \quad \text{und} \quad \frac{dx'}{ds'} = - \tfrac{1}{2} \frac{\partial^2 (r^2)}{\partial x\, \partial s'}$$

umformen in:

$$(50)\quad \begin{cases} \mathfrak{X} = \tfrac{1}{2}h'\,\dfrac{d^2 s'}{dt^2}\int\left[-B_4\,\dfrac{\partial^2(r^2)}{\partial x\,\partial s'}+C_5\,\dfrac{\partial r}{\partial x}\,\dfrac{\partial(r^2)}{\partial s'}\right]ds'\\[2ex] \quad +\tfrac{1}{2}kh'\,\dfrac{ds}{dt}\,\dfrac{ds'}{dt}\int\left[-\dfrac{\partial\frac{1}{r}}{\partial x}\,\dfrac{\partial^2(r^2)}{\partial s\,\partial s'}+\dfrac{\partial\frac{1}{r}}{\partial s}\,\dfrac{\partial^2(r^2)}{\partial x\,\partial s'}\right]ds'\\[2ex] \quad +\tfrac{1}{2}kh'\,\dfrac{d\sigma}{dt}\,\dfrac{ds'}{dt}\int\left[-\dfrac{\partial\frac{1}{r}}{\partial x}\,\dfrac{\partial^2(r^2)}{\partial\sigma\,\partial s'}+\dfrac{\partial\frac{1}{r}}{\partial\sigma}\,\dfrac{\partial^2(r^2)}{\partial x\,\partial s'}\right]ds'. \end{cases}$$

Um aus diesem auf die x-Richtung bezüglichen Ausdrucke den entsprechenden auf die Richtung des Elementes ds bezüglichen Ausdruck abzuleiten, brauchen wir wieder nur die Differential-coëfficienten nach x durch solche nach s zu ersetzen. Dann heben die unter dem zweiten Integralzeichen stehenden beiden Glieder sich gegenseitig auf, und wir erhalten, wenn wir die in die Richtung des Elementes ds fallende Componente der Kraft, welche die Electricitätsmenge $h\,ds$ von dem Strome s' erleidet, mit $\mathfrak{S}\,h\,ds$ bezeichnen, die Gleichung:

$$(51)\quad \begin{cases} \mathfrak{S} = \tfrac{1}{2}h'\,\dfrac{d^2 s'}{dt^2}\int\left[-B_4\,\dfrac{\partial^2(r^2)}{\partial s\,\partial s'}+C_5\,\dfrac{\partial r}{\partial s}\,\dfrac{\partial(r^2)}{\partial s'}\right]ds'\\[2ex] \quad +\tfrac{1}{2}kh'\,\dfrac{d\sigma}{dt}\,\dfrac{ds'}{dt}\int\left[-\dfrac{\partial\frac{1}{r}}{\partial s}\,\dfrac{\partial^2(r^2)}{\partial\sigma\,\partial s'}+\dfrac{\partial\frac{1}{r}}{\partial\sigma}\,\dfrac{\partial^2(r^2)}{\partial s\,\partial s'}\right]ds'. \end{cases}$$

Das Product $\mathfrak{S}\,ds$ ist dasjenige, was man die in dem Leiter-elemente ds inducirte electromotorische Kraft nennt, und demnach stellt das Integral $\int\mathfrak{S}\,ds$ die in dem ganzen Leiter s inducirte electromotorische Kraft dar.

Die Integration nach s bringt wieder ein Glied zum Verschwinden. Betrachten wir nämlich das Doppelintegral

$$\int\int\frac{\partial\frac{1}{r}}{\partial s}\,\frac{\partial^2(r^2)}{\partial\sigma\,\partial s'}\,ds\,ds',$$

so ist zu bemerken, dass die Grösse

$$\frac{\partial^2(r^2)}{\partial\sigma\,\partial s'}=-2\left(\frac{\partial x}{\partial\sigma}\,\frac{dx'}{ds'}+\frac{\partial y}{\partial\sigma}\,\frac{dy'}{ds'}+\frac{\partial z}{\partial\sigma}\,\frac{dz'}{ds'}\right),$$

welche wir auch durch $-2\cos(\sigma s')$ bezeichnen können, wenn $(\sigma s')$ den Winkel zwischen dem von ds zurückgelegten Bahn-elemente $d\sigma$ und dem Stromelemente ds' bedeutet, von s unabhängig ist, weil der ganze Leiter s sich mit sich selbst parallel bewegt, und somit alle seine Elemente eine und dieselbe Bahnrichtung haben. Man kann also das obige Integral so schreiben:

$$\int ds' \frac{\partial^2 (r^2)}{\partial \sigma \partial s'} \int \frac{\partial \frac{1}{r}}{\partial s}\, ds.$$

Hierin lässt sich die Integration nach s sofort ausführen, und giebt für einen geschlossenen Strom Null.

Betrachten wir ferner das andere Doppelintegral

$$\iint \frac{\partial \frac{1}{r}}{\partial \sigma} \frac{\partial^2 (r^2)}{\partial s \partial s'}\, ds\, ds',$$

so können wir hierin, da der Differentialcoëfficient $\dfrac{\partial^2 (r^2)}{\partial s \partial s'}$, welcher nach (35) gleich $- 2 \cos \varepsilon$ ist, sich bei der Bewegung des Leiters s nicht ändert, und somit von σ unabhängig ist, setzen:

$$\frac{\partial \frac{1}{r}}{\partial \sigma} \frac{\partial^2 (r^2)}{\partial s \partial s'} = \frac{\partial}{\partial \sigma} \left[\frac{1}{r} \frac{\partial^2 (r^2)}{\partial s \partial s'} \right],$$

und da ferner die Grösse σ, nach welcher hier differentiirt werden soll, von den Grössen s und s', nach welchen der ganze Ausdruck integrirt werden soll, unabhängig ist, so können wir die Differentiation nach σ auch ausserhalb der Integralzeichen andeuten, und demnach statt des obigen Doppelintegrals schreiben:

$$\frac{\partial}{\partial \sigma} \int \int \frac{1}{r} \frac{\partial^2 (r^2)}{\partial s \partial s'}\, ds\, ds'.$$

Wir erhalten daher zur Bestimmung der im Leiter s inducirten electromotorischen Kraft die Gleichung:

$$(52) \quad \left\{ \begin{aligned} &\int \mathfrak{S}\, ds \\[1mm] &= \tfrac{1}{2} h' \frac{d^2 s'}{dt^2} \int \int \left[- B_4 \frac{\partial^2 (r^2)}{\partial s \partial s'} + C_5 \frac{\partial r}{\partial s} \frac{\partial (r^2)}{\partial s'} \right] ds\, ds' \\[1mm] &\quad + \tfrac{1}{2} k h' \frac{ds'}{dt} \frac{d\sigma}{dt} \frac{\partial}{\partial \sigma} \int \int \frac{1}{r} \frac{\partial^2 (r^2)}{\partial s \partial s'}\, ds\, ds'. \end{aligned} \right.$$

Auf diese Gleichung wollen wir nun den Satz anwenden, dass, wenn entweder der Leiter s in einer bestimmten Lage in der Nähe des Leiters s' verharrt, aber im letzte-

ren die Stromstärke von Null bis zu einem gegebenen
Werthe wächst, oder die Stromstärke in s' unveränderlich diesen Werth hat, aber s sich aus unendlicher Entfernung bis zu jener Lage heranbewegt, in beiden Fällen
eine gleich grosse Inductionswirkung in s stattfindet.

Um die während irgend einer Zeit stattfindende Inductionswirkung zu bestimmen, haben wir den Ausdruck, welcher die inducirte electromotorische Kraft darstellt, mit dt zu multipliciren
und dann über die betreffende Zeit zu integriren. Im ersten der
beiden vorher genannten Fälle ist nun $\dfrac{d\sigma}{dt} = 0$, so dass das zweite
Glied des in (52) gegebenen Ausdruckes verschwindet, und im er-
sten Gliede ist das Doppelintegral von der Zeit unabhängig und
nur der als Factor vor demselben stehende Differentialcoëfficient
$\dfrac{d^2 s'}{dt^2}$ ist nach t zu integriren und giebt $\dfrac{ds'}{dt}$. Die in diesem Falle
stattfindende Inductionswirkung ist daher:

$$\tfrac{1}{2}\, h' \frac{ds'}{dt} \int \int \left[- B_4\, \frac{\partial^2 (r^2)}{\partial s\, \partial s'} + C_5\, \frac{\partial r}{\partial s}\, \frac{\partial (r^2)}{\partial s'} \right] ds\, ds'.$$

Im zweiten Falle ist $\dfrac{d^2 s'}{dt^2} = 0$, so dass das erste Glied des Ausdruckes verschwindet, und das zweite Glied lässt sich sofort nach
t integriren, und giebt:

$$\tfrac{1}{2}\, k\, h' \frac{ds'}{dt} \int \int \frac{1}{r}\, \frac{\partial^2 (r^2)}{\partial s\, \partial s'}\, ds\, ds'.$$

Diese beiden Grössen müssen, jenem Satze nach, unter einander gleich sein, ihre Differenz muss also den Werth Null haben,
und man erhält daher die Gleichung:

$$(53) \qquad \int \int \left[\left(\frac{k}{r} + B_4 \right) \frac{\partial^2 (r^2)}{\partial s\, \partial s'} - C_5\, \frac{\partial r}{\partial s}\, \frac{\partial (r^2)}{\partial s'} \right] ds\, ds' = 0.$$

Das zweite in der eckigen Klammer stehende Glied können
wir noch so umändern:

$$C_5\, \frac{\partial r}{\partial s}\, \frac{\partial (r^2)}{\partial s'} = \frac{\partial}{\partial s} \left[\frac{\partial (r^2)}{\partial s'} \int C_5\, dr \right] - \frac{\partial^2 (r^2)}{\partial s\, \partial s'} \int C_5\, dr,$$

und da von den beiden hier auf der rechten Seite stehenden Gliedern das erste bei der Integration über einen geschlossenen Strom
s Null wird, so geht die vorige Gleichung über in:

$$(54) \qquad \int\int \left[\frac{k}{r} + B_4 + \int C_5\, dr \right] \frac{\partial^2(r^2)}{\partial s\, \partial s'}\, ds\, ds' = 0.$$

Wenn diese Gleichung für jede zwei geschlossene Ströme erfüllt sein soll, so muss der vor dem Differentialcoëfficienten zweiter Ordnung als Factor stehende Ausdruck constant sein, und wir können also, wenn a eine Constante bedeutet, setzen:

$$(55) \qquad \frac{k}{r} + B_4 + \int C_5\, dr = a.$$

Fassen wir nun das Integral mit der Constanten a in ein Zeichen zusammen, indem wir setzen:

$$G = \int C_5\, dr - a,$$

so erhalten wir:

$$(56) \qquad \begin{cases} B_4 = -\left(\dfrac{k}{r} + G \right), \\[2mm] C_5 = \dfrac{d\,G}{d\,r}. \end{cases}$$

Hierdurch sind wieder zwei der unbestimmten Functionen, welche in dem Ausdrucke von X_2 noch vorkommen, auf Eine zurückgeführt, und die unter (27) gegebene zur Bestimmung von X_2 dienende Gleichung geht jetzt über in:

$$\begin{aligned}
X_2 = {}& - \frac{\partial\,[B_3\,(x - x')]}{\partial s'}\, \frac{ds'}{dt} \\[2mm]
& + \frac{\partial}{\partial s'} \left[-\left(\frac{k}{r} + G \right) \frac{dx'}{ds'} + \frac{d\,G}{d\,r}\,(x - x')\,\frac{\partial r}{\partial s'} \right] \left(\frac{ds'}{dt} \right)^2 \\[2mm]
& + \left[-\left(\frac{k}{r} + G \right) \frac{dx'}{ds'} + \frac{d\,G}{d\,r}\,(x - x')\,\frac{\partial r}{\partial s'} \right] \frac{d^2 s'}{dt^2}
\end{aligned}$$

oder anders geschrieben:

$$(57) \quad \begin{cases}
X_2 = - \dfrac{\partial\,[B_3\,(x - x')]}{\partial s'}\, \dfrac{ds'}{dt} \\[3mm]
\qquad + \dfrac{\partial}{\partial s'} \left\{ -\dfrac{k}{r}\,\dfrac{dx'}{ds'} + \dfrac{\partial\,[G\,(x - x')]}{\partial s'} \right\} \left(\dfrac{ds'}{dt} \right)^2 \\[3mm]
\qquad + \left\{ -\dfrac{k}{r}\,\dfrac{dx'}{ds'} + \dfrac{\partial\,[G\,(x - x')]}{\partial s'} \right\} \dfrac{d^2 s'}{dt^2}.
\end{cases}$$

§. 11. Zusammenfassung der bisher gewonnenen Resultate.

Nachdem durch die in den Paragraphen 7. bis 10. angestellten Betrachtungen die Ausdrücke von X_1, X_2 und X_3 die unter (33), (57) und (44) gegebenen vereinfachten Formen gewonnen haben, wollen wir sie in die Gleichung (23), nämlich

$$X = \frac{x - x'}{r^3} + X_1 + X_2 + X_3$$

einsetzen. Dadurch erhalten wir zur Bestimmung der x-Componente der Kraft, die ein Electricitätstheilchen, welches während der Zeit dt den Weg ds zurücklegt, von einem anderen, welches während derselben Zeit den Weg ds' zurücklegt, erleidet, die Gleichung:

$$X = \frac{x - x'}{r^3} + \frac{\partial}{\partial s}\left(B_1 \frac{dx}{ds}\right)\left(\frac{ds}{dt}\right)^2 + B_1 \frac{dx}{ds}\frac{d^2 s}{dt^2} - \frac{\partial\left[B_3\left(x - x'\right)\right]}{\partial s'}\frac{ds'}{dt}$$

$$+ \frac{\partial}{\partial s'}\left\{-\frac{k}{r}\frac{dx'}{ds'} + \frac{\partial\left[G\left(x - x'\right)\right]}{\partial s'}\right\}\left(\frac{ds'}{dt}\right)^2$$

$$+ \left\{-\frac{k}{r}\frac{dx'}{ds'} + \frac{\partial\left[G\left(x - x'\right)\right]}{\partial s'}\right\}\frac{d^2 s'}{dt^2}$$

$$+ \left\{\frac{k\left(x - x'\right)}{2 r^3}\frac{\partial^2\left(r^2\right)}{\partial s\,\partial s'} + \frac{k}{r^2}\frac{\partial r}{\partial s}\frac{dx'}{ds'}\right.$$

$$\left. + E_3 \frac{\partial r}{\partial s'}\frac{dx}{ds} + \frac{\partial^2\left[E\left(x - x'\right)\right]}{\partial s\,\partial s'}\right\}\frac{ds}{dt}\frac{ds'}{dt}.$$

Hierin lassen sich einige Vereinfachungen machen. Bedenkt man, dass x' nur von s', dagegen r von s und s' abhängt, so sieht man, dass man schreiben kann:

$$-\frac{\partial}{\partial s'}\left(\frac{k}{r}\frac{dx'}{ds'}\right)\left(\frac{ds'}{dt}\right)^2 - \frac{k}{r}\frac{dx'}{ds'}\frac{d^2 s'}{dt^2} + \frac{k}{r^2}\frac{\partial r}{\partial s}\frac{dx'}{ds'}\frac{ds}{dt}\frac{ds'}{dt}$$

$$= -k\frac{d}{dt}\left(\frac{1}{r}\frac{dx'}{dt}\right),$$

wodurch sich drei der oben vorkommenden Glieder in eines zusammenziehen. Ferner kann man aus denselben Gründen schreiben:

$$\frac{\partial}{\partial s}\left(B_1 \frac{dx}{ds}\right)\left(\frac{ds}{dt}\right)^2 + B_1 \frac{dx}{ds}\frac{d^2 s}{dt^2}$$

$$= \frac{d}{dt}\left(B_1 \frac{dx}{dt}\right) - \frac{dB_1}{dr}\frac{\partial r}{\partial s'}\frac{dx}{ds}\frac{ds}{dt}\frac{ds'}{dt}.$$

Setzt man sodann zur Abkürzung:

$$E_3 \frac{\partial r}{\partial s'} - \frac{dB_1}{dr} \frac{\partial r}{\partial s'} = \frac{\partial F}{\partial s'}$$

und führt noch für B_1 und $- B_3$ die einfacheren Zeichen H und J ein, so nimmt die zur Bestimmung von X dienende Gleichung folgende Form an:

$$(58) \quad \left\{ \begin{aligned} X &= \frac{x - x'}{r^3} + \frac{\partial [J(x - x')]}{\partial s'} \frac{ds'}{dt} + \frac{\partial^2 [G(x - x')]}{\partial s'^2} \left(\frac{ds'}{dt}\right)^2 \\ &+ \frac{\partial [G(x - x')]}{\partial s'} \frac{d^2 s'}{dt^2} + \frac{d}{dt}\left(H \frac{dx}{dt}\right) - k \frac{d}{dt}\left(\frac{1}{r} \frac{dx'}{dt}\right) \\ &+ \left\{ \frac{k(x - x')}{2 r^3} \frac{\partial^2 (r^2)}{\partial s \partial s'} + \frac{\partial F}{\partial s'} \frac{dx}{ds} + \frac{\partial^2 [E(x - x')]}{\partial s \partial s'} \right\} \frac{ds}{dt} \frac{ds'}{dt}. \end{aligned} \right.$$

Bei der Ableitung dieser Gleichung sind neben der Annahme, dass nur Eine Electricität im festen Leiter strömen könne, nur solche Sätze zur Anwendung gebracht, welche sich auf die gegenseitige Einwirkung geschlossener Ströme beziehen, und da diese Sätze als vollkommen sicher zu betrachten sind, so darf behauptet werden, dass der in dieser Gleichung gegebene Ausdruck von X unter der Voraussetzung von nur Einer im festen Leiter beweglichen Electricität der einzig mögliche ist.

Dabei ist noch zu bemerken, dass die Zulässigkeit dieses Ausdruckes nicht auf den Fall, wo nur Eine Electricität als strömend vorausgesetzt wird, beschränkt ist, sondern dass er auch dann zulässig bleibt, wenn man annimmt, der galvanische Strom bestehe aus zwei nach entgegengesetzten Richtungen gehenden Strömen von positiver und negativer Electricität, wobei es gleichgültig ist, ob man diese beiden Ströme ihrer Stärke nach als gleich oder verschieden annimmt.

Wenn man zu den im Obigen angewandten Sätzen noch die Bedingung hinzufügen wollte, dass die Abhängigkeit der Kraft von der Entfernung nach einem einheitlichen Gesetze stattfinden müsse, so würde man aus der blossen Vergleichung der Glieder, welche noch unbestimmte Functionen von r enthalten, mit denen, in welchen die Functionen schon bestimmt sind, noch weitere Schlüsse über die Form der Functionen ziehen können, und zwar würde man durch diese Betrachtungen zu dem Ergebnisse gelangen, dass die Functionen E, F, G und H sämmtlich die Form $\frac{1}{r} . const.$ haben müssten, so dass also statt jener unbestimmten Functionen nur noch unbestimmte Constante in dem Ausdrucke von X bleiben würden. Indessen wollen wir uns Schlüsse dieser Art für jetzt nicht erlauben, sondern statt dessen noch einen allgemeinen Satz in Anwendung bringen.

§. 12. Anwendung des Princips von der Erhaltung der Energie.

Wir wollen nun die Annahme machen, dass die Kräfte, welche zwei bewegte Electricitätstheilchen auf einander ausüben, für sich allein dem Princip von der Erhaltung der Energie genügen, wozu erforderlich ist, dass die Arbeit, welche diese Kräfte bei der Bewegung der Theilchen während des Zeitelementes dt thun, durch das Differential einer von den augenblicklichen Lagen und Bewegungszuständen der Theilchen abhängigen Grösse dargestellt wird.

Um die Arbeit bestimmen zu können, denken wir uns neben dem unter (58) gegebenen Ausdrucke von X die entsprechenden Ausdrücke von Y und Z gebildet, und ebenso denken wir uns die Grössen X', Y' und Z', welche sich auf die Kraft beziehen, die das Theilchen e' von dem Theilchen e erleidet, in entsprechender Weise ausgedrückt, wozu nur die accentuirten und unaccentuirten Buchstaben gegen einander vertauscht zu werden brauchen. Unter Anwendung dieser Ausdrücke bilden wir die Grösse

$$ee'\left(X\frac{dx}{dt} + Y\frac{dy}{dt} + Z\frac{dz}{dt} + X'\frac{dx'}{dt} + Y'\frac{dy'}{dt} + Z'\frac{dz'}{dt}\right)dt.$$

Diese Grösse muss, wenn das Princip von der Erhaltung der Energie erfüllt sein soll, das vollständige Differential, oder, anders gesagt, die in der Klammer stehende Summe von sechs Producten muss der nach t genommene Differentialcoëfficient eines aus den Coordinaten und Geschwindigkeitscomponenten der beiden Theilchen gebildeten Ausdruckes sein.

Da der unter (58) gegebene Ausdruck von X etwas lang ist, so wollen wir seine Glieder einzeln oder in kleinen Gruppen nach einander betrachten, um zu sehen, wie bei ihnen die Summe der sechs Producte sich gestaltet.

Das erste Glied ist

$$\frac{x - x'}{r^3} \quad \text{oder} \quad -\frac{\partial \frac{1}{r}}{\partial x},$$

und die Summe der sechs Producte lautet daher:

$$-\left(\frac{\partial\frac{1}{r}}{\partial x}\frac{dx}{dt}+\frac{\partial\frac{1}{r}}{\partial y}\frac{dy}{dt}+\frac{\partial\frac{1}{r}}{\partial z}\frac{dz}{dt}+\frac{\partial\frac{1}{r}}{\partial x'}\frac{dx'}{dt}+\frac{\partial\frac{1}{r}}{\partial y'}\frac{dy'}{dt}+\frac{\partial\frac{1}{r}}{\partial z'}\frac{dz'}{dt}\right)$$

und lässt sich zusammenziehen in:

$$-\frac{d\frac{1}{r}}{dt}.$$

Das zweite Glied ist:

$$\frac{\partial\left[J(x-x')\right]}{\partial s'}\frac{ds'}{dt}.$$

Um dieses mit dem Differentialcoëfficienten $\dfrac{dx}{dt}$ zu multipliciren,

zerlegen wir den letzteren in das Product $\dfrac{dx}{ds}\dfrac{ds}{dt}$ und multiplici-

ren mit dem Factor $\dfrac{dx}{ds}$, welcher von s' unabhängig ist, unter dem

Differentiationszeichen, also:

$$\frac{\partial\left[J(x-x')\dfrac{dx}{ds}\right]}{\partial s'}\frac{ds}{dt}\frac{ds'}{dt}.$$

Bildet man hierzu die entsprechenden Producte für die y- und z-Axe und addirt zunächst nur diese drei Producte, indem man dabei die Gleichung

$$(x-x')\frac{dx}{ds}+(y-y')\frac{dy}{ds}+(z-z')\frac{dz}{ds}=r\frac{\partial r}{\partial s}$$

berücksichtigt, so erhält man:

$$\frac{\partial\left(Jr\dfrac{\partial r}{\partial s}\right)}{\partial s'}\frac{ds}{dt}\frac{ds'}{dt}.$$

Ebenso geben die drei anderen Producte:

$$\frac{\partial\left(Jr\dfrac{\partial r}{\partial s'}\right)}{\partial s}\frac{ds}{dt}\frac{ds'}{dt}.$$

Diese beiden Ausdrücke sind unter einander gleich, indem sich, wenn man das Zeichen K mit der Bedeutung

(59)
$$K=\int Jr\,dr$$

einführt, der als erster Factor stehende Differentialcoëfficient in beiden durch $\dfrac{\partial^2 K}{\partial s\, \partial s'}$ darstellen lässt, und die Summe der sechs Producte nimmt daher folgende Form an:

$$2\,\frac{\partial^2 K}{\partial s\, \partial s'}\,\frac{ds}{dt}\,\frac{ds'}{dt}\,.$$

Das dritte und vierte Glied von (58), nämlich

$$\frac{\partial^2\left[G\,(x-x')\right]}{\partial s'^{\,2}}\left(\frac{ds'}{dt}\right)^2 + \frac{\partial\left[G\,(x-x')\right]}{\partial s'}\,\frac{d^2 s'}{dt^2},$$

kann man ganz ähnlich behandeln. Durch Addition der drei ersten Producte erhält man:

$$\frac{\partial^2\left[G\,r\,\dfrac{\partial r}{\partial s}\right]}{\partial s'^{\,2}}\,\frac{ds}{dt}\left(\frac{ds'}{dt}\right)^2 + \frac{\partial\left[G\,r\,\dfrac{\partial r}{\partial s}\right]}{\partial s'}\,\frac{ds}{dt}\,\frac{d^2 s'}{dt^2},$$

wofür man, wenn man das Zeichen R mit der Bedeutung

$$(60) \qquad\qquad R=\int G\,r\,dr$$

einführt, schreiben kann:

$$\frac{\partial^3 R}{\partial s\, \partial s'^{\,2}}\,\frac{ds}{dt}\left(\frac{ds'}{dt}\right)^2 + \frac{\partial^2 R}{\partial s\, \partial s'}\,\frac{ds}{dt}\,\frac{d^2 s'}{dt^2},$$

und ebenso geben die drei anderen Producte:

$$\frac{\partial^3 R}{\partial s^2\, \partial s'}\left(\frac{ds}{dt}\right)^2\frac{ds'}{dt} + \frac{\partial^2 R}{\partial s\, \partial s'}\,\frac{ds'}{dt}\,\frac{d^2 s}{dt^2}\,.$$

Die Summe aller sechs Producte ist also:

$$\left(\frac{\partial^3 R}{\partial s\, \partial s'^{\,2}}\,\frac{ds'}{dt} + \frac{\partial^3 R}{\partial s^2\, \partial s'}\,\frac{ds}{dt}\right)\frac{ds}{dt}\,\frac{ds'}{dt} + \frac{\partial^2 R}{\partial s\, \partial s'}\left(\frac{ds}{dt}\,\frac{d^2 s'}{dt^2} + \frac{ds'}{dt}\,\frac{d^2 s}{dt^2}\right),$$

was sich zunächst zusammenziehen lässt in:

$$\frac{d}{dt}\left(\frac{\partial^2 R}{\partial s\, \partial s'}\right)\frac{ds}{dt}\,\frac{ds'}{dt} + \frac{\partial^2 R}{\partial s\, \partial s'}\,\frac{d}{dt}\left(\frac{ds}{dt}\,\frac{ds'}{dt}\right)$$

und dann weiter in:

$$\frac{d}{dt}\left(\frac{\partial^2 R}{\partial s\, \partial s'}\,\frac{ds}{dt}\,\frac{ds'}{dt}\right).$$

Das fünfte Glied

$$\frac{d}{dt}\left(H\,\frac{dx}{dt}\right)$$

giebt, wenn man zuerst die angedeutete Differentiation ausführt, und dann mit $\dfrac{dx}{dt}$ multiplicirt:

$$\frac{dH}{dt}\left(\frac{dx}{dt}\right)^2 + H\,\frac{dx}{dt}\,\frac{d^2x}{dt^2},$$

was sich auch in folgender Form schreiben lässt:

$$\tfrac{1}{2}\,\frac{d}{dt}\left[H\left(\frac{dx}{dt}\right)^2\right] + \tfrac{1}{2}\,\frac{dH}{dt}\left(\frac{dx}{dt}\right)^2.$$

In gleicher Weise erhält man als anderes, auch auf die x-Axe bezügliches, aber das accentuirte x enthaltendes Product:

$$\tfrac{1}{2}\,\frac{d}{dt}\left[H\left(\frac{dx'}{dt}\right)^2\right] + \tfrac{1}{2}\,\frac{dH}{dt}\left(\frac{dx'}{dt}\right)^2.$$

Bildet man nun die entsprechenden Producte für die y- und z-Axe, so kann man die Summe aller sechs Producte zusammenziehen in:

$$\tfrac{1}{2}\,\frac{d}{dt}\left\{H\left[\left(\frac{ds}{dt}\right)^2 + \left(\frac{ds'}{dt}\right)^2\right]\right\} + \tfrac{1}{2}\,\frac{dH}{dt}\left[\left(\frac{ds}{dt}\right)^2 + \left(\frac{ds'}{dt}\right)^2\right].$$

Das sechste Glied

$$-\,k\,\frac{d}{dt}\left(\frac{1}{r}\,\frac{dx'}{dt}\right)$$

giebt durch Ausführung der angedeuteten Differentiation und durch Multiplication mit $\dfrac{dx}{dt}$:

$$-\,k\,\frac{d\dfrac{1}{r}}{dt}\,\frac{dx}{dt}\,\frac{dx'}{dt} - k\,\frac{1}{r}\,\frac{dx}{dt}\,\frac{d^2x'}{dt^2}.$$

In gleicher Weise erhält man wieder als anderes auch auf die x-Axe bezügliches Product, in welchem aber das accentuirte und das unaccentuirte x gegen einander vertauscht sind:

$$-\,k\,\frac{d\dfrac{1}{r}}{dt}\cdot\frac{dx}{dt}\,\frac{dx'}{dt} - k\,\frac{1}{r}\,\frac{dx'}{dt}\,\frac{d^2x}{dt^2}.$$

Die Summe dieser beiden Producte kann man in folgender Form schreiben:

$$-\,k\,\frac{d}{dt}\left(\frac{1}{r}\,\frac{dx}{dt}\,\frac{dx'}{dt}\right) - k\,\frac{d\dfrac{1}{r}}{dt}\,\frac{dx}{dt}\,\frac{dx'}{dt}.$$

Bildet man nun die entsprechenden Producte für die y- und z-Axe und berücksichtigt dabei die Gleichung

$$\frac{dx}{dt}\frac{dx'}{dt} + \frac{dy}{dt}\frac{dy'}{dt} + \frac{dz}{dt}\frac{dz'}{dt} = -\tfrac{1}{2}\frac{\partial^2(r^2)}{\partial s\,\partial s'}\frac{ds}{dt}\frac{ds'}{dt},$$

so erhält man als Summe aller sechs Producte:

$$\frac{k}{2}\frac{d}{dt}\left(\frac{1}{r}\frac{\partial^2(r^2)}{\partial s\,\partial s'}\frac{ds}{dt}\frac{ds'}{dt}\right) + \frac{k}{2}\frac{d\dfrac{1}{r}}{dt}\frac{\partial^2(r^2)}{\partial s\,\partial s'}\frac{ds}{dt}\frac{ds'}{dt}.$$

Das siebente Glied

$$\frac{k(x-x')}{2r^3}\frac{\partial^2(r^2)}{\partial s\,\partial s'}\frac{ds}{dt}\frac{ds'}{dt},$$

oder, anders geschrieben,

$$-\frac{k}{2}\frac{\partial\dfrac{1}{r}}{\partial x}\frac{\partial^2(r^2)}{\partial s\,\partial s'}\frac{ds}{dt}\frac{ds'}{dt}$$

giebt als Summe der sechs Producte:

$$-\frac{k}{2}\frac{d\dfrac{1}{r}}{dt}\frac{\partial^2(r^2)}{\partial s\,\partial s'}\frac{ds}{dt}\frac{ds'}{dt}.$$

Dieser Ausdruck hebt sich gegen einen Theil des beim sechsten Gliede erhaltenen Ausdruckes auf, so dass man für das sechste und siebente Glied zusammen als Summe der sechs Producte einfach erhält:

$$\frac{k}{2}\frac{d}{dt}\left(\frac{1}{r}\frac{\partial^2(r^2)}{\partial s\,\partial s'}\frac{ds}{dt}\frac{ds'}{dt}\right).$$

Das achte Glied

$$\frac{\partial F}{\partial s'}\frac{dx}{ds}\frac{ds}{dt}\frac{ds'}{dt}$$

giebt als Summe der sechs Producte, wie man leicht sieht:

$$\frac{\partial F}{\partial s'}\left(\frac{ds}{dt}\right)^2\frac{ds'}{dt} + \frac{\partial F}{\partial s}\frac{ds}{dt}\left(\frac{ds'}{dt}\right)^2.$$

Das neunte und letzte Glied

$$\frac{\partial^2[E(x-x')]}{\partial s\,\partial s'}\frac{ds}{dt}\frac{ds'}{dt}$$

schreiben wir zunächst in der Form:

$$\frac{\partial}{\partial s'}\left[\frac{\partial E}{\partial s}(x-x') + E\frac{dx}{ds}\right]\frac{ds}{dt}\frac{ds'}{dt},$$

welche wir auch noch so umändern können:

$$\frac{\partial}{\partial s'}\left[r\,\frac{dE}{dr}\,\frac{\partial r}{\partial s}\,\frac{\partial r}{\partial x}+E\,\frac{dx}{ds}\right]\frac{ds}{dt}\,\frac{ds'}{dt}.$$

Zugleich setzen wir für $\dfrac{dx}{dt}$ das Product $\dfrac{dx}{ds}\,\dfrac{ds}{dt}$ und multipliciren

mit $\dfrac{dx}{ds}$ unter dem Differentiationszeichen. Wenn wir dann die entsprechenden Producte für die y- und z-Axe bilden, und die Summe dieser drei Producte nehmen, so erhalten wir:

$$\frac{\partial}{\partial s'}\left[r\,\frac{dE}{dr}\left(\frac{\partial r}{\partial s}\right)^2+E\right]\left(\frac{ds}{dt}\right)^2\frac{ds'}{dt},$$

und somit als Summe aller sechs Producte:

$$\frac{\partial}{\partial s'}\left[r\,\frac{dE}{dr}\left(\frac{\partial r}{\partial s}\right)^2+E\right]\left(\frac{ds}{dt}\right)^2\frac{ds'}{dt}+\frac{\partial}{\partial s}\left[r\,\frac{dE}{dr}\left(\frac{\partial r}{\partial s'}\right)^2+E\right]\frac{ds}{dt}\left(\frac{ds'}{dt}\right)^2.$$

Vereinigen wir nun alle bei den einzelnen Gliedern von (58) als Summe der sechs Producte gewonnenen Ausdrücke, so erhalten wir folgende Gesammtsumme:

$$-\frac{d\,\dfrac{1}{r}}{dt}+2\frac{\partial^2 K}{\partial s\,\partial s'}\,\frac{ds}{dt}\,\frac{ds'}{dt}+\frac{d}{dt}\left(\frac{\partial^2 R}{\partial s\,\partial s'}\,\frac{ds}{dt}\,\frac{ds'}{dt}\right)$$

$$+\tfrac{1}{2}\frac{d}{dt}\left\{H\left[\left(\frac{ds}{dt}\right)^2+\left(\frac{ds'}{dt}\right)^2\right]\right\}+\tfrac{1}{2}\frac{dH}{dt}\left[\left(\frac{ds}{dt}\right)^2+\left(\frac{ds'}{dt}\right)^2\right]$$

$$+\frac{k}{2}\frac{d}{dt}\left(\frac{1}{r}\,\frac{\partial^2(r^2)}{\partial s\,\partial s'}\,\frac{ds}{dt}\,\frac{ds'}{dt}\right)+\frac{\partial F}{\partial s'}\left(\frac{ds}{dt}\right)^2\frac{ds'}{dt}+\frac{\partial F}{\partial s}\frac{ds}{dt}\left(\frac{ds'}{dt}\right)^2$$

$$+\frac{\partial}{\partial s'}\left[r\,\frac{dE}{dr}\left(\frac{\partial r}{\partial s}\right)^2+E\right]\left(\frac{ds}{dt}\right)^2\frac{ds'}{dt}+\frac{\partial}{\partial s}\left[r\,\frac{dE}{dr}\left(\frac{\partial r}{\partial s'}\right)^2+E\right]\frac{ds}{dt}\left(\frac{ds'}{dt}\right)^2,$$

welche Gesammtsumme wir auch, unter Zusammenfassung der Glieder, welche Differentialcoëfficienten nach t sind, und etwas veränderter Anordnung der übrigen Glieder, so schreiben können:

$$\frac{d}{dt}\left\{-\frac{1}{r}+\left(\frac{k}{2r}\frac{\partial^2(r^2)}{\partial s\,\partial s'}+\frac{\partial^2 R}{\partial s\,\partial s'}\right)\frac{ds}{dt}\,\frac{ds'}{dt}+\tfrac{1}{2}H\left[\left(\frac{ds}{dt}\right)^2+\left(\frac{ds'}{dt}\right)^2\right]\right\}$$

$$+2\frac{\partial^2 K}{\partial s\,\partial s'}\,\frac{ds}{dt}\,\frac{ds'}{dt}+\tfrac{1}{2}\frac{\partial H}{\partial s}\left(\frac{ds}{dt}\right)^3+\tfrac{1}{2}\frac{\partial H}{\partial s'}\left(\frac{ds'}{dt}\right)^3$$

$$+\frac{\partial}{\partial s'}\left[r\,\frac{dE}{dr}\left(\frac{\partial r}{\partial s}\right)^2+E+F+\tfrac{1}{2}H\right]\left(\frac{ds}{dt}\right)^2\frac{ds'}{dt}$$

$$+\frac{\partial}{\partial s}\left[r\,\frac{dE}{dr}\left(\frac{\partial r}{\partial s'}\right)^2+E+F+\tfrac{1}{2}H\right]\frac{ds}{dt}\left(\frac{ds'}{dt}\right)^2.$$

Dieser ganze Ausdruck muss, wenn das Princip von der Erhaltung der Energie für die Kräfte, welche die beiden Electricitätstheilchen auf einander ausüben, erfüllt sein soll, ein Differentialcoëfficient nach t sein. Da nun der erste Theil des Ausdruckes schon äusserlich als Differentialcoëffient nach t bezeichnet ist, so haben wir unser Augenmerk nur auf den übrigen, aus fünf Gliedern bestehenden Theil zu richten. Diese Glieder sind alle in Bezug auf die Differentialcoëfficienten erster Ordnung $\frac{ds}{dt}$ und $\frac{ds'}{dt}$ von höherem als erstem Grade, während die Differentialcoëfficienten zweiter Ordnung $\frac{d^2 s}{dt^2}$ und $\frac{d^2 s'}{dt^2}$ in ihnen nicht als Factoren vorkommen. Daraus folgt, dass weder ein einzelnes der Glieder noch irgend eine Gruppe derselben ein Differentialcoëfficient nach t sein kann. Demnach muss die Summe dieser fünf Glieder Null sein, und das wiederum kann für beliebige Werthe von $\frac{ds}{dt}$ und $\frac{ds'}{dt}$ nur dann der Fall sein, wenn alle fünf Glieder einzeln Null sind. Wir erhalten also folgende fünf Bedingungsgleichungen:

$$(61) \quad \begin{cases} \dfrac{\partial^2 K}{\partial s\, \partial s'} = 0, \\[2mm] \dfrac{\partial H}{\partial s} = 0, \\[2mm] \dfrac{\partial H}{\partial s'} = 0, \\[2mm] \dfrac{\partial}{\partial s'}\left[r\, \dfrac{dE}{dr}\left(\dfrac{\partial r}{\partial s}\right)^2 + E + F + \tfrac{1}{2} H \right] = 0, \\[2mm] \dfrac{\partial}{\partial s}\left[r\, \dfrac{dE}{dr}\left(\dfrac{\partial r}{\partial s'}\right)^2 + E + F + \tfrac{1}{2} H \right] = 0. \end{cases}$$

Die erste dieser Gleichungen, welche sich auch so schreiben lässt:

$$\frac{dK}{dr}\, \frac{\partial^2 r}{\partial s\, \partial s'} + \frac{d^2 K}{dr^2}\, \frac{\partial r}{\partial s}\, \frac{\partial r}{\partial s'} = 0,$$

kann für beliebige Bahnen der Electricitätstheilchen nur dann erfüllt sein, wenn

$$\frac{dK}{dr} = 0,$$

woraus nach (59) weiter folgt:

$$(62) \qquad\qquad J = 0.$$

Die beiden folgenden der Gleichungen (61), nämlich

$$\frac{\partial H}{\partial s} = 0 \quad \text{und} \quad \frac{\partial H}{\partial s'} = 0,$$

geben zunächst:

$$H = const.$$

Da aber der in (58) gegebene Ausdruck von X das Glied $H\dfrac{d^2x}{dt^2}$ enthält, welches, wenn H einen angebbaren constanten Werth hätte, einen von der gegenseitigen Entfernung der Electricitätstheilchen unabhängigen Bestandtheil der Kraft darstellen würde, und ein solcher nicht vorkommen kann, so muss sein:

$$(63) \qquad\qquad H = 0.$$

Die beiden letzten der Gleichungen (61) lauten, wenn man $H = 0$ setzt und die angedeuteten Differentiationen ausführt:

$$\frac{d\left(r\dfrac{dE}{dr}\right)}{dr}\left(\frac{\partial r}{\partial s}\right)^2\frac{\partial r}{\partial s'} + 2r\frac{dE}{dr}\frac{\partial r}{\partial s}\frac{\partial^2 r}{\partial s\,\partial s'} + \frac{d(E+F)}{dr}\frac{\partial r}{\partial s'} = 0,$$

$$\frac{d\left(r\dfrac{dE}{dr}\right)}{dr}\frac{\partial r}{\partial s}\left(\frac{\partial r}{\partial s'}\right)^2 + 2r\frac{dE}{dr}\frac{\partial r}{\partial s'}\frac{\partial^2 r}{\partial s\,\partial s'} + \frac{d(E+F)}{dr}\frac{\partial r}{\partial s} = 0,$$

welche Gleichungen nur dann für beliebige Bahnen der Electricitätstheilchen erfüllt sein können, wenn man hat:

$$(64) \qquad \frac{dE}{dr} = 0 \quad \text{und} \quad \frac{dF}{dr} = 0,$$

wodurch E und F genügend bestimmt sind, da nur die Differentialcoëfficienten dieser Grössen in (58) vorkommen.

Nach diesen Bestimmungen nimmt der Ausdruck der von den gegenseitigen Kräften der beiden Electricitätstheilchen während des Zeitelementes dt geleisteten Arbeit folgende einfache Gestalt an:

$$ee'\frac{d}{dt}\left[-\frac{1}{r} + \left(\frac{k}{2r}\frac{\partial^2 (r^2)}{\partial s\,\partial s'} + \frac{\partial^2 R}{\partial s\,\partial s'}\right)\frac{ds}{dt}\frac{ds'}{dt}\right]dt,$$

und die Gleichung (58) geht über in:

$$(65)\quad\begin{cases} X = \dfrac{x-x'}{r^3} + \dfrac{\partial^2\left(\dfrac{dR}{dr}\dfrac{x-x'}{r}\right)}{\partial s'^2}\left(\dfrac{ds'}{dt}\right)^2 + \dfrac{\partial\left(\dfrac{dR}{dr}\dfrac{x-x'}{r}\right)}{\partial s'}\dfrac{d^2 s'}{dt^2} \\[4ex] \qquad - k\dfrac{d}{dt}\left(\dfrac{1}{r}\dfrac{dx'}{dt}\right) + \dfrac{k(x-x')}{2r^3}\dfrac{\partial^2 (r^2)}{\partial s\,\partial s'}\dfrac{ds}{dt}\dfrac{ds'}{dt}, \end{cases}$$

welche Gleichung sich noch einfacher so schreiben lässt:

$$(66) \quad \left\{ \begin{aligned} X &= -\frac{\partial \frac{1}{r}}{\partial x}\left(1 + \frac{k}{2}\frac{\partial^2(r^2)}{\partial s\,\partial s'}\frac{ds}{dt}\frac{ds'}{dt}\right) - k\frac{d}{dt}\left(\frac{1}{r}\frac{dx'}{dt}\right) \\ &\quad + \frac{\partial}{\partial x}\left[\frac{\partial^2 R}{\partial s'^2}\left(\frac{ds'}{dt}\right)^2 + \frac{\partial R}{\partial s'}\frac{d^2 s'}{dt^2}\right]. \end{aligned} \right.$$

§. 13. Das electrodynamische Potential.

Nach dem vorher angeführten Ergebnisse unserer Betrachtungen wird die Arbeit, welche die von zwei bewegten Electricitätstheilchen auf einander ausgeübten Kräfte während des Zeitelementes dt leisten, dargestellt durch das Differential des folgenden Ausdruckes:

$$- e e'\left[\frac{1}{r} - \left(\frac{k}{2r}\frac{\partial^2(r^2)}{\partial s\,\partial s'} + \frac{\partial^2 R}{\partial s\,\partial s'}\right)\frac{ds}{dt}\frac{ds'}{dt}\right].$$

Nun wird bekanntlich bei der Betrachtung der electrostatischen Kräfte diejenige Grösse, deren negatives Differential die Arbeit darstellt, das Potential der beiden Electricitätstheilchen auf einander genannt, und dem entsprechend kann man auch den vorstehenden, nur durch Fortlassung des äusseren Minuszeichens abgeänderten Ausdruck als Potential im erweiterten Sinne bezeichnen. Dabei kann man auch die beiden Theile, welche sich auf die electrostatischen und auf die von der Bewegung abhängigen oder electrodynamischen Kräfte beziehen, einzeln betrachten und danach das electrostatische und das electrodynamische Potential von einander unterscheiden. Bezeichnen wir das erstere mit U und das letztere mit V, so ist dem Vorigen nach zu setzen:

$$(67) \qquad\qquad U = \frac{ee'}{r},$$

$$(68) \qquad V = - ee'\left(\frac{k}{2r}\frac{\partial^2(r^2)}{\partial s\,\partial s'} + \frac{\partial^2 R}{\partial s\,\partial s'}\right)\frac{ds}{dt}\frac{ds'}{dt}.$$

Der hier gegebene Ausdruck des electrodynamischen Potentials ist bei der Annahme von nur Einer im festen Leiter beweglichen Electricität der einzig mögliche.

Die in ihm noch vorkommende, mit R bezeichnete unbestimmte Function von r lässt sich aus den Wirkungen geschlossener

Ströme überhaupt nicht bestimmen, und man ist daher, wenn man auch sie noch bestimmen will, für jetzt auf Wahrscheinlichkeitsgründe angewiesen.

Macht man die schon am Ende des §. 10 erwähnte Annahme, dass die Abhängigkeit der Kraft von der Entfernung nach einem einheitlichen Gesetze stattfinden müsse, so gelangt man zu dem Schlusse, dass

$$(69) \qquad R = k_1 r$$

zu setzen ist, worin k_1 eine Constante bedeutet. Dadurch geht (68) über in:

$$(70) \qquad V = - ee' \left(\frac{k}{2r} \frac{\partial^2 (r^2)}{\partial s\, \partial s'} + k_1 \frac{\partial^2 r}{\partial s\, \partial s'} \right) \frac{ds}{dt} \frac{ds'}{dt}.$$

Sucht man ferner noch durch Bestimmung der Constanten k_1 diesen Ausdruck möglichst einfach zu machen, so findet man zunächst, dass zwei Werthe sich in dieser Beziehung besonders auszeichnen, nämlich $k_1 = 0$ und $k_1 = - k$, welche geben:

$$(71) \qquad V = - k \frac{ee'}{2r} \frac{\partial^2 (r^2)}{\partial s\, \partial s'} \frac{ds}{dt} \frac{ds'}{dt},$$

$$(72) \qquad V = - k \frac{ee'}{r} \frac{\partial r}{\partial s} \frac{\partial r}{\partial s'} \frac{ds}{dt} \frac{ds'}{dt}.$$

Diese beiden Formeln sind äusserlich nahe gleich einfach; benutzt man sie aber zu Rechnungen, indem man aus ihnen die Kraftcomponenten zu bestimmen sucht, so findet man, dass für diese aus der ersteren Formel viel einfachere Ausdrücke entstehen, als aus der letzteren, und man wird also, wenn man dasjenige Kraftgesetz erhalten will, welches, während es allen bis jetzt bekannten Erscheinungen entspricht, zugleich möglichst einfach ist, $k_1 = 0$ oder, was auf dasselbe hinauskommt, $R = 0$ zu setzen haben.

Da der Ausdruck des electrodynamischen Potentials kürzer und übersichtlicher ist, als diejenigen der Kraftcomponenten, so ist er ganz besonders dazu geeignet, die verschiedenen bis jetzt aufgestellten electrodynamischen Grundgesetze (mit Ausnahme des Gauss'schen, welches dem Princip von der Erhaltung der Energie nicht genügt) unter einander zu vergleichen, und es möge hier eine Zusammenstellung der Art Platz finden. Die zur Bestimmung des electrodynamischen Potentials dienende Gleichung ist

1) nach Weber [1]:

$$V = -\frac{1}{c^2}\frac{ee'}{r}\left(\frac{dr}{dt}\right)^2,$$

2) nach Riemann [2]:

$$V = -\frac{1}{c^2}\frac{ee'}{r}\left[\left(\frac{dx}{dt} - \frac{dx'}{dt}\right)^2 + \left(\frac{dy}{dt} - \frac{dy'}{dt}\right)^2 + \left(\frac{dz}{dt} - \frac{dz'}{dt}\right)^2\right],$$

3) nach den von mir ausgeführten Entwickelungen

   a) in allgemeinster Form:

$$V = -ee'\left(\frac{k}{2r}\frac{\partial^2(r^2)}{\partial s\,\partial s'} + \frac{\partial^2 R}{\partial s\,\partial s'}\right)\frac{ds}{dt}\frac{ds'}{dt},$$

   b) in vereinfachter Form:

$$V = -ee'\left(\frac{k}{2r}\frac{\partial^2(r^2)}{\partial s\,\partial s'} + k_1\frac{\partial^2 r}{\partial s\,\partial s'}\right)\frac{ds}{dt}\frac{ds'}{dt},$$

   c) in einfachster und daher wahrscheinlichster Form:

$$V = -k\frac{ee'}{2r}\frac{\partial^2(r^2)}{\partial s\,\partial s'}\cdot\frac{ds}{dt}\frac{ds'}{dt}.$$

Dem letzten Ausdrucke kann man auch folgende Gestalt geben:

$$(73)\qquad V = k\frac{ee'}{r}\left(\frac{dx}{dt}\frac{dx'}{dt} + \frac{dy}{dt}\frac{dy'}{dt} + \frac{dz}{dt}\frac{dz'}{dt}\right),$$

oder, wenn man mit v und v' die Geschwindigkeiten der beiden Electricitätstheilchen und mit ε den Winkel zwischen ihren Bewegungsrichtungen bezeichnet:

$$(74)\qquad V = k\frac{ee'}{r}\,vv'\,\cos\varepsilon.$$

§. 14. Ableitung der Kraftcomponenten aus dem Potential.

Um nun aus dem electrostatischen und electrodynamischen Potential wiederum die Kraftcomponenten abzuleiten, hat man Gleichungen anzuwenden, in denen das electrodynamische Potential in derselben Weise vorkommt, wie in den auf allgemeine Coordinaten bezüglichen mechanischen Grundgleichungen von Lagrange

---

[1] Pogg. Ann. Jubelband S. 212.
[2] Schwere, Electricität und Magnetismus, nach den Vorlesungen von Bernh. Riemann bearbeitet von Hattendorff, Hannover 1876, S. 326.

die lebendige Kraft. Für die in die x-Richtung fallende Componente der Kraft, welche das Theilchen e erleidet, lautet die Gleichung:

$$(75) \qquad Xee' = \frac{\partial(V - U)}{\partial x} - \frac{d}{dt}\left(\frac{\partial V}{\partial \dfrac{dx}{dt}}\right).$$

Hierin hat man für U und V die unter (67) und (68) gegebenen Ausdrücke einzusetzen. Aus dem ersteren erhält man einfach:

$$(76) \qquad \frac{\partial U}{\partial x} = ee' \frac{\partial \dfrac{1}{r}}{\partial x}.$$

Den letzteren, welcher bei der Differentiation als Function der sechs Coordinaten und der sechs Geschwindigkeitscomponenten zu behandeln ist, wollen wir so umformen, dass die Geschwindigkeitscomponenten explicite in ihm vorkommen. Der Bequemlichkeit wegen wollen wir dabei V in zwei Theile zerlegen, indem wir setzen:

$$(77) \qquad V = V_1 + V_2,$$

worin V_1 und V_2 folgende Bedeutungen haben:

$$V_1 = -\frac{kee'}{2r}\frac{\partial^2(r^2)}{\partial s\,\partial s'}\frac{ds}{dt}\frac{ds'}{dt}$$

$$= \frac{kee'}{r}\left(\frac{dx}{dt}\frac{dx'}{dt} + \frac{dy}{dt}\frac{dy'}{dt} + \frac{dz}{dt}\frac{dz'}{dt}\right),$$

$$V_2 = -ee'\frac{\partial^2 R}{\partial s\,\partial s'}\frac{ds}{dt}\frac{ds'}{dt}$$

$$= -ee'\left\{\begin{array}{l}\dfrac{\partial^2 R}{\partial x\,\partial x'}\dfrac{dx}{dt}\dfrac{dx'}{dt} + \dfrac{\partial^2 R}{\partial x\,\partial y'}\dfrac{dx}{dt}\dfrac{dy'}{dt} + \dfrac{\partial^2 R}{\partial x\,\partial z'}\dfrac{dx}{dt}\dfrac{dz'}{dt} \\[2ex] +\dfrac{\partial^2 R}{\partial y\,\partial x'}\dfrac{dy}{dt}\dfrac{dx'}{dt} + \dfrac{\partial^2 R}{\partial y\,\partial y'}\dfrac{dy}{dt}\dfrac{dy'}{dt} + \dfrac{\partial^2 R}{\partial y\,\partial z'}\dfrac{dy}{dt}\dfrac{dz'}{dt} \\[2ex] +\dfrac{\partial^2 R}{\partial z\,\partial x'}\dfrac{dz}{dt}\dfrac{dx'}{dt} + \dfrac{\partial^2 R}{\partial z\,\partial y'}\dfrac{dz}{dt}\dfrac{dy'}{dt} + \dfrac{\partial^2 R}{\partial z\,\partial z'}\dfrac{dz}{dt}\dfrac{dz'}{dt}\end{array}\right\}.$$

Dann erhalten wir für den ersten Theil:

$$(78)\quad\begin{cases}\dfrac{\partial V_1}{\partial x} = kee'\,\dfrac{\partial\frac{1}{r}}{\partial x}\left(\dfrac{dx}{dt}\dfrac{dx'}{dt} + \dfrac{dy}{dt}\dfrac{dy'}{dt} + \dfrac{dz}{dt}\dfrac{dz'}{dt}\right)\\[3ex]
\qquad = -\,\dfrac{k}{2}\,ee'\,\dfrac{\partial\frac{1}{r}}{\partial x}\,\dfrac{\partial^2(r^2)}{\partial s\,\partial s'}\,\dfrac{ds}{dt}\dfrac{ds'}{dt},\\[3ex]
\dfrac{\partial V_1}{\partial\frac{dx}{dt}} = \dfrac{kee'}{r}\,\dfrac{dx'}{dt},\end{cases}$$

$$(79)\qquad \dfrac{d}{dt}\left(\dfrac{\partial V_1}{\partial\frac{dx}{dt}}\right) = kee'\,\dfrac{d}{dt}\left(\dfrac{1}{r}\,\dfrac{dx'}{dt}\right);$$

und für den zweiten Theil erhalten wir:

$$(80)\quad\begin{cases}\dfrac{\partial V_2}{\partial x} = -\,ee'\,\dfrac{\partial}{\partial x}\left(\dfrac{\partial^2 R}{\partial s\,\partial s'}\,\dfrac{ds}{dt}\dfrac{ds'}{dt}\right),\\[3ex]
\dfrac{\partial V_2}{\partial\frac{dx}{dt}} = -\,ee'\left(\dfrac{\partial^2 R}{\partial x\,\partial x'}\,\dfrac{dx'}{dt} + \dfrac{\partial^2 R}{\partial x\,\partial y'}\,\dfrac{dy'}{dt} + \dfrac{\partial^2 R}{\partial x\,\partial z'}\,\dfrac{dz'}{dt}\right)\\[3ex]
\qquad = -\,ee'\,\dfrac{\partial}{\partial x}\left(\dfrac{\partial R}{\partial x'}\,\dfrac{dx'}{dt} + \dfrac{\partial R}{\partial y'}\,\dfrac{dy'}{dt} + \dfrac{\partial R}{\partial z'}\,\dfrac{dz'}{dt}\right)\\[3ex]
\qquad = -\,ee'\,\dfrac{\partial}{\partial x}\left(\dfrac{\partial R}{\partial s'}\,\dfrac{ds'}{dt}\right),\end{cases}$$

$$\dfrac{d}{dt}\left(\dfrac{\partial V_2}{\partial\frac{dx}{dt}}\right) = -\,ee'\,\dfrac{d}{dt}\left[\dfrac{\partial}{\partial x}\left(\dfrac{\partial R}{\partial s'}\,\dfrac{ds'}{dt}\right)\right],$$

was sich auch so schreiben lässt:

$$\dfrac{d}{dt}\left(\dfrac{\partial V_2}{\partial\frac{dx}{dt}}\right) = -\,ee'\,\dfrac{\partial}{\partial x}\left[\dfrac{d}{dt}\left(\dfrac{\partial R}{\partial s'}\,\dfrac{ds'}{dt}\right)\right]$$

oder endlich:

$$(81)\quad \dfrac{d}{dt}\left(\dfrac{\partial V_2}{\partial\frac{dx}{dt}}\right) = -\,ee'\,\dfrac{\partial}{\partial x}\left[\dfrac{\partial^2 R}{\partial s\,\partial s'}\,\dfrac{ds}{dt}\dfrac{ds'}{dt} + \dfrac{\partial^2 R}{\partial s'^2}\left(\dfrac{ds'}{dt}\right)^2\right.$$
$$\left. + \dfrac{\partial R}{\partial s'}\,\dfrac{d^2 s'}{dt^2}\right].$$

Setzt man nun die unter (76), (78), (79), (80) und (81) gegebenen Ausdrücke in die Gleichung (75) ein, nachdem man in der letzteren V durch $V_1 + V_2$ ersetzt hat, so erhält man:

$$X = -\frac{\partial \frac{1}{r}}{\partial x}\left[1 + \frac{k}{2}\frac{\partial^2 (r^2)}{\partial s\,\partial s'}\frac{ds}{dt}\frac{ds'}{dt}\right] - k\frac{d}{dt}\left(\frac{1}{r}\frac{dx'}{dt}\right)$$
$$+ \frac{\partial}{\partial x}\left[\frac{\partial^2 R}{\partial s'^2}\left(\frac{ds'}{dt}\right)^2 + \frac{\partial R}{\partial s'}\frac{d^2 s'}{dt^2}\right],$$

welches die oben unter (66) gegebene Gleichung ist.

Die Rechnung vereinfacht sich offenbar sehr, wenn man für R den Werth Null annimmt, welcher in §. 13 als der wahrscheinlichste bezeichnet wurde. Dann erhält man:

$$(82)\quad\begin{cases} X = -\dfrac{\partial\frac{1}{r}}{\partial x}\left(1 + \dfrac{k}{2}\dfrac{\partial^2 (r^2)}{\partial s\,\partial s'}\dfrac{ds}{dt}\dfrac{ds'}{dt}\right) - k\dfrac{d}{dt}\left(\dfrac{1}{r}\dfrac{dx'}{dt}\right) \\[2em] \quad = -\dfrac{\partial\frac{1}{r}}{\partial x}\left[1 - k\left(\dfrac{dx}{dt}\dfrac{dx'}{dt} + \dfrac{dy}{dt}\dfrac{dy'}{dt} + \dfrac{dz}{dt}\dfrac{dz'}{dt}\right)\right] - k\dfrac{d}{dt}\left(\dfrac{1}{r}\dfrac{dx'}{dt}\right) \\[2em] \quad = -\dfrac{\partial\frac{1}{r}}{\partial x}\left(1 - k\,v\,v'\,\cos\varepsilon\right) - k\dfrac{d}{dt}\left(\dfrac{1}{r}\dfrac{dx'}{dt}\right). \end{cases}$$

In dieser Form habe ich die Gleichung, welche zur Bestimmung der in eine Coordinatenrichtung fallenden Kraftcomponente dient, und sich natürlich für die beiden anderen Coordinatenrichtungen auf entsprechende Art bilden lässt, zuerst in einer Mittheilung vom Februar 1876 aufgestellt.

§. 15. Kraftgesetz für Stromelemente.

Will man die x-Componente der Kraft bestimmen, welche ein Stromelement ds von einem Stromelemente ds' erleidet, so hat man die unter (66) gegebene Gleichung auf folgende vier Combinationen von je zwei Electricitätsmengen anzuwenden: $h\,ds$ und $h'\,ds'$, $h\,ds$ und $-h'\,ds'$, $-h\,ds$ und $h'\,ds'$, $-h\,ds$ und $-h'\,ds'$, indem man dabei $h\,ds$ und $h'\,ds'$ als bewegt, dagegen $-h\,ds$ und $-h'\,ds'$ als ruhend betrachtet. Von den dadurch erhaltenen vier Ausdrücken hat man die algebraische Summe zu nehmen. Man gelangt dadurch für die gesuchte Kraftcomponente zu dem Ausdrucke:

$$hh'\,ds\,ds'\,k\left(-\tfrac{1}{2}\frac{\partial\frac{1}{r}}{\partial x}\frac{\partial^2 (r^2)}{\partial s\,\partial s'} - \frac{\partial\frac{1}{r}}{\partial s}\frac{dx'}{ds'}\right)\frac{ds}{dt}\frac{ds'}{dt}$$

oder anders geschrieben:

$$hh'\,ds\,ds'\,k\left(\frac{\partial\frac{1}{r}}{\partial x}\cos\varepsilon - \frac{\partial\frac{1}{r}}{\partial s}\frac{dx'}{ds'}\right)\frac{ds}{dt}\frac{ds'}{dt}.$$

Bezeichnet man die Stromintensität, d. h. die während der Zeiteinheit durch einen Querschnitt fliessende Electricitätsmenge, für die beiden Ströme mit i und i', indem man sich dabei die Electricitätsmenge nach demselben mechanischen Maasse gemessen denkt, welches in allen obigen Gleichungen angewandt ist, so kann man i und i' an die Stelle der Producte $h\,\dfrac{ds}{dt}$ und $h'\,\dfrac{ds'}{dt}$ setzen, und erhält dann für die x-Componente der Kraft, welche das Stromelement ds von dem Stromelemente ds' erleidet, den Ausdruck:

$$kii'\,ds\,ds'\left(\frac{\partial\frac{1}{r}}{\partial x}\cos\varepsilon - \frac{\partial\frac{1}{r}}{\partial s}\frac{dx'}{ds'}\right).$$

In diesem Ausdrucke kommt die unbestimmte Function R nicht vor, sondern sie hat sich bei der Bildung der oben erwähnten Summe fortgehoben. Wir haben also für die in eine gegebene Richtung fallende Componente der Kraft, welche ein Stromelement von einem andern erleidet, einen vollkommen bestimmten Ausdruck gewonnen, von dem wir sagen dürfen, dass er der einzige ist, welcher sich mit den beiden Annahmen, dass nur Eine Electricität im festen Leiter beweglich sei, und dass die gegenseitigen Einwirkungen zweier Electricitätstheilchen für sich allein dem Princip von der Erhaltung der Energie genügen, vereinigen lässt.

Einen hiermit vollständig übereinstimmenden Ausdruck für die von einem Stromelemente auf ein anderes ausgeübte Kraft hat H. Grassmann schon im Jahre 1845 (Poggendorff's Annalen Bd. 64, S. 1) aus sehr sinnreichen Betrachtungen ganz anderer Art abgeleitet, worin eine erfreuliche Bestätigung unserer oben ausgeführten Entwickelungen liegt.

ABSCHNITT X.

Anwendung des neuen electrodynamischen Grundgesetzes auf die zwischen linearen Strömen und Leitern stattfindende ponderomotorischen und electromotorischen Kräfte.

§. 1. Unterscheidende Eigenthümlichkeiten des neuen Grundgesetzes.

Im vorigen Abschnitte ist für die gegenseitige Einwirkung zweier bewegter Electricitätstheilchen ein neues Grundgesetz abgeleitet, welches sich von den früher aufgestellten sehr wesentlich unterscheidet. Dieser Unterschied ist in §. 13 des vorigen Abschnittes schon einmal dadurch ersichtlich gemacht, dass die den verschiedenen Gesetzen entsprechenden Formeln des electrodynamischen Potentials zusammengestellt sind; es wird aber nicht unzweckmässig sein, diese Vergleichung hier noch einmal unter einem besonderen Gesichtspuncte vorzunehmen.

Wenn zwei Puncte sich bewegen, so kann man bekanntlich ausser den absoluten Bewegungen der beiden einzelnen Puncte auch die relative Bewegung beider Puncte zusammen betrachten. Unter der Bezeichnung relativer Bewegung werden aber noch zwei wesentlich von einander verschiedene Begriffe verstanden. Seien x, y, z und x', y', z' die rechtwinkligen Coordinaten der beiden Puncte, so dass $\dfrac{dx}{dt}$, $\dfrac{dy}{dt}$, $\dfrac{dz}{dt}$ und $\dfrac{dx'}{dt}$, $\dfrac{dy'}{dt}$, $\dfrac{dz'}{dt}$ die

Geschwindigkeits-Componenten der beiden absoluten Bewegungen darstellen, dann sind

$$\frac{dx}{dt} - \frac{dx'}{dt}, \quad \frac{dy}{dt} - \frac{dy'}{dt}, \quad \frac{dz}{dt} - \frac{dz'}{dt}$$

die Geschwindigkeits-Componenten der relativen Bewegung im gewöhnlichen Sinne des Wortes. Ausserdem wird aber von manchen Autoren, insbesondere von W. Weber, die relative Bewegung auch so aufgefasst, dass darunter nur die Zu- oder Abnahme der gegenseitigen Entfernung der beiden Puncte verstanden, und dass daher, wenn r ihre Entfernung zur Zeit t bedeutet, die relative Geschwindigkeit durch $\dfrac{dr}{dt}$ dargestellt wird. Um diese letztere relative Geschwindigkeit durch die Componenten der absoluten Geschwindigkeiten auszudrücken, hat man die Gleichung

$$r = \sqrt{(x - x')^2 + (y - y')^2 + (z - z')^2}$$

nach t zu differentiiren, wodurch man erhält:

$$(1) \quad \frac{dr}{dt} = \frac{1}{r}\left[(x - x')\left(\frac{dx}{dt} - \frac{dx'}{dt}\right) + (y - y')\left(\frac{dy}{dt} - \frac{dy'}{dt}\right) \right.$$
$$\left. + (z - z')\left(\frac{dz}{dt} - \frac{dz'}{dt}\right)\right].$$

Die drei von Weber, Riemann und mir für das electrodynamische Potential zweier bewegter Electricitätstheilchen auf einander aufgestellten Formeln unterscheiden sich nun wesentlich dadurch von einander, dass die eine oder die andere Art von relativer Geschwindigkeit oder die absoluten Geschwindigkeiten in ihnen vorkommen.

In der Weber'schen Formel kommt die relative Geschwindigkeit der letzten Art vor, indem die Formel lautet:

$$(2) \quad V = -\frac{1}{c^2}\frac{ee'}{r}\left(\frac{dr}{dt}\right)^2.$$

Setzt man hierin für $\dfrac{dr}{dt}$ den obigen Ausdruck ein, so geht die Formel über in:

$$(2\,\mathrm{a}) \quad V = -\frac{1}{c^2}\cdot\frac{ee'}{r^3}\left[(x - x')\left(\frac{dx}{dt} - \frac{dx'}{dt}\right) + (y - y')\left(\frac{dy}{dt} - \frac{dy'}{dt}\right)\right.$$
$$\left. + (z - z')\left(\frac{dz}{dt} - \frac{dz'}{dt}\right)\right]^2.$$

In der Riemann'schen Formel kommt die relative Geschwindigkeit der ersten Art vor, indem sie lautet:

$$(3) \qquad V = -\frac{1}{c^2}\frac{ee'}{r}\left[\left(\frac{dx}{dt}-\frac{dx'}{dt}\right)^2 + \left(\frac{dy}{dt}-\frac{dy'}{dt}\right)^2 + \left(\frac{dz}{dt}-\frac{dz'}{dt}\right)^2\right].$$

In meiner Formel endlich kommen die Componenten der absoluten Geschwindigkeiten vor, indem sie lautet:

$$(4) \qquad V = k\,\frac{ee'}{r}\left(\frac{dx}{dt}\frac{dx'}{dt} + \frac{dy}{dt}\frac{dy'}{dt} + \frac{dz}{dt}\frac{dz'}{dt}\right).$$

Eine Vergleichung der drei Formeln (2a), (3) und (4) lässt sofort erkennen, dass für die absoluten Geschwindigkeiten die letzte Formel bedeutend einfacher ist, als die beiden ersten, indem sie sowohl in Bezug auf $\frac{dx}{dt}$, $\frac{dy}{dt}$ und $\frac{dz}{dt}$, als auch in Bezug auf $\frac{dx'}{dt}$, $\frac{dy'}{dt}$ und $\frac{dz'}{dt}$ homogen vom ersten Grade ist, während die beiden ersten Formeln die einzelnen Geschwindigkeits-Componenten auch quadratisch enthalten. Dieser Umstand trägt sehr wesentlich zur Vereinfachung aller mit dem Potential anzustellenden Rechnungen bei, und mit ihm hängt auch der Vorzug zusammen, auf welchen ich das Hauptgewicht legen muss, nämlich dass das durch meine Formel ausgedrückte Kraftgesetz allgemeiner zulässig ist, als die beiden anderen.

Die von Weber und Riemann aufgestellten Kraftgesetze stehen, wie zu Anfang des vorigen Abschnittes nachgewiesen ist, nur dann mit der Erfahrung im Einklange, wenn man die specielle Voraussetzung macht, dass ein galvanischer Strom aus zwei gleichen und entgegengesetzten Strömen von positiver und negativer Electricität bestehe. Anders das von mir aufgestellte Gesetz. Bei der im vorigen Abschnitte ausgeführten Ableitung desselben habe ich zwar der Einfachheit wegen auch eine specielle Voraussetzung über die Art der Electricitätsbewegung in festen Leitern gemacht, nämlich die, dass nur die positive Electricität ströme, während die negative Electricität fest an den ponderablen Atomen hafte. Es wurde aber schon dort in §. 11 darauf hingewiesen, dass die Zulässigkeit des gewonnenen Ausdruckes nicht auf den Fall, wo nur Eine Electricität als strömend vorausgesetzt wird, beschränkt ist, sondern dass er auch dann zulässig bleibt, wenn man annimmt, der galvanische Strom bestehe aus zwei nach entgegengesetzten Richtungen gehenden Strömen von positiver und negativer Electricität, wobei es gleichgültig ist, ob man diese beiden Ströme ihrer Stärke nach als gleich oder als verschieden annimmt. In der That kann man sich auch leicht davon überzeugen, dass alle Erfahrungssätze, welche im vorigen Abschnitte der Entwickelung zu Grunde gelegt wurden, auch dann erfüllt bleiben, wenn man den gewonnenen Kraftausdruck auf eine Combination von zwei entgegengesetzten Strömen von positiver und negativer Electricität, deren Intensitäten beliebig sind, anwendet.

Diese grössere Allgemeinheit der Zulässigkeit meiner Formel ist sehr wichtig. Wenn man sich nämlich auch, wie ich es thue, der von C. Neumann gemachten Voraussetzung anschliesst, dass die negative Electricität fest an den ponderablen Atomen hafte, so ist damit doch nur für diejenigen Leiter, welche die Electricität ohne Mitbewegung der Atome leiten, das Strömen der negativen Electricität ausgeschlossen. Bei den electrolytischen Leitern dagegen, bei denen die Electricitätsleitung durch Bewegung der positiv und negativ electrischen Molecültheile vermittelt wird, muss man für die entgegengesetzt electrischen Molecültheile auch entgegengesetzt gerichtete Bewegungen annehmen, die aber wegen der verschiedenen Beweglichkeit der verschiedenen Molecültheile nicht mit gleicher Geschwindigkeit stattzufinden brauchen. Daraus folgt, dass ein Kraftgesetz, dessen Zulässigkeit an eine ganz bestimmte Voraussetzung über die Bewegung der negativen Electricität geknüpft ist (sei es die, dass die negative Electricität sich eben so schnell bewege, wie die positive, oder die, dass sie sich gar nicht bewege), nicht auf alle galvanischen Ströme in metallischen und electrolytischen Leitern angewandt werden darf, sondern dass dieses nur mit einem Kraftgesetze geschehen darf, dessen Zulässigkeit davon, ob und wie schnell die negative Electricität sich bewegt, unabhängig ist.

Wir wollen daher in den folgenden allgemeinen Entwickelungen nicht nur für die positive, sondern auch für die negative Electricität eine Strömungsbewegung in Rechnung bringen, wollen aber das Verhältniss der Geschwindigkeiten der beiden Electricitäten unbestimmt lassen, indem wir zwei verschiedene Zeichen für die beiden Geschwindigkeiten einführen, denen wir nachträglich beliebige Werthe geben können. Dann können wir für jeden electrolytischen Leiter das Verhältniss der beiden Geschwindigkeiten so annehmen, wie es der Natur des Leiters entspricht, und für metallische Leiter können wir, gemäss der Neumann'schen Vorstellung, die Geschwindigkeit der negativen Electricität gleich Null setzen. Ja man könnte auch, wenn man sich der Weber'schen Vorstellung anschliessen wollte, für die metallischen Leiter die Geschwindigkeit der negativen Electricität gleich der der positiven setzen. Die auf diese Weise abgeleiteten Gleichungen haben also den Vorzug, dass sie den verschiedenen Arten von Leitern und den verschiedenen Vorstellungsweisen über die Electricitätsbewegung gleich gut angepasst werden können.

§. 2. Anwendung des neuen Grundgesetzes auf die in bewegten linearen Leitern strömenden Electricitäten.

Es möge nun das neue Grundgesetz dazu angewandt werden, die zwischen zwei linearen Strömen stattfindenden ponderomotorischen Kräfte und die von einem linearen Strome auf einen linearen Leiter ausgeübten Inductionswirkungen zu bestimmen.

Nach diesem Gesetze gilt, wenn Xee' die x-Componente der Kraft darstellt, welche ein zur Zeit t im Puncte x, y, z befindliches bewegtes Electricitätstheilchen e von einem anderen um die Strecke r von ihm entfernten, im Puncte x', y', z' befindlichen bewegten Electricitätstheilchen e' erleidet, folgende Gleichung:

$$(5) \qquad X = - \frac{\partial \frac{1}{r}}{\partial x} \left[1 - k \left(\frac{dx}{dt} \frac{dx'}{dt} + \frac{dy}{dt} \frac{dy'}{dt} + \frac{dz}{dt} \frac{dz'}{dt} \right) \right] - k \frac{d}{dt} \left(\frac{1}{r} \frac{dx'}{dt} \right).$$

Um diese Gleichung und ebenso auch die weiter unten folgenden, aus ihr abgeleiteten Gleichungen bequemer schreiben zu können, wollen wir ein Summenzeichen von eigenthümlicher Bedeutung einführen. Wenn nämlich eine Summe aus drei Gliedern besteht, welche sich auf die drei Coordinatenrichtungen beziehen, im Uebrigen aber unter einander gleich sind, so wollen wir nur das auf die x-Richtung bezügliche Glied wirklich hinschreiben und das Vorhandensein der beiden anderen durch das

Summenzeichen andeuten, wie aus nachstehender Gleichung zu ersehen ist:

$$\sum \frac{dx}{dt}\frac{dx'}{dt} = \frac{dx}{dt}\frac{dx'}{dt} + \frac{dy}{dt}\frac{dy'}{dt} + \frac{dz}{dt}\frac{dz'}{dt}.$$

Dadurch geht die vorige Gleichung über in:

$$(5\,\mathrm{a}) \quad X = -\frac{\partial\frac{1}{r}}{\partial x}\left(1 - k\sum\frac{dx}{dt}\frac{dx'}{dt}\right) - k\frac{d}{dt}\left(\frac{1}{r}\frac{dx'}{dt}\right).$$

Diese Gleichung wollen wir nun auf die in zwei linearen Leitern strömenden Electricitäten anwenden. Es mögen also zwei von galvanischen Strömen durchflossene Leiter s und s' gegeben sein, welche sich bewegen können und deren Stromintensitäten veränderlich sein können. In einem Leiterelemente ds denken wir uns gleiche Mengen von positiver und negativer Electricität enthalten, welche wir mit hds und $-hds$ bezeichnen wollen. Die positive Electricität habe die Strömungsgeschwindigkeit c nach der Seite, nach welcher wir die Bogenlänge s als wachsend betrachten, und die negative Electricität habe eine nach der entgegengesetzten Seite gehende Strömungsgeschwindigkeit, welche wir mit $-c_1$ bezeichnen wollen. Ebenso bezeichnen wir die in einem Leiterelemente ds' enthaltenen Electricitätsmengen mit $h'ds'$ und $-h'ds'$ und ihre Strömungsgeschwindigkeiten mit c' und $-c_1'$.

Richten wir nun zunächst unsere Aufmerksamkeit auf irgend zwei in den beiden Leitern sich bewegende Electricitätstheilchen, welche sich zur Zeit t in den Puncten x, y, z und x', y', z' und im gegenseitigen Abstande r befinden, so hat jedes dieser Electricitätstheilchen ausser seiner Bewegung im Leiter, welche wir kurz die Strömungsbewegung nennen und deren Geschwindigkeit wir, wie oben bei der positiven Electricität, beim einen mit c und beim anderen mit c' bezeichnen wollen, noch dadurch eine weitere Bewegung, dass der Leiter selbst sich bewegt. Um die Antheile, welche die beiden Bewegungen an der Veränderung der Coordinaten und des Abstandes haben, von einander unterscheiden zu können, wollen wir folgende Bezeichnungsweise einführen.

Die Coordinaten eines in einem der Leiter festen Punctes betrachten wir einfach als Functionen der Zeit t, die Coordinaten des im Leiter s strömenden Electricitätstheilchens dagegen denken wir uns als Functionen von t und s dargestellt, und betrachten dabei s selbst wieder als Function von t. Demnach ist für die Coordinate x des Electricitätstheilchens der vollständige Differentialcoëfficient nach t so zu schreiben:

$$\frac{dx}{dt} = \frac{\partial x}{\partial t} + \frac{\partial x}{\partial s}\frac{ds}{dt},$$

oder, wenn wir für den die Strömungsgeschwindigkcit darstellenden Differentialcoëfficienten $\frac{ds}{dt}$ das oben eingeführte Zeichen c anwenden:

$$(6) \qquad \frac{dx}{dt} = \frac{\partial x}{\partial t} + c\,\frac{\partial x}{\partial s}.$$

Ebenso gilt für das im Leiter s' mit der Geschwindigkeit c' strömende Theilchen die Gleichung:

$$(7) \qquad \frac{dx'}{dt} = \frac{\partial x'}{\partial t} + c'\,\frac{\partial x'}{\partial s'}.$$

Entsprechende Gleichungen sind natürlich auch für die beiden anderen Coordinatenrichtungen zu bilden.

Der Abstand r der beiden Electricitätstheilchen von einander hängt wegen der Bewegung der beiden Leiter unmittelbar von t, und wegen der Bewegung der Electricitätstheilchen in den Leitern von s und s' und dadurch mittelbar von t ab. Der vollständige Differentialcoëfficient von $\frac{1}{r}$ nach t lautet daher:

$$(8) \qquad \frac{d\frac{1}{r}}{dt} = \frac{\partial\frac{1}{r}}{\partial t} + c\,\frac{\partial\frac{1}{r}}{\partial s} + c'\,\frac{\partial\frac{1}{r}}{\partial s'}.$$

Wegen der in der Gleichung (5a) vorkommenden zweiten Differentiation nach t müssen wir unser Augenmerk auch noch auf das Verhalten der Geschwindigkeiten c und c' richten. Bei einem galvanischen Strome kann die Geschwindigkeit der strömenden Electricitäten sich an jeder Stelle des Leiters mit der Zeit ändern, weil die Intensität des Stromes veränderlich sein kann, und ausserdem können, falls der Leiter in Bezug auf Querschnitt und Stoff nicht überall gleich ist, die Geschwindigkeiten an verschiedenen Stellen des Leiters verschieden sein. Wenn wir nun dem entsprechend bei unserem zur Betrachtung ausgewählten, im Leiter s sich bewegenden Electricitätstheilchen die Strömungsgeschwindigkeit c als Function von t und s behandeln, so haben wir zu setzen:

$$(9) \qquad \frac{dc}{dt} = \frac{\partial c}{\partial t} + c\,\frac{\partial c}{\partial s},$$

und ebenso für das im Leiter s' sich bewegende Electricitätstheilchen:

$$(10) \qquad \frac{dc'}{dt} = \frac{\partial c'}{\partial t} + c'\,\frac{\partial c'}{\partial s'}.$$

Nach diesen Vorbemerkungen über die Behandlung der in Betracht kommenden Grössen wollen wir die Kraft bestimmen, welche ein Stromelement ds' auf eine in einem Puncte concentrirt gedachte Electricitätseinheit ausüben würde, wenn diese mit der Geschwindigkeit c im Leiter s strömte.

Zunächst möge die Kraft bestimmt werden, welche die in dem Elemente enthaltene positive Electricitätsmenge $h'ds'$, die mit der Geschwindigkeit c' strömt, auf jene Electricitätseinheit ausüben würde. Die x-Componente dieser Kraft wird durch das Product $h'ds'\,X$ dargestellt, in welchem für X der unter (5a) gegebene Ausdruck zu setzen ist, wodurch kommt:

$$- h'ds'\,\frac{\partial \frac{1}{r}}{\partial x}\left(1 - k\sum \frac{dx}{dt}\,\frac{dx'}{dt}\right) - kh'ds'\,\frac{d}{dt}\left(\frac{1}{r}\,\frac{dx'}{dt}\right).$$

Hierin müssen wir das letzte Glied etwas näher betrachten. Die Grösse $\dfrac{1}{r}\dfrac{dx'}{dt}$, welche durch Einsetzung des in (7) gegebenen Ausdruckes von $\dfrac{dx'}{dt}$ die Form:

$$\frac{1}{r}\left(\frac{\partial x'}{\partial t} + c'\,\frac{\partial x'}{\partial s'}\right)$$

erhält, ist als Function von t, s und s' anzusehen, und demgemäss ist die angedeutete vollständige Differentiation nach t so auszuführen:

$$\frac{d}{dt}\left(\frac{1}{r}\,\frac{dx'}{dt}\right) = \frac{\partial}{\partial t}\left(\frac{1}{r}\,\frac{dx'}{dt}\right) + c\,\frac{\partial}{\partial s}\left(\frac{1}{r}\,\frac{dx'}{dt}\right) + c'\,\frac{\partial}{\partial s'}\left(\frac{1}{r}\,\frac{dx'}{dt}\right).$$

Diese Gleichung möge mit h' multiplicirt und dann das letzte Glied in folgender Weise umgeformt werden:

$$h'c'\,\frac{\partial}{\partial s'}\left(\frac{1}{r}\,\frac{dx'}{dt}\right) = \frac{\partial}{\partial s'}\left(\frac{h'c'}{r}\,\frac{dx'}{dt}\right) - \frac{1}{r}\,\frac{dx'}{dt}\,\frac{\partial (h'c')}{\partial s'}.$$

Zugleich möge bei der im vorletzten Gliede angedeuteten Differentiation berücksichtigt werden, dass nur r von s abhängig ist. Dann kommt:

$$(11) \qquad h' \frac{d}{dt}\left(\frac{1}{r}\frac{dx'}{dt}\right) = h' \frac{\partial}{\partial t}\left(\frac{1}{r}\frac{dx'}{dt}\right) + h' c \frac{\partial \frac{1}{r}}{\partial s}\frac{dx'}{dt}$$
$$+ \frac{\partial}{\partial s'}\left(\frac{h' c'}{r}\frac{dx'}{dt}\right) - \frac{1}{r}\frac{dx'}{dt}\frac{\partial (h' c')}{\partial s'}.$$

Der hierin vorkommende Differentialcoëfficient $\dfrac{\partial (h' c')}{\partial s'}$ lässt sich durch einen anderen ersetzen. Das Leiterelement ds' ist von zwei Querschnitten des Leiters begrenzt, welche sich an den durch die Bogenlängen s' und $s' + ds'$ bestimmten Stellen befinden. Durch den ersten Querschnitt strömt während der Zeit dt die Menge $h' c' dt$ von positiver Electricität in das Element hinein. Durch den zweiten Querschnitt strömt die Menge

$$\left(h' c' + \frac{\partial (h' c')}{\partial s'}\, ds'\right) dt$$

aus dem Elemente heraus. Die während der Zeit dt stattfindende Zunahme der in dem Elemente enthaltenen positiven Electricitätsmenge ist also:

$$- \frac{\partial (h' c')}{\partial s'}\, ds'\, dt.$$

Eben diese Zunahme wird aber andererseits durch:

$$\frac{\partial h'}{\partial t}\, ds'\, dt$$

dargestellt, und man erhält somit die Gleichung:

$$(12) \qquad \frac{\partial (h' c')}{\partial s'} = - \frac{\partial h'}{\partial t},$$

und dadurch geht die Gleichung (11) über in:

$$h' \frac{d}{dt}\left(\frac{1}{r}\frac{dx'}{dt}\right) = h' \frac{\partial}{\partial t}\left(\frac{1}{r}\frac{dx'}{dt}\right) + h' c \frac{\partial \frac{1}{r}}{\partial s}\frac{dx'}{dt} + \frac{\partial}{\partial s'}\left(\frac{h' c'}{r}\frac{dx'}{dt}\right)$$
$$+ \frac{1}{r}\frac{dx'}{dt}\frac{\partial h'}{\partial t}.$$

Hierin lässt sich an der rechten Seite das erste und letzte Glied in eines zusammenziehen, so dass die Gleichung lautet:

$$(13) \quad h' \frac{d}{dt}\left(\frac{1}{r}\frac{dx'}{dt}\right) = \frac{\partial}{\partial t}\left(\frac{h'}{r}\frac{dx'}{dt}\right) + h'c\,\frac{\partial \frac{1}{r}}{\partial s}\frac{dx'}{dt} + \frac{\partial}{\partial s'}\left(\frac{h'c'}{r}\frac{dx'}{dt}\right).$$

Durch Einsetzung dieses Werthes in das letzte Glied des obigen Ausdruckes der Kraftcomponente geht derselbe über in:

$$- h'\,ds'\,\frac{\partial \frac{1}{r}}{\partial x}\left(1 - k\sum \frac{dx}{dt}\frac{dx'}{dt}\right) - k\,ds'\left[\frac{\partial}{\partial t}\left(\frac{h'}{r}\frac{dx'}{dt}\right)\right.$$

$$\left. + h'c\,\frac{\partial \frac{1}{r}}{\partial s}\frac{dx'}{dt} + \frac{\partial}{\partial s'}\left(\frac{h'c'}{r}\frac{dx'}{dt}\right)\right].$$

Hierin müssen wir nun endlich noch für $\dfrac{dx}{dt}$ und $\dfrac{dx'}{dt}$ ihre unter (6) und (7) gegebenen Werthe einsetzen, wodurch wir folgenden Ausdruck für die x-Componente der von der positiven Electricitätsmenge $h'\,ds'$ ausgeübten Kraft erhalten:

$$- h'\,ds'\,\frac{\partial \frac{1}{r}}{\partial x}\left[1 - k\sum\left(\frac{\partial x}{\partial t} + c\,\frac{\partial x}{\partial s}\right)\left(\frac{\partial x'}{\partial t} + c'\,\frac{\partial x'}{\partial s'}\right)\right]$$

$$- k\,ds'\left[\frac{\partial}{\partial t}\left(\frac{h'}{r}\frac{\partial x'}{\partial t} + \frac{h'c'}{r}\frac{\partial x'}{\partial s'}\right) + c\,\frac{\partial \frac{1}{r}}{\partial s}\left(h'\,\frac{\partial x'}{\partial t} + h'c'\,\frac{\partial x'}{ds'}\right)\right.$$

$$\left. + \frac{\partial}{\partial s'}\left(\frac{h'c'}{r}\frac{\partial x'}{\partial t} + \frac{h'c'^2}{r}\frac{\partial x'}{\partial s'}\right)\right].$$

Will man ferner die x-Componente derjenigen Kraft ausdrücken, welche die in dem Elemente ds' enthaltene n e g a t i v e Electricitätsmenge $- h'\,ds'$ auf die im Leiter s gedachte Electricitätseinheit ausüben würde, so hat man dazu im vorigen Ausdrucke nur h' und c' durch $- h'$ und $- c_1'$ zu ersetzen, wodurch man erhält:

$$h'\,ds'\,\frac{\partial \frac{1}{r}}{\partial x}\left[1 - k\sum\left(\frac{\partial x}{\partial t} + c\,\frac{\partial x}{\partial s}\right)\left(\frac{\partial x'}{\partial t} - c_1'\,\frac{\partial x'}{\partial s'}\right)\right]$$

$$- k\,ds'\left[\frac{\partial}{\partial t}\left(- \frac{h'}{r}\frac{\partial x'}{\partial t} + \frac{h'c_1'}{r}\frac{\partial x'}{\partial s'}\right) + c\,\frac{\partial \frac{1}{r}}{\partial s}\left(- h'\,\frac{\partial x'}{\partial t} + h'c_1'\,\frac{\partial x'}{\partial s'}\right)\right.$$

$$\left. + \frac{\partial}{\partial s'}\left(\frac{h'c_1'}{r}\frac{\partial x'}{\partial t} - \frac{h'c_1'^2}{r}\frac{\partial x'}{\partial s'}\right)\right].$$

Durch Addition dieser beiden Ausdrücke erhalten wir die
x-Componente der zu bestimmenden Kraft, welche das Stromelement ds' auf die im Leiter s gedachte, mit der Geschwindigkeit
c strömende Electricitätseinheit ausüben würde. Bei der Ausführung der Addition möge berücksichtigt werden, dass die Summe
$h'c' + h'c_1'$ die Stromintensität in s' bedeutet, welche wir mit i'
bezeichnen und in allen Theilen des Leiters als gleich annehmen
wollen. Wenn wir dann noch unter Einführung eines neuen
Zeichens dieselbe x-Componente durch $\mathfrak{x}\,ds'$ darstellen, so erhalten
wir die Gleichung:

$$(14)\quad \mathfrak{x} = k\left[i'\frac{\partial\frac{1}{r}}{\partial x}\sum\left(\frac{\partial x}{\partial t}+c\frac{\partial x}{\partial s}\right)\frac{\partial x'}{\partial s'} - \frac{\partial}{\partial t}\left(\frac{i'}{r}\frac{\partial x'}{\partial s'}\right) - ci'\frac{\partial\frac{1}{r}}{\partial s}\frac{\partial x'}{\partial s'} \right.$$
$$\left. - i'\frac{\partial}{\partial s'}\left(\frac{1}{r}\frac{\partial x'}{\partial t}+\frac{c'-c_1'}{r}\frac{\partial x'}{\partial s'}\right)\right].$$

Entsprechend lauten natürlich auch die zur Bestimmung der y-
und z-Componente derselben Kraft dienenden Gleichungen.

§. 3. Ponderomotorische Kraft zwischen zwei Stromelementen.

Aus der im vorigen Paragraphen bestimmten Kraft, welche
die im Leiter s gedachte Electricitätseinheit von dem Stromelemente ds' erleiden würde, können wir nun leicht auch die
Kräfte ableiten, welche die in einem Leiterelemente ds wirklich
enthaltenen beiden Electricitätsmengen hds und $-hds$ von dem
Stromelemente ds' erleiden.

Um die x-Componente der Kraft zu erhalten, welche die
positive Electricitätsmenge hds, deren Geschwindigkeit c ist,
erleidet, brauchen wir nur den obigen Ausdruck von $\mathfrak{x}$ mit $hds\,ds'$
zu multipliciren, und diese Componente wird somit dargestellt
durch:

$$kh\,ds\,ds'\left[i'\frac{\partial\frac{1}{r}}{\partial x}\sum\left(\frac{\partial x}{\partial t}+c\frac{\partial x}{\partial s}\right)\frac{\partial x'}{\partial s'} - \frac{\partial}{\partial t}\left(\frac{i'}{r}\frac{\partial x'}{\partial s'}\right) \right.$$
$$\left. - ci'\frac{\partial\frac{1}{r}}{\partial s}\frac{\partial x'}{\partial s'} - i'\frac{\partial}{\partial s'}\left(\frac{1}{r}\frac{\partial x'}{\partial t}+\frac{c'-c_1'}{r}\frac{\partial x'}{\partial s'}\right)\right].$$

Um ferner die x-Componente der Kraft zu erhalten, welche die negative Electricitätsmenge $- h\,ds$ erleidet, brauchen wir in dem vorigen Ausdrucke nur h und c durch $- h$ und $- c_1$ zu ersetzen, wodurch wir erhalten:

$$- kh\,ds\,ds'\left[i'\,\frac{\partial \frac{1}{r}}{\partial x}\sum\left(\frac{\partial x}{\partial t} - c_1\,\frac{\partial x}{\partial s}\right)\frac{\partial x'}{\partial s'} - \frac{\partial}{\partial t}\left(\frac{i'}{r}\frac{\partial x'}{\partial s'}\right)\right.$$
$$\left. + c_1\,i'\,\frac{\partial \frac{1}{r}}{\partial s}\frac{\partial x'}{\partial s'} - i'\,\frac{\partial}{\partial s'}\left(\frac{1}{r}\frac{\partial x'}{\partial t} + \frac{c' - c_1'}{r}\frac{\partial x'}{\partial s'}\right)\right].$$

Die Summe dieser beiden Ausdrücke bedeutet die x-Componente der **ponderomotorischen Kraft, welche das Stromelement** ds **von dem Stromelement** ds' **erleidet.** In dieser Summe heben sich alle Glieder, welche nicht c oder c_1 als Factor haben, gegenseitig auf, und es bleibt:

$$kh\,ds\,ds'\,(c + c_1)\,i'\left(\frac{\partial \frac{1}{r}}{\partial x}\sum\frac{\partial x}{\partial s}\frac{\partial x'}{\partial s'} - \frac{\partial \frac{1}{r}}{\partial s}\frac{\partial x'}{\partial s'}\right).$$

Hierin kann man noch das Product $h\,(c + c_1)$, welches die Stromintensität in s bedeutet, durch das Zeichen i ersetzen. Indem wir den Ausdruck dann, unserer früheren Bezeichnung gemäss, gleich $\xi\,ds\,ds'$ setzen, erhalten wir die zur Bestimmung von ξ dienende Gleichung, zu welcher wir auch die entsprechenden zur Bestimmung von η und ζ dienenden bilden wollen, nämlich:

$$15)\quad\begin{cases}\xi = kii'\left(\dfrac{\partial \frac{1}{r}}{\partial x}\sum\dfrac{\partial x}{\partial s}\dfrac{\partial x'}{\partial s'} - \dfrac{\partial \frac{1}{r}}{\partial s}\dfrac{\partial x'}{\partial s'}\right) \\[2em] \eta = kii'\left(\dfrac{\partial \frac{1}{r}}{\partial y}\sum\dfrac{\partial x}{\partial s}\dfrac{\partial x'}{\partial s'} - \dfrac{\partial \frac{1}{r}}{\partial s}\dfrac{\partial y'}{\partial s'}\right) \\[2em] \zeta = kii'\left(\dfrac{\partial \frac{1}{r}}{\partial z}\sum\dfrac{\partial x}{\partial s}\dfrac{\partial x'}{\partial s'} - \dfrac{\partial \frac{1}{r}}{\partial s}\dfrac{\partial z'}{\partial s'}\right).\end{cases}$$

Diese Gleichungen kann man noch dadurch umgestalten dass man für die in ihnen vorkommende Summe andere gleichbedeutende Ausdrücke substituirt. Aus der Gleichung:

$$r^2 = (x - x')^2 + (y - y')^2 + (z - z')^2$$

ergiebt sich:

$$\frac{\partial^2 (r^2)}{\partial s\, \partial s'} = -2\left(\frac{\partial x}{\partial s}\frac{\partial x'}{\partial s'} + \frac{\partial y}{\partial s}\frac{\partial y'}{\partial s'} + \frac{\partial z}{\partial s}\frac{\partial z'}{\partial s'}\right) = -2\sum \frac{\partial x}{\partial s}\frac{\partial x'}{\partial s'}.$$

Bezeichnet man ferner, wie oben, den Winkel zwischen den Richtungen der beiden Stromelemente ds und ds' mit (ss'), so ist:

$$cos\,(ss') = \sum \frac{\partial x}{\partial s}\frac{\partial x'}{\partial s'}.$$

Infolge dieser beiden Gleichungen kann man der ersten der Gleichungen (15) folgende Formen geben:

$$(16) \qquad \xi = -kii'\left(\frac{1}{2}\frac{\partial \frac{1}{r}}{\partial x}\frac{\partial^2 (r^2)}{\partial s\, \partial s'} + \frac{\partial \frac{1}{r}}{\partial s}\frac{\partial x'}{\partial s'}\right)$$

$$(17) \qquad \xi = kii'\left(\frac{\partial \frac{1}{r}}{\partial x}cos\,(ss') - \frac{\partial \frac{1}{r}}{\partial s}\frac{\partial x'}{\partial s'}\right),$$

und in gleicher Weise lassen sich natürlich auch die beiden letzten der Gleichungen (15) umgestalten.

In Bezug auf diese hier gewonnenen, und auch schon im letzten Paragraphen des vorigen Abschnittes aus einer weniger allgemeinen Betrachtung abgeleiteten Ausdrücke für die Componenten der ponderomotorischen Kraft, welche das Stromelement ds von dem Stromelemente ds' erleidet, ist zunächst zu bemerken, dass sie davon, ob der galvanische Strom aus der Bewegung nur Einer Electricität oder aus der Bewegung beider Electricitäten besteht, ferner davon, ob die Stromelemente in Ruhe oder in Bewegung sind, und ob die Stromintensitäten in ihnen constant oder veränderlich sind, nicht beeinflusst werden.

Ihrer Richtung nach unterscheidet sich die durch diese Ausdrücke bestimmte Kraft von derjenigen, welche Ampère angenommen hat, wesentlich dadurch, dass sie nicht in die Verbindungslinie der beiden Stromelemente fällt.

Die durch den Mittelpunct von ds gehende Gerade, in welcher die Kraft wirkt, lässt sich leicht geometrisch bestimmen. Nach der Form der obigen Ausdrücke, welche aus je zwei Gliedern bestehen, zerfällt die Kraft in zwei Componenten, von denen die erste eine Anziehung von der Stärke:

$$kii'\, ds\, ds'\, \frac{cos\,(ss')}{r^2}$$

ist, und die zweite die Richtung des Elementes ds' und die Stärke:

$$- k i i' \, ds \, ds' \, \frac{\partial \frac{1}{r}}{\partial s} \quad \text{oder} \quad k i i' \, ds \, ds' \, \frac{1}{r^2} \frac{\partial r}{\partial s}$$

hat. Daraus folgt, dass jene Gerade, in welcher die Kraft wirkt, in der durch r und ds' gelegten Ebene liegen muss. In dieser Ebene bestimmt sich ihre Richtung weiter dadurch, dass sie auf dem Elemente ds senkrecht sein muss. Die in die Richtung des Elementes ds fallende Componente der Kraft wird nämlich dargestellt durch:

$$ds \, ds' \left(\xi \frac{\partial x}{\partial s} + \eta \frac{\partial y}{\partial s} + \zeta \frac{\partial z}{\partial s} \right),$$

und wenn man hierin für ξ, η, ζ die unter (15) gegebenen Ausdrücke einsetzt, und dabei die Gleichung:

$$\frac{\partial \frac{1}{r}}{\partial x} \frac{\partial x}{\partial s} + \frac{\partial \frac{1}{r}}{\partial y} \frac{\partial y}{\partial s} + \frac{\partial \frac{1}{r}}{\partial z} \frac{\partial z}{\partial s} = \frac{\partial \frac{1}{r}}{\partial s}$$

berücksichtigt, so hebt sich Alles auf und der Ausdruck wird Null, woraus folgt, dass die Kraft nur auf dem Elemente senkrecht sein kann.

Ein anderer wesentlicher Punct, in welchem die aus dem neuen Grundgesetze abgeleitete Kraft von der Ampère'schen abweicht, ist folgender. Wenn die beiden Stromelemente so gerichtet sind, dass sie mit ihrer Verbindungslinie zusammenfallen, so würden sie nach der Ampère'schen Formel eine Abstossung oder Anziehung auf einander ausüben, je nachdem die Ströme im gleichen oder entgegengesetzten Sinne stattfinden. Nach den obigen Formeln dagegen ist für diesen Fall die Kraft gleich Null. Ich glaube nicht, dass irgend eine erfahrungsmässig feststehende Thatsache dem letzteren Resultate widerspricht. Man betrachtet zwar gewöhnlich die Bewegung, welche ein auf zwei mit Quecksilber gefüllte parallele Rinnen gesetzter metallischer Schwimmer beim Durchgange eines galvanischen Stromes annimmt, als einen Beweis für die Richtigkeit des aus der Ampère'schen Formel abgeleiteten Ergebnisses; ein solcher Schluss scheint mir aber nicht gerechtfertigt zu sein, da diese Bewegung sich auch auf andere Weise erklären lässt, nämlich aus der Wirkung, welche die Electricität beim Uebergange aus dem Quecksilber in den festen Leiter und aus dem festen Leiter wieder in das Quecksilber auf die ponderablen Atome ausübt, und welche auch in zusammenhängenden Leitern bei der

Ueberwindung des Leitungswiderstandes stattfindet, aber hier keine sichtbare Bewegung, sondern nur Wärme hervorbringen kann.

Zur weiteren Vergleichung unserer oben bestimmten Kraft mit der von Ampère angenommenen kann besonders die in Abschnitt VIII. unter (2) gegebene, aus der Ampère'schen Formel abgeleitete Gleichung dienen, nämlich:

$$\xi = k\, i\, i' \left\{ \frac{\partial \frac{1}{r}}{\partial x} \cos(ss') - \frac{\partial \frac{1}{r}}{\partial s}\frac{\partial x'}{\partial s'} + \frac{\partial}{\partial s'}\left[(x' - x)\frac{\partial \frac{1}{r}}{\partial s}\right]\right\}.$$

Diese Gleichung unterscheidet sich von der unter (17) gegebenen nur durch das letzte Glied. Da dieses Glied ein Differentialcoëfficient nach s' ist, so giebt es bei der Integration über einen geschlossenen Strom s' oder auch über ein beliebiges System von geschlossenen Strömen den Werth Null. Daraus folgt, dass in allen Fällen, wo es sich um die von geschlossenen Strömen (zu denen auch Magnete zu rechnen sind), ausgeübten ponderomotorischen Kräfte handelt, die aus der Ampère'schen Formel abgeleiteten Resultate mit den aus dem neuen Grundgesetze sich ergebenden übereinstimmen.

§. 4. Bestimmung der inducirten electromotorischen Kraft.

Wir kehren nun zurück zu der Gleichung (14), nämlich:

$$x = k\left[i'\frac{\partial \frac{1}{r}}{\partial x}\sum\left(\frac{\partial x}{\partial t} + c\,\frac{\partial x}{\partial s}\right)\frac{\partial x'}{\partial s'} - \frac{\partial}{\partial t}\left(\frac{i'}{r}\frac{\partial x'}{\partial s'}\right) - c\,i'\frac{\partial \frac{1}{r}}{\partial s}\frac{\partial x'}{\partial s'} \right.$$

$$\left. - i'\frac{\partial}{\partial s'}\left(\frac{1}{r}\frac{\partial x'}{\partial t} + \frac{c' - c_1'}{r}\frac{\partial x'}{\partial s'}\right)\right].$$

Die durch diese Gleichung bestimmte Grösse x ist dadurch definirt, dass das Product $x\,ds'$ die x-Componente der Kraft darstellt, welche eine im Leiter s gedachte, mit der Geschwindigkeit c strömende Electricitätseinheit von dem Stromelemente ds' erleiden würde. Bezeichnet man die y- und z-Componente derselben Kraft mit $\mathfrak{y}\,ds'$ und $\mathfrak{z}\,ds'$, so sind die Grössen $\mathfrak{y}$ und $\mathfrak{z}$ natürlich durch ganz entsprechende Gleichungen zu bestimmen. Bezeichnet man ferner die in der Richtung des Leiters s fallende Componente derselben Kraft mit $\mathfrak{s}\,ds'$, so gilt für $\mathfrak{s}$ die Gleichung:

$$\mathfrak{s} = \mathfrak{x}\,\frac{\partial x}{\partial s} + \mathfrak{y}\,\frac{\partial y}{\partial s} + \mathfrak{z}\,\frac{\partial z}{\partial s}.$$

Diese Grösse, welche dem Folgenden nach von c unabhängig ist, steht nun mit einer anderen, um deren Bestimmung es sich im Folgenden handelt, in unmittelbarer Beziehung. Das Product $\mathfrak{s}\,ds\,ds'$ stellt nämlich dasjenige dar, was man die von dem Stromelemente ds' in dem Leiterelemente ds inducirte electromotorische Kraft nennt. Bezeichnet man also die von einem endlichen Strome s' in einem endlichen Leiter s inducirte electromotorische Kraft mit E, und demgemäss die von dem Stromelemente ds' in dem Leiterelemente ds inducirte electromotorische Kraft mit $\dfrac{\partial^2 E}{\partial s\,\partial s'}\,ds\,ds'$, so hat man zu setzen:

$$\mathfrak{s} = \frac{\partial^2 E}{\partial s\,\partial s'}.$$

Dadurch geht die vorige Gleichung über in:

$$(18)\qquad \frac{\partial^2 E}{\partial s\,\partial s'} = \mathfrak{x}\,\frac{\partial x}{\partial s} + \mathfrak{y}\,\frac{\partial y}{\partial s} + \mathfrak{z}\,\frac{\partial z}{\partial s}.$$

Wenn man hierin für $\mathfrak{x}$ den oben angeführten Ausdruck und für $\mathfrak{y}$ und $\mathfrak{z}$ die entsprechenden Ausdrücke einsetzt, so heben sich die mit dem Factor c behafteten Glieder gegenseitig auf, und die übrigen geben:

$$\frac{\partial^2 E}{\partial s\,\partial s'} = k\left[i'\,\frac{\partial \frac{1}{r}}{\partial s}\sum \frac{\partial x}{\partial t}\frac{\partial x'}{\partial s'} - \sum \frac{\partial x}{\partial s}\frac{\partial}{\partial t}\left(\frac{i'}{r}\frac{\partial x'}{\partial s'}\right) \right.$$
$$\left. - i'\,\frac{\partial}{\partial s'}\left(\frac{1}{r}\sum \frac{\partial x}{\partial s}\frac{\partial x'}{\partial t} + \frac{c'-c_1'}{r}\sum \frac{\partial x}{\partial s}\frac{\partial x'}{\partial s'}\right) \right].$$

Hierin kann man setzen:

$$i'\,\frac{\partial \frac{1}{r}}{\partial s}\sum \frac{\partial x}{\partial t}\frac{\partial x'}{\partial s'} = i'\,\frac{\partial}{\partial s}\left(\frac{1}{r}\sum \frac{\partial x}{\partial t}\frac{\partial x'}{\partial s'}\right) - \frac{i'}{r}\sum \frac{\partial^2 x}{\partial t\,\partial s}\frac{\partial x'}{\partial s'}$$

und dann weiter:

$$-\frac{i'}{r}\sum \frac{\partial^2 x}{\partial t\,\partial s}\frac{\partial x'}{\partial s'} - \sum \frac{\partial x}{\partial s}\frac{\partial}{\partial t}\left(\frac{i'}{r}\frac{\partial x'}{\partial s'}\right) = -\frac{\partial}{\partial t}\left(\frac{i'}{r}\sum \frac{\partial x}{\partial s}\frac{\partial x'}{\partial s'}\right),$$

wodurch die obige Gleichung übergeht in:

$$(19) \quad \frac{\partial^2 E}{\partial s \, \partial s'} = k \left[- \frac{\partial}{\partial t} \left(\frac{i'}{r} \sum \frac{\partial x}{\partial s} \frac{\partial x'}{\partial s'} \right) + i' \frac{\partial}{\partial s} \left(\frac{1}{r} \sum \frac{\partial x}{\partial t} \frac{\partial x'}{\partial s'} \right) \right.$$
$$\left. - i' \frac{\partial}{\partial s'} \left(\frac{1}{r} \sum \frac{\partial x}{\partial s} \frac{\partial x'}{\partial t} + \frac{c' - c_1'}{r} \sum \frac{\partial x}{\partial s} \frac{\partial x'}{\partial s'} \right) \right].$$

Dieser Gleichung kann man noch etwas andere Formen geben. Wenn $d\sigma$ und $d\sigma'$ die unendlich kleinen Bahnen sind, welche die Leiterelemente ds und ds' während der Zeit dt zurücklegen, so kann man setzen:

$$\frac{\partial x}{\partial t} = \frac{\partial x}{\partial \sigma} \frac{d\sigma}{dt} \quad \text{und} \quad \frac{\partial x'}{\partial t} = \frac{\partial x'}{\partial \sigma'} \frac{d\sigma'}{dt},$$

oder unter Einführung der Zeichen:

$$\gamma = \frac{d\sigma}{dt} \quad \text{und} \quad \gamma' = \frac{d\sigma'}{dt},$$

noch kürzer:

$$\frac{\partial x}{\partial t} = \gamma \frac{\partial x}{\partial \sigma} \quad \text{und} \quad \frac{\partial x'}{\partial t} = \gamma' \frac{\partial x'}{\partial \sigma'}.$$

Dadurch geht (19) über in:

$$(20) \quad \frac{\partial^2 E}{\partial s \, \partial s'} = k \left[- \frac{\partial}{\partial t} \left(\frac{i'}{r} \sum \frac{\partial x}{\partial s} \frac{\partial x'}{\partial s'} \right) + i' \frac{\partial}{\partial s} \left(\frac{\gamma}{r} \sum \frac{\partial x}{\partial \sigma} \frac{\partial x'}{\partial s'} \right) \right.$$
$$\left. - i' \frac{\partial}{\partial s'} \left(\frac{\gamma'}{r} \sum \frac{\partial x}{\partial s} \frac{\partial x'}{\partial \sigma'} + \frac{c' - c_1'}{r} \sum \frac{\partial x}{\partial s} \frac{\partial x'}{\partial s'} \right) \right].$$

Bezeichnet man nun wieder, wie früher, den Winkel zwischen den Richtungen der beiden Leiterelemente ds und ds' mit (ss'), und ferner den Winkel zwischen den Richtungen des Leiterelementes ds und des Bahnelementes $d\sigma'$ mit $(s\sigma')$, sowie den zwischen den Richtungen von $d\sigma$ und ds' mit $(\sigma s')$, so kann man die obigen Summen durch die Cosinus dieser Winkel ersetzen, und erhält:

$$(21) \quad \frac{\partial^2 E}{\partial s \, \partial s'} = k \left[- \frac{\partial}{\partial t} \left(\frac{i' \, cos \, (ss')}{r} \right) + i' \frac{\partial}{\partial s} \left(\frac{\gamma \, cos \, (\sigma s')}{r} \right) \right.$$
$$\left. - i' \frac{\partial}{\partial s'} \left(\frac{\gamma' \, cos \, (s\sigma')}{r} + \frac{(c' - c_1') \, cos \, (ss')}{r} \right) \right].$$

Aus dieser unter (19), (20) und (21) in verschiedenen Formen gegebenen Differentialgleichung kann man durch Integration die inducirte electromotorische Kraft für jedes Stück des inducirenden Stromes und jedes Stück des inducirten Leiters berechnen.

Ist der inducirende Strom s' geschlossen, so giebt das letzte Glied bei der Integration nach s' den Werth Null, und man erhält:

$$(22) \quad \frac{\partial E}{\partial s} = - k \frac{\partial}{\partial t} \int \frac{i' \, cos \, (ss')}{r} \, ds' + k i' \frac{\partial}{\partial s} \int \frac{\gamma \, cos \, (\sigma s')}{r} \, ds'.$$

Diese Gleichung stimmt mit den von Fr. Neumann aufgestellten Inductionsgesetzen überein.

Ist der inducirte Leiter s geschlossen, so giebt bei der Integration nach s das zweite Glied den Werth Null, und es kommt:

$$(23) \quad \frac{\partial E}{\partial s'} = - k \frac{\partial}{\partial t} \int \frac{i' \, cos \, (ss')}{r} \, ds$$
$$- k i' \frac{\partial}{\partial s'} \int \left(\frac{\gamma' \, cos \, (s \sigma')}{r} + \frac{(c' - c_1') \, cos \, (ss')}{r} \right) ds.$$

Sind endlich s und s' beide geschlossen, so fallen bei der doppelten Integration nach s und s' die beiden letzten Glieder fort, und man erhält daher für die von einem geschlossenen Strome s' in einem geschlossenen Leiter s inducirte electromotorische Kraft die einfache Gleichung:

$$(24) \quad E = - k \frac{\partial}{\partial t} \int \int \frac{i' \, cos \, (ss')}{r} \, ds \, ds',$$

worin man zur Andeutung der Differentiation nach t statt des runden ∂ auch das aufrechte d anwenden kann, da der zu differentiirende Ausdruck nur noch von t abhängt.

Ganz in derselben Weise, wie wir vorher die vom Strome s' im Leiter s inducirte electromotorische Kraft bestimmt haben, können wir natürlich auch die vom Strome s im Leiter s' inducirte electromotorische Kraft bestimmen. Bezeichnen wir diese mit E' und demgemäss die von einem Stromelemente ds in einem Leiterelemente ds' inducirte electromotorische Kraft mit $\frac{\partial^2 E'}{\partial s \, \partial s'} \, ds \, ds'$, so ist zu setzen:

$$(25) \quad \frac{\partial^2 E'}{\partial s \, \partial s'} = k \left[- \frac{\partial}{\partial t} \left(\frac{i \, cos \, (ss')}{r} \right) + i \frac{\partial}{\partial s'} \left(\frac{\gamma' \, cos \, (s \sigma')}{r} \right) \right.$$
$$\left. - i \frac{\partial}{\partial s} \left(\frac{\gamma \, cos \, (\sigma s')}{r} + \frac{(c - c_1) \, cos \, (ss')}{r} \right) \right].$$

§. 5. **Arbeit der ponderomotorischen und electromotorischen Kräfte.**

Nachdem für zwei von electrischen Strömen durchflossene Leiterelemente ds und ds' die auf einander ausgeübten ponderomotorischen Kräfte und die gegenseitig in einander inducirten electromotorischen Kräfte bestimmt sind, lässt sich auch die von diesen Kräften gethane Arbeit leicht angeben.

Die Componenten derjenigen ponderomotorischen Kraft, welche ds von ds' erleidet, wurden durch die Producte $\xi\, ds\, ds'$, $\eta\, ds\, ds'$ und $\zeta\, ds\, ds'$ dargestellt und die darin vorkommenden Grössen ξ, η, ζ durch die Gleichungen (15) bestimmt, und wenn man in entsprechender Weise die Componenten der ponderomotorischen Kraft, welche ds' von ds erleidet, durch $\xi'\, ds\, ds'$, $\eta'\, ds\, ds'$ und $\zeta'\, ds\, ds'$ darstellt, so kann man zur Bestimmung von ξ', η', ζ' dieselben Gleichungen anwenden, nachdem man in ihnen die accentuirten und unaccentuirten Buchstaben gegen einander vertauscht hat.

Will man nun die Arbeit bestimmen, welche diese Kräfte bei der Bewegung der Elemente während der Zeit dt leisten, so hat man folgenden Ausdruck zu bilden:

$$ds\, ds'\, dt\left(\xi\frac{\partial x}{\partial t}+\eta\frac{\partial y}{\partial t}+\zeta\frac{\partial z}{\partial t}+\xi'\frac{\partial x'}{\partial t}+\eta'\frac{\partial y'}{\partial t}+\zeta'\frac{\partial z'}{\partial t}\right).$$

Substituirt man hierin für ξ, η, ζ, ξ', η', ζ' ihre Werthe, so erhält man:

$$k i i'\, ds\, ds'\, dt\left(\frac{\partial\frac{1}{r}}{\partial t}\sum\frac{\partial x}{\partial s}\frac{\partial x'}{\partial s'}-\frac{\partial\frac{1}{r}}{\partial s}\sum\frac{\partial x}{\partial t}\frac{\partial x'}{\partial s'}-\frac{\partial\frac{1}{r}}{\partial s'}\sum\frac{\partial x}{\partial s}\frac{\partial x'}{\partial t}\right).$$

Hierin kann man weiter setzen:

$$\frac{\partial\frac{1}{r}}{\partial t}\sum\frac{\partial x}{\partial s}\frac{\partial x'}{\partial s'}=\frac{\partial}{\partial t}\left(\frac{1}{r}\sum\frac{\partial x}{\partial s}\frac{\partial x'}{\partial s'}\right)-\frac{1}{r}\sum\frac{\partial^2 x}{\partial s\,\partial t}\frac{\partial x'}{\partial s'}-\frac{1}{r}\sum\frac{\partial x}{\partial s}\frac{\partial^2 x'}{\partial s'\,\partial t}$$

$$\frac{\partial\frac{1}{r}}{\partial s}\sum\frac{\partial x}{\partial t}\frac{\partial x'}{\partial s'}=\frac{\partial}{\partial s}\left(\frac{1}{r}\sum\frac{\partial x}{\partial t}\frac{\partial x'}{\partial s'}\right)-\frac{1}{r}\sum\frac{\partial^2 x}{\partial s\,\partial t}\frac{\partial x'}{\partial s'}$$

$$\frac{\partial\frac{1}{r}}{\partial s'}\sum\frac{\partial x}{\partial s}\frac{\partial x'}{\partial t}=\frac{\partial}{\partial s'}\left(\frac{1}{r}\sum\frac{\partial x}{\partial s}\frac{\partial x'}{\partial t}\right)-\frac{1}{r}\sum\frac{\partial x}{\partial s}\frac{\partial^2 x'}{\partial s'\,\partial t},$$

wodurch entsteht:

$$k i i'\, ds\, ds'\, dt\left[\frac{\partial}{\partial t}\left(\frac{1}{r}\sum\frac{\partial x}{\partial s}\frac{\partial x'}{\partial s'}\right)-\frac{\partial}{\partial s}\left(\frac{1}{r}\sum\frac{\partial x}{\partial t}\frac{\partial x'}{\partial s'}\right)\right.$$

$$\left.-\frac{\partial}{\partial s'}\left(\frac{1}{r}\sum\frac{\partial x}{\partial s}\frac{\partial x'}{\partial t}\right)\right],$$

und wenn man hiermit dieselben Umformungen vornimmt, wie mit (19), so erhält man für die auf die Zeit dt bezügliche Arbeit der zwischen zwei Stromelementen wirkenden ponderomotorischen Kräfte den Ausdruck:

$$k\,ii'\,ds\,ds'\,dt\left[\frac{\partial}{\partial t}\left(\frac{\cos(ss')}{r}\right)-\frac{\partial}{\partial s}\left(\frac{\gamma\cos(\sigma s')}{r}\right)-\frac{\partial}{\partial s'}\left(\frac{\gamma'\cos(s\sigma')}{r}\right)\right].$$

Um die Arbeit, welche von der in einem Leiter inducirten electromotorischen Kraft während der Zeit dt geleistet wird, auszudrücken, haben wir die electromotorische Kraft mit der im Leiter stattfindenden Stromintensität und dem Zeitelemente zu multipliciren. Wenden wir dieses auf die beiden electromotorischen Kräfte an, welche die Elemente ds und ds' gegenseitig in einander induciren, so kommt:

$$ds\,ds'\,dt\left(i\,\frac{\partial^2 E}{\partial s\,\partial s'}+i'\,\frac{\partial^2 E'}{\partial s\,\partial s'}\right).$$

Setzt man hierin die unter (21) und (25) gegebenen Ausdrücke ein, so heben sich mehrere Glieder gegenseitig auf und es bleibt:

$$-k\,ds\,ds'\,dt\left\{i\,\frac{\partial}{\partial t}\left(\frac{i'\cos(ss')}{r}\right)+i'\,\frac{\partial}{\partial t}\left(\frac{i\cos(ss')}{r}\right)\right.$$
$$\left.+ii'\left[\frac{\partial}{\partial s}\left(\frac{(c-c_1)\cos(ss')}{r}\right)+\frac{\partial}{\partial s'}\left(\frac{(c'-c_1')\cos(ss')}{r}\right)\right]\right\}.$$

Hierin lassen sich die beiden ersten in der grossen Klammer stehenden Glieder durch folgende ersetzen:

$$\frac{\partial}{\partial t}\left(\frac{ii'\cos(ss')}{r}\right)+ii'\,\frac{\partial}{\partial t}\left(\frac{\cos(ss')}{r}\right),$$

so dass man für die auf die Zeit dt bezügliche Arbeit der von den Elementen ds und ds' in einander inducirten electromotorischen Kräfte folgenden Ausdruck erhält:

$$-k\,ds\,ds'\,dt\left\{\frac{\partial}{\partial t}\left(\frac{ii'\cos(ss')}{r}\right)+ii'\left[\frac{\partial}{\partial t}\left(\frac{\cos(ss')}{r}\right)\right.\right.$$
$$\left.\left.+\frac{\partial}{\partial s}\left(\frac{(c-c_1)\cos(ss')}{r}\right)+\frac{\partial}{\partial s'}\left(\frac{(c'-c_1')\cos(ss')}{r}\right)\right]\right\}.$$

Addirt man nun die beiden gefundenen Arbeitsgrössen, so erhält man für die auf die Zeit dt bezügliche Arbeit aller zwischen den Elementen ds und ds' wirkenden Kräfte den Ausdruck:

$$-k\,ds\,ds'\,dt\left\{\frac{\partial}{\partial t}\left(\frac{ii'\cos(ss')}{r}\right)+ii''\left[\frac{\partial}{\partial s}\left(\frac{\gamma\cos(\sigma s')}{r}+\frac{(c-c_1)\cos(ss')}{r}\right)\right.\right.$$

$$\left.\left.+\frac{\partial}{\partial s'}\left(\frac{\gamma'\cos(s\sigma')}{r}+\frac{(c'-c_1')\cos(ss')}{r}\right)\right]\right\}.$$

Bei der Integration dieser Ausdrücke nach s und s' treten für den Fall, dass es sich um geschlossene Leiter und Ströme handelt, dieselben Vereinfachungen ein, welche schon in den vorigen Paragraphen bei anderen Ausdrücken zur Sprache gekommen sind, indem die Glieder, welche die Form von Differentialcoëfficienten nach s und s' haben, bei der betreffenden Integration, wenn der Leiter geschlossen ist, den Werth Null geben. Sind s und s' beide geschlossen, so bleiben nur die Integrale der Glieder übrig, welche Differentialcoëfficienten nach t enthalten. Führt man dann noch zur Abkürzung das Zeichen w ein mit der Bedeutung:

$$(26)\qquad\qquad w=k\int\int\frac{\cos(ss')}{r}\,ds\,ds'$$

und bezeichnet die auf die Zeit dt bezügliche Arbeit der ponderomotorischen Kräfte mit dA_p, die der electromotorischen Kräfte mit dA_e und die aller Kräfte einfach mit dA, so lauten die Gleichungen:

$$(27)\qquad\qquad dA_p = ii'\,dw$$

$$(28)\qquad\qquad dA_e = -\,d(ii'\,w)-ii'\,dw$$

$$(29)\qquad\qquad dA\; = -\,d(ii'\,w),$$

welche Gleichungen mit den in den beiden letzten Paragraphen des Abschnittes VIII. gegebenen übereinstimmen.

§. 6. Das electrodynamische Potential geschlossener Ströme auf einander.

Bei der Aufstellung des neuen Grundgesetzes habe ich eine Grösse gebildet, welche ich das electrodynamische Potential zweier bewegter Electricitätstheilchen e und e' auf einander genannt und durch folgenden Ausdruck dargestellt habe:

$$k\,\frac{e\,e'}{r}\left(\frac{dx}{dt}\frac{dx'}{dt}+\frac{dy}{dt}\frac{dy'}{dt}+\frac{dz}{dt}\frac{dz'}{dt}\right),$$

welchen man abgekürzt so schreiben kann:

$$k \frac{ee'}{r} \sum \frac{dx}{dt} \frac{dx'}{dt}.$$

Von dieser Grösse habe ich nachgewiesen, dass ihr negatives Differential die Arbeit darstellt, die während der Zeit dt von den Kräften, welche die Theilchen auf einander ausüben, geleistet wird.

Da nun bei geschlossenen Strömen dieselben Electricitätsmengen, welche einmal in ihnen sind, auch in ihnen bleiben, so kann man unter Anwendung des vorigen Ausdruckes auch das electrodynamische Potential geschlossener Ströme auf einander bilden, und dieses Potential muss ebenfalls jener Bedingung genügen, dass die von allen Kräften, welche die Ströme auf einander ausüben, während der Zeit dt geleistete Arbeit durch das negative Differential des Potentials dargestellt wird.

Um das Potential auszudrücken, betrachten wir zunächst zwei Elemente, ds und ds', der beiden Ströme. In diesen sind die Electricitätsmengen $h\,ds$, $-h\,ds$, $h'\,ds'$ und $-h'\,ds'$ enthalten. Die Geschwindigkeiten dieser Electricitätsmengen sind in §. 2 näher bestimmt und die in die x-Richtung fallenden Componenten derselben werden dargestellt:

$$\text{für die Menge} \quad h\,ds \quad \text{durch} \quad \frac{\partial x}{\partial t} + c\,\frac{\partial x}{\partial s}$$

$$\text{„ „ „} \quad -h\,ds \quad \text{„} \quad \frac{\partial x}{\partial t} - c_1\,\frac{\partial x}{\partial s}$$

$$\text{„ „ „} \quad h'\,ds' \quad \text{„} \quad \frac{\partial x'}{\partial t} + c'\,\frac{\partial x'}{\partial s'}$$

$$\text{„ „ „} \quad -h'\,ds' \quad \text{„} \quad \frac{\partial x'}{\partial t} - c_1'\,\frac{\partial x'}{\partial s'}$$

und entsprechende Ausdrücke gelten für die in die anderen Coordinatenrichtungen fallenden Geschwindigkeitscomponenten. Indem wir nun die vier Combinationen von je einer in ds und einer in ds' enthaltenen Electricitätsmenge bilden, können wir für jede dieser Combinationen das electrodynamische Potential der beiden Mengen auf einander ausdrücken. Diese Potentiale werden dargestellt für $h\,ds$ u. $h'\,ds'$ durch $\quad k\dfrac{hh'\,ds\,ds'}{r}\sum\left(\dfrac{\partial x}{\partial t}+c\,\dfrac{\partial x}{\partial s}\right)\left(\dfrac{\partial x'}{\partial t}+c'\,\dfrac{\partial x'}{\partial s'}\right)$

„ $\quad h\,ds$ „ $-h'\,ds'\quad$ „ $\quad -k\dfrac{hh'\,ds\,ds'}{r}\sum\left(\dfrac{\partial x}{\partial t}+c\,\dfrac{\partial x}{\partial s}\right)\left(\dfrac{\partial x'}{\partial t}-c_1'\,\dfrac{\partial x'}{\partial s'}\right)$

„ $\;-h\,ds$ „ $\quad h'\,ds'\quad$ „ $\quad -k\dfrac{hh'\,ds\,ds'}{r}\sum\left(\dfrac{\partial x}{\partial t}-c_1\,\dfrac{\partial x}{\partial s}\right)\left(\dfrac{\partial x'}{\partial t}+c'\,\dfrac{\partial x'}{\partial s'}\right)$

„ $\;-h\,ds$ „ $-h'\,ds'\quad$ „ $\quad k\dfrac{hh'\,ds\,ds'}{r}\sum\left(\dfrac{\partial x}{\partial t}-c_1\,\dfrac{\partial x}{\partial s}\right)\left(\dfrac{\partial x'}{\partial t}-c_1'\,\dfrac{\partial x'}{\partial s'}\right).$

Die Summe dieser vier Ausdrücke, welche das Potential der beiden in dem einen Stromelemente enthaltenen Electricitätsmengen auf die beiden im anderen Stromelemente enthaltenen darstellt, ist einfach:

$$k\,\frac{hh'\,ds\,ds'}{r}\,(c+c_1)\,(c'+c_1')\,\sum \frac{\partial x}{\partial s}\,\frac{\partial x'}{\partial s'}$$

oder auch, wenn man die Producte $h\,(c+c_1)$ und $h'\,(c'+c_1')$, welche die Stromintensitäten bedeuten, durch i und i', und die angedeutete Summe durch $cos\,(ss)$ ersetzt:

$$k\,i\,i'\,\frac{cos\,(ss')}{r}\,ds\,ds'.$$

Durch Integration dieses Ausdruckes über die beiden geschlossenen Stromcurven erhalten wir das Potential der beiden Ströme auf einander. Indem wir dieses mit W bezeichnen, gelangen wir zu der Gleichung:

$$(30)\qquad W = k\,i\,i'\int\!\!\int \frac{cos\,(ss')}{r}\,ds\,ds',$$

welche sich unter Anwendung des durch (26) definirten Zeichens w noch kürzer so schreiben lässt:

$$(31)\qquad\qquad W = i\,i'\,w.$$

In Abschnitt VIII., §. 6. wurde eine von Fr. Neumann eingeführte Grösse erwähnt, welche wir das magnetische Potential der Ströme auf einander nannten und mit Q bezeichneten, und welche durch folgenden Ausdruck dargestellt wird:

$$-\,k\,i\,i'\int\!\!\int \frac{cos\,(ss')}{r}\,ds\,ds'$$

oder unter Anwendung des Zeichens w durch:

$$-\,i\,i'\,w.$$

Aus der Vergleichung dieses Ausdruckes mit dem für W gefundenen ergiebt sich, dass das von uns aus dem Grundgesetze abgeleitete electrodynamische Potential geschlossener Ströme auf einander dem von Neumann eingeführten Potential dem absoluten Werthe nach gleich, dem Vorzeichen nach aber entgegengesetzt ist.

Betrachten wir nun endlich die am Schlusse der vorigen Paragraphen gegebenen Ausdrücke der während der Zeit dt gethanen Arbeit, so sehen wir, dass die Arbeit aller von geschlossenen Strömen auf einander ausgeübten Kräfte in der That durch das negative Differential ihres electrodynamischen Potentials dargestellt wird. Der für die Arbeit der ponderomotorischen Kräfte allein gewonnene Ausdruck $ii'\,dw$ dagegen ist nur dann das negative Differential des magnetischen Potentials, wenn die Stromintensitäten constant sind, oder wenigstens ein constantes Product haben.

ABSCHNITT XI.

Discussionen über die mechanische Behandlung der Wärme und Electricität.

§. 1. Aus thermoelectrischen Erscheinungen entnommener Einwand von Tait.

Schon am Schlusse des ersten Bandes dieses Werkes ist davon die Rede gewesen, dass Hr. Tait sein Verfahren, meine Arbeiten über die mechanische Wärmetheorie, trotz ihrer von ihm selbst anerkannten Priorität, doch hinter den entsprechenden Arbeiten englischer Autoren zurückzusetzen, durch die Behauptung motivirt hat, der von mir aufgestellte Grundsatz, dass die Wärme nicht von selbst aus einem kälteren in einen wärmeren Körper übergehen kann, sei falsch. Auf eine Besprechung der zum Beweise seiner Behauptung angeführten, auf thermoelectrische Ströme bezüglichen Gründe konnte ich aber dort, wo von electrischen Erscheinungen noch nicht die Rede gewesen war, nicht eingehen, und ich behielt mir dieselbe daher für den zweiten Band vor. Diese Besprechung will ich nun hier folgen lassen, indem ich aus einer von mir veröffentlichten Erwiderung [1]) das Wesentlichste mittheile.

Von den beiden von ihm zur Widerlegung des Satzes angeführten Erscheinungen will ich zunächst diejenige besprechen, von welcher er sagt, dass sie einen ausgezeichneten Beweis für die Unrichtigkeit des Grundsatzes liefere. Es ist nämlich die Erscheinung, dass eine thermoelectrische Batterie, bei welcher der Siede-

---

[1]) Pogg. Ann. Bd. 146, S. 308.

und Gefrierpunct des Wassers als Temperaturen der Löthstellen angewandt werden, im Stande ist, einen feinen Draht zum Glühen zu bringen.

Um die völlige Grundlosigkeit dieses Einwandes nachzuweisen, brauche ich nur an dasjenige zu erinnern, was ich schon im Jahre 1853 in meiner Abhandlung über thermoelectrische Erscheinungen[1]) auseinandergesetzt habe, und was man im siebenten Abschnitte dieses Bandes wiedergegeben findet. Ich habe dort gezeigt, dass ein thermoelectrisches Element (und natürlich ebenso eine thermoelectrische Batterie) sich mit einer Dampfmaschine vergleichen lässt, indem die erwärmte Löthstelle dem Kessel und die kalte Löthstelle dem Condensator entspricht. An der warmen Löthstelle wird einem Wärmereservoir, dessen Temperatur wir t_1 nennen wollen, Wärme entzogen, und an der kalten Löthstelle wird an ein anderes Wärmereservoir, dessen Temperatur t_0 heissen möge, Wärme abgegeben. Die abgegebene Wärmemenge ist aber etwas geringer, als die aufgenommene, und wir wollen daher die abgegebene Wärmemenge für die Zeiteinheit mit Q und die aufgenommene mit $Q + q$ bezeichnen. Der eine Theil q der letzteren Wärmemenge wird zu der für die Erzeugung des electrischen Stromes nöthigen Arbeit verbraucht, und der andere Theil Q geht aus einem Körper von der Temperatur t_1 in einen anderen von der Temperatur t_0 über.

Wenn man die Arbeit, welche von einer Dampfmaschine geleistet wird, dazu verwendet, um Reibungswiderstände oder sonstige passive Widerstände zu überwinden, so verwandelt sie sich dabei wieder in Wärme und kann unter geeigneten Umständen eine Temperatur erzeugen, die weit über der des Dampfkessels liegt. Ebenso kann bei der thermoelectrischen Batterie die Arbeit, welche geleistet werden musste, um die Electricität in Bewegung zu setzen, sich bei der Ueberwindung von Leitungswiderständen wieder in Wärme verwandeln, und kann auch hier unter geeigneten Umständen eine Temperatur erzeugen, die viel höher ist, als diejenige der erwärmten Löthstellen. Es kann z. B., wie Hr. Tait anführt, wenn die erwärmten Löthstellen nur die Temperatur des siedenden Wassers haben, ein Draht bis zum Glühen erhitzt werden.

Bezeichnen wir die Temperatur, welche der Draht annimmt, und welche dann beliebig lange constant erhalten werden kann,

---

[1]) Pogg. Ann. Bd. 90, S. 513.

mit t_2, so können wir sagen: ein Theil derjenigen Wärmemenge q, welche in der Batterie zu Arbeit verbraucht wird, kommt in einem anderen Körper von der Temperatur t_2 wieder als Wärme zum Vorschein. Da nun jene zu Arbeit verbrauchte Wärme aus einem Wärmereservoir von der Temperatur t_1 herstammt, so erhalten wir als ein Resultat des Processes den Uebergang einer gewissen Wärmemenge aus einem Körper von der Temperatur t_1 in einen Körper von der höheren Temperatur t_2.

Die Frage, um deren Entscheidung es sich handelt, ist nun die, ob dieser Wärmeübergang von niederer zu höherer Temperatur von selbst stattgefunden hat.

Unter der kurzen Bezeichnung von selbst verstehe ich, wie ich es vielfach erläutert habe, ohne gleichzeitiges Eintreten einer anderen als Compensation dienenden Veränderung. Sofern wir es mit Kreisprocessen zu thun haben, giebt es zwei Arten von Veränderungen, welche als Compensation dienen können, nämlich erstens den Uebergang von Wärme aus einem wärmeren in einen kälteren Körper, und zweitens den Verbrauch von Arbeit oder, bestimmter ausgedrückt, die Verwandelung von Arbeit in Wärme.

Betrachten wir nun unter diesem Gesichtspuncte unsere thermoelectrische Batterie mit dem dünnen Leitungsdrahte, welcher zum Glühen gebracht wird, so sehen wir, dass zwar die Wärmemenge q zum Theil von der Temperatur t_1 zur höheren Temperatur t_2 übergeht, dass aber gleichzeitig die andere Wärmemenge Q von der Temperatur t_1 zur niederen Temperatur t_0 übergeht. Dieser letztere Wärmeübergang bildet die Compensation des ersteren, und wir dürfen daher nicht sagen, der erstere Wärmeübergang habe von selbst stattgefunden.

Der hier besprochene Fall ist so einfach und klar, dass man ihn als ein ganz geeignetes Beispiel zur Erläuterung und Bestätigung meines Grundsatzes wählen könnte, und gerade diesen Fall hat Hr. Tait zum Beweise seiner Unrichtigkeit ausgewählt.

Als anderen Fall, welcher meinem Grundsatze widersprechen soll, führt Hr. Tait eine thermoelectrische Kette an, in welcher die heisse Löthstelle eine Temperatur hat, die höher ist, als der neutrale Punct. Es handelt sich also um eine solche thermoelectrische Kette, bei welcher durch gesteigerte Erwärmung der einen Löthstelle der Strom nicht fortwährend verstärkt wird, sondern wo der Strom von einer gewissen Temperatur an wieder abnimmt und bei noch weiterer Steigerung der Temperatur sogar seine Richtung ändern kann.

Diese Erscheinung habe ich ebenfalls in meiner oben citirten Abhandlung schon besprochen. Ich habe sie durch die Annahme zu erklären gesucht, dass in einem der beiden Metalle, aus denen eine solche Kette besteht (oder auch in allen beiden), durch die Temperaturveränderung eine Aenderung des Molecularzustandes veranlasst wird, welche bewirkt, dass der veränderte Theil des Metalles sich zum unveränderten Theile in electrischer Beziehung so verhält, wie zwei verschiedene Metalle. Sobald eine Aenderung dieser Art eingetreten ist, wirken nicht nur an den Berührungsstellen verschiedener Metalle, sondern auch da, wo verschieden beschaffene Theile desselben Metalles sich berühren, electromotorische Kräfte. Demnach wird nicht bloss an den Löthstellen, sondern auch an anderen Stellen, welche sich im Inneren der einzelnen Metalle befinden, Wärme erzeugt oder verbraucht, und wir müssen daher, um alle vorkommenden Wärmeübergänge zu bestimmen, nicht bloss die Temperaturen der Löthstellen, sondern auch die Temperaturen jener anderen Stellen berücksichtigen.

Dadurch wird natürlich die Sache complicirter. Auch haben wir von den erwähnten Veränderungen, obwohl ihr Vorhandensein in einzelnen Fällen schon nachgewiesen ist, doch noch zu wenig specielle Kenntnisse, um alle in einer solchen Thermokette stattfindenden Vorgänge ins Einzelne verfolgen zu können. Indessen wird man nicht in Abrede stellen, dass in der von mir gemachten Annahme wenigstens die Möglichkeit einer Erklärung der betreffenden Erscheinungen liegt, und aus der am Ende des siebenten Abschnittes mitgetheilten Entwickelung von Budde kann man ersehen, wie sich diese Erklärung ganz in Uebereinstimmung mit meinem Grundsatze durchführen lässt. Es kann also auch aus diesen Erscheinungen kein Einwand gegen meinen Grundsatz entnommen werden.

§. 2. Einwand von F. Kohlrausch.

In einem interessanten Aufsatze über Thermoelectricität, Wärme- und Electricitätsleitung von F. Kohlrausch[1]) ist ein Einwand gegen die von mir aufgestellte Theorie der thermoelectri-

---

[1]) Göttinger Nachrichten Febr. 1874 und Pogg. Ann. Bd. 156, S. 601.

schen Ströme erhoben, welcher sich auf einen in der mechanischen Wärmetheorie scheinbar hervortretenden Widerspruch stützt, und daher einer näheren Beleuchtung bedarf. Da die Stelle, welche den Einwand enthält, nur kurz ist, so wird es am besten sein, sie hier wörtlich anzuführen.

Nachdem Kohlrausch gesagt hat, die mechanische Wärmetheorie nehme bei der Bestimmung der von der Wärme geleisteten Arbeit auf die durch Leitung ausgeglichene Wärme keine Rücksicht, und wer dieses Verfahren unter allen Umständen als erlaubt ansehe, werde daraus gegen seine Hypothese, dass ein Wärmestrom Arbeit leisten könne, einen erheblichen Einwand ableiten, fährt er fort:

„Nun liegt aber im Gebiete der Electricität ein anderer Fall vor, der nach meiner Ansicht mit den Grundsätzen der mechanischen Wärmetheorie, oder mit anderen Worten, mit dem Clausius'schen Satze, dass die Wärme nicht von selbst aus niederer zu höherer Temperatur übergeht, nicht anders in Uebereinstimmung gebracht werden kann, als wenn man der Wärmeleitung eine wesentliche Rolle bei dem Vorgang zuschreibt. In seiner Polemik gegen Clausius hatte Tait den genannten Grundsatz als unrichtig hingestellt, weil man mittelst einer Thermosäule von geringer Temperatur einen Draht zum Glühen bringen könne. Clausius widerlegt diesen Einwand leicht, indem ja die Temperaturerhöhung der in dem Drahte entwickelten Wärme nach Peltier begleitet ist von einem Uebergang einer anderen Wärmemenge von der warmen zur kalten Löthstelle der Thermosäule (Pogg. Ann. Bd. CXLVI, S. 310). Bei dieser Widerlegung wird indessen offenbar vorausgesetzt, was ja auch in Wirklichkeit immer zutrifft, dass die in dem erhitzten Drahte entwickelte Temperatur eine Grenze hat. Könnte man diese Temperatur beliebig steigern, so würde durch den Uebergang einer endlichen Wärmemenge in der Thermosäule zu einer um eine endliche Grösse niedrigeren Temperatur eine andere endliche Wärmemenge zu beliebig hoher Temperatur erhoben werden können."

Die im letzten Satze erwähnte Erhebung einer endlichen Wärmemenge zu beliebig hoher Temperatur ist es, in welcher Kohlrausch einen in meiner Theorie liegenden Widerspruch erblickt, und durch welchen er bewogen wird, auch die Wärmeleitung in den Kreis der Betrachtungen zu ziehen. Ich glaube aber nachweisen zu können, dass bei einer, wenn auch bisher nicht bestimmt ausgesprochenen, so doch ganz im Geiste der mechanischen Wärmetheorie liegenden Auffassung der Sache dieser Widerspruch, auch ohne die Hinzuziehung der Wärmeleitung, verschwindet.

Um die Natur des betreffenden Vorganges, welchen Kohlrausch für die Thermosäule hervorgehoben hat, besser beurtheilen zu können, wird es zweckmässig sein, zu zeigen, dass er auch bei anderen thermodynamischen Maschinen, z. B. bei der Dampfmaschine, vorkommen kann. Bei dieser nimmt der die Wirkung der Wärme vermittelnde Stoff (das Wasser) im Kessel, dessen absolute Temperatur T_1 heissen möge, Wärme auf, und im Condensator, dessen absolute Temperatur wir T_0 nennen wollen, giebt er wieder Wärme ab. Die abgegebene Wärmemenge ist aber geringer als die aufgenommene, und den Ueberschuss der letzteren können wir, wenn wir von den durch die Unvollkommenheiten der Maschinen bedingten Verlusten absehen, als in Arbeit verwandelt betrachten. Bezeichnen wir also die während der Zeiteinheit im Kessel aufgenommene Wärmemenge mit $Q + q$, und die im Condensator abgegebene mit Q, so ist q die in Arbeit verwandelte Wärmemenge, während Q die von der Temperatur T_1 zur Temperatur T_0 übergehende Wärmemenge ist.

Wenn nun die von der Maschine geleistete Arbeit dazu verwandt wird, einen Reibungswiderstand zu überwinden, so verwandelt sie sich dabei wieder in Wärme, und es kommt somit jene Wärmemenge q, welche zu der Arbeit verbraucht wurde, in den sich reibenden Körpern, deren absolute Temperatur T_2 sein möge, wieder als Wärme zum Vorschein. Man kann also sagen, diese Wärmemenge sei von der Temperatur T_1, bei welcher sie von der Maschine aufgenommen wurde, zur Temperatur T_2 übergeführt. Da nun die Temperatur T_2 der sich reibenden Körper beliebig hoch sein kann, so gelangen wir auch hier zu jenem Resultate dass durch den Uebergang einer endlichen Wärmemenge (Q) zu einer um eine endliche Grösse niedrigeren Temperatur (von T_1 zu T_0) eine andere endliche Wärmemenge (q) zu einer beliebig hohen Temperatur (T_2) erhoben werden kann.

Um nun zunächst zu sehen, in welcher Weise die Temperatur T_2 in den Gleichungen der mechanischen Wärmetheorie vorkommt, haben wir den für den Aequivalenzwerth des Ueberganges der Wärmemenge q von der Temperatur T_1 zur Temperatur T_2 geltenden Ausdruck zu bilden, nämlich:

$$q\left(\frac{1}{T_2} - \frac{1}{T_1}\right).$$

Dieser Ausdruck stellt, wenn $T_2 > T_1$, eine negative Grösse dar, deren absoluter Werth mit wachsender Temperatur T_2 zunimmt; aber diese Zunahme findet nicht etwa bis ins Unbegrenzte statt, sondern der Ausdruck nähert sich bei fortwährendem Wachsen von T_2 nur dem bestimmten endlichen Werthe

$$- \frac{q}{T_1},$$

welcher der Aequivalenzwerth der Verwandlung der Wärmemenge q von der Temperatur T_1 in Arbeit ist. Dieses Verhalten der Formeln ist ganz mit jenem Umstand in Uebereinstimmung, dass eine einmal in Arbeit verwandelte Wärmemenge auch wieder in Wärme von beliebig hoher Temperatur verwandelt werden kann.

Wenn nun aber hierbei von beliebig hoher Temperatur die Rede ist, so darf darunter doch nicht eine im streng mathematischen Sinne unendlich hohe Temperatur verstanden werden, sondern es ist in dieser Beziehung durch die Natur der Sache selbst, ohne dass man die Wärmeleitung dabei zu Hülfe zu nehmen braucht, eine gewisse Grenze gegeben.

Um dieses zu erkennen und von der Art der Grössen, um welche es sich dabei handelt, einen ungefähren Begriff zu bekommen, wollen wir uns denken, die von der Maschine geleistete Arbeit werde zunächst dazu angewandt, einen Körper von gegebener Masse, z. B. eine Masseneinheit, in Bewegung zu setzen, und diese Massenbewegung sei es nun, welche in Wärme verwandelt werden solle. Dann haben wir es nur noch mit der Verwandlung einer Art von Bewegung in eine andere Art von Bewegung zu thun, wodurch der Schluss über die Höhe der erreichbaren Temperatur erleichtert wird.

Wenn man unter der absoluten Temperatur eines Körpers die mittlere lebendige Kraft der einzelnen bei der als Wärme bezeichneten Bewegung sich selbständig bewegenden Körpertheilchen, nämlich der Atome, versteht, so kann man den Satz, dass ein Körper einen anderen nicht zu einer höheren Temperatur, als er selbst hat, erwärmen kann, so ausdrücken: Die Atome des einen Körpers können den Atomen des anderen keine Bewegungen mittheilen, deren lebendige Kräfte im Mittel grösser sind, als ihre eigenen. Wenden wir diesen Satz nun auch auf den Fall an, wo eine sich im Ganzen bewegende Masseneinheit die Atome eines Körpers in schnellere Bewegung versetzen und dadurch Wärme erzeugen soll, so können wir sagen, dass die höchste dadurch erreichbare Temperatur diejenige sein würde, bei welcher ein einzelnes Atom eine eben so grosse lebendige Kraft hätte, wie die ganze bewegte Masseneinheit. Hierdurch gelangen wir zu einem ganz ausserordentlich grossen aber nicht gerade zu einem unendlich grossen Werthe, ähnlich wie die Masse eines Atoms gegen eine Masseneinheit ganz ausserordentlich klein, aber nicht gerade unendlich klein ist.

Natürlich soll diese Betrachtung nicht dazu dienen, uns einen bestimmten ein für allemal geltenden Werth als Grenze der erreichbaren Temperaturen zu geben, da ja mit der Grösse der Arbeit auch die lebendige Kraft der Massenbewegung, welche an ihre Stelle gesetzt werden kann, verschieden ist, aber sie giebt wenigstens eine Vorstellung von der Ordnung der betreffenden Grössen.

In den Gleichungen der mechanischen Wärmetheorie ist die hier besprochene Beschränkung in Bezug auf die erreichbaren Temperaturen nicht ausgedrückt. In diesen Gleichungen kommen nämlich, wie wir es in den oben betrachteten Aequivalenzwerthen gesehen haben, die reciproken Werthe der Temperaturen vor, und dabei sind die reciproken Werthe jener hohen Grenztemperaturen ihrer Kleinheit wegen vernachlässigt. Darin liegt nun freilich eine Ungenauigkeit, indessen wird man bei der enormen Höhe jener Grenztemperaturen gewiss zugestehen, dass dieses nur eine solche Ungenauigkeit ist, wie sie fast jeder physikalischen Gleichung anhaftet, indem es nur wenige physikalische Gleichungen giebt, die in der Form, in welcher man sie bei den wirklich vorkommenden Processen anwendet, auch in aller Strenge bis ins Unendliche anwendbar sind.

Ich habe mich übrigens schon lange, bevor ich die hier mitgetheilten und zuerst in Pogg. Ann. Bd. 160 veröffentlichten Bemerkungen zu dem Einwande von Kohlrausch schrieb, bei einer anderen Gelegenheit in ähnlicher Weise ausgesprochen. In einer im Jahre 1865 veröffentlichten Abhandlung [1]) ist bei Besprechung

---

[1]) Ueber verschiedene für die Anwendung bequeme Formen der Hauptgleichungen der mechanischen Wärmetheorie, Pogg. Ann. Bd. 125, S. 353, und Abhandlungensammlung Bd. II, S. 1.

des von mir eingeführten Begriffes des Verwandlungswerthes der
Wärme davon die Rede, wie man den Verwandlungswerth einer
solchen Bewegung, die von einer grösseren ponderablen Masse im
Ganzen ausgeführt wird, zu bestimmen hat. Dieser Verwandlungswerth wird in den Formeln der mechanischen Wärmetheorie seiner Kleinheit wegen vernachlässigt; ich habe aber nicht gesagt,
dass er Null sei, sondern habe mich folgendermaassen ausgesprochen [1]): „Wenn eine Masse, welche so gross ist, dass ein Atom
dagegen als verschwindend klein betrachtet werden kann, sich als
Ganzes bewegt, so ist der Verwandlungswerth dieser Bewegung
gegen ihre lebendige Kraft gleichermaassen als verschwindend
klein anzusehen." Hierin ist also nicht nur darauf hingewiesen,
dass die betreffende Grösse nicht im streng mathematischen Sinne
unendlich klein ist, sondern es ist auch die Ordnung ihrer Kleinheit durch den damit in Zusammenhang gebrachten Vergleich
zwischen der Masse eines Atomes und der ganzen Masse, um deren
Bewegung es sich handelt, bestimmt festgestellt.

§. 3.　Anderer Einwand von Tait.

In einem vor Kurzem erschienenen Buche des Hrn. Tait
*„Lectures on some recent advances in Physical Science, second edi-
tion, London 1876"* wird auf *p. 119* ein neuer Gegengrund gegen
meinen Satz geltend gemacht, welchen ich mir erlauben will, ebenfalls hier zu besprechen.

Hr. Tait führt eine von Maxwell angestellte Betrachtung
an, welche sich darauf bezieht, wie man es sich etwa als möglich
vorstellen könne, dass Wärme ohne einen gleichzeitigen Verbrauch
von Arbeit aus einem kälteren in einen wärmeren Körper übergehen könne. Maxwell geht von der kinetischen Gastheorie aus,
in welcher angenommen wird, dass in einer Gasmasse selbst dann,
wenn keine Strömungen in ihr stattfinden und ihre Temperatur
durchweg gleich ist, die Molecüle ungleiche Geschwindigkeiten
haben, und seine Betrachtung besteht nach Tait in Folgendem: Er
setzt den Fall, dass solche imaginäre Wesen, welche Thomson
vorläufig Dämonen nennt — kleine Geschöpfe ohne Beharrungs-

---

[1]) Pogg. Ann. Bd. 125, S. 399, und Abhandlungensammlung Bd. II,
S. 43.

vermögen, von ausserordentlicher Sinnenschärfe und Intelligenz und wunderbarer Beweglichkeit — (*such imaginary beings, whom Sir W. Thomson provisionally calls demons — small creatures without inertia, of extremely acute senses and intelligence, and marvellous agility* —) die Partikelchen eines Gases überwachten, welches sich in einem Gefässe befände, worin eine Scheidewand wäre, die sehr viele, ebenfalls von Beharrungsvermögen freie Klappen hätte, und dass diese Dämonen die Klappen in geeigneten Momenten öffneten und schlössen, und zwar so, dass sie die schnelleren Partikelchen aus der ersten Abtheilung des Gefässes in die zweite und eine ebenso grosse Anzahl langsamerer Partikelchen aus der zweiten Abtheilung in die erste liessen. Wenn dieser Fall stattfände, so würde natürlich das Gas in der zweiten Abtheilung allmählich immer wärmer und das in der ersten immer kälter werden, und somit Wärme aus einem kälteren in einen wärmeren Körper übergehen.

Hr. Maxwell hat diesen von ihm ersonnenen imaginären Vorgang nur dazu angewandt [1]), die Verschiedenheit der Rechnungsmethode, welche bei der Behandlung des zweiten Hauptsatzes der mechanischen Wärmetheorie anzuwenden ist, und welche er die statistische Methode nennt, von der eigentlich dynamischen Methode zu veranschaulichen. Hr. Tait dagegen nimmt keinen Anstand, diesen Vorgang einfach als Gegenbeweis gegen meinen Satz geltend zu machen, indem er sagt, dieser Vorgang, für sich allein, sei absolut verhängnissvoll für meine Schlussweise (*which, alone, is absolutely fatal to Clausius' reasoning*).

Dieses kann ich in keiner Weise zugeben. Wenn die Wärme als eine Molecularbewegung betrachtet wird, so ist dabei zu bedenken, dass die Molecüle so kleine Körpertheilchen sind, dass es für uns unmöglich ist, sie einzeln wahrzunehmen. Wir können daher nicht auf einzelne Molecüle für sich allein wirken, oder die Wirkungen einzelner Molecüle für sich allein erhalten, sondern haben es bei jeder Wirkung, welche wir auf einen Körper ausüben oder von ihm erhalten, gleichzeitig mit einer ungeheuer grossen Menge von Molecülen zu thun, welche sich nach allen möglichen Richtungen und mit allen überhaupt bei den Molecülen vorkommenden Geschwindigkeiten bewegen, und sich an der Wirkung in der Weise gleichmässig betheiligen, dass nur zufällige

---

[1]) *Theory of Heat, London 1871, p. 308.*

Verschiedenheiten vorkommen, die den allgemeinen Gesetzen der Wahrscheinlichkeit unterworfen sind. Dieser Umstand bildet gerade die charakteristische Eigenthümlichkeit derjenigen Bewegung, welche wir Wärme nennen, und auf ihm beruhen die Gesetze, welche das Verhalten der Wärme von dem anderer Bewegungen unterscheiden.

Wenn nun Dämonen eingreifen, und diese charakteristische Eigenthümlichkeit zerstören, indem sie unter den Molecülen einen Unterschied machen, und Molecülen von gewissen Geschwindigkeiten den Durchgang durch eine Scheidewand gestatten, Molecülen von anderen Geschwindigkeiten dagegen den Durchgang verwehren, so darf man das, was unter diesen Umständen geschieht, nicht mehr als eine Wirkung der Wärme ansehen und erwarten, dass es mit den für die Wirkungen der Wärme geltenden Gesetzen übereinstimmt.

Ich glaube daher meine Erwiderung auf den Einwand des Hrn. Tait in die kurze Bemerkung zusammenfassen zu können, dass mein Satz sich nicht darauf bezieht, was die Wärme mit Hülfe von Dämonen thun kann, sondern darauf, was sie für sich allein thun kann.

Nachdem ich die vorstehend mitgetheilten Gegenbemerkungen gegen den Tait'schen Einwand in Wied. Annalen veröffentlicht hatte, hat Hr. Tait in einer neueren Schrift[1]) seinen Einwand durch den Ausspruch wenigstens theilweise aufrecht zu erhalten gesucht, dass das, was Dämonen im grossen Maassstabe thun können, in der Wirklichkeit ohne Hülfe von Dämonen, wenn auch in einem sehr kleinen Maassstabe, in jeder Gasmasse vor sich gehe, [*that what demons could do on a large scale, really goes on without the help of demons (though in a very small scale) in every mass of gas*].

Hiermit ist, wenn ich es recht verstehe, Folgendes gemeint. Wenn zwei Gasmassen A und B in Berührung sind, so fliegen fortwährend Molecüle von A nach B und umgekehrt von B nach A. Haben die beiden Gasmassen gleiche Temperaturen, so haben auch die von A nach B fliegenden Molecüle durchschnittlich dieselbe lebendige Kraft, wie die von B nach A fliegenden. Da aber die Geschwindigkeiten der einzelnen Molecüle verschieden sind, so können in einzelnen Momenten Abweichungen von

---

[1]) *Sketch of Thermodynamics, second edition, Edinburgh 1877,* in der Vorrede S. XVIII.

dem durchschnittlichen Verhalten stattfinden, und es kann z. B.
vorkommen, dass in einem gewissen Momente zufällig unter den
von A nach B fliegenden Molecülen diejenigen mit grösseren Geschwindigkeiten und unter den von B nach A fliegenden diejenigen mit kleineren Geschwindigkeiten vorwiegen. Dadurch steigt
für einen Augenblick die Temperatur in B und sinkt die Temperatur in A, und es geht also momentan etwas Wärme aus der dadurch kälter werdenden Gasmasse in die wärmer werdende über.
Dieses soll nach Hrn. Tait mit meinem Grundsatze im Widerspruche stehen.

Hiergegen brauche ich wieder nur zu sagen, dass es sich im
zweiten Hauptsatze der mechanischen Wärmetheorie und ebenso
in meinem Grundsatze gar nicht darum handelt, was in einzelnen
Momenten zufällig bald in einem, bald im entgegengesetzten Sinne
geschehen kann, sondern darum, was durchschnittlich nach den
Regeln der Wahrscheinlichkeit geschieht. Der Ueberschuss von
lebendiger Kraft, welcher durch eine in einem gewissen Momente
stattfindende zufällige Abweichung vom durchschnittlichen Verhalten vom kälteren zum wärmeren Gase übergehen kann, ist im Vergleiche zu den für uns messbaren Wärmemengen eine Grösse von
derselben Ordnung, wie die Masse eines einzelnen Molecüls im
Vergleiche zu den unserer directen Wahrnehmung zugänglichen
Massen. Grössen dieser Ordnung werden aber, wie schon im vorigen Paragraphen erwähnt wurde, bei den Betrachtungen, welche
sich auf den zweiten Hauptsatz der mechanischen Wärmetheorie
beziehen, vernachlässigt.

§. 4. Einwand von Tolver Preston.

Hr. Tolver Preston hat in *Nature, Vol. XXVII, p. 202*
(Januar 1878) ein Verfahren angegeben, mittelst dessen man durch
Diffusion von Gasen mechanische Arbeit gewinnen kann. Die von
ihm angestellten Betrachtungen sind sehr sinnreich und in theoretischer Beziehung durch die Schlüsse, zu welchen sie Gelegenheit
geben, interessant. Nur in einem Puncte glaube ich eine abwei-
chende Ansicht äussern zu müssen. Hr. Preston meint nämlich,
dass das Resultat seines Verfahrens dem zweiten Hauptsatze der
mechanischen Wärmetheorie widerspreche, und hiermit kann ich
nicht übereinstimmen.

Das Wesentliche seines Verfahrens ist Folgendes. Er denkt sich einen Cylinder, welcher durch einen beweglichen Stempel in zwei Abtheilungen getheilt wird. Der Stempel soll aus einem porösen Stoffe, wie etwa Pfeifenthon oder Graphit, bestehen. In den beiden Abtheilungen des Cylinders sollen sich zwei verschiedene Gase befinden, z. B. Sauerstoff und Wasserstoff.

Wenn nun beide Gase anfangs gleichen Druck haben, so tritt darin durch die Diffusion bald eine Aenderung ein. Der Wasserstoff dringt durch den porösen Stempel schneller hindurch, als der Sauerstoff und es nimmt daher die vorhandene Gasmenge an der Wasserstoffseite ab und an der Sauerstoffseite zu. Dadurch entsteht eine Druckverminderung an der Wasserstoffseite und eine Druckvermehrung an der Sauerstoffseite, so dass der Stempel mit einer gewissen Kraft in Bewegung gesetzt und eine mechanische Arbeit geleistet werden kann, welche sich äusserlich nutzbar machen lässt. Zugleich wird bei der Bewegung des Stempels das Gas an der Seite, wo es sich ausdehnt, kälter und an der Seite, wo es zusammengedrückt wird, wärmer, und es geht somit Wärme aus einem kälteren in einen wärmeren Körper über.

Diese beiden Umstände nun, dass in dem Processe ohne eine ursprünglich vorhandene Temperaturdifferenz Arbeit aus Wärme gewonnen wird, und dass dabei noch Wärme aus der kälteren Abtheilung in die wärmere übergeht, betrachtet Tolver Preston als dem zweiten Hauptsatze der mechanischen Wärmetheorie widersprechend.

Diesem Schlusse kann ich nicht zustimmen. Wenn die Verwandlung von Wärme in Arbeit und der Wärmeübergang aus dem kälteren in den wärmeren Körper so stattfände, dass dabei der veränderliche Stoff am Schlusse der Operation sich wieder in seinem ursprünglichen Zustande befände, und dass man es daher mit einem Kreisprocesse zu thun hätte, so würde darin allerdings ein Widerspruch mit dem zweiten Hauptsatze der mechanischen Wärmetheorie liegen. So verhält sich die Sache aber nicht. Als veränderlichen Stoff haben wir in dem Processe die beiden Gase. Diese sind am Anfange ungemischt und am Schlusse gemischt, und es ist also eine wesentliche Aenderung mit ihnen eingetreten, welche als Compensation der Verwandlung aus Wärme in Arbeit und des Wärmeüberganges aus einem kälteren in einen wärmeren Körper betrachtet werden kann.

Da die Gase durch die Molecularbewegung, welche wir Wärme nennen, sich zu mischen suchen, und zwar in der Weise, dass die Mischung um so schneller erfolgt, je höher die Temperatur ist, so haben wir es hier mit einer Wirkung der Wärme zu thun, welche der Ausdehnung eines Gases durch die Wärme zu vergleichen ist. Wir müssen daher, wenn wir hier schon einen von mir eingeführten Begriff, der erst im nächsten Bande näher besprochen werden wird, in Anwendung bringen wollen, den gemischten Gasen eine grössere Disgregation zuschreiben, als den ungemischten. Da nun die Vermehrung der Disgregation eine positive Verwandlung ist, so kann sie die Verwandlung aus Wärme in Arbeit und den Uebergang von Wärme aus einem kälteren in einen wärmeren Körper, welche beide negative Verwandlungen sind, compensiren.

Man sieht also, dass der vorliegende Fall zwar gewisse Eigenthümlichkeiten hat, durch welche er sich äusserlich von anderen Fällen unterscheidet, dass er aber in den wesentlichen Puncten, um welche es sich in der mechanischen Wärmetheorie handelt, ganz mit den gewöhnlich betrachteten Fällen übereinstimmt, und nichts enthält, was mit dem zweiten Hauptsatze der mechanischen Wärmetheorie im Widerspruche stände.

§. 5. Arbeitsverlust in nicht-umkehrbaren Kreisprocessen.

In meiner Abhandlung über eine veränderte Form des zweiten Hauptsatzes der mechanischen Wärmetheorie [1]) habe ich eine Grösse eingeführt, welche ich die uncompensirte Verwandlung genannt und mit N bezeichnet habe, und zu deren Bestimmung, so weit es sich um Kreisprocesse handelt, ich folgende Gleichung aufgestellt habe:

$$(1) \qquad N = -\int \frac{dQ}{T},$$

worin dQ ein Element der dem veränderlichen Körper während des Kreisprocesses mitgetheilten Wärme bedeutet (wobei eine entzogene Wärmemenge als eine mitgetheilte negative Wärmemenge ge-

---

[1]) Pogg. Ann. Bd. 93, 1854; Abhandlungensammlung Bd. I, Abhandlung IV; in der zweiten Auflage Abschnitt V.

rechnet wird), und T die absolute Temperatur des Körpers im Momente der Mittheilung ist. Wenn der Kreisprocess umkehrbar ist, so hat man $N = 0$; wenn dagegen in dem Kreisprocesse Veränderungen vorkommen, die nicht umkehrbar sind, so hat N einen angebbaren Werth, welcher aber immer nur positiv sein kann.

Für den in einer thermodynamischen Maschine stattfindenden Kreisprocess ist es nun am vortheilhaftesten, wenn nur umkehrbare Veränderungen in ihm vorkommen, indem jede in nicht umkehrbarer Weise vor sich gehende Veränderung einen Verlust von Arbeit zur Folge hat. Auf diesen Umstand habe ich ein eigenthümliches Verfahren gegründet, die Arbeit einer thermodynamischen Maschine zu bestimmen. Wir wollen annehmen, für den Kreisprocess, welcher in der thermodynamischen Maschine stattfindet, seien sonst alle dem veränderlichen Körper mitgetheilten Wärmemengen und die Temperaturen, welche der Körper bei der Mittheilung hat, gegeben, nur Eine Temperatur T_0 (in der Dampfmaschine etwa die Temperatur des Condensators) komme vor, bei welcher der Körper noch eine positive oder negative Wärmemenge aufnehme, deren Werth unbekannt sei. Wenn wir dann das Arbeitsmaximum, welches man unter diesen Umständen aus den gegebenen Wärmemengen möglicherweise gewinnen könnte, mit $W_{max.}$, und die Arbeit, welche man wirklich gewinnt, mit W bezeichnen, so gilt folgende Gleichung, in welcher E das mechanische Aequivalent der Wärme bedeutet [1]):

$$(2) \qquad\qquad W = W_{max.} - E T_0 N.$$

Bei Anwendung dieser Gleichung wird die Arbeit der Maschine nicht so bestimmt, dass man die in den verschiedenen nach einander stattfindenden Vorgängen geleisteten Arbeitsgrössen einzeln bestimmt und dann addirt, sondern so, dass man zuerst das Arbeitsmaximum bestimmt, welches man erhalten würde, wenn alle stattfindenden Vorgänge umkehrbar wären, und davon dann den durch Unvollkommenheiten des Kreisprocesses entstehenden Ar-

---

[1]) Abhandlung über die Anwendung der mechanischen Wärmetheorie auf die Dampfmaschine, Pogg. Ann. Bd. 97, S. 452; Abhandlungensammlung Bd. I, S. 166; zweite Auflage Bd. I, S. 298. Dabei ist zu bemerken, dass an den beiden ersten Stellen statt des Zeichens E der Bruch $\frac{1}{A}$ angewandt ist, und an der letzten Stelle die Wärme als nach mechanischem Maasse gemessen angenommen und daher $E = 1$ gesetzt ist.

beitsverlust abzieht. Ich habe daher dieses Verfahren, die Arbeit zu bestimmen, das Subtractionsverfahren genannt. Der Arbeitsverlust ist:

$$(3) \qquad E\,T_0\,N = -\,E\,T_0 \int \frac{d\,Q}{T}$$

und die entsprechende Wärmemenge wird dargestellt durch

$$(4) \qquad T_0\,N = -\,T_0 \int \frac{d\,Q}{T}.$$

In dem von Tait veröffentlichten Buche „*Sketch of Thermodynamics*" kommt nun eine äusserlich ähnliche, aber in unrichtiger Weise ausgeführte Entwickelung vor, deren Resultat einer näheren Besprechung bedarf. Um Missverständnisse unmöglich zu machen, will ich das Resultat wörtlich im englischen Texte mittheilen, wobei ich nur, der leichteren Vergleichung wegen, in der Bezeichnung die kleine Aenderung machen will, dass ich für die kleinen Buchstaben t und q, welche Tait zur Bezeichnung der Temperatur und der Wärmemenge anwendet, die grossen Buchstaben T und Q setze, und statt des Buchstaben J, welchen Tait für das mechanische Aequivalent der Wärme anwendet, den von uns dafür angewandten Buchstaben E setze. Tait nennt die gewonnene mechanische Arbeit „*the practical value*" und spricht das Resultat seiner kurzen Entwickelung so aus[1]: *Hence in any cyclical process whatever, if Q_1 be the whole heat taken in, and Q_0 that given out, the practical value is*

$$E\,(Q_1 - Q_0) - E\,T_0 \int \frac{d\,Q}{T}.$$

Die Unrichtigkeit dieses Resultates lässt sich leicht aus dem blossen Anblicke der Formel erkennen. Wie auch der Kreisprocess beschaffen sein mag, ob umkehrbar oder nicht umkehrbar, immer ist der Ueberschuss der aufgenommenen Wärme über die abgegebene Wärme die in Arbeit verwandelte Wärme. Die durch den Kreisprocess gewonnene Arbeit wird also ein- für allemal durch $E\,(Q_1 - Q_0)$ dargestellt. Der Tait'sche Ausdruck kann somit nur für umkehrbare Kreisprocesse, bei welchen das Integral $\int \frac{d\,Q}{T}$ gleich Null ist, und daher das letzte Glied des Ausdruckes fortfällt, richtig sein; für nicht umkehrbare Kreisprocesse dagegen,

---

[1] *Sketch of Thermodynamics*, erste Auflage S. 99, zweite Auflage S. 121.

bei welchen das letzte Glied nicht Null ist, muss er unrichtige Arbeitswerthe geben. Das Letztere wird durch einen besonderen Umstand noch recht augenfällig. Das Integral $\int \dfrac{dQ}{T}$ kann nämlich, wenn es nicht Null ist, immer nur negative Werthe haben. Daraus folgt, dass das letzte, äusserlich mit dem Minuszeichen versehene Glied des Tait'schen Ausdruckes positiv sein muss, und dass somit der Tait'sche Ausdruck für nicht-umkehrbare Kreisprocesse grössere Arbeitswerthe giebt, als für umkehrbare, was mit den Principien der mechanischen Wärmetheorie unvereinbar ist.

Hr. Tait selbst äussert sich freilich ganz anders über die Sache, indem er fortfährt:

Now, if the cycle be reversible, the practical value is

$$E\,(Q_1 - Q_0)$$

by the first law; so that, in this particular case,

$$\int \frac{dQ}{T} = 0.$$

But in general this integral has a finite positive value, because in non-reversible cycles the practical value of the heat is always less than

$$E\,(Q_1 - Q_0).$$

Hier ist also in bestimmten Worten ausgesprochen, dass der practische Werth der mitgetheilten Wärme, d. h. die gewonnene Arbeit, nur für umkehrbare Kreisprocesse gleich $E\,(Q_1 - Q_0)$, für nicht-umkehrbare dagegen von $E\,(Q_1 - Q_0)$ verschieden sei, was mit dem ersten Hauptsatze der mechanischen Wärmetheorie, welcher für umkehrbare und nicht-umkehrbare Kreisprocesse in ganz gleicher Weise gilt, im Widerspruche steht. Da nun Hr. Tait weiss, dass nicht-umkehrbare Kreisprocesse für die Gewinnung von Arbeit ungünstiger sind, als umkehrbare, so macht er ohne Weiteres die Voraussetzung, dass für nicht-umkehrbare Kreisprocesse die Arbeit kleiner als $E\,(Q_1 - Q_0)$ sei, und daraus zieht er den Schluss, dass das Integral $\int \dfrac{dQ}{T}$ für nicht-umkehrbare Kreisprocesse positiv sei, was mit dem zweiten Hauptsatze der mechanischen Wärmetheorie im Widerspruche steht.

Durch eine solche Reihe falscher Schlüsse, die bei einem hervorragenden Mathematiker, welcher selbst ein Buch über die mechanische Wärmetheorie geschrieben hat, fast unbegreiflich sind, gelangt Hr. Tait endlich zu dem Resultate, dass die in dem Kreisprocesse nutzlos verlorene Wärme durch

$$T_0 \int \frac{dQ}{T}$$

dargestellt werde, welcher Ausdruck, abgesehen von dem schon erwähnten falschen Vorzeichen, mit dem unter (4) mitgetheilten Ergebnisse meiner Entwickelung übereinstimmt. Hr. Tait nimmt aber von meiner Entwickelung keine Notiz, sondern sagt: *This is Thomson's expression for the amount of heat dissipated during the cycle*, und fügt als Beleg für diese Behauptung folgendes Citat hinzu: *Phil. Mag. and Proc. R. S. E. 1852, „On a Universal Tendency in Nature to Dissipation of Energy."*

Nachdem ich in Pogg. Ann.[1]) und später im ersten Bande dieses Werkes[2]) darauf aufmerksam gemacht habe, dass sich in dem citirten Aufsatze von Thomson weder der in Rede stehende, noch ein ihm gleich bedeutender Ausdruck befindet, führt Hr. Tait in der Vorrede zur zweiten Auflage seines Buches als den Ausdruck, welchen er gemeint hat, folgenden an:

$$w e - \frac{1}{J} \int_T^S \mu \, dt.$$

Dieser Ausdruck hat eine ganz andere Gestalt, wie der oben angeführte, und Hr. Tait durfte daher selbst dann, wenn er beide Ausdrücke dem Sinne nach für gleich hielt, nicht einfach sagen: *this is Thomson's expression*, sondern er musste die Gleichheit erst nachweisen. In der Wirklichkeit aber sind beide Ausdrücke auch dem Sinne nach sehr verschieden von einander.

In Thomson's Ausdruck bedeutet J das mechanische Aequivalent der Wärme und μ den reciproken Werth der Carnot'schen Temperaturfunction, welché in diesem Ausdrucke noch als unbekannt angenommen ist. T stellt die Temperatur des Condensators der Dampfmaschine dar, und kann also der in dem obigen Ausdrucke vorkommenden Grösse T_0 gleich gesetzt werden, während S die Temperatur des Dampfkessels darstellt. Hieraus ist ersichtlich, dass in Thomson's Ausdruck nur zwei Temperaturen vorkommen, während in dem obigen Ausdrucke zu den verschiede-

---

[1]) Bd. 145, S. 145. — [2]) S. 387.

nen Wärmeelementen unendlich viele verschiedene Temperaturen gehören können. Der Hauptunterschied aber liegt in der Bedeutung der in Thomson's Ausdruck vorkommenden Grösse w im Vergleiche mit der in dem obigen Ausdrucke vorkommenden Grösse Q. Während dQ das Element der Wärme bedeutet, welche der veränderliche Körper während des Kreisprocesses von Aussen her empfängt, also bei der Dampfmaschine ein Element der theils positiven theils negativen Wärmemengen, welche dem Wasser bei seiner Verdampfung und bei dem dann wieder erfolgenden Niederschlage von Aussen her zugeführt werden, und für welche vorzugsweise das den Kessel umspülende Feuer und das Kühlwasser des Condensators als positive und negative Wärmequellen dienen, definirt Thomson seine Grösse w dadurch dass er sagt, $\dfrac{1}{J}\,w$ sei eine Wärmemenge, welche auf Kosten einer Arbeitsgrösse w durch Reibung erzeugt werde, sei es Reibung des Dampfes in den Röhren und Eintrittsöffnungen, sei es Reibung irgend welcher bewegter fester oder flüssiger Körper in irgend welchen Theilen der Maschine (*a quantity of heat produced by the expenditure of a quantity w of work in friction, whether of the steam in the pipes and entrance ports, or of any solids or fluids in motion in any part of the engine*). Man sieht hieraus, dass es sich in Thomson's Ausdruck um eine ganz andere Wärmemenge handelt, als in jenem obigen Ausdrucke, und dass somit durchaus keine Berechtigung vorlag, beide Ausdrücke als gleichbedeutend zu bezeichnen.

§. 6. Tendenz des Buches „*Sketch of Thermodynamics*" von Tait.

In Bezug auf das von Tait veröffentlichte Buch „*Sketch of Thermodynamics*", aus welchem schon im vorigen Paragraphen eine Stelle besprochen ist, hatte ich im Jahre 1872 in meinem Artikel „Zur Geschichte der mechanischen Wärmetheorie"[1]) und im ersten Bande dieses Werkes S. 387 die Ueberzeugung ausgedrückt, dass es seine Entstehung vorwiegend dem Bestreben verdanke, die mechanische Wärmetheorie so viel, wie möglich, für die englische

---

[1]) Pogg. Ann. Bd. 145, S. 132.

Nation in Anspruch zu nehmen. Die Gründe auf welche diese Ueberzeugung sich stützt, habe ich aber bisher nicht angegeben, weil sie zum Theil in einer Privatcorrespondenz liegen, welche ich nicht gern zur Sprache bringen wollte, wenn nicht Hr. Tait selbst mich zu einer weiteren Besprechung der Sache aufforderte. Da nun aber neuerdings Hr. Tait in den Vorreden zu zwei Werken[1] die Angelegenheit wieder aufgenommen und in der einen[2] den Wunsch ausgedrückt hat, meine Gründe kennen zu lernen (*I am, indeed, curious to know what these grounds can be*), so bin ich zu meiner eigenen Rechtfertigung genöthigt, näher auf die Sache einzugehen. Ich muss dazu etwas zurückgreifen und einige Vorgänge erwähnen, welche schon vor dem ersten Erscheinen des Buches über die Thermodynamik stattgefunden haben.

Die Arbeiten von Rob. Mayer waren bis zum Anfange der sechziger Jahre sehr wenig bekannt. Nur die erste derselben, ein kurzer Aufsatz, welcher noch gewisse Mängel der Auffassung enthielt, war im Jahre 1842 in einer wissenschaftlichen Zeitschrift[3] erschienen und dadurch in weiteren Kreisen verbreitet; die anderen dagegen waren als besondere Brochüren gedruckt und waren, da zur Zeit ihres Erscheinens wenige Personen sich für den Gegenstand interessirten, in Vergessenheit gerathen. Auch ich kannte zu jener Zeit nur die erste Arbeit, und daher kam es, dass ich, wie Tyndall in dem gleich zu erwähnenden Vortrage mitgetheilt hat, auf eine von ihm im Jahre 1862 an mich gerichtete Anfrage über den Inhalt der Mayer'schen Schriften antwortete, ich glaube nicht, dass er sehr erhebliches darin finden werde, wolle indessen versuchen, sie ihm zu verschaffen. Als ich dann aber die Brochüren von dem Buchhändler in Heilbronn erhalten hatte und sie, bevor ich sie an Tyndall schickte, selber las, erkannte ich, dass ich mich geirrt hatte, und dass Mayer vielmehr die Mängel, welche anfangs seinen mechanischen Vorstellungen noch angehaftet hatten, und welche bei einem practischen Arzte, der zum ersten Male über einen mechanischen Gegenstand schrieb, sehr erklärlich waren, durch weitere, eingehende Studien beseitigt hatte, und in diesen

---

[1] *Lectures on some Recent Advances in Science 2. edition, London 1876* und zweite Auflage des erwähnten Buches *Sketch of Thermodynamics, London 1877*.
[2] Vorrede zu den *Lectures* S. IX.
[3] Ann. d. Chem. u. Pharm. von Wöhler und Liebig, Bd. 42, S. 239.

Schriften seine Ansichten mit Klarheit und Schärfe auseinandersetzte, und einen Ideenreichthum entwickelte, welchen man bewundern musste, selbst wenn man nicht mit allem dort Gesagten übereinstimmte. Ich nahm daher, als ich Tyndall die Schriften zusandte, meinen früheren Ausspruch zurück und hob dasjenige, was ich in den Schriften für besonders wichtig hielt, hervor.

Gerade damals hatte Tyndall bei Gelegenheit der im Jahre 1862 stattfindenden Londoner Industrieausstellung einen öffentlichen Vortrag in der *Royal Institution* vor einer grossen und gewählten, aus verschiedenen Ländern zusammengekommenen Zuhörerschaft zu halten. Dazu wählte er als Gegenstand die Mayer'schen Schriften und setzte die Hauptresultate derselben in seiner bekannten ansprechenden Weise auseinander, und als er dadurch das grösste Interesse erweckt hatte, und man natürlich gespannt darauf war, zu erfahren, von wem das alles stamme, da nannte er den Mann, welcher in einer kleinen deutschen Stadt, ohne wissenschaftliche Anregung und ohne Ermuthigung seine mit Genialität erfassten Gedanken mit wunderbarer Kraft und Ausdauer entwickelt habe.

Dieser Vortrag, welcher mehrfach gedruckt wurde [1]) und viel besprochen ist, hat für Mayer in Bezug auf die Anerkennung seiner Leistungen den Wendepunct gebildet [2]). Mayer selbst sprach sich darüber in einem an Tyndall gerichteten Briefe [3]) folgendermaassen aus. *„I hardly know how to find words to express the feelings which move me at the present moment. On the 16th of last June Prof. Clausius conveyed to me the pleasant intelligence of your lecture at the Royal Institution. The hopes which in stillness I ventured to cherish were exceeded by the recognition which you there accorded me, and I am still more deeply affected by the receipt of your last communication to the Philosophical Magazine. Your kindness makes all the deeper impression from the fact that for many years I have been forced to habituate myself to a precisely opposite mode of treatment.“*

----

[1]) *„On Force.“ Proc. of the Royal Institution*, *June 6, 1862, Phil. Mag. Ser. 4, Vol. 24, p. 57, Heat considered as a mode of Motion, London 1863, p. 435.*

[2]) Ich habe daher bei Gelegenheit einer von mir im Literarischen Centralblatt für 1868 veröffentlichten Recension der von Mayer später herausgegebenen gesammelten Schriften schon einmal davon gesprochen.

[3]) *Phil. Mag. Ser. 4, Vol. 26, p. 66.*

Während Tyndall sich durch die in diesem Vortrage geübte historische Gerechtigkeit einerseits Dank und Anerkennung erworben hat, hat er sich andererseits dadurch auch viele und heftige Anfeindungen in England zugezogen, weil man dort bis dahin den berühmten englischen Physiker Joule, welcher sich um die Feststellung des Satzes von der Aequivalenz von Wärme und Arbeit und um die Bestimmung des mechanischen Aequivalentes der Wärme unzweifelhafte und grosse Verdienste erworben hat, welcher den Satz aber, obwohl unabhängig, so doch später, als Mayer, ausgesprochen hat, für den ersten und alleinigen Begründer des Satzes gehalten hatte.

Bald nach dem Vortrage erschien in einer viel gelesenen, nicht wissenschaftlichen englischen Zeitschrift „*Good Words*" ein von Thomson und Tait überschriebener Artikel „*Energy*", dessen eigentlicher Verfasser aber der Letztere war, wie aus einer später von ihm gemachten Bemerkung [1]) hervorgeht. Hierin heisst es, nachdem der erste Aufsatz von Mayer erwähnt ist: „*On the strength of this publication an attempt has been made to claim for Mayer the credit of being the first to establish in its generality the principle of the Conservation of Energy. It is true that „La science n'a pas de patrie", and it is highly creditable to British philosophers, that they have so liberally acted according to this maxim. But it is not to be imagined that on this account there should be no scientific patriotism, or that in our desire to do all justice to a foreigner, we should depreciate or suppress the claims of our own countrymen. And it especially startles us that the recent attempts to place Mayer in a position which he never claimed, and which had long before taken by another, should have found support within the very walls wherein Davy propounded his transcendent discoveries.*"

Die hierin vorkommende Hervorhebung des wissenschaftlichen Patriotismus und die Art, wie die Räume, in denen Davy seine grossartigen Entdeckungen gemacht hat (nämlich die Räume der *Royal Institution*), erwähnt sind, um Tyndall's Handlungsweise noch als besonders unpatriotisch erscheinen zu lassen, kennzeichnet von vorn herein den Standpunct, von welchem aus Hr. Tait die Geschichte der Wissenschaft behandelt.

---

[1]) *Phil. Mag. Ser. 4, Vol. 26, p 144.*

An diesen Artikel schloss sich eine lange Polemik zwischen Tyndall und Tait an, welche sich durch drei Bände des Phil. Mag. (Bd. 25, 26 und 28, 1863 und 1864) hinzog, aber bei der von Tait selbst in jenen Worten *„scientific patriotism"* so deutlich ausgedrückten Tendenz zu keiner Einigung führen konnte, sondern die Gegensätze nur verschärfte.

Hr. Tait sah sich daher veranlasst, der Sache grössere Dimensionen zu geben, und veröffentlichte im Jahre 1864 in einer damals in Schottland erscheinenden Zeitschrift *„North British Review"* zwei längere Artikel über die Geschichte der mechanischen Wärmetheorie, welche sich nicht mehr bloss auf die Prioritätsfrage zwischen Mayer und Joule beschränkten, sondern auch die weitere Entwickelung der mechanischen Wärmetheorie behandelten.

Diese Artikel sollten einige Jahre später einem grösseren Publicum zugänglich gemacht werden, und es wurde daher aus ihnen eine besondere Brochüre unter dem Titel *„Historical Sketch of the Dynamical Theory of Heat"* gebildet, welche aber nicht gleich der Oeffentlichkeit übergeben wurde, sondern von der nur eine beschränkte Anzahl von Abdrücken gemacht wurde, wie es scheint, um vor der Veröffentlichung einigen als competent geltenden Personen zur Beurtheilung vorgelegt zu werden.

Diese Brochüre wurde auch mir im Anfange des Jahres 1867 von Hrn. Tait mit folgendem Schreiben zugesandt. *„Would you kindly look over the little pamphlet which accompanies this, and which is not yet published, so as to tell me whether in trying to give Joule and Thomson the credit they deserve, and which some of their countrymen appear indisposed to grant them, I have inadvertently done injustice to you. If such be the case, I shall be delighted to make the necessary corrections before publishing, as my sole object is to be impartial."*

Hieraus sieht man, dass es sich in der Schrift vorzugsweise darum handelte, die Verdienste von Joule und Thomson hervorzuheben. Was den Schlusssatz über die Unparteilichkeit anbetrifft, so versteht es sich erstens von selbst, dass niemand seine eigene Schrift als parteiisch bezeichnen wird. Ferner kann ich aber auch hinzufügen, dass es gar nicht meine Absicht ist, die Aufrichtigkeit dieses Ausspruches zu bestreiten, denn, wenn man der Schrift die Tendenz zuschreibt, die Verdienste gewisser Personen hervorzuheben, und diese Tendenz selbst als eine übertriebene bezeichnet, so liegt darin noch nicht die Behauptung, dass der Verfasser in wirklich bewusster Weise parteiisch gewesen sei, sondern man kann gern zugeben, dass er in dem guten Glauben gehandelt habe, gerecht zu sein, und dass nur sein Urtheil durch den Patriotismus und die Freundschaft zu den betreffenden Personen, und vielleicht auch durch die in der voraufgegangenen Polemik entstandene Erregtheit getrübt gewesen sei.

Als ich nun die mir zugesandte Schrift las, fand ich sie in einem wirklich überraschenden Grade einseitig, und erkannte deutlich, dass der Autor, welcher es unternommen hatte, eine Geschichte der mechanischen Wärmetheorie zu schreiben, doch wenig mehr, als die Abhandlungen der englischen Autoren, deren Verdienste er hervorheben wollte, gelesen haben konnte.

Ich theilte ihm diese Wahrnehmung in meiner Antwort ganz offen mit, wobei ich, infolge seiner Frage über meine Arbeiten, verschiedene Einzelnheiten derselben näher besprach, und schrieb dann wörtlich weiter: „Sie sind mir, hochgeehrter Herr, mit sehr anerkennenswerther Freundlichkeit entgegengekommen, indem Sie mir die Schrift vor ihrer Veröffentlichung zur Ansicht zugeschickt haben, und ich habe geglaubt, es nicht bloss mir, sondern auch Ihnen schuldig zu sein, Ihnen aufrichtig und ohne Rückhalt meine Ansicht auszusprechen. Gestatten Sie mir noch zum Schlusse, Ihnen (ganz abgesehen von der Beurtheilung meiner eigenen Arbeiten) offen zu sagen, dass meiner Ueberzeugung nach die Schrift in ihrer jetzigen Form Ihrem eigenen so hoch stehenden wissenschaftlichen Rufe nur schaden kann. Jeder Leser sieht auf den ersten Blick, dass dieses nicht eine unparteiische historische Darstellung der Sache ist, wie man sie von einem Forscher Ihres Ranges erwarten muss, sondern eine blosse Parteischrift, welche nur zum Lobe einiger weniger Personen geschrieben ist. Ich selbst schätze diese Personen sehr hoch, aber ich glaube doch, dass man um ihretwillen nicht andere herabsetzen muss. In Ihrer Schrift erkennt man, dass das Urtheil über alle die Personen, welche mit jenen concurriren, nicht mehr frei und unbefangen geblieben, sondern durch den vorgefassten Zweck getrübt und oft sehr ungerecht geworden ist."

Zugleich gab ich in dem Briefe folgende bestimmte Erklärung ab. „Wenn Ihr *Historical Sketch* in seiner jetzigen Form veröffentlicht werden sollte, so behalte ich mir vor, eine Entgegnung darauf zu schreiben, und ich glaube, nicht bloss die hier erwähnten, sondern auch noch andere Fehler darin nachweisen zu können."

Nach dieser Correspondenz dauerte es, obwohl der Satz des Buches schon vollendet gewesen war, doch mehr als ein Jahr, bis es erschien. Es war dann durch Zusätze bedeutend erweitert, so dass es von 68 Seiten auf 128 Seiten angewachsen war, und von diesen Zusätzen war ein nicht unbeträchtlicher Theil meinen Arbeiten gewidmet. In seinem Titel war jetzt das Wort *„Historical"* fortgelassen, und er lautete einfach *„Sketch of Thermodynamics"*; da aber der ursprüngliche Satz des Buches benutzt war, und die Ergänzungen nur eingefügt oder angehängt waren, so enthielten die Ueberschriften der Capitel, mit Ausnahme des ganz neu entstandenen letzten, und die sämmtlichen Columnenüberschriften der ersten 86 Seiten das Wort *„Historical"*, was mit dem Titel, in welchem dieses Wort fehlte, in eigenthümlicher Weise contrastirte und ganz augenfällig zeigte, dass die urprüngliche Bestimmung des Buches dem jetzigen Titel nicht entsprach.

Obwohl nun nach den vielen vorgenommenen Aenderungen für mich keine Veranlassung mehr vorlag, mit einer Gegenschrift aufzutreten, so konnte ich doch bei einer allgemeinen, auf alle besprochenen Autoren bezüglichen Beurtheilung das Buch auch in seiner neuen Form nicht als eine gerechte historische Darstellung anerkennen. Die Tendenz, vorzugsweise die Verdienste englischer Autoren hervorzuheben, kann keinem aufmerksamen Leser des Buches entgehen, und wenn man dabei bedenkt, dass diejenigen Bestandtheile des Buches, welche sich auf fremde Arbeiten beziehen, meistens erst nachträglich auf besondere Anregung hinzugefügt sind, während ursprünglich fast ausschliesslich über englische Arbeiten gesprochen war, und wenn man ferner die oben erwähnten, der Publication vorausgegangenen Vorgänge mit berücksichtigt, so wird man gewiss meinen Ausspruch gerechtfertigt finden, dass das Buch seine Entstehung ganz unzweifelhaft vorwiegend dem Bestreben verdankt, die mechanische Wärmetheorie so viel, wie möglich, für die englische Nation in Anspruch zu nehmen.

§. 7. Spätere Aeusserungen von Tait und Aenderung seines Buches.

Der oben erwähnte im Jahre 1872 von mir gethane Ausspruch über die Tendenz des Tait'schen Buches hatte eine Polemik zur Folge [1]), welche trotz meiner Bemühung, sie auf wissenschaftlichem Gebiete zu erhalten, einen so persönlichen Character annahm, dass ich erklären musste, sie nicht weiter fortsetzen zu können. Ich kann mir den Ton, welchen Hr. Tait darin anschlug, nur aus einer grossen Heftigkeit seines Temperamentes erklären, die ihn, wenn er sich für beleidigt hält, nicht dazu kommen lässt, die betreffenden Stellen mit Ruhe zu lesen und zu prüfen, sondern ihn treibt, sofort nach dem ersten, bei flüchtiger Durchsicht entstandenen Eindrucke in möglichst geharnischter Weise zu antworten.

So führt er aus meinem Artikel die Ausdrücke „Absichtlichkeit" und „sehr geschickt abgefasst" als besonders beleidigend an. Nun kommt aber das Wort „Absichtlichkeit" in einer Stelle vor, welche sich gar nicht auf ihn bezieht, und was den zweiten Ausdruck anbetrifft, so lautet die Stelle, in welcher er vorkommt, folgendermaassen: „Ich hatte gegen die Art, wie meine Arbeiten darin (nämlich in dem *Sketch of Thermodynamics*) neben denjenigen von W. Thomson und Rankine besprochen sind, manches einzuwenden, aber aus Scheu vor persönlichen Erörterungen und aus Hochachtung vor dem Verfasser und vor den beiden letztgenannten hervorragenden Gelehrten, deren Verdienste ich in keiner Weise schmälern wollte, unterliess ich es, obwohl jenes sehr geschickt abgefasste Buch nicht bloss in England grosse Verbreitung fand, sondern auch ins Französische übersetzt wurde." Ich glaube, keiner, der diesen Satz ruhig liest, wird in ihm etwas Beleidigendes finden.

Später muss Hr. Tait wohl selber gefunden haben, dass die Worte „sehr geschickt abgefasst" keine Beleidigung enthalten, denn in der Vorrede zu der im vorigen Jahre erschienenen zweiten Auflage seines Buches (S. XVI) sieht er sich zu folgender Erklärung veranlasst. *„Professor Clausius adds that my book is sehr geschickt abgefasst. Read by the light of the context this*

---

[1]) *Phil. Mag. Ser. IV, Vol. 43 and 44.*

can only mean that it is skilled special pleading.“ Hiernach ist
also nicht mehr der von mir gebrauchte Ausdruck selbst, sondern
dasjenige, was Hr. Tait ihm des Zusammenhanges wegen glaubt
unterlegen zu müssen, beleidigend. Ich muss mich aber bestimmt
dagegen verwahren, dass meinen Worten etwas anderes unter-
gelegt wird, als was sie wirklich enthalten. Ich bin gewohnt, mich
immer offen auszusprechen, und denke nie daran, etwas, was ich
nicht wirklich sagen will, doch andeutungsweise durchblicken zu
lassen. Jene Worte „sehr geschickt abgefasst“ sind von mir einfach als ein auf die gewandte, leicht fassliche Darstellungsweise
bezügliches Lob gebraucht, und weiter kann man auch aus dem
Zusammenhange nichts schliessen, da sie offenbar dazu dienen sollen, die grosse Verbreitung des Buches in England und seine
Uebersetzung ins Französische zu erklären.

Man wird mir zugeben, dass diese Art, einem Autor die Absicht der Beleidigung unterzuschieben, wo er sie gar nicht gehabt
hat, und dann sofort mit wirklichen Beleidigungen zu antworten,
die Discussion so unerquicklich machen kann, dass nur ein kurzes
Abbrechen derselben übrig bleibt. Ich will daher auch auf die
damaligen Auseinandersetzungen hier nicht weiter eingehen, sondern nur einige von Hrn. Tait neuerdings, nämlich in der zweiten
Auflage seines Buches *Sketch of Thermodynamics*, gethane Aeusserungen und das darin gegen mich eingeschlagene Verfahren kurz
beleuchten.

Wie es scheint, will Hr. Tait die Verantwortlichkeit für seine
Darstellung der Geschichte der mechanischen Wärmetheorie nicht
gern allein tragen, sondern wünscht sich dabei auf andere Autori-
täten zu stützen.

Zunächst sagt er auf S. XV der Vorrede: „*and it will be seen
that Professor Clausius fancies himself to have received even
worse treatment from Clerk-Maxwell than from myself.*“ Wenn
Hr. Tait sich hier auf die Autorität von Maxwell beruft, so
scheint er nicht zu wissen, dass meine Meinungsdifferenz mit
Hrn. Maxwell längst dadurch ausgeglichen ist, dass Hr. Maxwell die von mir angefochtenen Stellen der ersten Auflage seiner
Theory of Heat in der bald darauf erschienenen zweiten Auflage
in dem von mir angedeuteten Sinne geändert und auf diese Weise
meine Einwendungen als richtig anerkannt hat. Ich glaube hinzufügen zu müssen, dass die loyale Bereitwilligkeit, mit welcher
Hr. Maxwell jene Stellen der ersten Auflage, sobald er auf ihre

Unrichtigkeit aufmerksam gemacht war, sofort corrigirt hat, in mir die Ueberzeugung hervorgerufen hat, dass auch bei ihrer ersten Abfassung nicht eine Absichtlichkeit obgewaltet hat, sondern nur eine unvollständige Kenntniss der ausserenglischen Literatur, über welche man bei einem Forscher, dem die Wissenschaft so viele und so durchgreifend wichtige eigene Schöpfungen verdankt, leicht hinfortsehen wird.

Ferner erzählt Hr. Tait, wie schon in der Vorrede zu seinem Buche „*On some Recent Advances etc.*", so auch wieder in der Vorrede zur zweiten Auflage seines Buches über die Thermodynamik (S. XVI), dass er die auf meine Arbeiten bezüglichen Paragraphen, welche er in der ersten Auflage des letzteren Buches dem ursprünglichen Entwurfe hinzugefügt hat, gar nicht selbst verfasst hat, sondern sich von Rankine hat schreiben lassen, und knüpft daran die Bemerkung, dass ein Theil meines Angriffes (wie er meine Aeusserungen über sein Buch nennt) in Wirklichkeit gegen Rankine's Aufstellungen gerichtet sei.

Das Geständniss, dass Hr. Tait zu der Zeit, wo er sich schon berufen fühlte, eine Geschichte der mechanischen Wärmetheorie zu schreiben, doch die Arbeiten, deren Werth er darin beurtheilte, so wenig kannte, dass er zu einer etwas specielleren Auseinandersetzung fremde Hülfe in Anspruch nehmen musste, hat mich etwas in Erstaunen gesetzt. Die daran geknüpfte Bemerkung verstehe ich aber nicht, da mein Urtheil über sein Buch sich nicht sowohl auf die späteren Zusätze, als auf die ursprüngliche Anlage desselben bezieht, und die Zusätze vielmehr bewirkt haben, dass ich meine Absicht, eine Entgegnung zu schreiben, aufgegeben habe. Sollten aber wirklich in den von Rankine herrührenden Zusätzen noch Differenzpuncte vorkommen, so wird Hr. Tait, wie ich denke, für das, was er unter seinem Namen veröffentlicht hat, auch wohl die Verantwortung übernehmen.

Ganz besonders auffällig ist mir aber ein Punct gewesen, nämlich dass Hr. Tait in der Vorrede zur zweiten Auflage seines Buches (S. XV) sagt, er habe selbst in der ersten Auflage einige für mich günstige Stellen hinzugefügt, welche er in der zweiten Auflage, als ununterstützt durch den Augenschein, wieder habe zurückziehen müssen (*which I have now been obliged to retract as unsupported by evidence*). Ich war gespannt darauf, diese Stellen kennen zu lernen. Ausser einigen Stellen, welche den von mir eingeführten Ausdruck Entropie enthielten, der in der ersten Auflage *excellent term* und *excellent word* genannt und vielfach angewandt war, in der zweiten Auflage aber beseitigt ist, handelt es sich, soviel ich habe finden können, vorzugsweise um folgende Stelle, welche in der ersten Auflage auf S. 29 steht. „*But the grand point of Clausius' work is his proof that Carnot's principle of reversibility still holds, though on other grounds than those from which Carnot deduced ist. This was a step of the utmost importance to thermodynamics, and sufficient (had he done no more) to entitle him to a foremost place in the history of the subject.*" Diese Stelle ist in der neuen Auflage fortgelassen.

Also im Jahre 1868, wo die hierbei in Betracht kommenden Abhandlungen schon fast zwei Decennien alt waren, und die meinigen nicht nur deutsch, sondern auch in englischer Uebersetzung vorgelegen hatten, wo Hr. Tait daher die reichlichste Gelegenheit zu ihrer Prüfung und Vergleichung gehabt hatte, und bei seinem speciellen Interesse für die Geschichte der mechanischen Wärmetheorie über diesen ihre ersten Grundlagen betreffenden Punct längst im Klaren sein musste, hatte er es für recht gehalten, diesen Satz zu schreiben, und im Jahre 1877, wo zu den wissenschaftlichen Documenten nichts Neues hinzugekommen ist, wo aber unser persönliches Verhältniss sich geändert hat, hält er es für angemessen, ihn wieder zurückzuziehen, ohne zur Erklärung etwas anderes zu sagen, als die paar Worte „*as unsupported by evidence*". Dieses Verfahren ist so characteristisch, dass ich meinerseits mich jeden Commentars enthalte, und es den Lesern überlasse, selbst zu beurtheilen, welches Vertrauen man hiernach zu der historischen Unparteilichkeit des Autors haben kann.

§. 8. Ansichten von W. Thomson und F. Kohlrausch über thermoelectrische Erscheinungen.

Ueber das Verhalten der Stoffe, und zwar speciell der Metalle, in thermoelectrischer Beziehung sind mehrere sehr werthvolle Arbeiten von W. Thomson veröffentlicht, welche theils theoretischer, theils experimenteller Natur sind. Eine erste kurze Notiz war schon vor meiner im Jahre 1853 publicirten Abhandlung, deren Inhalt in Abschnitt VII. wiedergegeben ist, veröffent licht [1]). Die grösseren Abhandlungen dagegen, welche die Entwickelung der Theorie und die Mittheilung ausgedehnter Versuchsreihen enthalten, erschienen etwas später, nämlich in den Jahren 1854 und 1856 [2]). Durch die experimentellen Untersuchungen ist eine Reihe wichtiger, früher nur theilweise und unvollständig bekannter Thatsachen über das thermoelectrische Verhalten der Metalle festgestellt und ins Einzelne verfolgt, und der grosse Werth dieser Untersuchungen kann natürlich durch etwaige Meinungsverschiedenheiten über die Ursachen der betreffenden Erscheinungen in keiner Weise beeinträchtigt werden. Was aber die theoretischen Betrachtungen anbetrifft, so muss ich gestehen, dass ich mit einigen derselben nicht übereinstimmen kann.

Bei der Betrachtung der thermoelectrischen Erscheinungen handelt es sich zunächst um die Entstehung des thermoelectrischen Stromes, und in dieser Beziehung kann man zweierlei unterscheiden, erstens den regulären Vorgang, welcher so stattfindet, dass bei einer aus zwei Metallen oder sonstigen Leitern erster Classe gebildeten Kette durch eine Temperaturdifferenz der beiden Verbindungsstellen ein electrischer Strom veranlasst wird, dessen Stärke mit der Grösse der Temperaturdifferenz gleichmässig wächst, und zweitens die Abweichungen von diesem regulären Vorgange, welche bei manchen Metallverbindungen, besonders bei der Eisenkupferkette vorkommen, und darin bestehen, dass der Strom mit wachsender Temperaturdifferenz nicht immer zunimmt, sondern von einer gewissen Höhe der einen Temperatur an wieder abnimmt und bei sehr grosser Höhe sogar die entgegengesetzte Richtung annehmen kann.

Zugleich ist mit der Entstehung des thermoelectrischen Stromes die Erscheinung verbunden, dass ausser derjenigen Wärmeerzeugung, welche in der ganzen Kette bei der Ueberwindung des Leitungswiderstandes stattfindet und dem Quadrate der Stromstärke proportional ist, noch an gewissen Stellen ein Verschwinden und an anderen ein Hervortreten von Wärme stattfindet, wobei die betreffenden Wärmemengen der Stromstärke einfach proportional sind. Wenn man es nur mit dem regulären Vorgange zu thun hat, so

---

[1]) *Proc. of the Edinb. R. Soc., Dec. 1851* und *Phil. Mag. Ser. IV, Vol. III, 1852.*

[2]) *Transactions of the Edenb. R. Soc. for 1854* und *Phil. Trans. for 1856.* Fortgesetzt in *Phil. Trans. for 1875.*

braucht man ein solches Verschwinden und Hervortreten von Wärme nur an den Verbindungsstellen verschiedener Stoffe anzunehmen, und es ist dann diejenige Erscheinung, welche man die Peltier'sche zu nennen pflegt. Wenn dagegen auch die oben erwähnten Abweichungen vom regulären Vorgange vorkommen, so muss man annehmen, dass auch im Innern der einzelnen Metalle an verschiedenen Stellen dieses der Stromstärke proportionale Verschwinden und Hervortreten von Wärme stattfindet.

Die Theorie von Thomson bezieht sich nun vorzugsweise auf das zuletzt erwähnte Verschwinden und Hervortreten von Wärme im Innern der einzelnen Metalle. Dieses sucht er auf eine eigenthümliche Wirkung der Electricität zurückzuführen, welche er dadurch ausdrückt, dass er sagt, die Electricität führe beim Strömen durch einen ungleich erwärmten Leiter Wärme mit sich (*carries heat with it*). Speciell über Eisen und Kupfer spricht er sich so aus[1]): Harzelectricität führt Wärme mit sich in einem ungleich erwärmten Leiter von Eisen und Glaselectricität führt Wärme mit sich in einem ungleich erwärmten Leiter von Kupfer. Unter dem hierbei angewandten Ausdrucke des Mitsichführens von Wärme in einem ungleicherwärmten Leiter soll etwas verstanden werden, was man, wie ich glaube, ohne besondere Erklärung nicht leicht darunter verstehen würde, nämlich dass in dem Falle, wo die Electricität von wärmeren zu kälteren Stellen des Leiters strömt, Wärme in dem Leiter entwickelt, und umgekehrt, wenn die Electricität von kalt zu warm strömt, dem Leiter Wärme entzogen wird.

In Verbindung mit dieser Ansicht führt Thomson eine neue Grösse ein, welche er die specifische Wärme der Electricität nennt und folgendermaassen definirt[2]): Wenn in einem Metalle ein Strom von der unendlich kleinen Intensität γ von einer Stelle, deren Temperatur $t + dt$ ist, zu einer Stelle, deren Temperatur t ist, geht, und er zwischen diesen beiden Stellen während der Zeiteinheit die Wärmemenge $\gamma \sigma \, dt$ entwickelt, so ist σ die specifische Wärme der Electricität in diesem Metalle. Die so definirte specifische Wärme der Electricität hat nach Thomson in verschiedenen Metallen verschiedene Werthe und selbst verschiedene Vorzeichen. Den oben angeführten Aussprüchen nach muss

---

[1]) *Transactions of the Edinb. R. Soc. Vol. XXI, p. 143.*
[2]) A. a. O. S. 133.

man beim Kupfer die specifische Wärme der Glaselectricität als positiv annehmen, und beim Eisen muss man die specifische Wärme der Harzelectricität als positiv, und demgemäss die specifische Wärme der Glaselectricität als negativ annehmen.

Ich weiss nicht, ob diese Aussprüche und Definitionen nur dazu dienen sollen, das Verhalten der verschiedenen Metalle in Bezug auf das in ihnen während eines electrischen Stromes stattfindende Verschwinden und Hervortreten von Wärme in bequemer und einheitlicher Weise auszudrücken, oder ob sie eine wirkliche Erklärung der Erscheinungen enthalten sollen. Im letzteren Falle müsste ich sagen, dass ich nicht im Stande bin, eine mir physikalisch annehmbar scheinende Vorstellung mit dieser Erklärung zu verbinden.

Auch würde dann das an den Berührungsstellen verschiedener Stoffe stattfindende Verschwinden und Hervortreten von Wärme, also das Peltier'sche Phänomen, eine Erscheinung von ganz anderer Art sein, als das Verschwinden und Hervortreten von Wärme im Innern eines Metalles, und es würde dafür noch eine besondere Erklärung nöthig sein.

Was endlich die Entstehung des thermoelectrischen Stromes anbetrifft, so hat Thomson von dieser meines Wissens überhaupt keine Erklärung gegeben.

Eine in Bezug auf die verschiedenen in Betracht kommenden Erscheinungen vollständigere Theorie ist in neuerer Zeit von F. Kohlrausch aufgestellt[1]), welche ebenfalls eine neue Eigenschaft der Electricität und zugleich eine entsprechende neue Eigenschaft der Wärme als Grundlage voraussetzt.

Kohlrausch nimmt nämlich an, dass mit einem Wärmestrome in bestimmtem, von der Natur des Leiters abhängigem Maasse ein electrischer Strom verbunden sei, und dass auch umgekehrt durch einen electrischen Strom die Wärme bewegt werde. Diese letztere von Kohlrausch der Electricität zugeschriebene Eigenschaft, beim Strömen die Wärme mit zu bewegen, ist aber anders zu verstehen, als die von Thomson angenommene, welche er dadurch ausdrückt, dass er sagt, die Electricität führe Wärme mit sich. Nach Thomson soll die betreffende Wirkung des Stromes auf die im Leiter vor-

---

[1]) Göttinger Nachrichten. Februar 1874 und Pogg. Ann. Bd. 156, S. 601.

handene Wärme nur in einem ungleich erwärmten Leiter stattfinden und zwar in entgegengesetzter Weise, je nachdem die Electricität von warm zu kalt oder von kalt zu warm strömt, indem im
einen Falle Wärme entwickelt, im anderen Falle Wärme absorbirt
wird. Die von Kohlrausch angenommene Wirkung dagegen soll
auch im gleichmässig erwärmten Leiter stattfinden, und ein Gegen-
satz der zuletzt erwähnten Art kommt bei ihr nicht vor.

Kohlrausch erklärt aus den von ihm angenommenen Eigenschaften der Wärme und der Electricität die Entstehung des
thermoelectrischen Stromes und das Verschwinden und Hervortreten von Wärme an den Verbindungsstellen verschiedener Metalle,
und zeigt ferner, wie man unter Zuhülfenahme einer besonderen
Hypothese auch das Verschwinden und Hervortreten von Wärme
im Innern eines einzelnen Metalles erklären kann. Dessenungeachtet kann ich ihr nicht zustimmen, weil sie für die einzelnen zu
erklärenden Erscheinungen eben so viele ganz neue Eigenschaften
der Wärme und Electricität annimmt, von denen die eine, dass
die Wärme bei dem durch Leitung stattfindenden Uebergange von
warmen zu kalten Stellen eine Arbeit leisten könne, den sonstigen
Annahmen der mechanischen Wärmetheorie widerspricht, während
meine Theorie sich nur an die auch sonst in der mechanischen
Wärmetheorie gemachten Annahmen über die Umstände, unter
welchen die Wärme Arbeit leisten kann, anschliesst.

Zugleich muss ich daran erinnern, dass ich den Einwand,
welchen Kohlrausch gegen meine Theorie gemacht hat, und um
dessentwillen er gemeint hat, sich gegen dieselbe erklären zu
müssen, schon im zweiten Paragraphen dieses Abschnittes widerlegt habe. Ich habe daher keinen Grund, meine Theorie, welche
ebenfalls, wenn sie in der von mir gleich anfangs angedeuteten
und später von Budde zur Ausführung gebrachten Weise erweitert
wird, von allen beobachteten Erscheinungen Rechenschaft giebt, zu
verlassen.

§. 9. Einwände von Zöllner gegen die im Abschnitt IX.
enthaltenen electrodynamischen Betrachtungen.

Gegen die im Abschnitt IX. enthaltenen electrodynamischen
Betrachtungen, welche zur Aufstellung des neuen electrodynamischen Grundgesetzes geführt haben, sind von Zöllner verschiedene

Einwände erhoben [1]), von welchen die wichtigsten hier besprochen werden mögen.

Ich habe dort gezeigt, dass das Weber'sche Grundgesetz, wenn es mit der Annahme in Verbindung gebracht wird, dass im galvanischen Strome nur Eine Electricität sich bewege, zu einer von einem geschlossenen, ruhenden und constanten Strome auf ruhende Electricität ausgeübten Kraft führe, welche in der Wirklichkeit nicht beobachtet wird. Zöllner erkennt nun zwar die betreffenden Gleichungen, welche dort abgeleitet sind, und welche auch schon früher von Riecke aufgestellt waren, als richtig an, meint aber, die durch dieselben bestimmte Kraft sei so klein, dass sie sich der Beobachtung entziehe.

Die x-Componente dieser Kraft wird bestimmt durch die im Abschnitt IX. unter (4) angeführte Gleichung, nämlich:

$$\mathfrak{X} = -\frac{4h'}{c^2}\left(\frac{ds'}{dt}\right)^2 \frac{\partial}{\partial x}\int\left(\frac{\partial\sqrt{r}}{\partial s'}\right)^2 ds'.$$

Eine characteristische Eigenthümlichkeit der hier für $\mathfrak{X}$ gegebenen Formel ist die, dass der Differentialcoëfficient $\frac{ds'}{dt}$, welcher die Bewegungsgeschwindigkeit darstellt, nicht blos in der ersten Potenz, sondern quadratisch in ihr als Factor vorkommt. Daraus folgt, dass, wenn die Stromstärke, d. h. die durch das Product $h'\frac{ds'}{dt}$ ausgedrückte während einer Zeiteinheit durch einen Querschnitt fliessende Electricitätsmenge, gegeben ist, der Werth der Formel noch wesentlich davon abhängt, wie man den Strom auffasst, ob man der strömenden Electricitätsmenge einen sehr grossen und ihrer Geschwindigkeit einen geringen Werth zuschreibt, oder ob man die Electricitätsmenge als geringer und dafür die Geschwindigkeit als grösser annimmt.

Zöllner stützt seine Betrachtungen auf die bekannten Untersuchungen von R. Kohlrausch und Weber über die Zurückführung der Stromintensitätsmessungen auf mechanisches Maass [2]), aus welchen die Verf. unter andern den Schluss gezogen haben (S. 281), dass in electrolytischen Leitern die Strömungsgeschwindigkeit so klein sei, dass man bei gewissen Annahmen über die Stromstärke und den Querschnitt des Leiters nur eine Fortbewegung um $^1/_2$ mm

---

[1]) Pogg. Ann. Bd. 160, S. 514 und Wied. Ann. Bd. 2, S. 604.
[2]) Abh. d. k. sächs. Ges. d. Wiss. III, S. 221.

in der Secunde erhalte. Diesen Werth der Geschwindigkeit wendet Zöllner an und gelangt dadurch für $\mathfrak{X}$ zu einem seiner Kleinheit wegen der Beobachtung nicht mehr zugänglichen Werthe. Hiergegen sind aber sehr erhebliche Einwände zu machen.

Betrachten wir zunächst nur die electrolytischen Leiter, so bezieht sich der obige Schluss von Weber und Kohlrausch auf die mittlere Geschwindigkeit aller im Electrolyten enthaltenen Theilmolecüle, also auf diejenige Geschwindigkeit, welche man erhalten würde, wenn man sich dächte, dass alle in dem Electrolyten enthaltenen positiven und negativen Theilmolecüle sich in gleicher Weise nach den beiden entgegengesetzten Richtungen bewegten. Macht man dagegen die, meiner Ansicht nach, viel wahrscheinlichere Annahme, dass nur verhältnissmässig wenige Theilmolecüle die betreffende Bewegung, durch welche die Electricität übertragen wird, ausführen, und dass diese dafür um so grössere Geschwindigkeiten haben, so erhält man dadurch für unsere vom Quadrate der Geschwindigkeit abhängende Grösse $\mathfrak{X}$ natürlich entsprechend grössere Werthe.

Betrachten wir ferner statt der Electrolyten metallische Leiter, so tritt bei diesen der neue Umstand hinzu, dass nicht die Molecüle selbst mit den ganzen an ihnen haftenden Electricitätsmengen sich fortbewegen, sondern dass ein Uebergang von Electricität von Molecül zu Molecül stattfindet. Dabei ist nun nicht wohl anzunehmen, dass die ganze einem Molecüle angehörende Electricitätsmenge dieses verlasse und zu dem nächsten Molecüle übergehe, sondern es ist viel wahrscheinlicher, dass verhältnissmässig sehr kleine Theile der ganzen Electricitätsmengen übergehen, wodurch man dann zu sehr viel grösseren Geschwindigkeiten gelangt.

Wenn man daher auch, wie Weber und Kohlrausch ganz richtig hervorheben, nicht daran denken darf, die ungeheure, nach Tausenden von Meilen zählende Geschwindigkeit, welche Wheatstone und andere Forscher für die Fortpflanzung der electrischen Wirkung gefunden haben, als die Bewegungsgeschwindigkeit der Electricität selbst zu betrachten, so darf man andererseits, meiner Ueberzeugung nach, auch jenen kleinen Werth von $1/_2$ mm, welchen Weber und Kohlrausch für eine gewisse mittlere Geschwindigkeit berechnet haben, nicht auf die wirkliche Bewegungsgeschwindigkeit der Electricität anwenden, besonders wenn es sich um metallische Leiter handelt. In diesen ist die Geschwindigkeit wahrscheinlich in sehr hohem Maasse grösser, wodurch dann die Zöllner'sche Beweisführung vollkommen hinfällig wird.

Noch viel ungünstiger für die Zöllner'sche Beweisführung gestaltet sich die Sache, wenn man statt der galvanischen Ströme Magnete betrachtet. Bei diesen gelangt man zu einem Resultate, welches dem Zöllner'schen gerade entgegengesetzt ist.

Zunächst möge bemerkt werden, dass bei den Molecularströmen, aus welchen man nach Ampère den Magnetismus erklärt, die von Weber angenommene Doppelströmung noch unwahrscheinlicher ist, als bei galvanischen Strömen in festen Leitern. Wenn man sich denkt, dass die positive Electricität sich um einen negativ electrischen Kern wirbelartig herumbewege, so ist das eine den sonst vorkommenden mechanischen Vorgängen ganz entsprechende Vorstellung. Dass aber zwei verschiedene Fluida sich um denselben Mittelpunct fort und fort in entgegengesetzten Richtungen bewegen sollten, scheint mir fast undenkbar.

Auch Weber selbst, welcher früher, um die moleculare Doppelströmung wenigstens als möglich erscheinen zu lassen, davon gesprochen hatte, dass vielleicht das eine Fluidum eine engere Kreisbahn und das andere Fluidum eine weitere Kreisbahn um das Molecül beschreibe, hat sich in neuerer Zeit von den Ampère'schen Molecularströmen eine andere Vorstellung gebildet, welche mit der vorher erwähnten, den sonstigen mechanischen Vorgängen entsprechenden Vorstellung ganz übereinstimmt. Weber nimmt nämlich an [1]), dass zu einem ponderablen Atom ein positives und ein ebenso grosses negatives Electricitätstheilchen gehöre. Bei der Betrachtung der Bewegung der beiden Electricitätstheilchen um einander spricht er davon, dass das Verhältniss beider Theilchen in Beziehung auf Theilnahme an der Bewegung von dem Verhältniss ihrer Massen abhänge, und dass man, wenn an einem Electricitätstheilchen ein ponderables Atom hafte, die Masse desselben mit zu der des Electricitätstheilchens zu rechnen habe. Nachdem er dann das positive Electricitätstheilchen mit $+\,e$ und das negative mit $-\,e$ bezeichnet hat, sagt er wörtlich weiter: „Nur an diesem letztern hafte ein ponderables Atom, wodurch seine Masse so vergrössert werde, dass die Masse des positiven Theilchens dagegen als verschwindend betrachtet werden dürfe. Das Theil-

---

[1]) Electrodynamische Maassbestimmungen, insbesondere über das Princip der Erhaltung der Energie. Leipzig 1871, S. 41.

chen — e wird dann als ruhend, und blos das Theilchen $+ e$ als in Bewegung um das Theilchen — e herum befindlich betrachtet werden können."

Bei dieser Vorstellung kommt die sonst von Weber angenommene Doppelströmung nicht vor, sondern nur eine einfache Herumbewegung der positiven Electricität um einen negativ electrischen Kern, für welche Art von Bewegung aus dem Weber'schen Grundgesetze die oben angeführte Gleichung folgt. Wenn sich nun weiter nachweisen lässt, dass die durch diese Gleichung bestimmte Kraft so gross ist, dass sie sich, wenn sie vorhanden wäre, der Beobachtung nicht entziehen könnte, so muss man aus dem Umstande, dass diese Kraft in der Wirklichkeit nicht beobachtet wird, schliessen, dass das von Weber aufgestellte Grundgesetz bei der von ihm selbst in den Molecularströmen angenommenen Bewegungsart zu einem Widerspruche mit der Erfahrung führt.

Nun ist zunächst zu bemerken, dass schon die gewöhnliche electrodynamische Gesammtwirkung der Molecularströme eines Magnetes so gross ist, dass, wenn man einen einigermaassen starken Magnet durch ein ihn äusserlich umgebendes Solenoid von gleich grosser electrodynamischer Wirkung ersetzen wollte, man in demselben einen sehr starken Strom oder sehr viele Windungen anwenden müsste.

Zu diesem für den Magnet günstigen Umstande kommt aber noch ein anderer hinzu, welcher dem Magnete in Bezug auf die Kraft, welche er nach dem Weber'schen Grundgesetze auf ruhende Electricität ausüben müsste, ein so grosses Uebergewicht giebt, dass selbst die stärksten Ströme in Leitern von gewöhnlichen Dimensionen ganz dagegen zurücktreten.

Aus der schon oben angeführten, für die Kraftcomponente $\mathfrak{X}$ geltenden Formel, nämlich

$$\mathfrak{X} = -\frac{4h'}{c^2}\left(\frac{ds'}{dt}\right)^2 \frac{\partial}{\partial x}\int\left(\frac{\partial \sqrt{r}}{\partial s'}\right)^2 ds'$$

geht hervor, dass die hier in Rede stehende Kraft sich in einer gewissen Beziehung ganz anders verhält, als die gewöhnlich betrachteten electrodynamischen Kräfte. Bestimmt man nämlich für einen sehr kleinen geschlossenen Strom, den wir der Einfachheit wegen als kreisförmig annehmen wollen, die auf einen anderen kleinen geschlossenen Strom oder auf einen Magnetpol ausgeübte Kraft, also die gewöhnliche electrodynamische Kraft, so findet man sie dem Flächeninhalte des Kreises proportional. Bestimmt man aber nach der obigen Formel die vom Kreisstrome auf eine ruhende Electricitätseinheit ausgeübte Kraft, so findet man, dass diese dem Umfange des Kreises proportional ist. Wie wesentlich dieser Unterschied ist, ergiebt sich leicht aus folgender Betrachtung.

Construirt man innerhalb eines grossen Kreises sehr viele kleine Kreise, welche so nahe neben einander liegen, dass sie den Flächeninhalt des grossen Kreises zum grössten Theile ausfüllen, und denkt sich einerseits den grossen Kreis und andererseits alle kleinen Kreise von gleich starken und in gleichem Sinne herumgehenden Strömen umflossen, so kann man die von dem grossen Kreisstrome ausgeübte Kraft mit der von allen kleinen Kreisströmen zusammen ausgeübten Kraft vergleichen. Thut man dieses in Bezug auf die gewöhnliche electrodynamische Kraft, so findet man, dass die Gesammtkraft aller kleinen Ströme geringer ist, als die Kraft des einen grossen Stromes, wie es dem Umstande entspricht, dass die von allen kleinen Strömen umflossenen Flächen zusammen nicht so gross sind, als die von dem einen grossen Strome umflossene Fläche. Stellt man die Vergleichung dagegen in Bezug auf die Kraft an, welche der Formel nach auf ruhende Electricität ausgeübt wird, so findet man, dass die Kraft der vielen kleinen Ströme die des einen grossen Stromes bei Weitem übertrifft, wie es dem Umstande entspricht, dass die Bahnlängen der kleinen Ströme zusammen viel grösser sind, als die Bahnlänge des einen grossen Stromes. Dieses Ueberwiegen der Gesammtkraft der kleinen Ströme über die Kraft des grossen Stromes ist um so stärker, je kleiner die ersteren sind, und je grösser demgemäss ihre Anzahl ist.

Kehren wir nun zur Betrachtung eines Magnetes zurück und denken uns um denselben ein Solenoid gebildet, welches so viele Windungen und eine solche Stromstärke hat, dass es, soweit es sich um die gewöhnliche electrodynamische Kraft handelt, ebenso stark wirkt, wie der Magnet, also wie alle in dem Magnete enthaltenen Molecularströme zusammengenommen, so findet in Bezug auf die der obigen Formel nach auf ruhende Electricität ausgeübte Kraft diese Gleichheit nicht statt, sondern die Molecularströme übertreffen das Solenoid in einem Verhältnisse, welches wegen der alle Vorstellung übersteigenden Menge von Molecularströmen, die in einem Magnete anzunehmen sind, ganz ungeheuer gross sein muss.

Hieraus folgt, dass selbst dann, wenn man in der Formel eine
so kleine Geschwindigkeit der Electricität, wie sie Zöllner
annimmt, in Rechnung bringen wollte, und dadurch für das Solenoid zu einer sehr kleinen Kraft gelangte, man doch für den
Magnet umgekehrt zu einer sehr grossen Kraft gelangen würde.
Der Umstand, dass eine solche Kraft weder bei permanenten
Magneten, noch auch bei Electromagneten, bei denen man den
Magnetismus plötzlich entstehen und vergehen lassen kann, wahr-
genommen wird, kann also als ein sicherer Beweis dafür angesehen
werden, dass das Weber'sche Gesetz mit der Annahme, dass in
den Molecularströmen eines Magnetes nur die positive Electricität
ströme, nicht vereinbar ist.

Während Zöllner in den erwähnten beiden Aufsätzen, aus
welchen hier nur die wichtigsten, rein sachlichen Auseinandersetzungen hervorgehoben sind, mein Grundgesetz entschieden und
mit einer gewissen Heftigkeit bekämpft, kommt andererseits eine
Stelle vor, in welcher er zu zeigen sucht, dass mein Grundgesetz
eigentlich gar nicht neu sei, sondern im Wesentlichen mit dem
Weber'schen übereinstimme, indem meine Potentialformel durch
einige „rationelle Vereinfachungen" auf die Weber'sche zurückgeführt werden könne.

In dieser Beziehung brauche ich nur auf die im ersten Paragraphen des vorigen Abschnittes (S. 283) enthaltene Zusammenstellung der von Weber, Riemann und mir aufgestellten Potentialformeln zu verweisen. Ein blosser Blick auf die drei dort unter
(2 a), (3) und (4) gegebenen Formeln genügt, um zu erkennen,
dass sie wesentlich von einander verschieden sind, und dass die
Operationen, welche Zöllner rationelle Vereinfachungen
nennt, und durch welche er meine Formel auf die Weber'sche
zurückführt, vielmehr als vollständige principielle Umän-
derungen meiner Formel zu bezeichnen sind.

§. 10. Einwände von W. Weber.

In der in neuester Zeit erschienenen zweiten Abtheilung des
zweiten Bandes von Zöllner's wissenschaftlichen Abhandlungen
ist noch ein weiterer Einwand gegen mein electrodynamisches
Grundgesetz geltend gemacht. Zöllner sagt dabei, dass er die
betreffende Untersuchung der Güte Wilhelm Weber's ver-

danke, mit dessen Einwilligung ihre Publication an dieser Stelle stattfinde. Zugleich theilt Zöllner dabei mit, dass auch ein Nachtrag, welchen er seiner früheren Abhandlung hinzugefügt hatte, und welcher ebenfalls einen Einwand gegen mein Grundgesetz enthielt, von Weber herstamme.

Unter diesen Umständen muss den betreffenden Einwänden ein ganz besonderes Gewicht beigelegt werden, und wir wollen sie daher hier näher betrachten. Zunächst wollen wir unsere Aufmerksamkeit auf den erwähnten Nachtrag zu der früheren Abhandlung richten.

Derselbe lautet wörtlich folgendermaassen:

„Clausius bezeichnet in seiner Potentialformel:

$$\frac{e\,e'}{r}\,(1 + k\,v\,v'\,\cos\varepsilon)$$

mit v und v' die absoluten Geschwindigkeiten der Theilchen e und e' und mit ε den Winkel ihrer Richtungen. Jene Geschwindigkeiten lassen sich zerlegen in zwei entgegengesetzt gleiche u, welche den Winkel $\varepsilon = \pi$ mit einander bilden, und in zwei gleiche und gleichgerichtete w, welche den Winkel $\varepsilon = o$ mit einander bilden. Ist $u = o$, so ist $v = v' = w$ und $\cos\varepsilon = + 1$; folglich ist das Potential $= \frac{e\,e'}{r}\,(1 + k\,w^2)$. Ist $w = o$, so ist $v = v' = u$ und $\cos\varepsilon = -1$; folglich das Potential $= \frac{e\,e'}{r}\,(1 - k\,u^2)$. Der erstere Fall findet statt bei zwei auf der Erde in Ruhe befindlichen Theilchen, die sich mit der Erde im Weltenraume fortbewegen. Für solche Theilchen ist das Gesetz der Electrostatik experimentell begründet worden, wonach ihr Potential $= \frac{e\,e'}{r}$ ist, womit das Clausius'sche Gesetz im Widerspruch steht. Im letteren Falle ist die relative Geschwindigkeit beider Theilchen $= 2\,u$, und es ergiebt sich daraus das Clausius'sche Gesetz in vollkommener Uebereinstimmung mit dem Weber'schen, wenn die Clausius'sche Constante $k = \frac{4}{c^2}$ gesetzt wird. Nach Verbesserung des Clausius'schen Gesetzes, dem Grundgesetze der Electrostatik gemäss, wird daher aus dem Clausius'schen Gesetze das Weber'sche als allgemeines Gesetz erhalten.“

Auf die hierin enthaltenen Auseinandersetzungen ist zweierlei zu entgegnen.

Erstens wird der Umstand erwähnt, dass zwei auf der Erde in Ruhe befindliche Electricitätstheilchen sich mit der Erde im Weltenraume fortbewegen und daher gleiche und gleichgerichtete Geschwindigkeiten haben, deren Grösse Weber mit w bezeichnet. Für diesen Fall giebt mein Gesetz die Potentialformel $\dfrac{ee'}{r}(1 + kw^2)$, und Weber sagt nun, dieses stehe mit dem experimentell begründeten Gesetze der Electrostatik im Widerspruche, nach welchem das Potential gleich $\dfrac{ee'}{r}$ sei.

Betrachtet man aber die Sache etwas näher, so sieht man diesen scheinbaren Widerspruch mit der Erfahrung vollständig verschwinden. Bezeichnet man nämlich die Coordinaten der beiden in relativer Ruhe zur Erde befindlichen Electricitätstheilchen e und e' in Bezug auf ein im Raume festes rechtwinkliges Coordinatensystem mit x, y, z und x', y', z', so erhält man aus meiner Potentialformel $\dfrac{ee'}{r}(1 + kw^2)$, in welcher man die Geschwindigkeit w des betreffenden Punctes der Erde für die experimentelle Untersuchung als geradlinig und constant ansehen kann, für die Componenten der Kraft, welche e von e' erleidet, folgende Ausdrücke:

$$- ee'\,\frac{\partial \frac{1}{r}}{\partial x}\,(1 - kw^2);\quad - ee'\,\frac{\partial \frac{1}{r}}{\partial y}\,(1 - kw^2);\quad - ee'\,\frac{\partial \frac{1}{r}}{\partial z}\,(1 - kw^2),$$

während man aus der electrostatischen Potentialformel $\dfrac{ee'}{r}$ die folgenden Ausdrücke erhalten würde:

$$- ee'\,\frac{\partial \frac{1}{r}}{\partial x};\quad - ee'\,\frac{\partial \frac{1}{r}}{\partial y};\quad - ee'\,\frac{\partial \frac{1}{r}}{\partial z}.$$

Die für die beiden Fälle geltenden Ausdrücke unterscheiden sich also nur durch den constanten Factor $1 - kw^2$. Dieser constante Factor hat auf die Formeln denselben Einfluss, wie wenn die Maasseinheit, nach welcher die Electricitätsmengen e und e' gemessen werden, ein wenig geändert würde. Da wir nun aber die Maasseinheit, nach welcher wir die Electricität messen, nur aus der von ihr ausgeübten Kraft entnehmen, so können wir natürlich eine in constanter Weise stattfindende Aenderung der Kraft nicht bemerken, wodurch jener Widerspruch fortfällt.

Zweitens sagt Weber, wenn man wegen jenes (vermeintlichen) Widerspruches mit dem electrostatischen Gesetze meine Formel dadurch abändere, dass man bei ihrer Bildung die gleichen und gleichgerichteten Geschwindigkeiten w unberücksichtigt lasse und nur die gleichen und entgegengesetzten Geschwindigkeiten u in Betracht ziehe, und ihr somit folgende Gestalt gebe: $\frac{ee'}{r}(1 - ku^2)$, so stimme diese Formel mit seiner Potentialformel überein, und es werde daher nach dieser Verbesserung aus meinem Gesetze das seinige als allgemeines Gesetz erhalten. Dieses ist aber ein Versehen, denn die Formel $\frac{ee'}{r}(1 - ku^2)$ ist nicht die Weber'sche, sondern die Riemann'sche Potentialformel, da die Grösse $2u$ nicht gleich $\frac{dr}{dt}$ ist, sondern die relative Geschwindigkeit im gewöhnlichen Sinne des Wortes darstellt.

Es kann natürlich keinem Zweifel unterliegen, dass dieses Versehen nur durch eine zu flüchtige Behandlung des Gegenstandes veranlasst ist, und in der That hat Weber selbst in seinem späteren, von Zöllner in der zweiten Abtheilung des zweiten Bandes seiner Abhandlungen veröffentlichten Aufsatze die Behandlung vervollständigt. Er sagt zwar nicht, dass seine frühere Behauptung, nach welcher die Formel $\frac{ee'}{r}(1 - ku^2)$ mit seiner Potentialformel übereinstimmen soll, unrichtig sei, aber er nimmt doch mit der gleichen und entgegengesetzten Geschwindigkeit u noch die weitere Zerlegung vor, welche nothwendig ist, um überhaupt die in seiner Formel vorkommende Grösse $\frac{dr}{dt}$ zu erhalten. Er zerlegt nämlich u in zwei Componenten, deren eine in die Richtung der Verbindungslinie der beiden Theilchen fällt, und daher gleich $\frac{1}{2}\frac{dr}{dt}$ ist, während die andere auf der Verbindungslinie senkrecht ist. Diese beiden Componenten mögen im Folgenden mit u_1 und u_2 bezeichnet werden.

Nach dieser Zerlegung stellt Weber nun eine andere Betrachtung an, aus welcher er einen neuen Einwand gegen meine Potentialformel ableitet.

Er bildet nämlich meine electrodynamische Potentialformel sowohl für die ganzen Geschwindigkeiten v und v', als auch für die einzelnen Componenten dieser Geschwindigkeiten, und vergleicht dann die letzteren Ausdrücke mit dem ersten. Das auf die ganzen Geschwindigkeiten bezügliche electrodynamische Potential V wird bestimmt durch die Gleichung:

$$V = k \, \frac{ee'}{r} \, vv' \, cos \, \varepsilon.$$

Zerlegt man die Geschwindigkeiten in je zwei Componenten w und u und bezeichnet die auf sie bezüglichen Potentiale mit W und U, so lauten die Gleichungen:

$$W = k \, \frac{ee'}{r} \, w^2; \quad U = - \, k \, \frac{ee'}{r} \, u^2.$$

Zerlegt man die Geschwindigkeiten in je drei Componenten w, u_1 und u_2 und bezeichnet die auf sie bezüglichen Potentiale mit W, U_1 und U_2, so lauten die Gleichungen:

$$W = k \, \frac{ee'}{r} \, w^2; \quad U_1 = - \, k \, \frac{ee'}{r} \, u_1^2; \quad U_2 = - \, k \, \frac{ee'}{r} \, u_2^2.$$

Weber sagt nun, man müsse erwarten, dass bei der ersten Zerlegung die Summe $W + U$ und bei der zweiten Zerlegung die Summe $W + U_1 + U_2$ gleich V sei; dieses sei aber nicht der Fall, denn die Grösse $vv' \, cos \, \varepsilon$ sei den algebraischen Summen $v^2 - u^2$ und $v^2 - u_1^2 - u_2^2$ nicht gleich, sondern werde durch einen viel complicirteren Ausdruck dargestellt.

Wenn dieses wirklich richtig wäre, so würde dadurch in der That meine Potentialformel unwahrscheinlich werden. Bei näherer Betrachtung findet man aber, dass es nicht richtig ist, sondern dass auch diese Weber'sche Behauptung nur durch zu flüchtige Behandlung des Gegenstandes veranlasst ist, indem sie auf einem einfachen Rechenfehler beruht.

Von jenen beiden algebraischen Summen $w^2 - u^2$ und $w^2 - u_1^2 - u_2^2$ brauchen wir nur die erste näher zu betrachten, da die zweite mittelst der ganz selbstverständlichen Gleichung $u_1^2 + u_2^2 = u^2$ auf die erste zurückgeführt werden kann. Es lässt sich nun sehr leicht beweisen, dass (entgegen der Weber'schen Behauptung), die Gleichung:

$$(5) \qquad\qquad vv' \, cos \, \varepsilon = w^2 - u^2$$

gültig ist,

Dazu betrachten wir von v, v', w und u die in die Coordinatenrichtungen fallenden Componenten. Die x-Componenten der Geschwindigkeiten v und v' sind $\dfrac{dx}{dt}$ und $\dfrac{dx'}{dt}$. Daraus folgt, dass die x-Componenten der gleichen und gleichgerichteten Geschwindigkeiten w für beide Theilchen durch $\dfrac{1}{2}\left(\dfrac{dx}{dt}+\dfrac{dx'}{dt}\right)$ und die x-Componenten der gleichen und entgegengesetzten Geschwindigkeiten u für das erste und zweite Theilchen resp. durch $\dfrac{1}{2}\left(\dfrac{dx}{dt}-\dfrac{dx'}{dt}\right)$ und $\dfrac{1}{2}\left(\dfrac{dx'}{dt}-\dfrac{dx}{dt}\right)$ dargestellt werden. Entsprechende Ausdrücke sind für die beiden anderen Coordinatenrichtungen zu bilden. Demnach gelten für w und u die Gleichungen:

$$w^2 = \frac{1}{4}\left[\left(\frac{dx}{dt}+\frac{dx'}{dt}\right)^2 + \left(\frac{dy}{dt}+\frac{dy'}{dt}\right)^2 + \left(\frac{dz}{dt}+\frac{dz'}{dt}\right)^2\right]$$

$$u^2 = \frac{1}{4}\left[\left(\frac{dx}{dt}-\frac{dx'}{dt}\right)^2 + \left(\frac{dy}{dt}-\frac{dy'}{dt}\right)^2 + \left(\frac{dz}{dt}-\frac{dz'}{dt}\right)^2\right].$$

Durch Subtraction der zweiten dieser Gleichungen von der ersten erhält man:

$$w^2 - u^2 = \frac{dx}{dt}\frac{dx'}{dt} + \frac{dy}{dt}\frac{dy'}{dt} + \frac{dz}{dt}\frac{dz'}{dt},$$

und der hierin an der rechten Seite stehende Ausdruck ist gleich $vv'\cos\varepsilon$, wodurch die Gleichung (5) bewiesen ist.

Statt dieser sehr einfachen Rechnung macht Weber eine viel complicirtere, von der ich hier nur so viel anzuführen brauche, wie nöthig ist, um den Rechenfehler nachzuweisen. Indem er den Winkel zwischen der w-Richtung und der einen u-Richtung mit γ bezeichnet, bildet er die Gleichungen:

$$(6) \qquad \begin{cases} v^2 = u^2 + w^2 - 2uw\cos\gamma \\ v'^2 = u^2 + w^2 + 2uw\cos\gamma. \end{cases}$$

Indem er ferner die Winkel zwischen der w-Richtung und den v- und v'-Richtungen mit α und β bezeichnet, bildet er die Gleichungen:

$$\sin\gamma = \frac{v}{u}\sin\alpha = \frac{v'}{u}\sin\beta,$$

woraus folgt:

$$(7) \qquad u\cos\gamma = \sqrt{u^2 - v^2\sin^2\alpha} = \sqrt{u^2 - v'^2\sin^2\beta}.$$

Nun sagt Weber weiter, aus diesen Gleichungen resultiren die folgenden:

$$(8) \quad \begin{cases} v^2 = u^2 + w^2 \cos 2\,\alpha \left(1 \pm \sqrt{\dfrac{u^2}{w^2} - \sin^2 \alpha}\right) \\[2ex] v'^2 = u^2 + w^2 \cos 2\,\beta \left(1 \pm \sqrt{\dfrac{u^2}{w^2} - \sin^2 \beta}\right), \end{cases}$$

und die durch diese Gleichungen bestimmten Werthe von v und v' sind es, von welchen er meint, dass sie in meine Potentialformel $k\,\dfrac{ee'}{r}\,vv'\,\cos\varepsilon$ einzusetzen seien, wodurch diese dann allerdings eine sehr complicirte Form annehmen würde.

In der Wirklichkeit resultiren aber aus den Gleichungen (6) und (7) gar nicht die Gleichungen (8), sondern vielmehr folgende Gleichungen:

$$(9) \quad \begin{cases} v^2 = u^2 + w^2 \left(\cos 2\,\alpha \pm 2 \cos \alpha \sqrt{\dfrac{u^2}{w^2} - \sin^2 \alpha}\right) \\[2ex] v'^2 = u^2 + w^2 \left(\cos 2\,\beta \pm 2 \cos \beta \sqrt{\dfrac{u^2}{w^2} - \sin^2 \beta}\right). \end{cases}$$

Aus diesen Gleichungen lässt sich, wenn man noch eine gewisse zwischen den Geschwindigkeiten u und w und den Winkeln α und β bestehende Relation mit berücksichtigt, die Gleichung

$$vv'\,\cos(\alpha+\beta) = w^2 - u^2$$

ableiten, wobei zu bemerken ist, dass die Summe der Winkel α und β gleich dem von mir mit ε bezeichneten Winkel ist. Man gelangt also auch durch diese Entwickelung, wenn auch auf weitem Umwege, zu der von Weber bestrittenen Gleichung (5), wodurch sein Einwand fortfällt.

§. 11. Untersuchung von Lorberg.

In der zu Anfange des vorigen Paragraphen citirten zweiten Abtheilung des zweiten Bandes von Zöllner's wissenschaftlichen Abhandlungen wird auch die im 84sten Bande von Borchard's Journal veröffentlichte Abhandlung von Lorberg „über das electrodynamische Grundgesetz" erwähnt und dabei gesagt, in dieser Abhandlung werde die Unhaltbarkeit meines Gesetzes und (unter selbstverständlichen Voraussetzungen) die Nothwendigkeit des Weber'schen Gesetzes nachgewiesen. Was von dieser Behauptung zu halten ist, wird am besten aus einer näheren Betrachtung der von Lorberg gewonnenen Resultate klar werden.

Lorberg wendet in seiner Abhandlung zunächst das Weber'sche Grundgesetz und mein Grundgesetz auf einige specielle Fälle an. Dabei stellen sich natürlich gewisse Unterschiede in den sich ergebenden Kräften heraus, aber immer nur in solchen Fällen, in denen eine Entscheidung über die Richtigkeit des einen oder anderen der differirenden Ergebnisse durch irgend welche bisher angestellte experimentelle Untersuchungen nicht möglich ist. Es kann also gar keine Rede davon sein, dass dadurch die Unhaltbarkeit meines Gesetzes nachgewiesen sei.

Ferner macht Lorberg eine ähnliche Entwickelung, wie ich sie gemacht habe, indem er unter Zugrundelegung gewisser Voraussetzungen die mathematische Form des Grundgesetzes ableitet. Diese Voraussetzungen sind, soweit sie auf Erfahrungen beruhen, im Wesentlichen dieselben, wie die von mir gemachten; aber eine Voraussetzung ist noch hinzugefügt, welche meinen ausdrücklich ausgesprochenen Ansichten widerspricht, nämlich die, dass die electrodynamischen Kräfte zwischen zwei bewegten Electricitätstheilchen nur von der relativen Bewegung der Electricitätstheilchen abhänge, und zwar von der relativen Bewegung im Weber'schen Sinne des Wortes, welche sich nur auf die gegenseitige Annäherung oder Entfernung der Theilchen bezieht.

Ich habe von vorn herein bei meinen Entwickelungen gesagt, dass sie sich dadurch von den früheren ähnlichen Entwickelungen unterscheiden, dass in ihnen nicht nur die relative Bewegung sondern auch die absoluten Bewegungen der Theilchen berücksichtigt sind. Um zu zeigen, wie dieser Unterschied sich auch in den Resultaten äussert, habe ich eine oben in Abschnitt X., §. 1 wiedergegebene Zusammenstellung der drei von Weber, Riemann und mir aufgestellten Potentialformeln gemacht, und dabei hervorgehoben, dass sie sich dadurch wesentlich von einander unterscheiden, dass die Weber'sche Potentialformel die relative Geschwindigkeit im Weber'schen Sinne des Wortes, die Riemann'sche die relative Geschwindigkeit im gewöhnlichen Sinne des Wortes und die meinige die Componenten der absoluten Geschwindigkeiten enthält. Wer also, wie Zöllner, die Voraussetzung, dass die electrodynamischen Kräfte nur von der relativen Bewegung im Weber'schen Sinne des Wortes abhängen können, als selbstverständlich betrachtet, der bedarf, um zwischen den drei Formeln zu entscheiden, nicht noch erst weiterer Untersuchungen, sondern kann die Entscheidung unmittelbar aus den Formeln selbst ablesen.

Die Lorberg'sche Untersuchung ist für die Klarstellung des Gegenstaudes insofern sehr werthvoll, als sie die Folgerungen, welche sich aus gewissen Voraussetzungen ergeben, schärfer feststellt, als es bisher geschehen war; aber im Widerspruche mit meiner Untersuchung kann sie gar nicht stehen, weil sie eben auf anderen Voraussetzungen beruht.

Um deutlich erkennen zu lassen, wie die Ergebnisse der beiden Untersuchungen sich zu einander verhalten, wird es am besten sein, sie in möglichst ähnlichen Fassungen neben einander zu stellen. Das Ergebniss der Lorberg'schen Untersuchung lässt sich so aussprechen. Wenn man von der Voraussetzung ausgeht, dass nur die relative Bewegung im Weber'schen Sinne des Wortes auf die electrodynamischen Kräfte Einfluss haben könne, so gelangt man zu dem Schlusse, dass das Weber'sche Grundgesetz das einzig mögliche sei und dass in einem galvanischen Strome beide Electricitäten mit entgegengesetzt gleicher Geschwindigkeit fliessen müssen. Das Ergebniss meiner Untersuchung dagegen ist folgendes. Wenn man die Annahme, dass in den galvanischen Strömen und den sonstigen electrischen Strömen, für welche die electrodynamischen Gesetze gelten, beide Electricitäten mit entgegengesetzt gleicher Geschwindigkeit fliessen, nicht machen will, so darf man auch nicht annehmen, dass nur die relative Bewegung (sei es im Weber'schen oder im gewöhnlichen Sinne des Wortes), auf die electrodynamischen Kräfte Einfluss habe, sondern muss auch den absoluten Bewegungen einen Einfluss zuschreiben, und gelangt dann zu meinem Grundgesetze als dem einzig möglichen.